北京市高等教育精品教材立项项目

高等学校水利学科专业规范核心课程教材·水利水电工程

“大国三农”系列规划教材

现代工程项目管理

（第2版）

主　编　杨培岭　牛　俊

副主编　李思恩　张金珠　刘　霞　孟秦倩

高等学校水利类专业教学指导委员会组织编审

中国水利水电出版社
www.waterpub.com.cn
·北京·

内 容 提 要

本书以工程项目管理基本理论为基础，以工程项目实施整个过程为主线，全面系统地阐述工程项目管理的理论、方法与应用，注重工程项目管理理论与工程实践的结合，突出专业的融合性，知识的系统性和完整性，以及内容的实用性。主要内容包括：绪论、工程项目管理概论、工程项目前期决策管理、工程项目招标与投标、工程项目的合同管理、工程项目的质量管理、工程项目的进度管理、工程项目的投资管理、建设工程监理、工程项目组织与人力资源管理、工程项目的风险管理、工程项目评估、国际工程项目管理、工程项目的信息管理等。作为工程教育专业认证教材和数字教材，本书增添了大量知识拓展资料，是一本“枝繁叶茂”的工程项目管理教材。

本书可作为高等院校水利水电工程、农业工程、土木工程类专业及其他相关专业的本科生用书，也可作为项目管理工程技术人员、管理人员及相关科技工作者学习和工作的参考用书。

图书在版编目（CIP）数据

现代工程项目管理 / 杨培岭，牛俊主编. -- 2版. -- 北京 : 中国水利水电出版社，2021.12
北京市高等教育精品教材立项项目　高等学校水利学科专业规范核心课程教材. 水利水电工程　“大国三农”系列规划教材
ISBN 978-7-5226-0424-4

Ⅰ. ①现… Ⅱ. ①杨… ②牛… Ⅲ. ①工程项目管理－高等学校－教材 Ⅳ. ①F284

中国版本图书馆CIP数据核字(2022)第027961号

书　　名	北京市高等教育精品教材立项项目 高等学校水利学科专业规范核心课程教材·水利水电工程 “大国三农”系列规划教材 **现代工程项目管理（第2版）** XIANDAI GONGCHENG XIANGMU GUANLI
作　　者	主　编　杨培岭　牛　俊 副主编　李思恩　张金珠　刘　霞　孟秦倩
出版发行	中国水利水电出版社 （北京市海淀区玉渊潭南路1号D座　100038） 网址：www.waterpub.com.cn E-mail：sales@waterpub.com.cn 电话：(010) 68367658（营销中心）
经　　售	北京科水图书销售中心（零售） 电话：(010) 88383994、63202643、68545874 全国各地新华书店和相关出版物销售网点
排　　版	中国水利水电出版社微机排版中心
印　　刷	清淞永业（天津）印刷有限公司
规　　格	184mm×260mm　16开本　20印张　487千字
版　　次	2010年11月第1版第1次印刷 2021年12月第2版　2021年12月第1次印刷
印　　数	0001—2000册
定　　价	**56.00元**

高等学校水利学科专业规范核心课程教材

编 审 委 员 会

水利水电工程专业教材编审分委员会

主　任　余锡平（清华大学）

副主任　胡　明（河海大学）　　姜　峰（大连理工大学）

委　员

张社荣（天津大学）　　胡志根（武汉大学）
李守义（西安理工大学）　　陈建康（四川大学）
孙明权（华北水利水电学院）　　田　斌（三峡大学）
李宗坤（郑州大学）　　唐新军（新疆农业大学）
周建中（华中科技大学）　　燕柳斌（广西大学）
罗启北（贵州大学）

总 前 言

随着我国水利事业与高等教育事业的快速发展以及教育教学改革的不断深入，水利高等教育也得到了很大的发展与提高。《国家中长期教育改革和发展规划纲要（2010—2020年）》《加快推进教育现代化实施方案（2018—2022年）》等文件的出台以及2018年全国教育大会和新时代全国高等学校本科教育工作会议的召开，更是对高等教育教学改革和人才培养提出了新的要求，要求把立德树人作为教育的根本任务，强调要坚持“以本为本”，推进“四个回归”，建设一流本科，培养一流人才。

为响应国家关于加快建设高水平本科教育、全面提高人才培养能力的号召，积极推进现代信息技术与教育教学深度融合，适应开展工程教育专业认证对毕业生提出的新要求，经水利类专业认证委员会倡议，2018年1月，教育部高等学校水利类专业教学指导委员会和中国水利水电出版社联合发文《关于公布基于认证要求的高等学校水利学科专业规范核心课程教材及数字教材立项名单的通知》（水教指委〔2018〕1号），立项了一批融合工程教育专业认证理念、配套多媒体数字资源的新形态教材。这批教材以原高等学校水利学科专业规范核心教材为基础，充分考虑教育改革发展新要求，在适应认证标准毕业要求方面融合了相关环境问题、复杂工程问题、国际视野及跨文化交流问题以及涉水法律等方面的内容；在立体化建设方面，配套增加了视频、音频、动画、知识点微课、拓展资料等富媒体资源。

这批教材的出版是顺应教育新形势、新要求的一次大胆尝试，仍坚持“质量第一”的原则，以原教材主编单位和人员为主进行修订和完善，邀请相关领域专家对教材内容进行把关，力争使教材内容更加适应专业培养方案和学生培养目标的要求，满足新时代水利行业对人才的需求。

尽管我们在教材编纂出版过程中尽了最大的努力，但受编著这类教材的经验和水平所限，不足和欠缺之处在所难免，恳请广大师生批评指正。

教育部高等学校水利类专业教学指导委员会

中国工程教育专业认证协会水利类专业认证委员会

中国水利水电出版社

2019 年 6 月

总 前 言（2008 版）

随着我国水利事业与高等教育事业的快速发展以及教育教学改革的不断深入，水利高等教育也得到很大的发展与提高。与 1999 年相比，水利学科专业的办学点增加了将近一倍，每年的招生人数增加了将近两倍。通过专业目录调整与面向新世纪的教育教学改革，在水利学科专业的适应面有很大拓宽的同时，水利学科专业的建设也面临着新形势与新任务。

在教育部高教司的领导与组织下，从 2003 年到 2005 年，各学科教学指导委员会开展了本学科专业发展战略研究与制定专业规范的工作。在水利部人教司的支持下，水利学科教学指导委员会也组织课题组于 2005 年年底完成了相关的研究工作，制定了水文与水资源工程，水利水电工程，港口、航道与海岸工程以及农业水利工程四个专业规范。这些专业规范较好地总结与体现了近些年来水利学科专业教育教学改革的成果，并能较好地适用不同地区、不同类型高校举办水利学科专业的共性需求与个性特色。为了便于各水利学科专业点参照专业规范组织教学，经水利学科教学指导委员会与中国水利水电出版社共同策划，决定组织编写出版“高等学校水利学科专业规范核心课程教材”。

核心课程是指该课程所包括的专业教育知识单元和知识点，是本专业的每个学生都必须学习、掌握的，或在一组课程中必须选择几门课程学习、掌握的，因而，核心课程教材质量对于保证水利学科各专业的教学质量具有重要的意义。为此，我们不仅提出了坚持“质量第一”的原则，还通过专业教学组讨论、提出，专家咨询组审议、遴选，相关院、系认定等步骤，对核心课程教材选题及其主编、主审和教材编写大纲进行了严格把关。为了把本套教材组织好、编著好、出版好、使用好，我们还成立了高等学校水利学科专业规范核心课程教材编审委员会以及各专业教材编审分委员会，对教材编纂与使用的全过程进行组织、把关和监督。充分依靠各学科专家发挥咨询、评审、决策等作用。

本套教材第一批共规划52种，其中水文与水资源工程专业17种，水利水电工程专业17种，农业水利工程专业18种，计划在2009年年底之前全部出齐。尽管已有许多人为本套教材作出了许多努力，付出了许多心血，但是，由于专业规范还在修订完善之中，参照专业规范组织教学还需要通过实践不断总结提高，加之，在新形势下如何组织好教材建设还缺乏经验，因此，这套教材一定会有各种不足与缺点，恳请使用这套教材的师生提出宝贵意见。本套教材还将出版配套的立体化教材，以利于教、便于学，更希望师生们对此提出建议。

高等学校水利学科教学指导委员会

中国水利水电出版社

2008年4月

第2版

前　言

从万里长城到长江三峡，在科学策划项目、保障有效实现、确保工程质量、合理控制成本、取得最优进度、防范项目风险等方面，工程项目管理不可或缺。本书带我们走进工程项目管理的世界，领略现代项目管理的智慧和力量。

现代工程项目管理学是现代管理学的重要分支，是以工程项目为研究对象，集管理学、运筹学、心理学、行为学、信息与计算机科学等学科知识于一体的完整科学体系。本书作为北京市高等教育精品教材系列之一，在编写策划和组织上力争实现既能涵盖项目管理知识体系又能满足项目管理应用实际需求，注重专业的融合性、知识的系统性与完整性、内容的实用性。本书的第1版于2010年出版，至今已有10余年。其间的课程教学、教学研讨、工程实践，以及新工程案例的涌现，使我们进一步加强工程项目管理的理论与实际结合，提升内容的新颖性和前沿性。

同时，作为一本满足国际工程教育认证要求，兼具数字化功能的新形态教材，本书增添了大量知识拓展资料，涵盖了历史和当代、全球和区域、实体和网络、案例和条例、描述和分析，是一本体系完整、内容丰富的工程项目管理教材。

国家提出中国现代化是人与自然和谐共生的现代化，需要注重同步推进物质文明建设和生态文明建设。这给我国工程项目管理提出了新的要求和挑战。这也将是工程项目管理的重要指导思想。

中国农业大学水利与土木工程学院十分重视教学工作，鼓励教学内容与工程实践、产业需求相结合，并结合国际知识发展前沿，使得教材显示出学科动态发展的轨迹。作为教育部水利学科教学指导委员会指定的核心教材，本书的建设得到了学校学院的立项支持，这也是我们修订这一教材的有力保障。

本书共分14章，具体分工如下：第1章与第2章由中国农业大学杨培岭编写；第6章、第7章、第14章由中国农业大学牛俊编写；第3章、第4章、第8章由中国农业大学李思恩编写；第5章、第12章由石河子大学张金珠编写；第9章、第10章由内蒙古农业大学刘霞编写；第11章、第13章由西北农林科技大学孟秦倩编写。全书由杨培岭、牛俊统稿。编写过程中，黄令森、刘琦、翁桢、廖德海、沈倩西等同志在翻译、誊写和绘图等方面做了大量工作，在此表示衷心的感谢。

本书的修订参阅了相关领域的著作和文献资料，对这些著作和文献资料的作者表示最诚挚的谢意。由于水平有限，书中难免存在不妥和疏漏之处，敬请各位读者和同行批评指正，我们将持续完善和修订。

编者

2021年2月

于北京

第 1 版

前　言

项目管理是20世纪中期后开始兴起的一项现代管理技术，当时主要应用于发达国家国防工程、工业与民用工程的建设。20世纪80年代之后，随着全球性竞争的加剧，项目的数量急剧增加，项目建设规模和团队规模日益扩大，特别是20世纪90年代以后，随着信息系统工程、网络工程、软件工程以及高科技项目研发等项目管理新领域的出现，促进了项目管理在理论和方法等方面的不断发展和现代化，其应用领域也迅速扩展到了社会生产与生活的各行各业。如今，项目管理已成为各行业组织和管理的主要形式，在国家经济建设和社会发展中发挥着越来越重要的作用。

现代工程项目管理学是现代管理学的重要分支，它是以工程项目为研究对象，集管理学、运筹学、心理学、行为学、计算机科学等学科知识于一体的完整的科学体系，具有一次性、独特性、建设周期性、过程渐进性、不确定性、组织临时性、管理整体性以及其成果的不可挽回性等特点。目前，我国工程项目管理的研究与学科建设正在不断地发展与完善，已出版的工程项目管理书籍也不在少数，这表明工程项目管理学科正在逐步走向成熟。但是，总体上看，真正适用于项目管理高等教育的教材还比较少，既能涵盖项目管理知识体系又能满足项目管理应用实际要求的教材就更为缺乏。本教材作为北京市高等教育精品教材系列之一，在编写策划与组织上力争弥补这些问题，更加注重专业的融合性、知识的系统性与完整性、内容的实用性以及教材的创新性与实用性。

本教材以工程项目管理基本理论为基础，以工程项目实施整个过程为主线，全面系统地阐述了工程项目管理的理论、方法与应用。全书共分为

12章，参加编写人员均来自工程项目管理教学与工程管理实践工作的第一线，具体分工如下：第1章与第2章由杨培岭、杨林林编写；第3章与第7章由黄兴法编写；第6章与第8章由汪九林编写；第4章、第5章、第12章由姜娜、杨培岭编写；第9章、第10章和第11章由姬宝霖编写。全书由杨培岭统稿。

本教材得到了中国农业大学教务处的大力支持。编写过程中参考了相关领域的著作、文献，在此致以诚挚的谢意。

工程项目管理是一门新兴的并在快速发展的学科，其理论、方法、体系和实践应用还在不断发展和完善之中，加上编者水平有限和编著时间限制，本教材定会有疏漏不足之处，希望广大读者提出宝贵的意见和建议，以便我们不断完善、修订。

编者

2010年2月

于北京

数 字 资 源 清 单

序号	资 源 名 称	资源类型
资源 1.1	泰勒的故事	拓展资料
资源 1.2	法约尔的故事	拓展资料
资源 1.3	梅奥的故事	拓展资料
资源 1.4	盎格鲁-撒克逊世界	拓展资料
资源 1.5	长城　金字塔　古罗马供水渠	拓展资料
资源 1.6	曼哈顿计划	拓展资料
资源 1.7	莱斯利·理查德·格罗夫斯	拓展资料
资源 1.8	路易斯维化工厂	拓展资料
资源 1.9	北极星导弹	拓展资料
资源 1.10	PMI	拓展资料
资源 1.11	APM	拓展资料
资源 1.12	效益费用比	拓展资料
资源 1.13	FIDIC	拓展资料
资源 1.14	PERT	拓展资料
资源 1.15	鲁布革水电站	拓展资料
资源 1.16	代建制	拓展资料
资源 1.17	DBB 模式	拓展资料
资源 1.18	丰城电厂施工平台倒塌事故	拓展资料
资源 1.19	湖南“1·23”起重机倒塌事故	拓展资料
资源 1.20	孟加拉国萨瓦区大楼倒塌事故	拓展资料
资源 2.1	中国天眼	拓展资料
资源 2.2	港珠澳大桥	拓展资料
资源 2.3	上海虹桥机场	拓展资料
资源 2.4	奥运会丰台垒球馆改建项目	拓展资料
资源 2.5	大型灌区节水续建配套改造项目	拓展资料
资源 2.6	首钢迁建项目	拓展资料
资源 2.7	汶川地震	拓展资料

续表

序号	资　源　名　称	资源类型
资源 3.1	鸟巢设计方案面世的前前后后	案例
资源 3.2	三峡工程项目的产生和选择	案例
资源 3.3	工程项目建议书的标准模板	案例
资源 3.4	某获批工程项目的建议书	案例
资源 3.5	某科学实验站条件建设项目可行性研究报告	案例
资源 3.6	某观测实验站建设项目环境影响登记表	案例
资源 3.7	某新能源风电项目财务评价研究	案例
资源 3.8	中部地区发展及生态环境保护系列报告	拓展资料
资源 4.1	造成招标文件编制质量不高的五大问题	拓展资料
资源 4.2	某工程招标书	案例
资源 4.3	编制标底	拓展资料
资源 4.4	某工程网上招标公告	案例
资源 4.5	某工程招标资格预审案例	案例
资源 4.6	某长江大桥工程评标案例	案例
资源 4.7	某工程投标实例	案例
资源 4.8	某工程灵活报价的案例	案例
资源 4.9	工程招投标违法主要类型及实例	案例
资源 5.1	分包案例	案例
资源 5.2	网络图中有关工期和费用的索赔案例	案例
资源 5.3	不可抗力造成的索赔案例	案例
资源 5.4	某水利工程合同管理索赔案例	案例
资源 5.5	项目索赔（补偿事件）报告案例	案例
资源 6.1	PDCA 循环	名词解释
资源 6.2	工程项目质量控制的原则	知识拓展
资源 6.3	旁站、巡视、平行检验	名词解释
资源 6.4	隧道施工阶段各工作的主要注意事项	知识拓展
资源 6.5	ISO 9000 族	知识拓展
资源 6.6	调查表法的步骤	知识拓展
资源 6.7	直方图的作图步骤	知识拓展
资源 6.8	排列图的作图步骤	知识拓展

续表

序号	资　源　名　称	资源类型
资源 6.9	分层法案例	案例
资源 6.10	因果图的作图步骤	知识拓展
资源 6.11	相关图的作图步骤	知识拓展
资源 6.12	控制图的作图步骤	知识拓展
资源 6.13	质量控制图应用案例	案例
资源 7.1	进度管理案例	案例
资源 7.2	建设工程项目进度控制目标制定应具体考虑的内容	知识拓展
资源 7.3	进度控制基本原理	知识拓展
资源 7.4	横道图的优缺点	知识拓展
资源 7.5	国际上网络计划的名称	知识拓展
资源 7.6	网络计划技术的分类与特点	知识拓展
资源 7.7	母线法	名词解释
资源 7.8	工作计算法计算案例	案例
资源 7.9	单代号网络图计算案例	案例
资源 7.10	项目费用与进度分开控制的缺陷	知识拓展
资源 8.1	固定资产与流动资产	名词解释
资源 8.2	公益项目	名词解释
资源 8.3	直接工程费、间接费、预备费	名词解释
资源 8.4	工程项目投融资主要模式	知识拓展
资源 8.5	权益资金与借贷资金	知识拓展
资源 8.6	股票、债券	名词解释
资源 8.7	三峡工程的融资方案	案例
资源 8.8	港珠澳大桥工程的融资方案	案例
资源 8.9	国家集成电路产业投资基金	案例
资源 8.10	工程项目成本的结构分解	知识拓展
资源 8.11	工程项目成本计划影响因素与精度	知识拓展
资源 8.12	工程成本计划图	案例
资源 8.13	某工程项目资金计划表	案例
资源 8.14	项目成本管理软件	知识拓展
资源 8.15	招投标问题	案例

续表

序号	资 源 名 称	资源类型
资源 8.16	合同审计中的问题	案例
资源 8.17	长江三峡工程竣工财务决算草案审计结果	案例
资源 9.1	施工现场监理监督质量缺陷问题图片注释	知识拓展
资源 9.2	工程项目监理工程案例分析 1	案例
资源 9.3	工程项目监理工程案例分析 2	案例
资源 10.1	项目组织结构案例分析 1	案例
资源 10.2	项目组织结构案例分析 2	案例
资源 10.3	《西游记》取经经典案例（项目人力资源与团队管理）	案例
资源 10.4	工程项目组织分解结构图（OBS）	知识拓展
资源 10.5	项目团队如何拥有高的协调性案例	知识拓展
资源 10.6	冲突处理方式沟通与协调案例	案例
资源 10.7	项目沟通管理和领导能力案例分析	案例
资源 11.1	组织环境因素	知识拓展
资源 11.2	利益相关者	知识拓展
资源 11.3	德尔菲技术	知识拓展
资源 11.4	风险分解结构	案例
资源 11.5	蒙特卡罗方法	知识拓展
资源 11.6	工程担保起源	知识拓展
资源 12.1	内部收益率计算例题	案例
资源 12.2	投资回收期计算例题	案例
资源 12.3	偿债备负率计算例题	案例
资源 12.4	财务评价案例分析	案例
资源 12.5	影子水价计算例题	案例
资源 12.6	某地区引水工程项目经济评价	案例
资源 12.7	某水电站经济评价	案例
资源 13.1	FIDIC 简介	知识拓展
资源 13.2	世界银行简介	知识拓展
资源 14.1	信息的特征	知识拓展
资源 14.2	项目信息交换案例	案例
资源 14.3	工程项目信息管理的原则与基本要求	知识拓展

续表

序号	资 源 名 称	资源类型
资源 14.4	信息优化选择的方法	知识拓展
资源 14.5	信息加工处理的操作流程与级别分类	知识拓展
资源 14.6	信息传输设计与检索设计	知识拓展
资源 14.7	信息反馈的基本原则	知识拓展
资源 14.8	工程项目文档资料的特征	知识拓展
资源 14.9	单代号搭接网络计划、群体网络计划	名词解释
资源 14.10	项目管理信息系统的特点	知识拓展

目　录

Contents

第 1 章

绪　论

管理现象随着人类共同劳动的出现已有几千年的悠长历史。然而，人们对管理现象进行有意识的系统研究，并把管理知识体系作为一个独立的领域进行研究，却仅有上百年的历史。工程项目管理是一门比较年轻的学科，但发展速度较快，在现代工程技术、经济、管理、信息技术等学科的支持下，工程项目管理正在逐步形成具有自身独特理论系统、知识领域和技术方法的学科体系，在工程管理实践中发挥重要的指导作用。本章简要介绍管理思想、项目管理和工程项目管理的发展，阐述我国工程项目管理学的发展趋势。

1.1　管理思想的发展

人类社会各方面都存在管理，凡是有人群活动的地方，就会有管理。马克思曾经指出："一切规模较大的直接社会劳动或共同劳动，都或多或少地需要指挥，以协调个人的活动，并执行生产总体的运动……"。管理思想一直都是随着历史的发展而不断发展的，但管理成为一门较系统的学科是从 19 世纪末 20 世纪初美国的"科学管理"开始的。从那时到现在，管理学科发展很快。管理思想的发展大致经历了传统经验管理、科学管理理论、古典组织管理理论、人际关系学说和现代管理理论五个阶段。

1.1.1　"传统经验管理"阶段

这个阶段从 18 世纪末到 20 世纪初，也就是从资本主义工厂制度起，到资本主义自由竞争阶段结束为止，共经历了 100 多年的时间，其标志是近代工业代替了工厂手工业。在开始阶段，管理者是由资本家担任，但随着工厂规模的扩大，管理日益复杂，管理工作逐渐成为一种专门的职能，出现了经理、厂长、监工等特殊的雇佣人员。

传统经验管理解决的主要问题是实行分工协作，保证市场顺利进行；充分利用人力、物力和财力，减少资本消耗，以赚取更多的利润。但传统经验管理没有完全摆脱小生产经营方式的影响，仍然依靠个人的经验进行生产和管理，没有统一的操作规程。总之，这个阶段的管理较粗放，浪费大、效率低，基本处于经验积累阶段。

1.1.2　"科学管理理论"阶段

这个阶段大体上是从 20 世纪初到 20 世纪 40 年代。最先提出科学管理理论的代表人物是美国的泰勒（Tailer F. W.，1856—1915）。

资源 1.1
泰勒的故事

泰勒探索科学管理的根本目的是谋求最高效率，使较高工资和较低的劳动成本统一起来，从而扩大再生产的发展，这是雇主和雇员达到共同富裕的基础；要达到这个目的的重要手段就是实施科学化、标准化的管理方法。泰勒科学管理的方法主要包括以下几个方面的内容：

（1）对工人提出科学的操作方法，以便有效利用工时，提高工效。研究工人工作时动作的合理性，去掉多余的动作，改善必要动作，并规定出完成每一个单位操作的标准时间，制定出劳动时间定额。

（2）对工人进行科学的选择、培训和晋升。选择合适的工人安排在合适的岗位上，并培训工人使用标准的操作方法，使之在工作中逐步成长。

（3）制定科学的工艺规程，使工具、机器、材料及作业环境标准化，用文件的形式固定下来。

（4）实行具有激励性的计件工资报酬制度。对完成和超额完成工作定额的工人以较高的工资率计件支付工资，对完不成定额的工人，则按较低的工资率支付工资。

（5）管理和劳动分离。管理者和劳动者在工作中密切合作，以保证工作按标准的设计程序进行。

1.1.3 “古典组织管理理论”阶段

科学管理侧重于提高生产效率，范围较窄，内容比较具体。古典组织管理理论的研究重心则是组织结构的合理化。古典组织管理理论的代表人物是法国的法约尔（Fayol H.，1841—1925）。

资源 1.2
法约尔的故事

法约尔在长期管理企业的过程中积累了丰富的经验，他的管理理论是以企业整体作为研究对象，认为企业从事的一切活动可以划分为六大类，即技术活动、商业活动、财务活动、会计活动、安全活动和管理活动。他认为企业内上至高层领导下至普通工人，每个人都会或多或少地涉及这六种活动。

1.1.4 “人际关系学说”阶段

20 世纪 20—30 年代，人们越来越多地注意到以往管理理论和方法的片面性。例如泰勒设计的工资激励制度在满足职工“经济需要”方面取得了一定的成功，但他忽略了职工作为社会成员的“心理需要”也必须得到满足。这一时期工业心理学的发展引发了“人际关系运动”。

资源 1.3
梅奥的故事

梅奥（Mayo E.，1880—1949）是人际关系运动的带头人。他在早期的研究中发现，职工的问题不能用任何单一的因素来解释，而必须从总体情况来探讨。在分析了霍桑试验中获取的大量第一手资料后，梅奥等人认为：

（1）职工是“社会人”，而不是“经济人”。不能把工人看成是仅仅为了追求最大经济利益而进行活动的“经济人”，而应认为工人是“社会人”，除了满足工人的物质需求外，还要满足他们社会和心理方面的需求，如安全感、归属感、受人尊敬等。

（2）应提高工人的满足度。提高生产效率的主要途径应是提高工人的满足度，要力争使职工在安全感、归属感、友谊等方面的需求得到满足。职工的满足度越高，其士气就越高，从而生产效率也就越高。

1.1.5　“现代管理理论”阶段

资源 1.4 盎格鲁-撒克逊世界

从 20 世纪 40 年代开始，企业管理进入了现代管理阶段，特别是第二次世界大战以后，科学技术和工业生产迅猛发展，复杂产品、大型工程相继出现，企业规模不断扩大，市场竞争激烈，阶级矛盾也进一步加深。从 20 世纪 50 年代中期开始，起源于盎格鲁-撒克逊世界，由于一些企业家的行动以及制度和组织的建设，“实践”项目管理开始制度化。随后，它被传播开来，触发了一个被称为“合法性传染”的过程。换言之，根据所讨论的方法，项目管理实践的动态呈现专业化并开始传播，这不是通过分析技术合理性的元素来理解，而是以某种方式重新定位到社会合法性的内在过程，被称为同构的制度过程。因此，项目管理实践的专业化和传播过程不仅仅表现为一种实践技术，而且表现为一个复杂的交互式网络，不是通过共享个人所加入的文化价值而结合在一起并稳定下来，而是通过减少因行为实践知识而产生的不确定性。在有组织的行动背景下，这些行为被认为是适当的、临时的。所有这些都对管理提出了更高的要求，促使企业管理在思想内容、组织方法、管理手段等方面均有了更快的发展，从而形成现代管理理论。

现代管理突出经营决策，提出“管理的重心在经营，经营的重心在决策”的观点；重视组织中人际关系的调节，实行以人为中心的管理理念；同时，广泛采用运筹学、电子计算机及网络等现代科技成果作为管理工具。

资源 1.5 长城 金字塔 古罗马供水渠

1.2　项目管理的发展

资源 1.6 曼哈顿计划

项目管理通常被认为是第二次世界大战的产物（如美国研制原子弹的曼哈顿计划）。事实上，项目管理历史源远流长，其发展大致经历了以下五个阶段。

1.2.1　古代项目

我国的长城、埃及的金字塔、古罗马的供水渠等不朽的伟大工程都可称为成功的项目管理的典型例子。

资源 1.7 莱斯利·理查德·格罗夫斯

1.2.2　近代项目管理的萌芽

在 20 世纪 40—50 年代，项目管理主要应用于国防和军工项目。美国把研制第一颗原子弹的任务作为一个项目来管理，命名为“曼哈顿计划”。美国退伍将军莱斯利·理查德·格罗夫斯（Groves L. R.，1896—1970）写了一本回忆录《现在可以说了》，详细记载了这个项目的经过。

资源 1.8 路易斯维化工厂

1.2.3　近代项目管理的成熟

20 世纪 50 年代后期，美国出现了关键路径法（CPM）和计划评审技术(PERT)。项目管理的突破性成就出现在这个时期。

资源 1.9 北极星导弹

1957 年，美国的路易斯维化工厂，提出了至今项目管理工作者还在应用的著名的时间管理技术——关键路径法。美国海军研制北极星导弹，用“三值加权”方法进行计划编排，最后竟然只用了 4 年的时间就完成了预定 6 年完成的项目。20 世纪 60 年代，这类方法在由 42 万人参加、耗资 400 亿美元的“阿波罗”载人登月计划中得到应用，取得了巨大成功。这个时期，项目管理已经有了科学的系统方法。现在，CPM 和 PERT 仍然被称为项目管理的常规武器和经典手段。

1.2.4 项目管理的传播和现代化

资源 1.10 PMI

资源 1.11 APM

项目管理在 20 世纪 50 年代后期作为管理文献中的一个特定管理知识领域出现。起初，它具有很强的技术特点，应用的主要领域是国防。1969 年，美国成立了一个国际性组织项目管理协会（Project Management Institute，PMI），它是世界上最大的项目管理专业协会，是项目管理专业领域中最大的由研究人员、学者、顾问和经理组成的全球性专业组织。这个组织的出现极大地推动了项目管理的发展。1972 年英国项目管理协会（Association for Project Management，APM，世界第二大协会）成立。

此后，PMI 一直致力于项目管理领域的研究工作，1976 年，PMI 提出了制定项目管理标准的设想。经过 10 多年的努力，于 1987 年发布了《项目管理知识体系指南》（Project Management Body of Knowledge，PMBOK）。这是项目管理领域又一个里程碑。因此，项目管理专家们把 20 世纪 80 年代以前称为“传统的项目管理”阶段，把 20 世纪 80 年代以后称为“新的项目管理”阶段。

这个知识体系把项目管理归纳为范围管理、时间管理、费用管理、质量管理、人力资源管理、风险管理、采购管理、沟通管理和整合管理共九大知识领域，经过 1996 年和 2000 年的两次修订，该体系更加成熟和完整，初步形成了现代项目管理的知识体系框架。20 世纪 70—80 年代，项目管理迅速传遍世界，其应用范围也从美国最初的军事项目和宇航项目很快扩展到各种类型的民用项目。

1.2.5 现代项目管理的新发展

进入 20 世纪 90 年代以后，随着信息时代的来临和高新技术产业的飞速发展，项目管理的特点也发生了巨大变化。管理人员发现，在制造业经济下建立的许多管理方法，到了信息经济时代不再适用了。制造业经济环境下，强调的是预测能力和重复性活动，管理的重点很大程度上在于制造过程的合理性和标准化。而在信息经济环境里，事务的独特性取代了重复性过程，信息本身也是动态的、不断变化的，灵活性成了新秩序的代名词。人们很快发现，实行项目管理恰恰是实现灵活性的关键手段，项目管理在运作方式上能够最大限度地利用内外资源，从根本上改善中层管理人员的工作效率。于是，纷纷采用这一管理模式，并成为企业重要的管理手段。

最新的工程项目管理理论是通过组织领域的结构实现项目管理的专业化和传播，指的是在管理研究中个人和组织都根据外部（或环境）约束和压力调整其结构和行为的观点。许多管理过程突出了这种与环境耦合的趋势，如组织制度主义、一般系统理论、权变理论、资源依赖理论、人口生态学、利益相关者理论。该理论与权变理论有明显区别，权变理论在组织研究中也称为“情境”方法，其重点是分析环境权变对结构和组织过程的影响。据此，环境既是一组资源，又是一个元约束，是相对于行为者（个人或组织）预先决定和独立的，他们只需要分析、解释和理解环境变化并适应它们。与这种设置相比，情境主义框架侧重于“行动”和“制度化”的过程，基于日常生活中人类行动的具体情境。这两个过程的持续工作产生了社会现实的建立、打破和重建。根据这个观点，环境不是自然的事实；相反，它是“具体的行动领域”。

经过长期探索总结，现代项目管理在发达国家中逐步发展成为独立的学科体系和行业，成为现代管理学的重要分支。

用一句话来给一个学科体系下定义是十分困难的，但可以通过美国项目管理学会在《项目管理体系指南》中的一段话来了解项目管理的轮廓：“项目管理就是指把各种系统、方法和人员结合在一起，在规定的时间、预算和质量目标范围内完成项目的各项工作，有效的项目管理是指在规定用来实现具体目标和指标的时间内，对组织机构资源进行计划、引导和控制工作”。

1.3 工程项目管理的发展

1.3.1 国际上工程项目管理的产生和发展

20 世纪 40 年代中期到 60 年代，项目管理首先在发达国家发展起来，主要在国防工程和工业、民用建筑中得到较为广泛的应用，这时期的项目管理主要致力于项目预算和一些特定的管理目标。1936 年，美国在控制洪水的水利工程中提出了至今仍然沿用的效益费用比的理论和方法。

资源 1.12
效益费用比

20 世纪 50 年代前后，在工程建设方面，大型工程项目不断出现，国际承包事业大力发展，竞争非常激烈；在科学和军事等方面，复杂的科研、军事和航天项目大量涌现。这些使人们认识到，由于项目的一次性和约束条件的不确定性，要取得项目的成功，必须引进科学的管理方法以加强管理。于是，项目管理科学作为一种客观要求被提了出来。从理论准备来看，在第二次世界大战以后，科学管理方法大量出现，逐渐形成了管理科学体系，并被广泛应用于生产和管理实践，如系统论、控制论、组织论、预测技术、网络计划技术、数理统计理论等均已发展成熟，在生产管理实践中取得很大的成功，产生了巨大效益。特别是 20 世纪 50 年代末产生的网络计划技术（主要是美国的军事工程项目），应用于项目管理后取得了理想的效果，引起了世界性的轰动。生产实践的客观需要和管理科学理论体系的逐步形成，使人们顺理成章地将两者结合在一起并进一步系统化，使工程项目管理越来越具有科学性，终于使其作为一门学科迅速发展，跻身于管理科学的殿堂。

到 20 世纪 60 年代中期，为了追求投资效率和适应工程建设日益扩大的需要，发达国家的有识之士日益感到项目管理的重要性，在其后十几年间，相继建立起三个国际性项目管理组织，即国际项目管理协会、美国体系的美国项目管理协会和澳洲体系的澳大利亚项目管理协会。其他一些国家也相继建立了项目管理协会，这标志着项目管理得到了普遍的发展。这个时期，利用大型计算机进行网络计划的分析计算已经成熟，人们可以用计算机进行项目工期的计划和控制，但是当时计算机没有普及，上机费用较高，一般的项目不可能使用计算机进行管理，而且，许多人对网络技术难以接受，致使网络技术并没有得到普及。

20 世纪 70 年代初，计算机网络分析程序已十分成熟，人们将信息系统方法引入项目管理中，提出了项目管理信息系统。这使人们对网络技术有了更深的理解，扩大了项目管理的研究深度和广度，同时扩大了网络技术的作用和应用范围，在工期计划的基础上实现用计算机进行资源和成本计划、优化和控制。70 年代中期，项目管理的职能在不断扩展，人们对项目管理过程和各种管理职能进行了全面、系统的研究。到了 70 年代末，计算机得到了普及，这使项目管理理论和方法的应用走向了更广阔的领域。由于计算机及软件价格降低、数据获得更为方便、计算时间缩短、调整容易、程序与用户友好等优点，使得普通的项目管理公司和企业都可以使用现代化的项目管理方法和手段，大大简化了项目管理工作流程，提高了效率，取得了显著的经济和社会效益。

进入 20 世纪 80 年代，现代项目管理逐渐发展成为一个管理学科，理论与实践均有了很大的进步。它所涉及的领域已经不再是传统的以工程建设项目管理为主的项目管理，而是适应现代社会中各项项目管理的理论和方法。研究领域扩大到了合同管理、项目形象管理、项目风险管理及项目组织行为等内容。在计算机应用上则加强了决策支持系统和专家系统的研究。随着社会的进步，社会分工更加细化，生产社会化程度大大提高，人们对项目的需求也越来越多，而项目的目标计划、协调和控制也更加复杂，这将促进项目管理理论和方法的进一步发展。

进入 20 世纪 80 年代，美国项目管理协会又开展了对项目管理专业人员的资格认证 PMP（Project Management Professional），其目的是给项目管理人员提供一个行业标准。PMP 认可和认证的主要活动有：提高项目管理意识和向公司、大学和其他专业协会推广其原则和技术；研究和加强项目经理的专业技能，并为 PMP 认证、项目管理的专业发展做出贡献。我国外国专家局于 1999 年正式引进 PMP 认证，使我国的项目管理工作进一步走向规范化、国际化。

随着信息系统工程、网络工程、软件工程的发展以及大型建设工程和高科技项目开发等项目管理的出现，项目管理在理论与方法上不断创新，从而促进了项目管理的快速发展，使其更趋现代化，项目管理的应用范围也越来越宽。

在世界范围内，工程项目管理学科在实践中不断发展和提高。主要表现在以下方面：

（1）在工程项目管理模式方面。在传统的建筑师/工程师工程项目管理模式的基础上，根据业主的需求和不同建设环境，相继出现了设计施工总承包（Design Build，DB）、项目经理（Project Manager，PM）、项目管理承包（Project Management Consultant，PMC）、一体化管理、基于伙伴关系的项目管理（Project Management）等多种建设管理模式，使不同条件下的工程项目管理更加科学和合理。

（2）在工程建设合同方面。建设合同条件研究和应用的水平不断提高，标准化合同条件广泛应用，促进了建设管理水平的上升。如国际咨询工程师联合会（Fédération Internationale Des Ingénieurs Conseils，FIDIC）在 20 世纪 70 年代制定和颁布了《土木工程施工合同条件》等合同条件，这些条件在国际工程中广泛使用，并在应用中不断完善，到目前为止已修订了 5 次，变得更加科学和合理。世界许多国家也有自己的标准化的建设合同，这有力地促进了工程项目管理水平的提高。

资源 1.13
FIDIC

(3) 在工程项目管理技术的应用方面。随着计算机技术以及整个信息技术的高速发展，管理学科的技术在工程项目管理领域得到了较好地应用。如 20 世纪 50 年代出现的网络计划技术，在手工条件下应用于大型工程上较为困难，但是借助于计算机之后，在大型工程项目上的应用就变得相当简单了。目前，计算机辅助工程项目管理已相当普遍，大大提高了工程项目管理的效率，促进了工程项目管理的标准化和规范化。

(4) 工程项目管理的职业化。工程项目管理人员，包括咨询工程师、监理工程师、造价工程师、工程营造师等组成了一支以工程项目管理为职业的队伍，并且产生了项目管理人员的入门考试和认证管理，各类工程师们持证上岗为工程项目管理服务。他们活跃在工程项目管理实践的第一线，凭借自己的专业知识、技能和经验立足于社会、服务于社会，促进着工程项目管理学科的发展。

资源 1.14
PERT

资源 1.15
鲁布革水电站

1.3.2 我国工程项目管理的产生和发展

项目建设和管理为我国经济发展作出了重要贡献。纵观我国项目管理的发展轨迹，自从人类开始有组织的活动以来，我们的祖先就开始了项目管理实践，并随着时间的推移，不断地发展和完善，项目管理经历了潜意识的项目管理、传统的项目管理与现代项目管理的发展阶段。在不断发展的历史时期，人们通过努力探索，成功实施了一些项目，如对古代的万里长城、京杭大运河、都江堰等，都产生了重要作用。然而，真正将项目管理上升到理论与科学的层次也是近代的事。

20 世纪 60 年代中期，我国老一代科学家华罗庚、钱学森等就开始致力于推广和应用项目管理的理论和方法。如在 20 世纪 60 年代研制战略导弹武器系统时，就引进了计划评审技术（Program Evaluation and Review Technique，PERT）；华罗庚教授还深入工程建设第一线推广应用 PERT。

我国工程项目管理理论研究和应用从 20 世纪 80 年代开始进入一个新阶段。随着改革开放和社会主义市场经济体制的确立，与社会主义市场经济相适应的、与国际惯例接轨的建设项目管理体制得到推行，工程项目管理的研究和教学活动才蓬勃兴起。

我国真正意义上的项目管理系统研究和行业实践起步较晚。最早开始的应该是利用世界银行贷款的项目——鲁布革水电站，1983 年我国云南鲁布革水电站引水工程按照国际惯例进行国际招标，实行项目管理，取得了缩短工程建设工期、降低工程建设造价的显著效果。国家建设部等五部委对其进行了经验总结，形成了著名的鲁布革工程项目管理经验，并在全国推广应用。此后，招标承包制在我国普遍推行，把竞争机制引入工程项目建设，收到较好的效果。之后，我国的许多大中型工程相继实行项目管理体制，包括项目资本金制度、法人负责制、合同承包制、建设监理制等。在项目管理职业化发展方面，我国已经建立起了造价工程师、监理工程师考试和国家注册工程师制度。

作为现代管理科学的一个重要分支学科，“工程项目管理”于 1982 年引进到我国，1988 年在全国进行应用试点，1993 年正式推广应用。2001 年中国国际项目管理专业资质认证委员会成立于北京。2002 年中国劳动和社会保障部颁布了项目管理师的国家职业标准，项目管理工作开始标准化、科学化和法规化。在各级政府、建设主管部门的大力推动和全国工程界的努力实践下，我国工程项目管理形成了如下四个特点：

（1）工程项目管理与工程建设管理方式改革相结合。工程项目管理是一种新的工程建设管理方式，这种管理方式与工程建设的目的相一致，是以工程项目为出发点、为中心、为归宿的管理方式，它改变了传统的以政府集中管理为中心的计划管理方式。这一改革极大地解放和提高了我国工程建设的生产力。

（2）工程项目管理与我国建筑市场的建设与发展相结合。我国建筑市场的建设与发展首先是围绕建立合格的市场主体展开的，即形成合格的项目法人（买方）、承包单位（卖方）和监理单位（中介方）。这三者是围绕工程项目管理这个中心联系在一起的，并由此形成了我国工程建设管理体制的四大主要内容，即项目法人责任制、招标投标制、工程监理制与合同管理制，这四项制度是围绕工程项目管理实施的。

（3）已经形成了我国的工程项目管理“三个一”。即一套工程项目管理学科理论体系、一套工程项目管理方法体系与一大批典型的工程项目管理成功案例。这“三个一”是我国继续发展工程项目管理的坚实基础。

（4）我国工程项目管理学术活动活跃。在大学里已经将“建筑管理工程专业”更名为“工程管理专业”，说明这个专业的培养目标就是造就项目管理人才；在继续教育方面，工程项目管理的教材有：全国施工企业项目经理培训教材、全国工程建设监理工程师培训教材、全国工商管理建筑业培训教材等；截至 2019 年 6 月，我国大陆地区累计参加工程项目管理资格认证考试人数超过 50 万人次，约 30 万人持有有效证书，占全球 30%。全国从事项目管理研究的学术团体有“中国优选法、统筹法与经济数学研究会项目管理学会”“中国建筑业协会工程项目管理委员会”“中国建筑学会建筑统筹管理分会”等；从事工程项目管理学术研究的专家、学者是一支很庞大的队伍，每年发表的工程项目管理研究学术论文、科研成果有很多，且仍处于稳定发展阶段中。

21 世纪以来，在我国工程建设领域广泛推行的“三制”，已与社会主义市场经济体制的发展要求基本相适应，已和国际惯例基本接轨。“三制”的主要内容如下：

（1）建设项目法人责任制。建设项目法人责任制要求项目法人对建设项目的策划、资金筹措、建设实施、生产经营、债务偿还和资产的增值保值等实行全过程负责。实行建设项目法人责任制后，在建设项目管理上要形成以项目法人为主体，项目法人向国家和投资各方负责，咨询、设计、监理、施工、物资供应等单位通过投标或接受委托，然后以合同为纽带，向项目法人提供服务或承包工程施工的一种新型的建设管理模式。

（2）招标投标制。招标投标制是在市场经济体制下，工程建设领域分配建设任务的、具有竞争性的交易方式。实行招标投标制是发展社会主义市场经济的客观需要，可以促使建设市场各主体之间进行公平交易、平等竞争，以确保建设项目目标的实现。

（3）工程建设监理制。建设监理制是实行工程项目招标、用合同的形式来连接项目法人和施工承包人关系后的客观要求。目前，它主要由项目法人通过招标或委托的方式选择具有监理资质的法人对施工合同进行管理。实行建设监理制，可以促进建设项目管理的社会化和专业化，及时解决施工合同履行过程中产生的矛盾和争端，促进项目管理水平的提高。

近年来，我国工程项目管理又有新的发展，PM、PMC、Partnering、一体化管理等建设模式受到人们的重视，得到较多的研究和应用。随着信息科技与经济全球化的深入发展，许多先进的工程项目管理模式和一些新颖的管理思想被引入国内，例如代建制、DBB 模式等工程项目管理模式被广泛应用和推广，促进着国内项目管理水平的发展。现今，我国项目管理水平加速发展，许多新兴管理思想和项目管理模式在国内也逐步成熟，出现了一系列规模宏大、质量优秀、管理先进的工程项目。

资源 1.16
代建制

资源 1.17
DBB 模式

1.4　我国工程项目管理学的发展趋势

1.4.1　我国工程项目管理存在问题

由于我国工程项目管理发展的时间短、速度快，发展过程中仍存在许多问题。主要表现如下：

（1）部分工程项目管理缺乏科学性。从当前我国工程建筑企业工程项目管理的角度来看，比较突出的问题在于个别工程建筑企业不注重对工程项目管理的科学设计和安排，项目管理的规范化水平有待提高，从而导致项目管理无法获得预期的成效。部分工程建筑企业没有将成本管理、进度管理、质量管理进行有机结合，在开展项目管理方面对成本管理和进度管理较为重视，而对质量管理则相对比较薄弱，厚此薄彼的管理策略导致项目管理缺乏实效性，进而导致效率低下。还有的工程建筑企业不注重构建科学和完善的项目管理机制，尽管针对不同的工程项目建立了专门的“项目部”，但在组织实施的过程中却并不注重发挥“项目部”的协调功能，工作过程中任务分工缺乏科学性，在开展项目管理的过程中甚至出现相互制约的现象，导致一些环节和一些部门管理不到位，甚至形成了较大的工程风险。2016 年发生的丰城电厂施工平台倒塌事故，造成了 70 余人伤亡的严重后果。主要原因就是施工过程中项目管理者缺乏科学管理意识，没有按照工序规定进行拆模工作，违规拆除模板使筒壁混凝土失去模板支护，不足以承受上部荷载，造成第 50 节及以上筒壁混凝土和模架体系连续倾塌坠落。

资源 1.18
丰城电厂施工平台倒塌事故

（2）部分工程项目管理缺乏系统性。工程项目管理涉及方方面面，而且是“全过程管理”，因而应当突出系统性与整体性。但部分工程建筑企业在这方面仍没有进行有效实施，工程项目管理的系统性较弱，直接导致管理工作无法向纵深发展。有的工程建筑企业不注重工程项目管理体系建设，特别是项目经理的作用发挥不到位，在沟通、协调、落实方面还比较薄弱，同时在破解难题、推动工作方面也无法起到良好的促进作用。有的工程建筑企业在开展工程项目管理的过程中则不注重构建科学和完善的方法体系，如“全生命周期理论”还没有广泛应用于工程项目管理的全过程当中，直接导致工程项目管理的全面性、全程性、全员性不强。还有的工程建筑企业在开展工程项目管理的过程中不注重“人”的因素，如在开展质量管理的过程中，缺乏对施工人员的教育和培训，施工人员的质量意识不强，导致出现了一系列质量问题甚至事故。2019 年湖南华容县某塔式起重机安拆人员严重违规作业，引起横梁销轴从西北侧端踏步圆弧槽内滑脱，造成塔式起重机上部荷载由顶升横梁一端承重而失稳，导致塔式起重机上部结构墩落，引发坍塌事故，造成 5 人死亡、580 余万元的直接经济损失。其原因就是建造企业没有形成科学、完整的管理体系，不仅长期缺乏对施工人员的安全知识培训，而且施工过程中行业监管部门的监督检查力度也较为薄弱。

资源 1.19 湖南“1・23”起重机倒塌事故

3）部分工程项目管理缺乏融合性。对于工程建筑企业来说，工程项目管理是指自工程开工到工程竣工移交这一时间段完整、无间断的施工过程管理。由于工程项目管理涉及面较广，同时还需要各个组织、各个领域的协调配合，因而需要强化工程项目管理的融合性。但一些工程建筑企业在这方面缺乏深入的研究和有效的组织，工程项目管理缺乏融合性的问题比较突出。有的工程建筑企业在开展成本管理的过程中，不注重将其与财务管理进行有效结合，特别是在构建“业财”融合体系方面相对比较薄弱，成本管理方法单一，无法起到有效降低成本和提高效益的作用。有的工程建筑企业则不注重将进度管理与质量管理进行有效结合，甚至为了盲目追求进度而出现了施工质量问题，不仅无法顺利完工，甚至会导致经济效益受到较大影响。2013 年，孟加拉国发生了骇人听闻的萨瓦区大楼倒塌事故，事故造成 1000 余人死亡、2000 余人受伤的悲惨后果。事故发生的最大原因就是工程管理者没有将工程的进度管理与效益管理有机结合，过分追求经济效益擅自将大楼加高四层并且使用了不符合国家标准的建筑材料，加之发电机产生与楼体的共鸣振动加剧了楼层的过载效应，最终酿成这场严重事故。

资源 1.20 孟加拉国萨瓦区大楼倒塌事故

1.4.2　我国工程项目管理发展的趋势

1. 项目管理国际化

随着我国改革开放不断深化，经济全球化持续深入发展，在我国的跨国公司和跨国项目越来越多，项目管理的国际化正形成趋势和潮流。截至 2016 年年底，我国累计批准设立外商投资企业 68.3 万家，实际外商直接投资额达到 9454 亿美元。特别是加入 WTO 后，一方面，我国的行业壁垒下降，国内市场国际化，国内外市场全面融合，外国企业必定利用其在资本、技术、管理、人才、服务等方面的优势，挤占我国国内市场，尤其是工程总承包市场。面对日益激烈的市场竞争，我国的企业必须以市场为导向，转换经营模式，增强应变能力，在竞争中学会生存，在拼搏中寻求发展。另一方面，入世后根据最惠国待遇和国民待遇，我们将获得更多的机会，并能更加容易地进入国际市场；作为 WTO 的成员国，我国的企业在国际市场上，可以与其他成员国企业拥有同等的权利，并享有同等的关税减免，在“贸易自由化”原则指导下，减少对外工程承包的审批程序，将有更多的公司从事国际工程承包，并逐步过渡到自由经营。例如我国著名的水利工程项目三峡枢纽工程，发电机组设备要由德国伏伊特（VOITH）公司、美国通用电气（GE）公司、德国西门子（SIEMENS）公司组成的 VGS 联营体和法国阿尔斯通（ALSTOM）公司、瑞士 ABB 公司组成的 ALSTOM 联营体提供。

2. 项目管理信息化

伴随着互联网走进千家万户以及知识经济时代的到来，项目管理的信息化已成必然趋势。作为当今更新最快的电脑技术和网络技术，在企业经营管理中普及应用的速度令人吃惊，而且呈现加速发展的态势。这给项目管理带来很多新的特点，在信息高速膨胀的今天，项目管理越来越依赖于电脑手段，其竞争从某种意义上讲已成为信息战。此外，作为21世纪的主导经济——知识经济时代已经来临，与之相应的项目管理也将成为一个热门前沿领域。另外，我国经济迅速发展，国家不断加大项目建设和管理力度，项目管理水平有所提高。加强项目管理，将是加快经济发展的一项长期工作。随着新经济时代的到来，人们越来越清晰地认识到，现在和未来全球化的市场竞争中，项目管理是成功的关键因素之一。20世纪70年代以来建设项目管理信息化（Building Informaiton Modeling，BIM）的起源，不仅意味着信息设备代替手工方式，也带来了项目建设的经济效益和社会效益。例如我国的京张高铁在充分继承既有信息化建设成果的基础上，搭建了三维铁路工程管理平台，提高了参建各方的信息化、精细化管理水平。2018年3月，京张公司开展启动了铁路工程管理平台升级工作。铁路工程建设管理平台1.0系统分为综合办公、进度管控、质量管理、安全管理、物资设备、投资管控六大管理体系，实现了建设过程中的数据挖掘分析、预警管控、专业管理、统筹资源等功能，提高了建设管理效率。

3. 项目管理规范化

世界各国，包括发达国家，在发展的过程中都曾面对腐败问题的困扰，近年来，我国越来越重视工程管理的腐败问题。十八大以来，以习近平同志为核心的党中央高度重视党风廉政建设和反腐败工作，将党风廉政建设和反腐败斗争纳入全面从严治党的重要内容之中，将“全面从严治党”的重要思想纳入“四个全面”的战略布局之中。一个公开、公平、公正及高度透明的管理制度不但符合公众利益，还可消除腐败，因此，越来越受到工程管理者的重视。2001年，国际咨询工程师联合会（FIDIC）出版了工程咨询业的廉洁管理指南，提出了廉洁管理的原则和工程咨询公司的廉洁管理框架，包括道德规范、政策宣示、检查表格等可操作的管理工具。自此全国的大中型企业都出台了相应的廉洁管理条例，推动了项目管理规范化的科学发展。例如我国的淠史杭灌区开创了一系列规范化管理举措，包括：理清体制机制，强化组织管理；树立底线思维，做实安全管理；坚持精准调度，严格供用水管理等，形成了高效节水、设施完善、管理科学、生态良好的特色灌区。

项目管理科学起源于建筑、国防、工程和制造业，但从20世纪60年代开始扩散到了其他行业。如今，这门学科已经融进各个领域，从商业、管理到IT以及工程。其核心是使用已经被证实的方法论工具，在既定的范围、计划、成本和质量的限制条件下开展工作。很多组织都是由各种固有的职能部门组成，项目团队的工作可以促进这些分立职能之间的整合。随着互联网的发展，项目管理必将更加进一步被深入扩展到更多其他领域，产生更多元化的发展。

思　考　题

1. 管理思想的发展经历了哪 5 个阶段？各发展阶段的特点是什么？
2. 工程项目管理的定义是什么？
3. 请简述我国工程项目管理产生和发展的历程。
4. 我国工程项目管理存在问题和发展趋势如何？

第 2 章

工程项目管理概论

工程项目管理是管理学科发展起来的一个新领域，它不仅融入了现代社会中各种项目的一般管理理论和方法，而且充分考虑了工程项目的特殊性。由于其理论和方法是在总结了各类项目管理的一般规律的基础上建立起来的，因而具有更广泛的适用性和实用性。可以说，工程项目管理的理论和方法可以适用于现代社会中各种项目的管理，不论是基本建设项目还是科技开发项目，也不管是软件开发项目还是各种技术咨询服务项目。本章在介绍工程项目管理基本概念的基础上，阐述了工程项目管理的知识体系构成、工程项目管理基本任务与内容等。

2.1 工程项目的概念、特点及分类

2.1.1 工程项目的概念

工程项目是以实物形态表示的具体项目，如建造一座大坝或一座水电站，建造一栋大楼或公共游乐场、建造一条高速公路或输油管道等。在我国，工程建设项目是固定资产投资项目的建成，它包括基本建设项目（新建、扩建等扩大生产能力的项目）和更新改造项目（以改进技术、增加产品品种、提高质量、治理“三废”、劳动安全、节约资源为主要目的的项目）。

基本建设项目一般指在一个总体设计或初步设计范围内，由一个或几个单项工程组成，在经济上进行统一核算，在行政上有独立组织形式，实行统一管理的工程项目。

更新改造项目是指经批准，具有独立设计文件（或项目建议书）的技术改造工程，或企业、事业单位及其主管部门的技术改造计划方案中能独立发挥效益的工程项目。

2.1.2 工程项目的特点

与企业一般的生产活动、事业机关的行政活动和其他经济活动相比较，工程项目有自身的特殊性及建设特性，其特点主要表现在以下方面。

2.1.2.1 工程项目的特殊性

1. 固定性

工程建设项目往往具有庞大体型和较为复杂的构造，多以大地为基础，建造在某一固定的地方，不能移动，只能在建造的地点作为固定资产使用，它不同于一般工业产品，消费空间受到限制。

2. 系统性

工程项目是一个复杂的开放系统，这也是工程项目的重要特征之一。项目系统与外部有紧密而又复杂的联系，与外部环境之间不断有资源和信息的交换，并受外部环境的影响和制约。因此，建设项目作为开放系统不仅要求其系统内部要协调有序，而且要求系统能对外界环境的变化进行自我适应和调节。

从工程项目本身而言，它是由若干个单项工程和进一步细化的单位工程和分部分项工程组成的有机整体。如一座大型水电站，不仅要有发电、输电设施、蓄水（水库）、引水等建筑物组成电站的生产设施体系，而且要有生活、后勤保障设施体系，从而形成完整的水电站项目系统，确保项目建成后达到设计生产能力。

从管理的角度来看，一个项目系统是由人、技术、资源、时间、空间和信息等多种要素组合到一起，为实现一个特定的项目目标而形成的有机整体。系统论特别强调要把一个系统作为一个整体来认识，强调“以一定方式适当组织与管理的全局系统，所起的作用比其各部分孤立所作用的总和要大得多，局部的最优不等于全局的最优”。因此，工程项目作为一个系统，其整体性的规律不能违背。它要求有一个管理保证系统，来统筹协调项目建设的全过程、全部目标和项目有关各方的全部活动。

3. 多界面性

工程项目作为一个开放系统，与外部环境之间、项目各子系统之间、各子系统内部的各构成要素之间等都存在着众多的结合部或界面。工程项目的这些结合部或界面是项目管理的重点，也是协调管理工作的焦点。

工程项目的界面可以表现在不同层次、不同部位和不同的阶段，也可归纳为人员与人员、系统与系统、系统与环境等三类界面。

项目组织是由各类人员组成的工作班子，由于各类人员、各个部门所处的地位、岗位、职责、任务不同及人员的性格、习惯、能力不同，必然存在着工作衔接问题、潜在矛盾和危机。这种人员、部门之间的间隔就是人员与人员界面；在项目内部，各子系统之间、土建与安装工程之间、地上与地下工程之间、工序之间、阶段与阶段之间等都存在着界面，在界面上有大量的指令、信息、资源的交换；同样，工程项目系统与外部环境之间存在着各种界面或结合部，这主要表现在项目与政府主管部门、银行、地方政府、设计咨询单位、施工承包商、设备材料供应商等单位之间。

通常，项目管理层次越多，项目参与单位和影响因素越复杂，项目的界面或结合部就越多，其结果是协调管理就越困难，对项目管理的水平要求也就越高。因此，简化管理层次，尽可能减少项目的界面，加强重点界面的管理，应引起项目工程管理者的高度重视。

2.1.2.2　工程项目的建设特性

由于工程项目多以基本建设的形式体现，因此，在建设过程中还具有一些特殊的技术经济性质。

1. 长周期性

工程项目建设周期长，在较长时间内耗用大量的资金。一般工业生产都是一边消耗人力、物力和财力，一边产出产品、销售产品，较快地回收资金。工程项目建设则不然，由于建设项目体型庞大，工程量巨大，建设周期长，只有待项目基本建成后才能开始回收投资。在漫长的项目建设期内，大量耗用人力、物力、财力，长期占用大量的资金而不产出任何完整的产品，当然也不能获得收益。因此，在建设管理上要千方百计地缩短工期，按期或提前建成投产，形成生产能力。

2. 高风险性

工程项目往往投资较大，尤其是水利水电工程类项目规模大、建设周期长，受自然环境的影响也较大（可能遇到不可抗力和特殊风险损失等），而且，往往要求项目必须一次成功，因而项目承受风险也大。

3. 连续性

项目建设过程的连续性是由工程项目的特点和经济规律所决定的。建设的连续性意味着项目各参与单位必须有良好的协作，在项目建设各阶段、各环节中，各项工作都必须按照统一的建设计划、有机地组织起来，在时间上不间断，在空间上不脱节，使建设工作有条不紊地进行。如果界面管理不力或某个过程受阻或中断，就会导致停工、窝工和资源损失，以致拖延工期。

4. 流动性

流动性是指施工过程中体现出的流动，也是由建设项目的固定性决定的。作为劳动对象的建设项目固定在建设地点不能移动，则劳动者和劳动资料就必然要经常流动转移。一个建设项目开始实施时，建设者和施工机具就要从其他地点迁移到本建设项目工地，项目建成后再转移到另一工地，这是大的流动。在一个项目工地上，还包含着许多小的流动。一个作业队和施工机具在一个工作面上完成了某专业工作后，就要撤离下来，转移到另一个工作面上。

施工流动性给项目管理工作、施工成本和职工生活安排带来很大的影响，它涉及施工队伍的建制、职工生活和施工附属企业安排，当地材料的开采利用、交通运输和现场各种临时设施的安排和使用问题。

5. 环境制约性

基本建设项目规模大、固定不动，而且常常处在复杂的自然环境之中，受地形、地质、水文、气象等诸多自然因素的影响大，在工程施工中，露天、水下、地下、高空作业多，还往往受到不良地质条件威胁。工程的投资或成本、质量、工期和施工安全常因此而受到严重影响。

工程建设还受到社会环境的影响和制约，如项目征地移民涉及当地政府和城乡居民。工程建设涉及当地材料、水电供应和交通、通信、生活等社会条件。显然，这些社会环境同样对工程项目投资、工期和质量产生影响。

2.1.3 工程项目的分类

由于工程项目种类繁多，为了适应科学管理的需要，从不同角度反映工程项目的性质、行业结构、有关比例关系，国家规定了工程项目的分类标准。

2.1.3.1 按管理需要划分

按照管理需要，在实际工作中一般将建设项目划分为基本建设项目和更新改造项目，划分时主要考虑以下几个方面的因素。

1. 工程建设的内容与主要目的

一般把以扩大生产能力（或新增工程效益）为主要建设内容和目的的建设项目划分为基本建设项目，把以节约、增加产品品种、提高质量、治理“三废”、劳保安全为主要目的的建设项目划分为更新改造项目。

2. 投资来源

将以利用国家预算内拨款（基本建设基金）、银行基本建设贷款为主的建设项目划分为基本建设项目，以利用企业基本折旧基金、企业自有资金和银行技术改造贷款为主的建设项目划分为更新改造项目。

3. 土建工作量

凡项目土建工作量投资占整个项目投资 30%以上的建设项目可划分为基本建设项目。

资源 2.1
中国天眼

4. 项目所列的计划

这是目前通常的做法，凡列入基本建设计划的项目一律按基本建设项目处理，凡列入更新改造计划的项目则按更新改造项目处理。

需要说明的是，划分基本建设项目和更新改造项目，只限于国有企业单位的建设项目，对于非国有单位、所有非生产性部门的建设项目，一般不做这种划分。

资源 2.2
港珠澳大桥

2.1.3.2　按工程建设性质划分

按照工程建设性质，通常将工程项目划分为以下五类。

1. 新建项目

新建项目指从无到有、“平地起家”的项目，即在原有固定资产为零的基础上投资建设的项目。按国家规定，若建设项目原有基础很小，扩大建设规模后，其新增固定资产的价值超过原有固定资产价值 3 倍以上的，也当作新建工程项目。如中国天眼、港珠澳大桥建设项目均属于新建项目。

资源 2.3
上海虹桥机场

2. 扩建项目

资源 2.4
奥运会丰台
垒球馆改建
项目

扩建项目指企业、事业单位在原有的基础上投资扩大建设的项目。如在企业原场地范围内或其他地点为扩大原有产品的生产能力或增加新产品的生产能力而建设的主要生产车间、独立的生产线或总厂下的分厂、事业单位和行政单位增建的业务用房（办公楼、病房、门诊部等）。如上海虹桥机场，为扩展其航空业务能力，使机场各类基础设施的能力和空域资源得到更加充分的利用，在原机场的基础上对跑道、航站楼等设施进行扩建。

资源 2.5
大型灌区节
水续建配套
改造项目

3. 改建项目

改建项目指企业、事业单位对原有设施、工艺条件进行改造的项目。我国规定，企业为消除各工序或各车间之间生产能力的不平衡增建或扩建的不直接增加本企业主要产品生产能力的车间为改建项目。现有企业、事业、行政单位增加或扩建部分辅助工程和生活福利设施（如职工宿舍、食堂、浴室等）并不增加本单位主要效益的，也为改建工程。如奥运会丰台垒球馆改建项目、大型灌区节水续建配套改造项目。

资源 2.6
首钢迁建
项目

4. 迁建项目

迁建项目指原有企业、事业单位，为改变生产力布局，迁移到另地建设的项目，不论其建设规模是企业原来的还是扩大的，都属于迁建项目。如为了改变首都的环境状况，改善首钢的生产力布局，首钢集团搬迁至河北省唐山市曹妃甸，首钢的搬迁即属于迁建项目。

5. 恢复项目

资源 2.7
汶川地震

恢复项目指原有企业、事业和行政单位，因自然灾害或战争，使原有固定资产遭受全部或部分报废，需要进行投资重建来恢复生产能力和业务工作条件、生活福利设施等的建设项目。这类项目，不论是按原有规模恢复建设，还是在恢复过程中同时进行扩建，都属于恢复项目。但对尚未建成投产或交付使用的项目，受到破坏后，若仍按原设计重建的，原建设性质不变；如果按新设计重建，则根据新设计内容来确定其性质。如汶川地震以后，许多公路遭到不同程度的破坏，为了恢复原有公路的通行能力，对已破坏的公路进行恢复重建，这类项目称为恢复项目。

工程项目按其性质分为上述五类，一个建设项目只能有一种性质，在项目按总体设计全部建成以前，其建设性质是始终不变的。

2.1.3.3 按工程建设规模划分

为正确反映工程项目的规模，适应对工程项目分级管理的需要，国家规定基本建设项目可分为大型、中型、小型三类；更新改造项目可分为限额以上项目和限额以下项目两类。不同等级标准的建设项目，国家规定的审批机关和报建程序也不尽相同。划分项目等级的原则如下所述：

（1）按批准的可行性研究报告（初步设计）所确定的总设计能力或投资总额的大小，依据国家颁布的《基本建设项目大中小型划分标准》进行分类。

（2）凡生产单一产品的项目，一般以产品的设计生产能力划分；生产多种产品的项目，一般按其主要产品的设计生产能力划分；产品分类较多，不易分清主次，难以按产品的设计能力划分时，可按投资总额划分。

（3）对国民经济和社会发展具有特殊意义的某些项目，虽然设计能力或全部投资不够大中型项目标准，经国家批准已列入大中型计划或国家重点建设工程的项目，也按大中型项目管理。

（4）更新改造项目一般只按投资额分为限额以上和限额以下项目，不再按生产能力或其他标准划分。

（5）基本建设项目的大中小型和更新改造项目限额的具体划分标准，根据各个时期经济发展和实际工作中的需要而变化。现行国家的有关规定如下：①按投资额划分的基本建设项目，属于生产性项目中的能源、交通、原材料部门的工程项目，投资额达到5000万元以上的为大中型项目；其他部门和非工业建设项目，投资额达到3000万元以上的为大中型建设项目；②更新改造项目只按投资额标准划分，能源、交通、原材料部门投资额达到5000万元及以上的工程项目和其他部门投资额达到3000万元及以上的项目为限额以上项目，否则为限额以下项目。

（6）一部分工业、非工业建设项目，在国家统一下达的计划中，不作为大中型项目安排。

2.1.3.4　按国民经济各行业性质和特点划分

根据建设项目的经济效益、社会效益和市场需求等基本特性，可将建设项目划分为竞争性项目、基础性项目和公益性项目三种。

1. 竞争性项目

竞争性项目主要是指投资效益比较高、竞争性比较强的一般性建设项目。这类建设项目应以企业作为基本投资主体，由企业自主决策、自担投资风险。

2. 基础性项目

基础性项目主要是指具有自然垄断性、建设周期长、投资额大而收益低的基础设施和需要政府重点扶持的一部分基础工业项目，以及直接增强国力的符合经济规模的支柱产业项目。对于这类项目，主要应由政府集中必要的财力、物力，通过经济实体进行投资。同时，还应广泛吸收地方、企业参与投资，有时还可吸收外商直接投资。

3. 公益性项目

公益性项目主要包括科技、文教、卫生、体育和环保等设施，公检法等以及政府机关、社会团体办公设施，国防建设等。公益性项目的投资主要由政府用财政资金安排。

2.2　项目管理的概念和特点

2.2.1　项目管理的概念

项目管理就是把各种知识、技能、手段和技术应用于项目活动之中，以达到项目的要求。项目管理是通过应用和综合诸如启动、规划、实施、监控和收尾等项目管理过程来进行的。项目经理是实现项目目标的负责人。

管理一个项目需要做的工作包括：

(1) 识别利益相关者的要求和期望。

(2) 确定清晰的、量化的、可实现的目标。

(3) 权衡项目利益相关者对项目质量、范围、时间和费用方便的要求，并满足这些要求。

(4) 制定项目基准计划并监控项目的执行状态。

2.2.2　项目管理的特点

项目管理具有以下基本特点：

(1) 复杂性。项目一般由多个部分组成，工作跨越多个部门或机构；需要运用多种学科知识来解决问题；项目工作通常没有或很少有可以借鉴的经验；项目实施中有很多不确定因素和风险；项目团队往往又来自不同组织、具有不同背景和经验的人员组成，管理上难度大等。这些因素都决定了项目管理是一项复杂的工作，需要更多的知识、技能、工具和技巧。

(2) 探索性。由于项目的唯一性和独特性，项目管理必然要敢于承担风险、勇于探索、发挥创造力才能成功。这也是它与一般重复性管理的主要区别。

（3）生命期。由于项目的特性，项目管理本质上就是计划和控制一次性的工作，在规定期限内达到预定的目标。一旦目标完成，项目就失去其存在的意义而解体。因此，项目管理具有可以预知的生命期。

（4）协调和沟通。项目的复杂性随着范围不同而变化很大，项目越大越复杂，其所设计的学科、技术、知识和技能等要求也越高。项目进行过程中常常需要组织内部和外部的多个部分的配合，要求这些组织、部门迅速做出反应。

2.3 工程项目管理的概念、特点与类型

2.3.1 工程项目管理的概念

工程项目管理是项目管理的一个重要分支，它是指通过一定的组织形式，用系统工程的观点、理论和方法，对工程项目管理生命周期内的所有工作，包括项目建议书、可行性研究、项目决策、设计、设备询价、施工、签证、验收等系统运动过程，进行计划、组织、指挥、协调和控制，以达到保证工程质量、缩短工期、提高投资效益的目的。由此可见，工程项目管理是以工程项目目标控制（质量控制、进度控制和投资控制）为核心的管理活动。

工程项目管理与企业管理（运营管理）同属于管理活动范畴，但两者之间存在着明显区别：

（1）管理对象不同。工程项目管理的对象是一个具体的建设项目——一次性任务，而企业管理的对象是一个企业——一个持续稳定的经济实体。工程项目管理的对象是工程项目发展周期全过程，需要按照项目管理的科学方法进行组织管理，企业管理对象是企业综合的生产经营业务，需要按照企业的特点及其经济活动的规律进行管理。

（2）管理目标不同。工程项目管理是以具体项目的质量、进度和投资为目标，一般是以效益为中心，项目的目标是短期的、临时的；而企业管理的目标是以持续稳定的利润为目标，企业的目标是长远的、稳定的。

（3）运行规律不同。工程项目管理是一项非重现动态的活动，其规律性是以项目周期和项目内在规律为基础的；而企业管理是一种持续稳定的活动，其规律性是以现代企业制度和企业经济活动内在规律为基础的。

（4）管理内容不同。工程项目管理活动贯穿于一个具体项目发展周期的全过程，包括项目立项、论证决策、规划设计、采购施工、总结评价等活动，这是一种任务型管理，需要按项目管理的科学方法进行管理；而企业管理则是一种职能管理和作业管理的综合，其本质是一种实体型管理，主要包括企业综合性管理、专业性管理和作业性管理。

（5）实施主体不同。工程项目管理实施的主体是多方面的，包括业主及其委托的咨询（设计）、监理公司、承包商等；而企业管理实施的主体仅是企业自身。

2.3.2 工程项目管理的特点

2.3.2.1 管理理论、方法、手段的科学化

管理理论、方法、手段的科学化是现代工程项目管理最显著的特点。现代工程项

目管理吸收并使用了现代科学技术的最新成果，具体表现在：

（1）现代管理理论的应用，例如系统论、信息论、控制论、行为科学等在项目管理中的应用。它们奠定了现代工程项目管理理论体系的基石。从本书后面论述可见，工程项目管理实质上就是这些理论在项目实施过程中的综合运用。

（2）现代管理方法的应用，如预测技术、决策技术、数学分析方法、数理统计方法、模糊数学、线性规划、网络技术、图论、排队论等，它们可以用于解决各种复杂的工程项目问题。

（3）管理手段的科学化，最显著的是计算机的应用，以及现代图文处理技术、精密仪器的使用，多媒体和互联网的使用等。目前以网络技术为主的项目管理软件在工期、成本、资源等的计划、优化和控制方面已十分完善，可供用户使用。这大大提高了工程项目管理的效率。

2.3.2.2　管理的社会化和专业化

由于现代社会对项目的要求越来越高，工程项目的数量越来越多，规模越来越大，越来越复杂，需要职业化的项目管理者，这样才能有高水平的项目管理。项目管理发展到今天已不仅是一门学科，而且成为一个职业。

以往人们进行工程建设要组织管理班子，例如组建基建部门、成立“指挥部”，一旦工程结束这套班子便解散或无事可做。因此管理人员的经验得不到积累，只有一次教训，没有二次经验，这实质上仍是一种“小生产”的项目管理方式。

在现代社会中，专业化的项目管理公司专门承接项目管理业务，提供全过程的专业化咨询和管理服务。这是世界性的潮流，工程项目管理（包括咨询、工程监理等）已成为一个新兴产业，已探索出许多比较成熟的工程项目管理模式。

2.3.2.3　管理的标准化和规范化

工程项目管理是一项技术性非常强的十分复杂的工作，要符合社会化大生产的需要，管理必须标准化、规范化。这样才能保证项目管理工作有通用性，实现专业化、社会化，提高管理水平和经济效益。

标准化和规范化体现在许多方面：①规范化的定义和名词解释；②规范化的项目管理工作流程；③统一的工程费用（成本）项目的划分；④统一的工程计量方法和结算方法；⑤信息系统的标准化，如信息流程、数据格式、文档系统、信息的表达形式，网络表达形式和各种工程文件的标准化；⑥使用标准的合同条件、标准的招投标文件等。

这使得工程项目管理成为人们通用的管理技术，逐渐摆脱经验型管理以及管理工作“软”的特征，而逐渐硬化。

2.3.2.4　管理的国际化

工程项目管理的国际化趋势越来越明显。国际化即按国际惯例进行项目管理。主要是由于国际合作项目越来越多，例如国际工程、国际咨询和管理业务、国际投资、国际采购等。现在不仅一些大型项目，连一些中小型项目其项目要素（如参加单位、设备、材料、管理服务、资金等）都呈现国际化趋势，这就要求国际化的工程项目管理。项目国际化带来项目管理的困难，主要体现在不同文化和经济制度背景的人，由于风俗习惯、法律背景等的差异，在项目中协调起来很困难。而国际惯例就能把不同文化背景的人包罗进来，提供一套通用的程序、通行的准则与方法、统一的文件，使得项目中的协调有统一的基础。

工程项目管理国际惯例通常有：①世界银行推行的工业项目可行性研究指南；②世界银行的采购条件；③国际咨询工程师联合会颁布的FIDIC合同条件和相应的招标投标程序；④国际上处理一些工程问题的惯例和通行准则等。

工程项目管理在当今信息社会和知识经济社会中的用途也是相当广泛的。因为人们创造财富的途径与方式已经由过去注重重复进行的生产活动为主，逐步转向了以项目开发和项目实施活动为主的模式。随着21世纪知识经济的发展和信息社会的进步，世界已经迈入了一个以项目开发与实施为主要物质财富生产和精神财富生产以及服务提供手段的社会，因此现代项目管理也就逐步成为了现代社会中主要的管理领域。

2.3.3 工程项目管理的类型

参与工程项目建设的各方在工程项目建设中均存在项目管理问题。设计和施工单位受业主委托承担项目设计及施工，它们有义务对工程项目进行管理。一些大中型工程项目，业主、设计单位和施工单位因缺乏项目管理的经验，也可委托项目管理咨询公司代为进行项目管理。在项目建设中，业主、设计单位和施工单位各处不同的地位，对同一个项目各自承担的任务不同，其项目管理的任务也不相同。如在费用控制方面，业主要控制整个项目建设的投资总额，而施工单位考虑的是控制该项目的施工成本。又如在进度控制方面，业主应控制整个项目的建设进度，而设计单位主要控制设计进度，施工单位控制所承包部分的工程施工进度。

工程项目管理的类型可归纳为以下几种：①业主的项目管理；②咨询公司代业主的项目管理；③设计单位的项目管理；④咨询公司代设计单位的项目管理；⑤施工单位的项目管理；⑥咨询公司代施工单位的项目管理；⑦采用工程指挥部代表有关政府部门的项目管理（在我国，这种方式在一定程度上还存在）；⑧政府的建设管理。

在工程项目建设的不同阶段，参与工程项目建设的各方的管理内容及重点各不相同。在设计阶段的工程项目管理分为建设单位的设计管理和设计单位的设计管理两种情况，在施工阶段的工程管理则主要分为业主的工程项目管理、承包商的工程项目管理、监理工程师的工程项目管理。下面对在工程项目管理实践中最常见的管理类型进行简要介绍。

2.3.3.1 业主的项目管理

业主作为项目的发起人和投资者，与项目建设有着最为密切的利害关系，因此必须对工程项目建设的全过程加以科学、有效和必要的管理。由于委托了监理公司，业主的项目管理侧重于重大问题的决策，如项目立项、咨询公司的选定、承包方式的确定及承包商的确定等。另外，业主及其项目管理班子要做好必要的协调和组织工作，为咨询公司及承包商的项目管理做好必要的支持和配合工作。

1. 业主的项目管理应考虑的因素

业主在组建自己的项目管理班子、决定自己对工程项目管理的参与程度和组织形式以及对一些重大问题（如设计的委托、招标的进行、发包方式及承包商的确定等）

进行决策时，应考虑 16 个因素：①工程的形式和性质；②工程项目的费用和工期；③能否筹集到资金；④业主的管理和技术人才；⑤预期的工作量；⑥工程项目必须由专业承包商完成的部分；⑦从可能出资人处争取到财力支持的可能性及其变动的灵活性；⑧工程的可能规模以及发生变更的可能性大小；⑨招标时设计文件能够做到的深度；⑩是否希望承包商早期介入（如 CM 方式）；⑪希望投标竞争达到什么程度；⑫本公司同建筑业界的关系如何；⑬可动员到的人力规模；⑭需要签订合同的数目、金额大小，以便与出资人的财力相适应；⑮合同和出资人之间的相互联系和配合；⑯工程项目可行性对工期拖延和费用超支的敏感程度。

2. 业主的项目管理组织机构

工程项目建设实施，业主必须设立相应的项目管理机构（或称项目经理部）。机构的组建应视工程项目的性质、投资来源、项目规模及复杂程度而定。凡新建大中型项目，由于工程建设周期长，经主管部门或董事会的批准，可组成单独的包括由各类专业人员组成的专职机构来负责项目的管理工作，并且由于项目各阶段管理工作的内容及工作量变化较大，管理机构应适时作出必要的调整。小型项目可由业主指定若干熟悉业务的专业人员兼职，但责任一定要明确。

任命一位精明强干的项目经理是至关重要的，要明确其责任，并赋予其足够的权限和权力，使其能够真正行使项目管理的职责。对于项目经理部要选定一个合理的组织结构模式，建立畅通的信息联系渠道和指令传达系统；要任命有能力和有威望的部门主管，选择有才能和工作热情的办事人员；业主本人在做出重大决策时，一定要与自己的项目管理班子（也要咨询机构参与）做充分而必要的调查研究，而不要越过项目管理班子，使自己的决策尽可能地科学、合理，同时避免挫伤班子工作人员的积极性。

3. 业主项目管理的基本任务

业主是工程建设项目的投资主体和责任主体，对整个建设项目全过程负责，因此，它的项目管理贯穿于建设项目的各个组成部分和项目建设的各个阶段，即业主的项目管理是全面的、全过程的项目管理。就一个项目管理而言，业主的项目管理处于核心地位。

2.3.3.2　施工单位的项目管理

施工项目管理即为承包单位（建筑企业）的工程项目管理。

1. 施工管理系统

从系统的角度看，施工项目管理是通过一个有效的管理系统进行管理。这个系统通常分为若干子系统：

(1) 方案及资源管理系统的基本任务是确定施工方案，做好施工准备。主要内容有：①施工方案的技术经济比较，选定最佳的可行方案；②选择适用的施工机械；③编制施工组织设计和施工总平面图，确定各种临时设施的数量和位置；④确定各种工人、机具和材料物资的需要量。

(2) 施工管理系统的基本任务是编制施工进度计划，在施工过程中检查执行情况，并及时进行必要的调整，以确保工程按期竣工。主要内容有：①编制施工进度计划网络图；②建立检查进度计划的报表制度和计算机数据处理程序；③施工图纸供应情况的监督检查；④物资供应情况的监督检查；⑤劳动力调配的监督检查；⑥工程质量管理。

(3) 造价管理系统。其基本任务是投标报价，签订合同，结算工程款，控制成本，保证效益。主要内容有：①制定投标报价方案；②与建设单位（业主）、分包商及设备材料供应厂商签订合同；③检查合同执行情况，处理索赔事项；④工程中间验收及竣工验收，结算工程款；⑤控制工程成本；⑥月度结算和竣工决算及损益计算。

2. 施工全过程的管理

施工项目管理的对象是施工项目寿命周期各阶段的工作，施工项目寿命周期可分为五个阶段，这五个阶段构成了施工项目管理有序的全过程。

(1) 投标、签约阶段。业主单位对建设项目进行设计和建设准备，具备了招标条件以后，便发出招标广告（或邀请函），施工单位根据招标广告或收到邀请函后，做出投标决策，参与投标直至中标签约。这是施工项目寿命周期的第一阶段，可称为“立项阶段”。本阶段的最终管理目标是签订工程承包合同。这一阶段主要进行以下工作：①建筑施工企业从经营战略的高度做出是否投标争取承包该项目的决策；②决定以后，从多方面（企业自身、相关单位、市场、现场）掌握大量信息；③编制既能使企业盈利、又有竞争力、可望中标的投标书；④如果中标，则与招标方进行谈判，依法签订工程承包合同，使合同符合国家法律、法规，符合国家计划，符合平等互利、等价有偿的原则。

(2) 施工准备阶段。施工单位与招标单位签订了工程承包合同、交易关系正式确立以后，便应组建项目经理部，然后以项目经理部为主，与企业经营层、管理层及业主单位进行配合，做好施工准备，使工程具备开工和连续施工的基本条件。这一阶段主要进行以下工作：①成立项目经理部，根据工程管理的需要建立机构，配备管理人员；②编制施工组织设计，主要是施工方案、施工进度计划和施工平面图，用以指导施工准备和施工；③制定施工项目管理规划，以指导施工项目管理活动；④进行施工项目准备，使现场具备施工条件，有利于进行文明施工；⑤编写开工申请报告，待批开工。

(3) 施工阶段。这是一个自开工至竣工的实施过程。在这一过程中，项目经理部既是决策机构，又是责任机构。经营管理层、业主单位和监理单位的作用是支持、监督与协调。这一阶段的目标是完成合同规定的全部施工任务，达到交工验收、竣工验收条件。这一阶段主要进行以下工作：①按施工组织设计的安排进行施工；②在施工中努力做好动态控制工作，保证质量目标、进度目标、造价目标、安全目标、节约目标的实现；③管好施工现场，实现文明施工；④严格履行工程承包合同，处理好内外关系，管好合同变更及索赔；⑤做好记录、协调、检查、分析工作。

(4) 交工验收、竣工验收与结算阶段。这一阶段可称作“结束阶段”。与建设项目的竣工验收阶段协调同步进行。其目标是对项目成果进行总结、评价，对外结清债权债务，结束交易关系。本阶段主要进行以下工作：①工程收尾；②进行试运转；③在预验的基础上接受正式验收；④整理、移交竣工文件，进行财务结算；⑤办理工程交付手续；⑥项目经理部解体。

（5）用后服务阶段。这是施工项目管理的最后阶段，即在交工验收后，按合同规定的责任期进行用后服务、回访与保修，其目的是保证使用单位正常使用、发挥效益。在该阶段中主要进行以下工作：①为保证工程正常使用而进行必要的技术咨询和服务；②进行工程回访，听取使用单位意见，总结经验教训，观察使用中的问题，进行必要的维护、维修和保修；③进行沉陷、抗震性能等观察，以服务于宏观事业。

3. 施工项目管理的内容

为了实现施工项目各阶段目标和最终目标，必须加强施工项目管理工作。在投标、签订工程承包合同以后，施工项目管理的主体便是以施工项目经理为首的项目经理部，即项目管理层。管理的客体是具体的施工对象、施工活动和相关的生产要素。管理的内容包括：施工项目管理组织、施工项目管理规划、施工项目的目标控制、生产要素与施工现场管理、施工项目的组织协调、施工项目的合同管理和信息管理以及施工项目管理总结等。现将上述各项内容简述如下：

（1）施工项目管理组织。主要内容包括：① 由企业采用适当的方式选聘称职的施工项目经理；②根据施工项目组织原则，选用适当的组织形式，组建施工项目管理机构，明确责任、权限和义务；③在遵守企业规章制度的前提下，根据施工项目管理的需要，制定施工项目管理制度。

（2）施工项目管理规划。主要是对施工项目管理组织、内容、方法、步骤、重点的预测和决策做具体安排的纲领性文件，其内容主要有：①进行工程项目分解，形成施工对象分解体系，以便确定阶段控制目标，从局部到整体地进行施工活动和进行施工项目管理；②建立施工项目管理工作体系，绘制施工项目管理工作体系团和施工项目管理工作信息流程图；③编制施工管理规划，确定管理要点，形成文件，以利执行。

（3）施工项目的目标控制。施工项目的目标控制应当以控制论原理和理论为指导，进行全过程的科学控制，施工项目的控制目标有以下几项：①进度控制目标；②质量控制目标；③成本控制目标；④安全控制目标。由于在施工项目目标的控制过程会不断受到各种客观因素的干扰，各种风险因素都有发生的可能性，故应通过组织协调和风险管理对项目目标进行动态控制。

（4）生产要素与施工现场管理。生产要素主要包括劳动力、材料、机械设备、资金和技术（即 SM）等，是施工项目目标得以实现的保证，施工现场的管理对于节约材料、节省投资、保证施工进度、创建文明工地等方面都至关重要。其主要内容包括：①分析各项生产要素的特点；②按照一定原则方法对施工项目生产要素进行优化配置，并对配置状况进行评价；③对施工项目的各项生产要素进行动态管理；④进行施工现场平面图设计，做好现场的调度与管理。

（5）施工项目的组织协调。组织协调为目标控制服务，其内容包括：①人际关系的协调；②组织关系的协调；③配合关系的协调；④供求关系的协调；⑤约束关系的协调。这些关系发生在施工项目管理组织内部、施工项目管理组织与其外部相关单位之间。

（6）施工项目的合同管理。由于施工项目管理是在市场条件下进行的特殊交易活动的管理，这种交易活动从招标投标工作开始，并持续于项目管理的全过程，因此必须依法签订合同，进行履约经营。合同管理体制的好坏直接涉及项目管理及工程施工的技术经济效果和目标实现。因此要从招标投标开始，加强过程承包合同的签订与履行管理。市场分国内市场和国际市场，因此合同管理势必涉及国内和国际上有关法规和合同文本、合同条件，在合同管理中应予高度重视。为了取得经济效益，还必须注意做好索赔工作，讲究方法和技巧，提供充分的证据。

（7）施工项目的信息管理。现代化管理要依靠信息，进行施工项目管理、施工项目目标控制、动态管理必须依靠信息管理，而信息管理又要依靠电子计算机进行辅助。

（8）施工项目管理总结。从管理的循环来说，管理的总结阶段既是对管理计划、执行与检查等各阶段经验和问题的提炼，又是进行新的管理所需信息的来源，其经验可作为新的管理标准和制度，其问题有待于下一循环管理予以解决。施工项目管理具有其一次性，应更加注意总结，不断提高管理水平、丰富和发展工程项目管理学科。

2.3.3.3 工程咨询的项目管理

工程咨询是第三方进行工程项目管理的一种方式。

工程咨询是工程项目管理发展到一定阶段分化出的一个分支学科和管理方式。随着工程建设规模的增加，工程技术日趋复杂化，工程项目管理更加专业化。通常情况下业主缺乏这类专业管理人员，因此，专门从事工程咨询活动的专业公司应运而生。

工程监理是一种最典型的工程咨询活动，是对工程建设有关活动的“监理”，是目标性很明确的具体行为，包括视察、检查、评价、控制等从旁纠偏，督促目标实现等一系列活动。它不同于一般性监督管理，而是一个以严密的制度构成为显著特征的综合管理行为。工程监理通过对工程建设参与者的行为进行监控、督导和评价，并采用相应的管理措施，保证工程建设行为符合国家法律、法规和有关政策；制止建设行为随意性和盲目性，促使工程建设费用、进度、质量按计划实现，确保工程建设行为合法性、科学性、合理性和经济性。

工程项目管理咨询公司，比如监理公司，其工程项目管理咨询与一般的技术情报咨询有较大的区别。后者着重提供信息，是询问解答性的，而工程项目管理咨询则承担项目管理的具体任务，如代表业主、代表设计总负责单位或代表施工总承包单位进行项目的具体管理。应该说明，工程项目管理咨询公司的服务对象是政府有关部门、业主、设计单位和施工单位等，但是对于同一个工程项目，一个咨询公司不允许同时为该项目的业主、设计和施工单位进行项目管理的咨询，因为这三方所处的地位不相同，考虑问题的出发点也不同。

2.3.3.4 政府的建设管理

政府的建设管理是指国家对建设行为、活动和建设行业进行管理、监督。管理方式：一是“立法”，即国家的权力机关制定一系列直接针对建设行为或与建设行为有关的法律，如《中华人民共和国建筑法》《中华人民共和国招标投标法》《中华人民共和国土地管理法》《中华人民共和国民法典》等一系列法律以及地方人大针对本地区的建设行为制定颁布的法规等，均可作为管理和监督的依据；二是“执法”，中央政府及地方各级政府设立建设行政主管部门，并会同其他政府管理部门，根据国家的有关法律、法规，制定建设活动管理的相关规定、规范及规程，并对建设活动及从业单位的设立和升级、从业人员的资格审定等工作进行管理，即实施政府管理。我国在国务院设立住房和城乡建设部作为全国范围内的建设行政管理部门，在各级地方政府以及国务院的工业、交通等部门设立或指定地方及部门内的建设行政主管部门，而对建设活动的管理还涉及计委、工商、土地等政府管理部门。

1. 政府项目管理的特点

（1）强制性。这是由政府的管理行为象征着国家机器的运转这一特征所决定的。国家机构的管理职能往往是授权于法，这是为了维护国家利益的需要。代表国家利益的管理机构（或个人）实施的管理行为，对被管理者来说只能是强制性的，必须接受。对工程建设活动来说也是如此。

（2）执法性。主要依据国家法律、法规、方针、政策和国家颁布的技术规范、标准进行管理，并严格遵循法定的程序行使监督、检查、许可、纠正、强制执行等权力。政府管理人员每一项具体的管理都应有充分的依据。

（3）全面性。一是指管理空间来说，它覆盖了全社会；二是就建设程序来说，它贯穿于建设的全过程，即从建设立项开始到设计、施工，直到投入使用。这几个阶段的管理可能由几个部门负责执行。

（4）宏观性。政府建设管理侧重宏观的社会效益，其着眼点主要是保证建设行为的规范性，维护大众利益和工程建设各参与者的合法权益。政府建设管理的宏观性还表现在，就一个项目而言，它不同于项目当事人的直接的、连续的、不间断的管理。

2. 政府在工程项目建设中的管理工作

（1）审批项目建议书。

（2）审批可行性研究报告。

（3）管理建设用地和拆迁补偿。

（4）管理项目建设程序。

（5）工程质量监督。

（6）对参与项目建设各方进行资质管理。

2.4　工程项目管理的基本任务与内容

2.4.1　工程项目管理的基本任务

2.4.1.1　明确业主、监理与施工单位之间的关系

所谓业主，在我国是指由投资方派代表组成的，全面负责项目筹资、项目建设、生产经营、归还贷款和债券本息的，并承担投资风险的管理班子。监理单位与业主之间的关系是平等主体之间的关系。在工程项目建设上是委托与被委托、授权与被授权的关系。业主委托监理单位监理的内容和授予的权利，是通过双方平等协商并以监理委托合同的形式予以确立。不同的业主委托监理单位监理的内容不同，同样，不同的

业主对社会建设监理授予的权力也不一样。监理单位必须在委托合同中规定的工作任务和授权范围内履行职责。监理单位与承建单位都属于企业的性质，都是属于平等的主体。在工程项目建设上，他们之间没有合同。监理单位之所以对工程项目建设中的行为具有监理的身份，一是因为业主的授权，二是因为承建单位在承包合同中也事先予以承认。同时，国家建设监理法规也赋予监理单位具有监督建设法规、技术法规实施的职责。建设单位必须在监理单位实施监理前，将监理的内容、总监理工程师姓名及所授予的权限，书面通知承建单位。总监理工程师也应及时将其授予监理工程师的有关权限以书面形式通知承建单位。承建单位必须接受监理单位的监理，并为其开展工作提供方便，按照要求提供完整的原始记录、检测记录、技术及经济资料。

2.4.1.2　工程领域中常见的项目管理模式

1. 管理承包模式

管理承包商承担项目的主要管理工作，向业主保证最大工程项目造价的数额，对项目工程既要实施全面的管理，也要承担超支赔偿的责任。在这种情况下，业主完全放权。

2. “设计＋管理”模式

建筑单位和专业工程管理机构要结合，既具有设计、施工两方面设计和实施的专业能力，又具备完全实施项目管理和承担赔偿损失的财力。

3. “设计＋管理＋施工”模式

可以是大型的建筑公司和大型的设计公司结合的联合体，也可以是有设计能力的大型建筑公司和有施工能力的施工公司。业主与他们的管理关系非常脆弱，一般情况下这种模式都用于所谓的交钥匙工程。

4. 代理管理的模式

管理的核心人替业主实施对承包商、建筑师、咨询工程师的管理，管理公司不承担项目在整个运行过程中亏损的责任，凭借管理的信誉、水平和业主的信任取得合同。这是在国外最流行的管理方式。

2.4.1.3　明确工程从立项到竣工的各个阶段

为了使工程能够符合需求，从实际出发，当今国际上一般将一个建设项目分为四个阶段来进行。第一阶段称概念阶段，即项目的机会研究、可行性研究、评估、决策、立项阶段；第二阶段称项目定义阶段，即从项目实施策划至签订承包合同的阶段；第三阶段称项目执行阶段，即执行承包合同到项目建成交付使用的阶段；第四阶段称收尾阶段，即项目的完善、终结和验收阶段。

2.4.1.4　把握工程施工过程的各项管理

1. 质量管理

质量管理的原则是全面质量管理，即以质量为中心，项目全员参与，以达到预期目标。全面质量管理既是原则，也有可行的操作程序，即 PDCA 循环（计划、执行、检查、处理），具体的控制方法则有 ABC 分析法（也称主次因素图、排列图方法）、因果分析法、控制图法、直方图法等，这些具体方法的作用在于找出质量偏差原因并加以修正。

2. 进度管理

工程的进度直接影响项目效益的发挥。进度管理的主要方法是网络计划方法，网络计划以网络图为基础。网络图是反映项目各工作或活动间逻辑顺序关系的图，它既能反映项目工期，又反映各工作间相互关系、前后次序，通过对关键线路的分析，找出关键工序，合理统筹安排主次要工作和各项资源，有效控制工期，是在保证质量下，提前竣工的有效方法。

3. 费用管理

费用管理也称造价管理，在费用预算内完成项目一直是工程领域追求的目标，可实际上总是超支，这当然有投资体制方面的原因，也有管理方法上的原因。费用管理主要有费用估算和偏差分析法。费用估算是工程项目前期根据设计、市场、有关规定估算投资总额，偏差分析（赢值法）是通过实际完成的工程与计划相比较，分析是否存在偏差并找出偏差原因，以合理控制费用的方法。费用偏差还要结合工程进度分析，这也可以通过赢值法进行。

4. 人力资源管理

为了保证项目能够得到稳定进行，明确项目组织结构，明确项目组成员的角色与职责，应配备有足够经验和能力的人员参与本项目，并保持实施队伍的稳定。同时，对实施人员给予适当的培训，使其了解并掌握本项目的情况、具有相当的专业技能。

5. 沟通管理

由于参与建设的组织和人员众多，需要加强沟通管理，编制沟通计划，明确沟通的机制、渠道、相关人员、时间和频率，及时报告项目进展情况。

6. 风险管理

由于项目风险大，要加强风险管理，识别风险，对风险进行定性和定量分析，制定应对措施，并对风险进行监控。

7. 采购管理

需要加强采购管理，就采购做出计划安排，并对货物进行验收。

不同生命周期的项目管理实施阶段，保证项目的质量、成本、进度，这三个目标彼此之间有一定互斥性，难以同时达到最优，其实施应以项目整体最优为目标，进行全面协调，以保证项目整体效果最优。

2.4.2　工程项目管理的内容

工程项目管理的内容就是在科学决策的基础上对工程实施全方位、全过程的管理活动，使其在一定约束条件下达到投资、进度、质量和安全等的最佳实现，具体来讲，有以下几个方面。

2.4.2.1　质量管理

质量管理是工程项目管理中一个永恒的主题。建筑产品的性能化设计对质量控制提出了新的挑战。同时质量管理的概念也从确保可交付实体产品的质量范畴延伸到建筑产品的全面性能/功能和工程项目全过程管理（服务）的质量保证，如可行性研究的质量、设计的质量以及通过资格预审等确保采购的质量、运营和维护管理的质量（如为产品增值）。

2.4.2.2 成本管理

目前的成本管理主要是关于成本估计、成本控制和成本变化风险等，其中全面成本管理（Total Cost Management）和全寿命期成本（Life Cycle Cost，LCC）管理概念已成为各国关注的热点。特别是 LCC，它在一个拉长的时间轴上（项目全寿命期）综合考虑项目的总成本，包括建设成本、运营成本、维护、维修成本、损失成本（如对环境的破坏）和拆除成本等，而不是仅仅关注某个阶段、某个方面的成本，为工程项目管理中的成本管理赋予了新的内涵，使其更为全面。

2.4.2.3 进度管理

进度管理的目的是要按照承包合同规定的进度和时间要求完成工程建设任务。在工程项目施工管理工作中，进度管理的内容和职责应该包括以下几个部分：

（1）制订进度计划。施工进度计划是施工项目实施阶段进度控制的“标准”；在必要时，为保证在合同工期内竣工，必须对进度计划进行必要的调整和补充。

（2）施工进度的检查，施工进度检查是进度计划执行情况的反馈和信息来源，是调整和分析施工进度的依据，是进度控制最重要的步骤。施工进度的检查与进度计划的实施是融汇在一起的主要是通过把实际进度与进度计划进行比较，从中找出项目实际执行情况与进度计划的偏差，以便及时进行修正和调整。

2.4.2.4 信息管理

从目前国际上建设工程领域信息技术（Information Technology，IT）应用的现状来看，已经体现出了标准化、集成化、网络化和虚拟化等特点，项目信息管理主要集中在三个方面：①建设过程（Process）和产品（Product）的计算机模拟/虚拟及其可视化，以及项目全寿命期所有信息的标准化；②建设过程的重组（Re-engineering）和集成供应链（Integrated Supply Chains）的确定；③与信息技术的应用与管理相关的价值和人的行为（Behavior）等。

可以预见，工程领域未来信息技术应用的趋势将主要体现在以下七个方面：①基于建设产品和建设过程（而非文件）的信息管理；②建设项目全寿命期各阶段之间信息的无遗漏、无重复传递和处理；③用可视化技术改善各阶段之间的信息/沟通；④模拟、虚拟和灵敏度分析技术的应用；⑤基于互联网的工程项目管理，特别是项目的采购和承包方式及相应的政策/法规；⑥建设管理和建设过程的改进和重组；⑦知识管理，如将已有知识应用于新项目。总之，将信息技术全面地应用于工程项目管理全过程，是未来 IT 应用的重中之重，其结果将给工程项目管理带来革命性的工具和变化。

2.4.2.5 安全/健康/环境（HSE）管理

经济的发展和社会的进步使得安全、健康与环境问题在世界范围里受到空前关注。工程建设领域由于劳动力密集而使安全和健康问题突出，由于改变自然状态而对环境产生极大影响。因此工程项目管理中的安全、健康与环境管理正在成为一个热点，有关安全与环境的法律法规正在加强，安全与环境管理的保证体系正在被越来越多的企业接受，并被有机集成到工程项目管理流程中。同时，工程建设过程对工人和周边人群健康的危害也日益成为社会关注的焦点。美国从 20 世纪 60—70 年代开始至今，建筑业的平均事故率下降了近50%，这与在工程项目管理中重视安全、健康与环境管理有着很大关系。可持续发展，正如其在环境、社会、经济等方面一样，正受到越来越多的工程项目管理者的重视，是一个巨大的挑战。其原因部分可归结为各国政府制定的日趋严格的环境保护政策，以及人类与日俱增地对未来社会的责任感。因此必须从工程项目管理的角度，对其施工场所、建设过程和建筑产品进行全寿命期的分析和研究；另外，废物处理、资源管理、交通运输和环境的污染与改善都与建筑业的可持续发展有着密切的关系。

2.4.2.6　风险管理

工程项目作为一个复杂系统，其实施和运营受到来自社会、自然等多方面不确定性因素的干扰。因此，工程项目的风险通常涉及多目标、多主体和多阶段，具有长期性、关联性、复杂性等特征。近20年工程项目风险管理相关研究发展迅速，相关研究主要关注工程项目的社会风险、政治风险和现场风险等，经历了3个发展阶段，从较为宏观地关注某类工程项目风险的识别、评估和分配问题，到关注安全风险、成本风险、政治风险以及PPP项目、国际工程等更为复杂和聚焦的研究问题，再到强调组织、心理等微观层面的影响，相比工程项目的成本、进度、安全等是否达成而言的传统风险，“走出去”的海外工程在国际环境动态下面临的非传统风险与项目可持续性密切相关，其外延更为宽泛，具有跨国性、外部性、隐蔽性、突发性等特征。目前风险管理开始融入BIM、物联网等现代化技术和管理手段，呈现出知识化、信息化和可持续化发展趋势，有助于准确预测风险和把握时机，提高决策的科学性与准确性。

思　考　题

1. 什么是工程项目？它具有什么特点？
2. 工程项目有哪些分类方法？分类的目的和作用是什么？
3. 什么是工程项目管理？它与企业运营管理、施工项目管理有何区别？
4. 工程项目管理现代化的内容及其相互关系。
5. 工程项目管理的任务包括哪些？
6. 工程项目管理的具体内容是什么？

第3章 工程项目前期决策管理

工程项目前期决策管理包括工程项目前期策划、工程项目可行性研究与工程项目评估等内容。工程项目前期策划是把工程项目建设意图转换成定义明确、系统清晰、目标具体且富有策略性的运作思路，它可以为项目投资决策奠定客观而有运作可能性的基础；工程项目可行性研究是投资主体对拟建工程项目的必要性和可行性进行技术经济评价，对不同建设方案进行比较选择，以及对拟建工程项目的技术经济指标做出判断和决定；工程项目评估是在可行性研究的基础上，在最终决策之前，对其市场、资源、技术、经济和社会等方面的问题进行再分析、再评价，以选择最佳投资项目（或投资方案）。它们对项目的整个周期有着决定性的影响和作用。本章在介绍项目前期策划的原则、内容与方法等相关知识的基础上，重点阐述了可行性研究与项目评估等前期决策管理的基本知识。

3.1 工程项目前期策划

3.1.1 前期策划的基本原则

工程项目前期策划需遵循系统性、可行性、周全性、灵活性、出奇制胜性、民主性等原则。所谓系统性，即项目策划需充分考虑局部与全局、眼前与长远的关系。项目的可行性，要从技术可行、经济可行、风险可控等多个方面来评估项目的可行性。周全性，即对项目的优缺点等要考虑周全。灵活性，是策划需遵循的另一重要原则。策划时要增强动态意识，建立灵活机动的观念，及时准确掌握策划对象及其环境变化的信息，随时调整策划目标、修正策划方案。出奇制胜性，贵在“奇”字，任何一个策划方案都会面临其他方案的激烈竞争，如何能在竞争中脱颖而出？方案的新颖性、奇特性往往是获胜的关键。项目策划还应力求做到民主性，采取民主策划的方式，把各方面有关专家组织起来，针对目标和问题，集中众人智慧进行策划工作，这是实现科学策划的重要条件和保证，这样获得的策划方案更具有科学性、合理性、可行性和可操作性。以我国标志性国家体育场鸟巢为例，该项目在设计方案征集、专家咨询讨论、方案优化改进等前期策划方面做了充分细致的工作，遵循了系统性、可行性、周全性、灵活性等一系列原则，最终为鸟巢项目的成功实施提供了坚实基础，使其成为一座独特的历史性和标志性建筑。

资源 3.1 鸟巢设计方案面世的前前后后

3.1.2 前期策划的主要工作

3.1.2.1 项目构思的产生和选择

任何工程项目都起源于项目的构思，而项目构思产生于为了解决或服务于国家重大战略需求，或不同社会部门与群体的需求。其产生主要有以下情况：①国家或相关部门在运行过程中存在的问题或困难，如大城市交通拥挤不堪、普通百姓住房特别紧张、严重的环境污染、市场上某些物品供应禁止等，从而产生了项目构思；②为了实现国家或相关部门的战略目标而产生的项目构思，战略目标和计划往往是通过项目来实施的，如为了解决国家或地区在发展中存在的主要问题；③通过市场调查研究可能发现新的投资机会、有力地投资场合或领域，如市场出现了新的需求，出现了新技术、新工艺、新专利产品等，从而产生了项目构思；④项目企业是通过项目建设来得以生存和发展的，他们通过承接业务的机会，可能产生新项目；⑤生产要素的合理组合，也是产生项目的极好机会，如通过引进外资、先进的设备、生产工艺，并与当地廉价的劳动力、原材料、已有的厂房等进行有机组合，生产符合市场需求的产品，从而产生了高效益的过程项目。

经过认真分析研究后，觉得此项目的建设是可行的、有力的，经相关权力部门的批准，则项目的构思可以转化为目标建议，进行项目的目标设计。以我国三峡工程为例，该项目的构思从产生到选择，前后经历了漫长的阶段，历经多次研究、多方论证、集中表决，最终建成了世界上综合效益最大的水利枢纽。因此任何项目要取得成功，必须在前期策划上下足工夫。

资源 3.2 三峡工程项目的产生和选择

3.1.2.2　项目的目标设计

1. 环境调查

环境调查是为项目的目标设计、可行性研究、决策、设计和计划、控制服务的。它是在项目构思的基础上对环境系统状况进行调查、分析、评价，以作为目标设计的基础和前导工作。环境调查的内容非常广泛，主要包括以下内容：

（1）项目相关各方，特别是业主、投资者、承包商的组织状况。如组织体系、组织文化、对项目的要求、技术能力、组织能力等。

（2）社会政治环境。包括政治局面的稳定性、政府提供的服务与办事效率、国际政治环境等。

（3）社会经济环境。包括社会的发展状况、国民经济计划安排、国家工业布局与经济结构、国家的财政状况、国家与社会建设的资金来源、市场情况等。

（4）法律环境。包括法制是否健全、各相关法律法规的主要内容、与项目相关的税收、土地及货币政策等。

（5）自然条件。包括可供项目使用的自然资源情况、地形地貌状况、地下水水位与流速、地质情况、气候情况等。

（6）技术因素。主要是与工程项目相关的技术标准、规范、技术能力和发展水平，解决工程施工和运行问题技术方面的可能性。

（7）项目周围的基础设施、场地交通运输、通信状况等。

2. 问题的定义

经过环境调查，可以从中认识到项目系统中的问题，并对问题进行定义和说明。问题定义是目标设计的诊断阶段，进一步明确问题的原因、背景和界限，从中可以确定项目的目标和任务。对问题的定义必须从上层系统全局的角度出发，并抓住问题的核心。问题定义的步骤如下所述：

（1）对上层系统问题进行罗列、结构化，即上层系统有几个大问题，一个大问题又可分为几个小问题。例如企业存在利润下降、生产成本提高、废品增加、产品销路差等问题。

（2）采用因果关系分析法对原因进行分析，将症状与背景、起因联系在一起。如产品销路不佳的原因可能是：该产品陈旧老化，市场上已有更好的新产品出现；产品的售后服务不好，用户不满意；产品的销售渠道不畅，用户不了解该产品等。

（3）分析这些问题将来发展的可能性和对上层系统的影响。有些问题会随着时间的推移逐渐减轻或消除，相反有的却会逐渐加重。如产品处于发展期，则销路会逐渐好转，但若处于衰退期，则销路会越来越差。由于工程在建成后才有效用，因此，必须分析和预测工程投入运行后的状况。

3. 提出目标因素

（1）常见的目标因素。一个工程项目的目标因素可能有如下几类：

1）问题解决的程度。这是项目建成后所实现的功能和所达到的运行状态。例如项目产品的市场占有份额；项目产品的年产量或年增加量；新产品开发达到的销售量、生产量、市场占有份额、产品竞争力；拟解决多少人口的居住问题，或提高当地人均居住面积等；增加道路的交通流量，或所达到的行车速度；拟达到的服务标准或质量标准。

2）项目自身的（与建设相关）目标。包括：①工程规模，项目所能达到的生产能力规模，如建成一定产量的工厂、生产流水线，一定规模、等级、长度的公路，一定吞吐能力的港口，一定建筑面积或居民容量的小区；②经济性目标，主要为项目的投资规模、投资结构、运营成本，项目投产后的产值目标、利润目标、税收和该项目的投资收益率等；③项目时间目标，包括短期（建设性）、中期（产品生命期、投资回收期）、长期（厂房或设施的生命期）的目标。

3）其他目标因素，包括工程的技术标准、技术水平；提高劳动生产率，如达到新的人均产量、产值水平；人均产值利润额；吸引外资数额；降低生产成本。或达到新的成本水平；提高自动化、机械化水平；增加就业人数；对自然和生态环境的影响，环境保护，对烟尘、废气、热量、噪声、污水排放的要求；对企业或当地其他产品、部门的连带影响，对全企业或对国民经济、对地方发展的贡献；节约能源程度；对企业形象影响；事故的防止和工程安全性要求；其他间接目标，如对企业发展能力的影响、用户满意程度等。

目标因素的提出应是全面的，不能遗漏。

（2）目标因素指标的确定。要将目标因素用时间、成本、产品数量和特性指标来表示，且尽可能明确，才能进一步对目标因素之间的相容性进行定量化分析、对比与评价，形成协调的目标系统。确定目标因素指标应注意如下几点：①应基于情况分析和问题的定义，真实反映上层系统的问题和需要。②切合实际，实事求是，经过努力能实现，如果指标定得太高，则难以实现，会将许多较好的可行的项目淘汰；定得太低，则失去优化的可能，失去更好的投资机会。③目标因素指标的提出、评价和结构化并不是在项目初期就可以办到的；在目标系统优化、可行性研究、设计和计划中，还需要对它们做进一步分析、讨论、对比，并逐渐修改、联系、变异、优化。④目标因素的指标要有一定的可变性和弹性。⑤项目的目标因素必须重视时间限定，一般目标因素都有一定的时效，即目标实现的时间要求。⑥项目的目标是通过对问题的解决而最佳地满足上层系统各方面对项目的需要，所以许多目标因素是由与项目相关的各方提出来的。⑦目标因素指标可以采用相似情况比较法、指标计算法、费用/效用分析法、头脑风暴法、价值工程等方法确定。

4. 建立目标系统

按照目标因素性质对其进行分类、归纳、排序和结构化，并对目标元素进行分析、对比、评价，就形成了协调的目标系统。工程项目的目标系统通常分为三个层次：

（1）系统目标。它是对项目总体的概念上的确定，由项目的上层系统决定的，具有普遍的适用性。系统目标通常可以分为：①功能目标，即项目建成后所达到的总体功能，例如通过一个高速公路建设项目使某地段的交通达到日通行量4万辆，通行速度每小时120km；②技术目标，即对工程总体的技术标准要求或限定，例如该高速公路符合中国公路建设标准；③经济目标，如总投资、投资回报率等；④社会目标，如对国家或地区发展的影响等；⑤生态目标，例如环境目标、对污染的治理程度等。

（2）子目标。系统目标需要由子目标来支持。子目标通常由系统目标导出或分解得到，或是自我成立的目标因素，或是对系统目标的补充，或是边界条件对系统目标的约束。它仅适用项目某一方面，对某一个子系统的限制。例如生态目标可以分解为废水、废气与废渣的排放标准、环境的绿化标准、生态保护标准等。

有些子目标可用于确定子项目的范围。例如生态目标（标准）常常决定了“三废”处理装置、配套的环境绿化工程（子项目）的要求。

（3）可执行目标。子目标可再分解为可执行的目标。它们决定了项目的详细构成。可执行目标以及更细的目标因素的分解，一般在可行性研究以及技术设计和计划中形成、扩展、解释、量化，逐渐转变为与设计、实施相关的任务。例如为达到废水排放标准所应具备的废水处理装置规模、标准、处理过程、技术等。可执行目标经常与解决方案（技术设计或实施方案）相联系。

3.1.2.3　工程项目的定义与总体方案形成

1. 项目定义

项目定义是指以书面的形式描述项目目标系统，并初步提出完成方式的建议。它是将原来以直觉为主的项目构思和期望引导到经过分析、选择、有根据的项目建议，是项目目标设计的里程碑。

项目定义以一个报告的形式提出，其内容通常包括：①提出问题，说明问题的范围和问题的定义；②说明解决这些问题对上层系统的影响和意义；③说明项目与上层系统其他方面的界面，确定对项目有重大影响的环境因素；④项目目标构成，包括系统目标和重要的子目标，近期、中期、远期目标；⑤边界条件分析，如市场分析、所需资源、必要的辅助措施和风险因素；⑥提出项目的可能解决方案和实施过程的总体建议，包括方针或总体策略、原则、组织方面安排、实施时间总安排和项目融资的设想等；⑦经济性说明，如投资总额、财务安排、预期收益、价格水准、运营费用等。

2. 提出项目总体方案

目标设计的重点是针对项目使用期的状况，即项目建成后运行阶段的效果，如产品产量、市场占有份额、实现利润率等。而项目的任务是提供达到该状态时必要的设施，例如要增加产品的市场份额，同时增加产品销售数量，项目的任务是提高生产能力，进行具备该生产能力的工厂或生产设施的建设。在可行性研究之前必须提出实现项目总目标与总体功能要求的总体方案或总的实施计划，以作为可行性研究的依据。

3. 项目的审查和选择

对项目必须进行评价和审查，主要是风险评价，目标决策、目标设计价值评价，以及对目标设计过程的审查，而具体的方案论证和评价在可行性研究中进行。在审查中应防止自我控制、自我审查，一般由未直接参加目标设计，与项目没有直接利害关系，但又对上层系统有深入了解的人员进行审查。必须提出书面审查报告，并补充审查部门的意见和建议。审查后由权力部门批准是否进行可行性研究。

对一般常见的工程项目，必须审查如下内容：

（1）问题的定义。主要包括项目的名称、总目标的介绍和其他项目的界限与联系；目标优先级及边界约束条件；时间和财务条件。

（2）目标系统和目标因素的价值评价。主要包括：①项目的起因和可信度，前提条件、基础和边界条件。②目标和费用（效用）关系研究。③目标因素的可实现性和变更的可能性（如由于边界因素变化对目标的影响），应分析因时间推移、市场竞争、技术进步和经济发展等对各个目标的影响。④目标因素的必要性，能否合并，如果放弃某个目标因素会带来什么问题。⑤确定在可行性研究中需要研究的各个问题和变量。⑥对风险的界定，如环境风险出现的概率，避免风险的战略，如果预计项目中有高度危险性及不确定性的部分，应提出要求做更为深入的专题分析。⑦项目目标与企业战略目标的关系；项目系统目标与子目标，短期目标与长期目标之间的协调性。

（3）对项目构思、环境和问题的调查和分析、目标设计的过程和结果的审查。

（4）项目的初步评价。主要包括：①项目问题的现实性和项目产品市场的可行性；②财务的可能性、融资的可行性；③项目相关者的影响，设计、实施、运营方面的组织和承担能力；④可能的最终费用，最终投资；⑤项目实施的限制条件，如法律、法规、相关者目标和利益的争执；⑥环境保护和劳动保护措施；⑦其他影响，如实施中出现疏忽或时间推迟的后果，对其他项目的影响。

4. 提出项目建议书

项目建议书是对项目任务、目标系统和项目定义的说明和细化，是将项目目标转变成具体的工程建设任务，其主要作用是推荐拟建项目，论述建设的必要性、建设条件的可行性和获利的可能性，供国家或决策部门选择并确定是否进行下一步工作。

项目建议书的内容根据项目的不同而有繁有简，但一般应包括以下几方面内容：①项目的名称、承办单位、项目负责人；②项目的必要性、理由和依据；③项目的目标；④项目的基本要求；⑤项目规模与范围的初步设想；⑥项目最终交付物或成果的要求；⑦项目的任务说明；⑧项目的时间与进度要求；⑨项目的条件和资源情况；⑩项目的投资估算、资金筹措设想；⑪项目的任务和进度安排；⑫项目的经济效益和社会效益初步估算；⑬对投标或申请承担项目任务的要求，以及相应的评价标准；⑭项目合同的类型（使用承包商/供应商时）和付款方式。

项目建议书对项目决策至关重要，项目建议书应根据行业特点、实际情况等进行有序详略安排。一般工程项目的建议书格式模板内容包括项目名称、项目概况与项目背景、项目建设的必要性和有利条件、市场分析与建设规模、主要建设条件、总体布置与主要技术方案、环境及安全影响分析、节约使用能源、企业组织与人员组织、项目实施进度计划、投资估算与资金筹措及财务效益预测等，在编制中应根据项目要求进行内容增减，以更好地反映项目特点。

资源 3.3 工程项目建议书的标准模板

项目建议书按要求编制完成后，应根据建设规模分别报送有关部门审批。按现行规定，大中型及限额以上项目的项目建议书首先应报送行业归口主管部门，同时抄送国家发展改革委。行业归口主管部门根据国家中长期规划要求，着重从资金来源、建设布局、资源合理利用、经济合理性、技术政策等方面进行初审，通过后报国家发展改革委。发展改革委再从建设总规模、生产力总布局、资源优化配置及资金供应可能、外部协作条件等方面进行综合平衡后审批。凡行业归口主管部门初审未通过的项目，国家发展改革委不予审批；凡属小型或限额以下项目的项目建议书，按项目隶属关系由部门或地方发展改革委审批。

资源 3.4 某获批工程项目的建议书

项目建议书经批准，称为“立项”。项目立项后，可以进行可行性研究工作，但并不表明项目已被批准，因为“立项”是初步的，它仅说明一个项目有投资的必要性，但不明确，须进一步开展研究工作，因此项目建议书不是项目的最终决策。某公司编制的重庆市江津区三峡工程后续工作规划农业项目建议书，包括总论、项目建议的必要性和可行性、总体思路、重点建设项目、效益分析、环境影响评价、保障措施，可为工程项目建议书编制提供参考。

3.2　工程项目可行性研究

可行性研究是一种系统的投资决策分析研究方法，是项目投资决策前对拟建项目的所有方面进行全面的、综合的调查研究，对备选方案从技术先进性、生产可行性、建设可能性、经济合理性等进行比较评价，从中选出最佳方案的研究方法。它是项目前期决策工作的关键环节，宏观上可以控制投资的规模和方向，改进项目管理；微观上可以减少投资决策失误，提高投资效果。按照批准的项目建议书，项目承办单位应委托有资格的设计机构或工程咨询单位按照国家的有关规定进行项目的可行性研究。

3.2.1　可行性研究的工作程序

可行性研究的工作程序可分为以下六个步骤。

3.2.1.1　筹划准备

在项目建议书批准后，建设单位即可委托工程咨询机构对拟建项目进行可行性研究。双方签订合同协议，明确规定双方权利义务关系。之后咨询机构搜集项目相关资料，开展前期准备工作。

3.2.1.2 调查研究

调查研究的内容要包括投资项目的各个方面，如市场需求与市场机会、产品选择、需要量、价格与市场竞争等，每个方面都要做深入调查，全面收集资料，并进行详细的分析评价。

3.2.1.3 方案选择和优化

将项目各方面的情况综合研究设计出几种可供选择的方案，然后对备选方案进行详细讨论、比较，最后推荐一个最佳方案或推荐少数优秀方案，供业主抉择。

3.2.1.4 财务分析和经济评价

对选取的方案要确定具体的范围，估算投资、经营成本和收益，做出项目的财务分析和经济评价，确定项目的财务可行性。

3.2.1.5 编制可行性研究报告

完成各项分析与论证后，开始编制可行性报告。对于可行性研究报告的编制内容，国家有一般的规定，还需严格按照国家规定进行编制供主管部门决策。

3.2.1.6 可行性研究报告的审批

可行性研究报告编制完成后，正式上报审批。如果经进一步工作后，发现研究报告有原则性错误或研究报告的基础依据或社会环境条件有重大变化，应对可行性研究报告进行修改和复审。可行性研究报告应有编制单位的行政、技术、经济负责人的签字，并对报告的质量负责；可行性研究的预审主持单位对预审结论负责；可行性研究的审批单位对审批意见负责。

可行性研究报告经批准后，不得随意修改和变更，在主要内容上有重要变动，应经原批准机关复审同意。项目可行性报告批准后，应正式成立项目法人，并按项目法人责任制实行项目管理。

3.2.2 可行性研究报告的内容

3.2.2.1 总论

总论分为四部分，具体如下所述。

1. 项目提出的背景和依据

项目提出的背景是指项目基于什么目的提出的，包括宏观和微观两个方面。项目提出的依据是指项目依据哪些文件而成立，一般包括项目建设书的批复、选址意见书及其他有关各级政府、政府职能部门、主管部门、投资者的批复文件和协议（或意向）等，以考察该项目是否符合规定的投资决策程序。

2. 投资者概况

投资者概况包括投资者的名称、法定地址、法定代表人、注册资本、资产和负债情况、经营范围和经营概况（近几年的收入、成本、利税等）、建设和管理拟建项目的经验，据此考察投资者是否具备实施拟建项目的经济技术实力。

3. 项目概况

项目概况包括项目的名称、性质、地址、法人代表、占地面积、建筑面积、覆盖率、容积率、建设内容、投资和收益情况等，据此使有关部门和人员对拟建项目有一个充分的了解。

4. 可行性研究报告编制依据和研究内容

可行性研究报告的编制依据一般包括有关部门颁布的关于可行性研究内容和方法的规定、条例，关于技术标准和投资估算方法的规定，投资者已经进行的前期工作和办理的各种手续，市场调查研究资料和其他有关信息资料等。

可行性研究的内容一般包括市场、资源、技术、经济和社会五大方面。具体地讲，包括建设必要性分析、市场研究、生产规模的确定、建设和生产条件分析、技术分析、投资估算和资金筹措、财务数据估算、财务效益分析、不确定性分析、国民经济评价、社会评价、结论与建议等。

3.2.2.2　项目建设必要性分析

项目建设必要性分析从两方面进行，即宏观必要性分析和微观必要性分析。宏观必要性分析包括项目建设是否符合国民经济平衡发展和结构调整的需要；项目建设是否符合国家的产业政策。微观必要性分析包括项目产品是否符合市场的要求；项目建设是否符合地区或部门的发展规划；项目建设是否符合企业战略发展的要求，能否给企业带来效益。

3.2.2.3　产品市场分析与结论

市场分析是指对项目产品供求关系的分析。通过科学的方法预测项目产品在一定时期的供给量和需求量，并对其关系进行定量分析和定性分析，最后得出结论，即项目产品是否有市场。

3.2.2.4　生产规模的确定

首先分析决定拟建项目生产规模的因素，然后根据这些因素，用科学的方法确定项目的生产规模，并分析拟建项目的规模经济性。

3.2.2.5　建设条件分析与结论

项目的建设条件主要有：物质资源条件，即自然资源条件、原材料和动力条件；交通运输条件，主要指厂外的交通运输；工程地质和水文地质条件；厂址条件和环境保护条件等。

建设条件分析主要是分析资源条件的可靠性，原材料供应的稳定性，燃料、动力供应和交通运输条件的保证性，厂址选择的合理性和环境保护的可行性。结论是对建设条件总的评论，即资源是否分配合理，是否充分和有效的利用；原材料来源渠道是否畅通，供应是否能保证及时和稳定，价格是否基本合理；燃料和动力是否有保证，是否可以节约使用；交通是否经济合理，同步建设投资是否落实；厂址的选择是否有利于生产、销售，方便生活；“三废”治理有无相应的措施，能否满足有关部门的要求；工程地质和水文地质的资料是否可靠等。

3.2.2.6　技术条件分析与结论

技术条件包括拟建项目所使用的技术、工艺和设备条件。技术分析包括技术的来源、水平；工艺分析包括工艺过程、工艺的可行性和可靠性；设备分析包括设备的询价、先进程度和可靠性。技术条件分析的结论是：所用技术是否先进、适用、成熟，有无必要从国外引进；工艺是否科学合理，有无改进的可能；设备是否先进，是否可靠，是国内制造还是从国外引进。

3.2.2.7　财务数据估算

财务数据是财务效益分析和国民经济效益分析的原始数据，是指在现行的财税制度下，用现行价格计算的投资成本、产品成本费用、销售收入、销售税金及附加、利润及利润分配等。投资成本估算包括投资估算与资金筹措方案等（在可行性研究报告中，往往把投资估算与资金筹措专门作为一部分来安排）；产品成本费用估算包括产品的生产成本和期间费用的估算；销售收入和销售税金及附加估算包括项目产品的销售收入、增值税、消费税、营业税、城乡建设维护税、资源税和教育费附加的估算；利润及利润分配估算包括所得税的计算及税后利润的分配比例和顺序安排等。

3.2.2.8　财务效益分析

财务效益分析就是根据财务数据估算的资料，编制一系列表格，计算一系列技术经济指标对拟建项目的财务效益进行分析和评价。评价指标包括反映项目盈利能力和清偿能力的指标。反映项目盈利能力的指标包括动态指标和静态指标，动态指标包括财务内部收益率、财务净现值、动态投资回收期等；静态指标包括投资回收期（静态）、投资利润率、投资利税率、资本金利润率和资本金净利润率等。反映项目清偿能力的指标包括借款偿还期和“财务三率”（资产负债率、流动比率和速动比率）。

在进行财务效益分析时，可以对上述指标进行选择，可选择其中的一部分指标，但一般情况下要选择财务内部收益期（如果有建设投资借款）等指标。如果是属于出口或替代进口的拟建项目，财务效益分析还要求进行外汇效果分析，即计算财务外汇净现值、节汇成本或换汇成本等指标，用以反映项目的财务外汇效益。

在财务效益分析中，计算出的评价指标要与有关标准或规定或历史数据、经验数据等进行比较，以判断项目的盈利能力和清偿能力，确定项目在财务角度的可行性。

3.2.2.9　不确定性分析

不确定性分析用来判断拟建项目风险的大小，或者说用来考察拟建项目的抗风险能力。进行可行性研究，一般先要进行盈亏平衡分析和敏感性分析，有时根据实际情况需要也用概率分析方法。盈亏平衡分析是一种静态分析方法，主要是通过计算盈亏平衡时的产量和生产能力利用率来考察拟建项目适应市场变化的能力和抗风险能力。敏感性分析是通过对拟建项目经济效益影响比较大的因素（如产品价格、经营成本、建设投资、建设周期等）的变化给评价指标所带来的变化，考察哪些因素对拟建项目经济效益影响最大及拟建项目的抗风险能力。

3.2.2.10　国民经济效益分析

国民经济效益分析是站在整个国民经济整体角度来考察和分析拟建项目的可行性。一般地，凡是影响国民经济宏观布局、产业政策实施或生产有关国计民生的产品的大中型投资项目，都要求进行国民经济效益分析。

国民经济效益分析的关键有两点：一是外部效果（外部效益、外部费用，也称间接效益和间接费用）的鉴别和度量；二是对不合理的产出物和投入物的现行价格进行调整，调整成影子价格。

3.2.2.11　社会效益分析

社会效益分析是比国民经济效益分析更进一步的分析，它不但考虑经济增长因素，而且还考虑收入公平分配因素。它是站在整个社会的角度进行分析，并评价投资项目对实现社会目标的贡献。

社会效益分析的关键是价格调整，即把效率影子价格调整为社会影子价格，即

社会影子价格＝效率影子价格＋收入分配影响

社会影子价格确定的关键是分配权数的估算。分配权数包括积累和消费分配权数、地区之间的分配权数。另外，社会效益分析还要在社会折现率的基础上确定计算利率，以作为折现率。社会效益分析所用指标包括社会内部收益率和社会净现值。

一般的拟建项目不要求进行社会效益分析，只有那些对社会公平分配影响很大的大型投资项目才要求进行社会效益分析。

3.2.2.12　结论与建议

结论与建议由两部分组成：一是拟建项目是否可行或选定投资方案的结论性意见；二是问题和建议，主要是在前述分析、评价的基础上，针对项目所遇到的问题，提出一些建设性意见和建议。如果这些问题不予以解决，项目则是不可行的。拟建项目的问题可分为两大类：一类是在实施过程中无法解决的；另一类是在实施过程中通过努力可以解决的。这里讲的问题是指后一类，建议也是针对后一类问题提出来的。

以编制的农业农村部作物高效用水武威科学实验站条件建设项目可行性研究报告为例，报告包括了项目总论、项目背景及必要性、项目建设单位基本情况、功能定位目标任务与需求分析、科研技术路线与建设规模、项目建设选址分析、建设内容及建设方案、环境影响安全与资源节约、项目组织管理劳动定员与培训、建设期限和实施进度安排、投资估算与资金筹措、效益分析与风险评价、项目招标方案、结论与建议共 14 章内容，通过该报告即可对项目的可行性做出科学判断。

资源 3.5
某科学实验站条件建设项目可行性研究报告

3.3　工程项目评估

3.3.1　项目评估的概念及意义

项目评估是在可行性研究的基础上，在最终决策之前，对其市场、资源、技术、经济和社会等方面的问题进行再分析、再评价，以选择最佳投资项目（或投资方案）的一种科学方法。项目评估是投资前期对工程项目进行的最后一项研究工作，也是建设项目必不可少的程序之一。它是由项目的审批部门委托专门评估机构及贷款银行，从全局出发，根据国民经济的发展规划和国家的有关政策法律，对可行性研究报告或设计任务书提出的投资项目方案，就项目建设的必要性，技术、财务、经济的可行性等进行多目标综合分析论证，对可行性研究报告或设计任务书所提供材料的可靠性、真实性进行全面审核，最后提出项目“可行”“不可行”或“重新研究”的评估报告。如果认为项目可行，即批准该项目。至于项目何时纳入年度计划，何时动工实施，则由计划部门综合平衡之后确定。

项目评估有着十分重要的意义。首先，项目评估是项目决策的重要依据。项目评

估虽然以可行性研究为基础，但由于立足点不同，考虑问题的角度不一样，往往可以弥补和纠正可行性研究的失误。其次，项目评估是干预工程项目招投标的手段。通过项目评估的数据正是干预项目招投标的依据。再次，项目评估是防范信贷风险的重要手段。我国工程建设项目的投资来源除了预算拨款（公益性项目、基础设施项目）、项目业主自筹资金之外，大部分是银行贷款，因此项目评估对银行防范信贷风险具有极为重要的意义。

项目评估是在可行性研究的基础上再研究和再论证，两者都对投资项目进行技术经济论证，以说明项目建设是否必要，技术上是否可行，经济上是否合理，因此采用的分析方法和指标体系也相同。但不同之处在于：①编制单位不同，项目评估是项目的审批单位委托评估机构和银行进行评估，而可行性研究则是由项目承办单位委托有关机构来进行；②时间不同，项目评估是在项目可行性研究报告之后、设计任务书批准之前进行，而可行性研究是在项目建议书批准之后进行的；③立足点不同，可行性研究往往从部门、建设单位的局部角度考虑问题，而项目评估则站在国家和银行的角度考虑问题；④研究的侧重点不同，可行性研究侧重于项目技术的先进性和建设条件的论证，而项目评估则侧重于经济效益和项目的偿还能力；⑤作用不同，可行性研究主要是投资者进行投资决策和政府职能部门审批项目的重要依据，而项目评估不仅是政府职能部门和上级主管部门审批项目的重要依据，更是金融机构决定贷款与否的重要依据。

3.3.2 项目评估的分类

根据项目评估的需要，项目评估分为项目主管部门评估、银行评估。另外，环境保护部门、劳动部门和消防安全部门也要对可行性研究的有关内容进行评估。因为不同部门评估的角度、立足点不同，所以评估的侧重点也不一致。

3.3.2.1 审批部门评估

通常意义的项目评估，指的是项目审批单位在审批项目之前，对拟建项目的可行性研究所作的再分析、再评价。按照有关规定，大中型项目由国家发展改革委委托中国国际工程咨询公司，对项目的可行性研究报告进行评估。评估机构应根据国家的有关规定，对可行性研究报告编制的依据，基本的数据资料，分析计算方法的真实性、可靠性和科学性进行审查，在分析审查的基础上提出评估报告。在我国现行投资管理体制下，多数承担可行性研究的机构隶属于项目的主管部门，再加上其他因素的影响，可行性研究报告难免有一定的局限性。项目评估可以免受主管部门和建设单位的影响，从而提高评估的客观性。

3.3.2.2 贷款银行评估

根据现行规定，项目的贷款银行必须参与项目评估，非贷款银行的评估不能代替。参照世界银行的办法，一般从以下几个方面进行：

（1）审查项目在执行过程中是否有足够的资金保证。这就是说，除银行贷款外，国家规定的项目资本金来源未落实，否则不予贷款。

（2）对项目未来的收益是否有偿还本息及一切债务的能力做出评估。这项工作通过审核编制的预测资产负债表、损益表和现金流量表来进行。

(3) 对项目的经济效益和投资回收年限做出评估。例如，农田灌溉项目，还要审查项目是否可以从受益者收回项目投资及经营费用，若收费标准定得太低，就会影响项目的投资收益。

3.3.2.3　环境保护部门的评估

按照国家现行规定，那些对环境影响较大的项目，如排放大量污染物，废渣、废气、废水的基本建设项目，技术改造项目（如造纸、冶金、电镀、化工、纺织等行业）；大规模开垦荒地、围海围湖造田和采伐森林的建设项目，应由环境研究机构对拟建项目做出《环境影响评估报告》。对小型基建项目和限下技改项目，也需要填报《环境影响报告》。

根据国家规定，各级环保部门负责本地区建设项目的环境保护措施的审查，要对建设项目“三同时”（指治理“三废”的工程与主体工程要同时设计、同时施工、同时验收投产）措施的执行进行审查监督，要提出环境保护的各项要求和措施，如防止污染的工艺流程及其预期的治理效果。对资源开发引起的生态变化、环境绿化设计、环境监测手段、环境保护措施的投资进行监督、审查。

以甘肃省武威市环保局出具的农业农村部作物高效用水武威科学实验站条件建设项目环境评估报告为例，该报告中包括了项目基本信息、内容规模、水及能源消耗量、废水排水量及排放去向、平面示意图、周围环境简况、生产工艺流程简述、拟采取的防治污染措施、审批意见等。只有通过地方环保管理部门的评估，项目才可开展后续的工作。

资源 3.6
某观测实验站建设项目环境影响登记表

3.3.3　项目评估内容

3.3.3.1　项目评估的基本内容

项目的评估机构应遵循客观公正、实事求是的原则，认真科学地进行项目审查和评估。审查是基础，在审查的基础上才能进行科学的评估。

1. 对可行性研究报告的审查

审查分为一般审查和详细审查。评估机构和银行在收到项目的可行性研究报告之后进行一般审查和核实，以判断可行性研究报告的编写程序和内容是否符合要求，数据资料是否齐全，编写报告的经济、技术人员是否具备资格，可行性研究报告是否客观地、科学地、公正地反映了项目的本来面目。

详细审查包括以下内容：①应对编制可行性研究报告的单位进行审查，可行性研究报告一般由主管部门或建设单位委托的设计部门或工程咨询单位编制，通常先对编制单位的资格进行审定，未经资格认定的单位，不能承担可行性研究报告任务，国家重点建设项目的可行性研究报告要由省级以上的设计机构编制。②应审查编写人员的任职资格及其签字盖章是否真实。③要审查拟建项目是否为重复建设项目，产品有无销路。④应审查技术水平是否可靠，拟建项目的原材料供应有无可靠来源。⑤对环境保护措施进行审查，对那些污染严重、破坏生态平衡、危害人民身心健康，又无有效治理措施的项目，可以不必继续评估；还要审查厂址的环境情况，项目施工和投产后正常生产时对环境的影响及“三废”治理措施。⑥要对项目的经济效益进行审查：一方面对投资、产品成本、价格、利息等指标和计算公式的正确性进行检查；另一方面要审核项目的财务评价和国民经济评价是否正确。

2. 对可行性研究报告的评估

银行项目评估的内容是：企业资信评价、建设的必要性评估、建设条件评估、技术评估、企业经济效益评估、国民经济效益评估、不确定性评估、对有关政策和管理体制的建议、总评估等。

由于项目评估采用的分析方法和指标体系与可行性研究是相同的，其具体内容在此不再做详细介绍，仅将经济评价、社会评价及环境影响评价等项目评估核心内容的知识做简单介绍。

3.3.3.2 项目经济评价

1. 经济评价概述

经济评价是项目可行性研究和评估的核心内容，是采用现代经济分析方法，对拟建项目计算期内（建设期和生产经营期）投入产出诸多经济因素进行调查、预测、研究、计算和论证，比较选择推荐最佳方案的过程。它包括财务评价和国民经济评价。

财务评价是从项目或企业的财务角度出发，根据国家现行财税制度和市场价格体系，分析、预测项目投入的费用和产出的效益，计算财务评价指标，考察拟建项目的财务盈利能力、清偿能力，从而判断项目的财务可行性。国民经济评价是从国家整体的角度出发，按照合理配置资源的原则，采用影子价格等国民经济评价参数，分析计算项目需要消耗的社会资源和对社会的贡献，考查投资行为的经济合理性和宏观可行性。

它们的共同点是：①都是经济评价，都要寻求以最小的投入获得最大的产出；②都用货币作为统一的尺度，都考虑货币的时间因素；③都采用现金流量分析方法，通过编制基本报表计算评价指标；④都是在完成产品需求预测、厂址选择、技术路线与技术方案论证、投资估算和资金筹措的基础上进行的。

它们的不同点是：①评价角度不同，财务评价从项目或企业的财务角度出发，国民经济评价从国家整体的角度出发；②项目费用、效益的含义与范围划分不同，财务评价不包括外部效果（间接收益与间接费用），国民经济评价包括外部效果；③采用的价格不同，财务评价对投入物和产出物采用财务价格，国民经济评价采用影子价格；④主要评价参数不同，财务评价采用财务基准收益率或银行贷款利率，国民经济评价采用国家统一测定的影子汇率和社会折现率。

建设项目投资决策中，财务评价与国民经济评价结论均可行的项目，应予通过。国民经济评价结论不可行的项目，一般应予以否定。某些国计民生急需的项目，如国民经济评价合理，而财务评价不可行，应重新考虑方案，必要时可向主管部门提出相应的经济优惠措施，使项目具有财务上生存的能力。

2. 经济评价的步骤

财务评价的主要步骤包括：①选取财务评价基础数据与参数，包括主要投入物和产出物的财务价格、税费、利率、汇率、计算期、固定资产折旧率、无形资产摊销年限、生产负荷及基准收益率等；②计算效益（营业、销售收入），估算成本费用；③编制财务评价报表，包括项目财务现金流量表、资本金财务现金流量表、投资各方财务现金流量表、损益和利润分配表、资金来源与运用表、资产负债表等；④技术财务评价指标，进行盈利能力和偿债能力分析；⑤进行不确定性分析，包括盈亏平衡分析和敏感性分析；⑥编写财务评价报告。

国民经济评价的主要步骤包括：①识别国民经济效益和费用，不仅包括直接效益和直接费用，也包括间接效益和间接费用；②计算和选取影子价格，影子价格是能够反映投入物和产出物真实的经济价值、反映市场供求状况、反映资源稀缺程度、使资源得到合理配置的价格，在进行国民经济评价时，项目主要投入物和产出物价格，原则上都应采用影子价格；③编制国民经济评价报表，国民经济效益费用流量表一般在项目财务评价报表的基础上调整编制而成，有些项目也可直接编制，主要有以全部投资作为分析对象和以国内投资作为分析对象的国民经济效益费用流量表；④计算国民经济评价指标并进行方案必选。

3. 主要评价指标

（1）财务评价的主要指标。

1）财务盈利能力指标。

a. 投资回收期（P_t）。投资回收期指项目的净收益偿还项目全部投资所需要的时间。一般以年为单位，并从项目建设起始年算起。其表达公式为

$$\sum_{i=1}^{n}(CI-CO)_t=0 \tag{3.1}$$

式中：CI 为年现金流入量；CO 为年现金流出量；n 为计算期年数。

当现金流量表中累计现金流量由负值变为零的时点，即为项目投资回收期。计算公式为

$$P_t=(\text{累计净现金流量开始出现正值的年份}-1)+\frac{\text{上年累计净现金流量的绝对值}}{\text{当年净现金流量}} \tag{3.2}$$

投资回收期越短，表明项目的盈利能力和抗风险能力越好。在财务评价中，求出的投资回收期（P_t）与行业的基准投资回收期（P_0）比较，当 $P_t \leqslant P_0$ 时，表明项目投资能在规定的时间内收回，可以考虑接受该项目；反之，不能接受该项目。

b. 财务净现值（FNPV）。现值是未来某一特定金额的现在值，财务净现值就是计算期内各年的净现金的现值，其计算公式为

$$\text{FNPV}=\sum_{i=1}^{n}(CI-CO)_t(1+i)^{-t}=0 \tag{3.3}$$

财务净现值反映了项目在满足设定折现率前提下的盈利水平。当 FNPV$\geqslant$0 时，表明项目盈利能力达到或超过按设定折现率计算的盈利水平，可以考虑接受该项目；当 FNPV$<$0，说明项目的盈利能力达不到要求的盈利水平，则不能接受该项目。

c. 财务内部收益率（FIRR）。财务内部收益率是指计算期内各年净现金流量现值累计等于零时的折现率，其表达式为

$$\sum_{i=1}^{n}(CI-CO)_t(1+\text{FIRR})^{-t}=0 \tag{3.4}$$

在实际计算中，财务内部收益率采用内插法试算和利用专业软件的财务函数计算求得。财务内部收益率的判别依据采用行业发布的或评价人员设定的财务基准收益率（i_c），当 FIRR$\geqslant i_c$ 时，可认为项目的盈利能够满足要求，可以接受该项目，反之，不能接受该项目。

2）财务偿债能力指标。根据相关财务报表，计算借款偿还期、利息备付率、偿债备付率等指标，可以评价项目借款偿还能力。如果采用借款偿还期指标，可不再计算备付率指标；如果计算备付率指标，则不再计算借款偿还期指标。

a. 借款偿还期（P_d）。借款偿还期指项目投产后获得的可用于还本付息的资金，还清借款本息所需的时间，一般以年为单位。该指标可由借款偿还计划表推算，不足整年的部分可用内插法计算，其计算表达式为

$$P_d=(\text{借款偿还后出现盈余的年份数}-1)+\frac{\text{当年应偿还借款额}}{\text{当年可用于还款的收益额}} \tag{3.5}$$

借款偿还期满足贷款机构的要求期限时，即认为该项目具有借款偿还能力。该指标的应用旨在计算项目的最大偿还能力，适用于尽快还款的项目，不适用于约定借款偿还期的项目。

b. 利息备付率（ICR）。利息备付率也称获利倍数，指项目在借款偿还期内各年可用于支付利息的税息前利润与当期应付利息费用的比值，其计算表达式为

$$\text{ICR}=\frac{\text{税息前利润}}{\text{当期应付利息费用}} \tag{3.6}$$

其中，税息前利润＝利润总额＋计入总成本费用的利息费用；当期应付利息是计入总成本费用的全部利息。

利息备付率表示了项目利润偿付利息的保证倍率，可按年计算，也可按整个借款期计算。对于正常运营的企业，利息备付率应当大于 2，否则，项目的付息能力保障不足。

c. 偿债备付率（DSCR）。偿债备付率指项目在借款期内，各年可用于还本付息的资金与当期应还本付息金额的比值。其计算表达式为

$$\text{DSCR}=\frac{\text{可用于还本付息资金}}{\text{当期应还本付息金额}} \tag{3.7}$$

可用于还本付息资金包括可用于还款的折旧与摊销、在成本中列支的利息费用、可用于还款的历任等；当期应还本付息金额包括当期应还贷款本金及计入成本的利息。

偿债备付率表示可用于还本付息的资金偿还借款本息的保证倍率，可按年计算，也可按项目的整个借款期计算。在正常情况下，偿债备付率应当大于 1，且越高越好。当指标小于 1 时，表示当年资金不足以偿付当期债务，需要通过短期借款偿付已到期债务。

（2）国民经济评价的主要指标。

1）经济净现值（ENPV）。经济净现值是反映项目对国民经济净贡献的绝对指标，是用社会折现率将项目计算期内各年的净效益流量折算到建设期初（基准年）的

现值之和。其计算公式为

$$\mathrm{ENPV}=\sum_{i=1}^{n}(B-C)_t(1+i_s)^{-t} \tag{3.8}$$

式中：B 为国民经济效益流量；C 为国民经济费用流量；$(B-C)_t$ 为第 t 年的国民经济净效益流量；n 为计算期；i_s 为社会折现率。当 ENPV$\geqslant 0$，表示国家为拟建项目付出的代价可以得到符合或超过社会折现率要求的社会盈余，这时候，项目是可以接受的。ENPV 越大，项目带来的经济效益越大。

2）经济内部收益率（EIRR）。经济内部收益率是项目计算期内各年经济净效益流量的现值累计等于零时的折现率。其表达式为

$$\sum_{i=1}^{n}(B-C)_t(1+\mathrm{EIRR})^{-t}=0 \tag{3.9}$$

经济内部收益率的判定标准是社会折现率 i_s，当 EIRR$\geqslant i_s$，表明项目对国民经济贡献达到或超过要求的水平，应认为项目可以接受，反之，则不可以接受。

以某新能源风电项目为例，该项目进行了全面的财务评价，包括盈利情况分析、偿还情况分析、敏感性情况分析，表明该项目具有较强的盈利能力，从财务上是可行的。

资源 3.7
某新能源风电项目财务评价研究

3.3.3.3　项目社会评价

1. 社会评价的概念和范围

工程项目社会评价是指分析拟建项目对当地社会的影响以及当地社会条件对项目的适应性和可接受程度的系统分析过程。工程项目社会评价旨在系统调查和预测拟建项目的建设、运营产生的社会影响与社会效益，分析项目所在地区的社会环境对项目的适应性和可接受程度。通过分析项目涉及的各种社会因素，评价项目的社会可行性，提出项目与当地社会协调关系、规避社会风险、促进项目顺利实施、保持社会稳定的方案。

经济评价主要是从经济可行性方面判断一个项目的好与坏，以经济收益水平的高低来决定项目的取舍。但是，一个建设项目的实施，不仅对经济产生影响，而且还会影响到当地社会的各个方面。一个在经济方面可行的项目，有可能在社会方面不可行，甚至产生负面影响。因此，对建设项目进行社会评价是十分必要的。

原则上讲，所有的工程项目都应进行社会评价。但由于各类项目各具特点，实现的目标及功能各不相同，因而使社会评价在各类项目中的作用相距甚远。对于教育、文化、卫生体育项目和城市基础设施项目，以创造社会效益为主，应重点进行社会评价。农业、林业、水利项目及交通项目，社会效益往往比经济效益明显，也是社会评价的重点。工业项目以经济效益为主，一般不重点进行社会评价。但在边远地区、少数民族地区和贫困地区建设的工业项目，所涉及的社会环境因素比较复杂，应通过社会评价进行重点分析。

2. 社会评价的主要内容

社会评价应遵循以人为本的原则，其主要内容包括项目的社会影响分析、项目与所在地区的互适性分析和社会风险分析 3 个方面。

(1) 社会影响分析。项目的社会影响分析旨在分析预测项目可能产生的正面影响（社会效益）和负面影响，主要包括：项目对所在地区居民收入、生活水平、生活质量、居民就业、不同利益群体、弱势群体、文化、教育、卫生、基础设施、社会服务容量、城市化进程、少数民族风俗习惯和宗教等社会各个方面的影响。

(2) 互适性分析。互适性分析主要是分析预测项目能否为当地的社会环境、人文条件所接纳，以及当地政府、居民支持项目存在与发展的程度，考查项目与当地社会环境的相互适应关系。主要包括：①分析预测与项目直接相关的不同利益群体对项目建设和运营的态度及参与程度；②分析预测项目所在地区的各类组织对项目建设和运营的态度；③分析预测项目所在地区现有技术、文化状况能否适应项目建设和发展。

(3) 社会风险分析。社会风险分析是对可能影响项目的各种社会因素进行识别和排序，选择影响面大、持续时间长，并容易导致较大矛盾的社会因素进行预测，分析可能出现这种风险的社会环境和条件。对于那些可能诱发民族矛盾、宗教矛盾的项目，应特别注重这方面的分析，并提出防范措施。

3. 社会评价的一般步骤

社会评价的一般步骤可分社会资料调查、社会因素识别和方案比选论证三步。

(1) 社会资料调查。调查的内容包括项目所在地区的人口统计资料；基础设施与服务设施状况；当地风俗习惯、人际关系；各利益群体对项目的反应、要求与接受程度；各利益群体与项目活动的可能性，如项目所在地区干部、群众对参与项目活动的态度和积极性，可能参与的形式、时间，妇女在参与项目活动方面有无特殊情况等。社会调查可采用多种方法，如查阅历史文献、统计资料、问卷调查、现场访问、观察、召开座谈会等。

(2) 社会因素识别。分析社会调查获得的资料，对项目涉及的各种社会因素进行分类。一般可分为三类，即影响人类生活和行为的因素、影响社会环境变迁的因素、影响社会稳定与发展的因素。从中识别与选择影响项目实施和项目成功的主要社会因素，作为社会评价的重点和论证比选方案的内容之一。

(3) 方案比选论证。对项目可行性研究拟定的建设地点、技术方案和工程方案中涉及的主要社会因素进行定性、定量分析，推荐社会正面影响大、社会负面影响小的方案。

4. 社会评价的基本方法

项目的社会因素多而复杂，而且多数是无形的，甚至是潜生的。如项目对社会安全稳定的影响，人们对项目的态度，社区的人际关系，项目对卫生保健、文化水平提高的影响，对人口素质提高的影响等。有的社会因素可以采用一定的计算公式进行定量分析，如就业效益、收入分配效益等，但多数则难以进行定量分析。因此，世界各国项目的社会评价方法很不一样。有的采用定量分析法，有的采用定性分析法，有的则采用定量与定性相结合的方法。

(1) 定量分析法。社会评价定量分析指标大多应结合项目特点确定，以下是各类项目的通用评价指标：

1) 就业效益指标。就业效益指标可按单位投资就业人数计算，即

$$单位投资就业人数=\frac{本项目与相关项目新增就业人数}{项目直接投资与间接投资总额} \tag{3.10}$$

从国家层面分析，一般是单位投资就业人数越大越好。但项目所创造的就业机会往往与其所采用的技术和经济效益密切相关。劳动密集型企业与资金密集型企业就业效益相差很大。行业不同产品不同，单位投资创造的就业机会也相差悬殊。项目的就业效益与经济效益之间经常发生矛盾。从地区层面分析，我国各地区劳动就业情况不同，有的地区劳动力富余，要求多增加就业机会；有些地区劳动力紧张，希望多建设资金密集型企业和技术密集型企业。因此，很难说单位投资就业人数越多就越好。

具体在评价就业效益指标时，应根据项目的行业特点，并结合地区劳动就业情况进行具体分析。从社会就业角度考查，在待业率高的地区，特别是经济效益相同的情况下，就业效益大的项目应为优先项目。如果当地劳动力紧张，或拟建项目属于高新技术产业，就业效益指标的权重应相应减小，可以作为次要的或仅供参考的评价指标。

2）收入分配效益指标。收入分配是否公平，不仅是一个经济问题，更是一个社会问题。在我国，项目社会评价中设置了贫困地区分配效益指标，以促进国家经济在地区间的合理布局，并促进国家扶贫目标的实现。贫困地区分配效益指标可按下式计算：

$$\mathrm{ENPV}_p=\sum_{i=1}^{n}(CI-CO)_t D_i(1+i_s)^{-t} \tag{3.11}$$

其中

$$D_i=(G_0/G)^m$$

式中：ENPV_p 为贫困地区收入分配效益；D_i 为贫困地区收益分配系数；G_0 为项目评价时全国人均国民收入；G 为项目评价时当地人均国民收入；m 为国家规定的扶贫参数，其值越大，贫困地区收益分配系数就越大，一般可取 1～1.5。

项目经济净现值乘以 D_i 将使项目的经济净现值增值，有利于贫困地区的建设项目优先通过经济评价，得以被国家接受。

（2）定性分析法。定性分析法基本上是采用文字描述，说明事物的性质。在需要与可能的情况下，定性分析也应尽量采用直接或间接的数据，以便更准确地说明问题的性质和结论。

工程项目社会评价要确定分析评价的基准线；要在可比的基础上进行“有项目”与“无项目”的对比分析；要制订定性分析的核查提纲，以利于调查分析的深入；并要在衡量影响程度的基础上，对各种指标进行权重排序，以便于综合分析评价。

3.3.3.4　项目环境影响评价

1. 环境影响评价的概念

工程项目环境影响评价是在研究确定场址方案和技术方案中，调查研究环境条件，识别和分析拟建项目影响的因素，提出预防或减轻不良环境影响的对策和措施，比选和优化环境保护方案。进行工程建设应注意保护场址及周围地区的水土资源、海洋资源、矿产资源、森林植被、文物古迹、风景名胜等自然环境和社会环境。

项目环境影响评价应坚持以下原则：①符合国家环境保护法律、法规和环境功能规划的要求；②坚持污染物排放总量和达标排放的要求；③坚持“三同时”原则，环境治理设施应与项目的主体工程同时设计、同时施工、同时投产使用；④力求环境效益与经济效益的统一，在研究环境保护治理措施时，应从环境效益与经济效益相统一的角度进行分析论证，力求环境保护治理方案技术可行和经济合理；⑤注重资源综合利用，对环境治理过程中项目产生的废气、废水、固体废弃物，应提出回收处理和再利用方案。

2. 环境影响评价的分类

国家根据建设项目对环境的影响程度，对建设项目环境的影响评价实行分类管理。建设单位组织编制的环境影响评价分为环境影响报告书、环境影响报告表和环境影响登记表3类。建设项目的环境影响评价分类管理名录由国务院环境保护行政主管部门制定公布。

3. 环境影响评价的主要内容

(1) 环境条件调查。主要包括：①自然环境，包括项目所在地的大气、水体、地貌、土壤等；②生态环境，包括项目所在地的森林、草地、湿地、动物栖息、水土保持等；③社会环境，包括项目所在地的居民生活、文化教育、卫生、风俗习惯等；④特殊环境，包括项目周围地区名胜古迹、风景区、自然保护区等环境状况。

(2) 环境影响因素分析。包括：①污染环境因素分析，即分析生产过程中产生的各种污染源，查明分布位置与排放方式，计算排放污染物数量，分析排放特征及其对环境的污染程度；主要包括废气、废水、固体废弃物、噪声、粉尘及其他污染物等。②破坏环境因素分析，即分析项目施工和生产运营对环境可能造成的破坏因素，预测其破坏程度，主要分析对地形、地貌等自然环境的破坏；对森林草地植被的破坏，如引起的土壤退化、水土流失等；对社会环境、文物古迹、风景名胜区、水源保护区的破坏。

(3) 环境影响评价指标。在环境影响评价定量分析中，主要设置环境质量指数指标来分析评价项目对各项污染物治理达到国家和地方规定标准的程度，从而全面反映项目对环境治理的效果。为便于计算，环境质量指数采用各项环境污染物治理指数的算术平均值。如果该项目对环境影响很大，则可以根据各项污染物对环境影响的聚集程度不同给予不同的权重，然后再求平均值。计算公式为

$$r=\sum_{i=1}^{n}\frac{Q_i}{Q_{i0}}\frac{W_i}{n} \tag{3.12}$$

式中：r 为环境质量指数；n 为项目排出的环境污染物种类；Q_i 为第 i 种有害物质排放量；Q_{i0} 为国家和地方规定的第 i 种有害物质最大允许排放量；W_i 为第 i 种有害物质对环境影响的权重。

(4) 环境保护措施。在分析环境影响因素及其影响程度的基础上，应根据国家有关环境保护法律、法规的规定提出治理方案。

1) 治理措施方案。根据项目的污染源和排放污染物的性质不同，应采取不同的治理措施。具体为①废气污染治理：可采用冷凝、吸附、燃烧和催化转化等方法；②废水污染治理：可采用物理法、化学法、物理化学法、生物法等方法；③固体废弃

物污染处理：有毒废弃物可采用防渗漏池堆存，放射性废弃物可以封闭固化，无毒废弃物可以露天堆存，生活垃圾可采用卫生填埋、堆肥、生物降解或者焚烧方式处理，利用无毒固体废弃物加工制作建筑材料或者作为建筑添加物，进行综合利用；④粉尘污染治理：可采用过滤附尘、湿式除尘、电除尘等方法；⑤噪声污染治理：可采用吸声、隔音、减振、隔振等措施；⑥建设和生产运营引起环境破坏的治理：对岩体滑坡、植被破坏、地面塌陷、土壤劣化等，应提出相应的治理方案。

2）治理方案比选。环境保护治理方案经比选后，提出推荐方案并编制环境保护治理设施和设备表。比选评价的主要内容有：①技术水平比较：分析比较不同环境保护治理方案所采用的技术和设备先进性、适用性、可靠性和可获得性；②治理效果比较：分析比较不同环境保护治理方案在治理前及治理后环境指标的变化情况，以及能否满足环境保护法律法规的要求；③管理及监测方式比较：分析比较各治理方案所采用的管理和监测方式的优缺点；④环境效益比较：将环境治理保护所需投资和设施运行费用与所获得的收益相比较，优选效益费用比值较大的方案。

以生态环境部环境工程评估中心编制的《中部地区发展及生态环境保护系列报告》为例，报告包括《中部地区区域发展的五大战略定位》《中部地区生态环境保护的全局性与战略性》《中部地区在全国经济社会发展中的总体地位与趋势》《中部地区大气环境的基本特征与演变趋势》《中部地区水资源与水环境的基本特征与演变态势》《中部地区生态安全的基本格局与演变态势》《中部地区区域经济社会持续发展的重大资源环境问题》等，通过这些报告可以清楚地看到中部地区在生态环境保护方面的问题与不足，为正确处理好中部地区城市群发展规模与资源环境承载能力、重点区域流域开发与生态安全格局之间的矛盾，实现中部地区可持续发展提供了科学依据。

资源 3.8 中部地区发展及生态环境保护系列报告

思　考　题

1. 前期策划的主要工作有哪些？
2. 项目的目标因素是由什么决定的？
3. 项目建议书包括哪些内容？
4. 简述可行性研究的概念及作用。
5. 简述项目评估的概念与意义。
6. 可行性研究与项目评估有何异同？
7. 经济评价与国民经济评价有何异同？
8. 经济评价的主要指标与判别依据是什么？
9. 国民经济评价的主要指标与判别依据是什么？
10. 简述社会评价的主要内容。
11. 简述环境影响评价的主要内容。

第4章 工程项目招标与投标

招标与投标是在市场经济条件下进行大宗货物的买卖、工程建设项目的发包与承包以及服务项目的采购与提供时所采用的一种交易方式。它是商品经济发展的产物，体现了公开、公平、公正的原则，它的实施有利于打破部门垄断、地区分割并促进工程建设市场统一；有利于与国际接轨、适应国际大市场的需要。随着我国经济的快速发展，招投标制度在我国工程建设领域发挥着越来越积极的作用。本章在介绍工程项目招标与投标基本概念的基础上，重点讲述了工程项目招标的特征、类型与招标程序以及工程项目投标的准备、实施与报价策略，并对招投标的法律责任进行了简要介绍。

4.1 招标与投标概述

4.1.1 招标与投标的概念

招标是指由招标人发出招标公告或通知，邀请潜在的投标人进行投标，最后由招标人通过对各投标人所提出的价格、质量、交货期限以及该投标人的技术水平、财务状况等因素进行综合比较，确定最佳的投标人为中标人，并与之签订合同的过程。

投标是指投标人接到招标通知后，根据招标通知和招标文件的要求编制投标文件，并将其递交给招标人的行为。可见，招标与投标是一个过程的两个方面，分别代表了采购方和供应方的交易行为。

4.1.2 工程项目招标与投标的概念

工程项目招标是建设单位（项目业主）将拟建项目的全部或部分工作和要求，以文件的形式招引有兴趣的承包商，要求他们按照规定条件提出完成该项目的计划和实施价格，建设单位从中择优选定承包单位的一种行为。招标的对象一般指的是货物、工程和服务。工程项目性质和业主对项目的评价标准不同，择优的侧重面会有不同，一般包含如下四个方面：较低的价格、先进的技术、优良的质量和较短的工期。

工程项目投标是指承包单位向招标单位提出承包该工程项目的价格和条件供招标单位选择，来获得承包权的活动。对于承包商来说，参与投标就如同参加一场赛事竞争，因为它关系到企业的兴衰存亡，这场赛事不仅比报价的高低，而且比技术经验实力和信誉；特别是当前国际承包市场上，越来越多的工程是技术密集型项目，势必给承包商带来两方面的挑战：一方面是技术上的挑战，要求承包商具有先进的科学技术，能够完成高、新、尖、难工程；另一方面是管理上的挑战，要求承包商具有现代先进的组织管理水平，能够以较低价中标，靠管理和经营获利。

标的指发标单位标明的项目的内容、条件、工程量、质量、标准等要求以及不公开的工程价格（标底）。

工程项目招标与投标不仅广泛应用于工程项目的施工，在材料与机械设备的采购、科研攻关、技术合作、勘测规划设计等方面也被广泛采用。

4.1.3　工程项目招标与投标的特征

4.1.3.1　平等性

招投标的平等性，应从商品经济的本质属性来分析，商品经济的基本法则是等价交换。招投标是独立法人或其他组织之间的经济活动，按照平等、自愿、互利的原则和规范的程序进行，双方享有同等的权利和义务，受到法律的保护和监督。招标方应为所有投标者提供同等的条件，让他们展开平等的竞争。

4.1.3.2　竞争性

招投标的核心是竞争。按规定，每次招标必须有三家以上单位投标，这就形成了投标者之间的竞争，他们以各自的实力、信誉、服务、报价等优势，战胜其他的投标者。此外，在招标单位与投标单位之间也展开竞争，招标单位可以在投标单位中间“择优选择”。

4.1.3.3　开放性

正规的招投标活动，必须在公开发行的报刊、杂志上刊登招标广告，打破行业、部门、地区甚至国别的界限，打破所有制的封锁、干扰和垄断，在最大限度的范围内让所有符合条件的投标者前来投标，进行自由竞争。招标活动具有较高的透明度。

4.1.3.4　综合性

工程建设包含从设计、专利转让、设备采购、施工安装、人员培训、试车生产、资金融通等众多的事项，而每个事项又包含着复杂的内容，如工厂建筑，除厂房、车间外还有电厂、水厂、办公楼、宿舍等附属建筑，问题会牵涉工程、技术经济、金融、贸易、管理、法律等许多方面。

4.1.3.5　周期长、风险大

工程建设项目的实施周期往往较长，尤其是水利水电工程项目，从招标到建成通常要 2～3 年，甚至 5～10 年，受自然条件及物价影响较大；国际工程还可能受货币贬值、罢工、政治、动乱、战争的影响，风险更大。因此，承包单位要有预见性，做到情况明、信息灵。

4.1.4　工程项目招投标的范围

根据 2019 年 12 月 3 日国家发展改革委发布的关于《中华人民共和国招标投标法（修订草案公开征求意见稿）》第三条规定，在中华人民共和国境内进行下列工程建设项目包括项目的勘察、设计、施工、监理以及与工程建设有关的重要设备、材料等的采购，必须进行招标：①全部或者部分使用国有资金投资或者国家融资的项目；②使用国际组织或者外国政府贷款、援助资金的项目。采取政府和社会资本合作模式的工程建设项目，达到规定规模标准的，选择社会资本方必须进行招标。

4.2 工程项目招标

4.2.1 工程项目招标的类型

4.2.1.1 按项目招标的方式划分

按项目招标的方式可以分成两类，即公开招标和邀请招标。

1. 公开招标

公开招标是指招标人以招标公告的方式邀请不特定的法人或者其他组织投标。招标单位通过各种媒体（报刊、广播、电视等）发布招标公告，凡符合公告要求的投标单位均可申请投标，经资格审查合格后，按规定时间进行投标竞争。公开招标使招标单位有较大的选择范围，可在众多的投标单位中选择报价合理、工期较短、信誉良好的单位。公开招标有助于开展竞争，打破垄断，促使投标单位努力提高工程质量和服务水平，缩短工期和降低成本。但是，招标单位审查投标者资格及其证书的工作量比较大，招标费用的支出也比较大。

公开招标符合招标中的公开、公正、竞争的基本原则，因此，在招标实践中已经确立了其牢固的，甚至是优先的地位。

2. 邀请招标

邀请招标是指招标人以招标公告的方式邀请特定的法人或者其他组织投标，又称选择性招标或限制性招标，是基于潜在投标人的数量有限和招标采购的经济性考虑而采用的招标方法。招标单位通过信息分析或咨询公司的推荐，选择几家有能力承担该工程任务、信誉良好的承包单位，邀请其参加投标。被邀请的投标单位数量一般为4～10个。

其特点是：①不用发布公告，不要资格预审，简化了手续，节省了费用和时间；②由于对承包商比较了解，减少了违约的风险；③竞争性差，有可能将好的承包商摒除在外，而且可能抬高标价。

3. 公开招标与邀请招标的区别

它们之间的区别主要有五个：

（1）发布信息的方式不同。公开招标采用公告的形式发布，邀请招标采用投标邀请书的形式发布。

（2）选择的范围不同。公开招标使用招标公告的形式，针对的是一切潜在的、对招标项目感兴趣的法人或其他组织，招标人事先不知道投标人的数量；邀请招标针对已经了解的法人或其他组织，而且事先已经知道投标人的数量。

（3）竞争的范围不同。公开招标使所有符合条件的法人或其他组织都有机会参加投标，竞争的范围较广，竞争性体现得比较充分，招标人拥有绝对的选择余地，容易获得最佳招标效果；邀请招标的投标人数目有限，竞争的范围有限，招标人拥有的选择余地相对较小，有可能提高中标的合同价，也有可能将某些在技术上或报价上更有竞争力的供应商或承包商遗漏。

（4）公开的程度不同。公开招标中，所有的活动都必须严格按照预先指定并为大家所知的程序和标准公开进行，大大减少了作弊的可能；相比而言，邀请招标的公开程度逊色一些，产生不法行为的机会也就多一些。

（5）时间和费用不同。由于邀请招标不发公告，招标文件只送几家，使整个招投标的时间大大缩短，招标费用也相应减少。公开招标的程序比较复杂，从发布公告、投标人做出反应、评标，到签订合同，有许多时间上的要求，要准备许多文件，因而耗时较长，费用也比较高。

4.2.1.2　按工程建设业务范围划分

按工程建设业务范围来划分，工程项目招标可分为以下四种：

（1）工程建设全过程招标。它是对从项目建议书开始，包括可行性研究、设计任务书、勘测设计、设备和材料的询价与采购、工程施工、生产准备、投料试车，直到竣工和交付使用，这一建设全过程实行的招标。其前提是项目建议书已获批准，所需资金已经落实。

（2）勘测设计招标。它是就工程建设项目的勘测设计任务向勘测设计单位招标。其前提是设计任务书已获批准，所需资金已经落实。

（3）材料、设备供应招标。它是就工程建设项目所需全部或主要材料与设备向专门的采购供应单位招标。其前提是初步设计已获批准，建设项目已被列入计划，所需资金已落实。

（4）工程施工招标。它是就工程建设项目的施工任务向施工单位招标。其前提是工程建设计划已被批准，设计文件已经审定，所需资金已落实。

4.2.1.3　按工程的施工范围划分

按工程的施工范围来分，工程项目招标可分为以下四种：①全部工程施工招标；②单项或单位工程招标；③分部工程招标；④专业工程招标。

全部工程施工招标就是招标单位把建设项目的全部施工任务作为一个“标底”进行招标。这样，建设单位只与一个承包单位（或集团）发生关系，合同管理工作较为简单。后 3 种招标方式是把整个工程分成若干单位工程、分部工程或专业工程分别进行招标和发包，这样可以发挥各承包单位的专业特长，合同比第一种方式更容易落实，风险更小，即使出现问题，也是局部的，容易纠正和补救。

4.2.1.4　按照招标的区域划分

按招标的国界可分为国际招标和国内招标两种。

1. 国际招标

国际招标是通过向世界银行 100 多个成员国及瑞士的承包单位发出招标通告，挑选世界上技术管理水平高、实力雄厚、信誉好的承包单位来参加工程的建设。国际招标需要有外汇支付手段，利用外资和世界银行贷款的工程就具有国际招标的必要条件，而且，世界银行也规定其必须实行国际招标。例如，我国云南鲁布革水电站引水隧洞工程采用国际招标，有 13 个国家的 23 家厂商提交了资格预审申请。经预审后，有 8 家外国承包商单独或与我国施工企业组成联营公司参加了竞争投标，结果日本大成公司因标价比标底还低 44%而中标。

2. 国内招标

在国内范围内进行招标，可在国内的各种媒体上刊登广告，用本国语言编写标书、公开出售标书，公开开标。通常用于合同金额较小、采购品种比较多且分散、分批交货的时间较长、劳动密集型、商品成本较低而运费较高、当地价格明显低于国际市场价格等商品的采购。国内竞争性招标的程序大致与国际竞争性招标相同。

我国绝大多数工程建设项目都实行国内招标。根据工程大小和技术难度的不同，可以在国内、省内、地区内甚至市县范围内进行招标。

4.2.1.5　按招标的形式划分

根据 2019 年 12 月 3 日的《中华人民共和国招标投标法（修订草案公开征求意见稿）》第七条规定，国家推广以数据电文形式开展电子招标投标活动，推进交易流程、公共服务、行政监督电子化和规范化，以及招标投标信息资源全国互联共享。除特殊情形外，依法必须进行招标的项目应当采用电子招标投标方式。现行《招标投标法实施条例》已明确规定，国家鼓励利用信息网络进行电子招标投标。近年来，电子招投标模式蓬勃发展，征求意见稿这一修订在于主动适应新形势。对投标人而言，实行电子招投标比传统的纸质文件投标可以降低投标成本。对招标人而言，也可省去保管大量纸质中标文件的烦琐。但需注意的是，无论是对招标人还是投标人，电子招标对于招投标的实施和流程管理更为严格，相关参与人员必须按照特定流程参与整个招投标流程，这对参与人员在电子操作和流程理解方面提出了更高的要求。

4.2.2　工程项目招标的程序

具备招标条件的单位一般按以下程序开展工作，如图 4.1 所示。

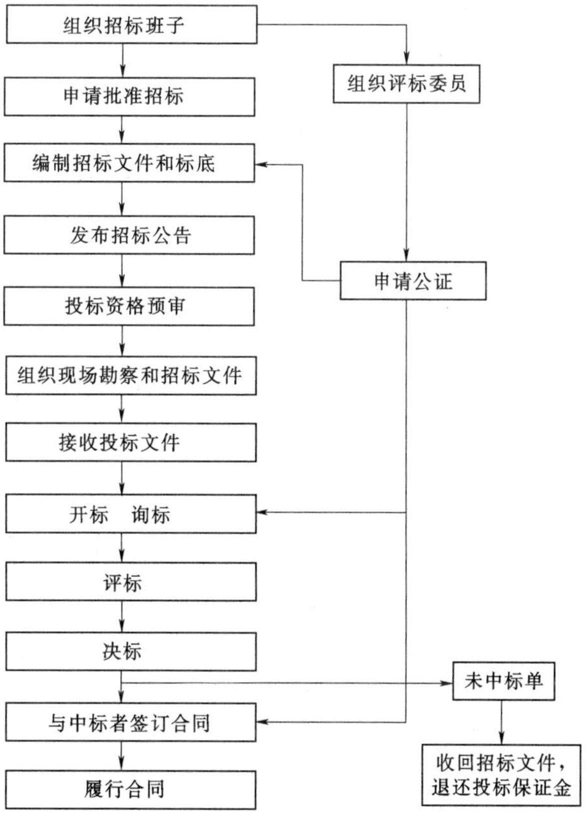

图 4.1　招标程序流程

4.2.2.1　编制招标文件

招标文件是标明招标工程数量、规格、要求和招标投标双方责权利关系的书面文件。它既是投标人编制投标文件的依据，又是业主和承包商签订合同的基础。因此，招标文件是招标中最重要的法律文件之一。招标人应当根据招标项目的特点和需要编制招标文件。不同工程的招标文件，内容虽有繁简、详略之别，但招标文件一般都包括以下几个部分：①投标邀请书，投标须知；

②合同的通用条款、专用条款；③招标人对货物、工程与服务方面的要求一览表（表格）、技术规格（规范）、图纸；④投标书格式、资格审查需要的报表、工程量清单、报价一览表、投标保证金格式及其他补充资料表；⑤双方签署协议书的格式、履约保证金格式、预付款保函格式等。

除此之外，与招标工程有关的来往书信、会议记录和各种保证书以及招标人对招标文件的澄清或者修改的内容也为招标文件的组成部分。

1. 招标说明

招标说明的目的是让投标单位对工程整体有个轮廓性的了解，以便正确掌握本工程的特点，提出合理的方案、措施和报价。其主要内容包括：

（1）工程概况，包括工程的名称、地点、性质及总体布置；设计单位、审批单位；要求完工的日期；建设单位和承办招标业务单位的名称等。

（2）招标工程规模，包括工程的组成、主要结构尺寸、工程量等。

（3）招标工程所在地区的自然条件，包括地形、地质、水文、气象、地震等情况。

（4）工程地区的周围环境，包括当地交通运输、水电、物资材料供应、环保要求及政府有关规定等。

2. 投标须知

投标须知是使投标商了解合同的内容性质，并按照业主的要求编制投标书的文件，包括向投标单位提供、编制与提交投标文件、开标、评标以至授予合同有关的规定和资料。具体包括：

（1）承包方式。要说明是总价承包还是单价承包或其他承包方式，物价上涨因素的考虑以及对联合承包和签约分包的有关要求。

（2）投标人应具备的条件。指投标单位必须具备的证件和手续，主要包括以下内容：

1）投标保证金。为了补偿中标单位不签订合同给业主带来的损失，要求投标人在投标前提交投标保证金（一般工民建工程为投标总价的3％，其他大型工程为投标总价的2％～5％），保证金交纳的形式为现金或银行支票或银行保函等。投标保证金一般应在投标有效期截止日后30天内保持有效。投标后，投标人中途退标，将被没收保证金。定标签约后，中标者可将此保证金转为履约保证金，未中标者可收回保证金。

2）国际招标还要指出合格的投标商国籍、投标书使用的语言。

3）招标程序及时间安排。指招标主要工作的起止时间和执行地点。

4）投标单位填写投标文件应遵守的规则。如对标函中文字填写、涂改的规定，错误的处理方法；标函递送的份数，正、副本的区别，递送方式；标函的密封要求（国际标函都要用火漆密封）等。

5）计价和支付。世界银行资助的工程一般以美元计价和支付；受援助工程项目通常采用援助国的货币或美元计价和支付。

6）中标后的保证条件。包括中标人交纳履约保证金、维修期间的保留金以及拖延工期时相应的罚款规定等。履约保证金一般占报价的10%或为双方具体规定的数额。保留金一般为投标报价的5%～10%。

3. 合同的主要条款

合同条款是标书的重要组成部分，其目的在于使投标单位预先明确其中标后的权利、义务和责任，以便在投标报价时充分考虑这些因素，决定能否愿意和能够承担各项责任。因此，招标书应详细列出承发包合同的主要条款。其概括起来主要有基本条款、技术条款、经济条款、双方权利和义务条款、法律条款五个部分。

4. 工程设计说明与图纸

这是向投标人提供与工程量计算有关的图纸和必要的说明。它是计算工程量、拟定报价的依据，应力求准确。一般应包括总体布置、土建和安装工程三部分的图纸和说明。

5. 工程技术与质量要求

这是业主对工程的技术与质量要求，是承包单位在投标时考虑是否投标、拟定投标方案、施工方法和编制报价等的重要文件，也是合同签订后，监理单位和承包单位执行合同的准则。这部分内容较多，没有统一规定，主要有工程质量检查验收的依据、按图施工允许的误差、技术检验和技术监督、质量事故的管理、关于施工技术的补充规定等。

6. 工程量报价表和报价须知

工程量表主要用于采用总价或单价合同的工程招标中，它是标书中至关重要的部分，因此必须在“报价须知”中详细列出必要的说明。报价须知中一般要说明如下几个方面问题：

（1）说明报价表中的计算工程量是否供投标单位填写标书、确定报价之用，以后实际工程量有变化是否可以调整，如何调整。

（2）要对工程直接费用、间接费用和其他费用等提出一些明确规定。

（3）规定采用哪种特定的工程测量方法，并说明其用法，如有修正的，要说明修正的部分。目前，国际上通行的工程量测量方法主要采用由英国相关机构编制的《土木工程标准测量方法》《建筑工程量计算原则》和《标准的土木工程测量法》，每种工程测量方法所应配合的规定合同条件范本，也要说明清楚。

（4）当施工价格与报价价格出现价差时如何处理。在招标文件的编制过程中，经常会出现一些问题，导致招标文件质量较差，影响了工程项目的开展。因而项目招标单位对招标文件的规范性、系统性、严谨性应给予足够重视。

资源4.1 造成招标文件编制质量不高的五大问题

资源4.2 某工程招标书

资源4.3 编制标底

4.2.2.2 编制标底

标底又称底价，是招标工程的预期价格，是由建设单位或其委托的设计、咨询顾问公司或估算公司估算出该工程的造价。它是评定投标价合理性、可行性的重要依据，也是衡量招标投标活动经济效果的依据。标底应具有合理性、公正性、真实性和可行性。

标底的构成包括三个部分：项目成本（含主体工程费用、临时工程费用及其他工程费用）、投标者的合理利润和风险系数。我国规定，标底不得超过经批准的工程概算或修正概算。影响标底的因素很多，在编制时要充分考虑投标项目的规模大小、技术难易、地理条件、工期要求、材料差价、质量等级要求等因素，从全局出发，兼顾国家、建设单位和投标单位三者的利益。

标底直接关系到招标人的经济利益和投标者的中标率，应在合同签订前严加保密。如有泄密情况，应对负责者严肃处理，甚至追究其法律责任。

4.2.2.3　发布招标公告

资源 4.4
某工程网上
招标公告

招标公告的目的是广泛招揽国内外有名望的厂商前来投标，同时也使无能力的、不合格的厂商知难而退，不盲目参加投标。

招标公告的内容主要包括：项目名称；项目建设地点；项目内容概述；投资来源；招标内容和数量；工期要求；发放招标文件的日期和地点；招标文件的价格；投标地点；投标截止日期（必须具体到年、月、日、时）和开标时间（一般与投标截止日期只相差 1～2 小时，最多不超过 24 小时）；招标单位的地址、电话号码、邮编、传真号码等。

4.2.2.4　资格预审

资格预审是对投标单位进行事先的资质审查，是招标过程中的一个重要步骤，特别是大型或复杂的招标项目，资格预审是必不可少的。资格预审程序实际上是对所有投标人的一次"粗筛"，目的是在招标工程中早期剔除资格条件不适合履行合同的承包商，避免条件差的承包商为投标花费无谓的人力和资金，同时，招标单位也可以减少评标的工作量。

联合投标或总分包投标时，每个参加投标的企业都应分别填写资格申请书。

对于邀请招标，因对被邀请的投标者已相当了解，可免去资格预审。如果还不甚了解，也可随同招标询问函寄去资格预审书。在审定其具有投标资格后，再发邀请书。

资格预审的内容包括：

（1）法人地位。落实投标单位的法定名称、单位地址、营业执照、组织机构和主要领导成员等。要严格避免买空卖空的行为，或投标单位的经营范围与本工程项目招标内容不符的事情发生。若为联合投标，对合伙人也要审查。

（2）财务状况。财务状况评审至关重要，它是资格预审的重点，财务不可靠或缺乏一定支付能力的投标单位不可能顺利执行项目承包合同。财务评审内容主要是承包单位的资金总额（其中包括固定资金数和流动资金数）、最近两年的财务年报和资产负债表以及开户银行的证明或信誉公司、保险公司的证明。

（3）投标申请单位的工程经验和专业经验。主要是审查投标单位的施工经验与能力能否胜任本招标工程的工作，必须了解投标单位近 5～10 年的经验，尤其是专业工程的经验，投标单位所完建工程的施工工期、施工质量情况、用户评价证明以及正在执行的合同情况。对于专业性强的工程，招标单位还在资格预审通知中提出投标者应具备的施工经验标准。

（4）申请投标者的商业信誉。主要审查投标单位都完成过哪些工程项目、资信如何、是否发生过违约行为、项目实施质量与服务质量水平是否达到建设单位要求、投标单位资质等级等。

通常规定，资格预审文件在其发出 2～6 个星期递交，在预审通过后再授予招标书，一般从中选择 7～8 家为宜。

资格预审制度有诸多优点：一是采用资格预审能够精减投标人的数量，降低评标的难度，减少评标的工作量，降低招标投标成本；二是采用资格预审可以有效遏制假借资质，避免履约能力不佳的企业中标，降低履约风险。

4.2.2.5　现场勘察和标前会议

资源 4.5
某工程招标资格预审案例

1. 现场勘察

招标单位在招标文件中要注明投标人进行现场勘察的时间和地点。按照国际惯例，投标人提出的标价一般被认为是在审查投标文件后并在现场勘察的基础上编制出来的，一旦标价提出并经过开标以后，投标人就无权因为现场勘察不周、情况了解不细或其他因素考虑不全而提出修改标价、调整标价或给予补偿等要求。通常，招标人要组织投标人统一进行现场勘察并对工程项目做必要的介绍，投标人现场勘察的费用自行支付。

2. 标前会议

标前会议是招标单位给所有投标者提供的一次质疑机会。对大型项目尤其是大型土木建设工程，招标机构可以举行标前会议，统一澄清投标人提出的各种问题。业主在回答问题的同时，展示工程勘探资料，供投标单位参考。会议上提出的问题和解答的概要情况，应做好记录，如有必要可以作为招标文件的补充部分发给所有投标人。

3. 接受投标文件

投标书须由招标单位编制，且盖有投标单位的印签和法人代表或法人代表委托人的印签，密封后在投标截止日期前送到指定地点。接受标函的时间、地点与方式在招标文件中已明确规定。从投标人得到招标书到投标截止的日期，一般有 2～4 个月的时间，小型工程也不宜少于半个月，紧急情况下不得少于 15 天。

从接受标函至投标截止日期的这段时间内，还允许投标人以正式函件的方式调整标价和更改补充标函的局部内容或附加说明。此类函件具有同等效力，原标函中相应部分更改为以函件内容为主。

根据新的招投标修订办法，投标人应当在招标文件要求提交投标文件的截止时间前，将投标文件送达投标地点或者提交电子招标投标交易平台。招标人或者电子招标投标交易平台收到投标文件后，应当签收保存，不得开启或者解密。对于依法必须进行招标的项目，投标人少于三家的，不得开标，招标人应当分析招标失败的原因，采取对招标文件设定的投标人资格条件等进行修改或者其他合理、充分措施后，依照本法重新招标。重新招标后，投标人仍少于三家的，可以重新招标，也可以开标、评标，或者依法以其他方式从现有投标人中确定中标人，并向有关行政监督部门备案。在招标文件要求提交投标文件的截止时间后送达的投标文件，招标人应当拒收。

4.2.2.6　开标、评标和定标

1. 开标

开标应在招标文件规定的时间和地点进行。可以是有投标人参加的公开开标，也可以是没有投标人参加的非公开开标，这要视招标文件的规定而定。

若是公开开标，开标方式由招标单位组织并主持，投标单位出席开标仪式，参加的部门还应有建设单位上级主管、当地计划部门、经办银行、监理单位、公证机关等。主持人当众打开标箱，由公证人员检查并确认标书密封完好、封套书写符合规定、没有其他字样和标记，即为合格；然后由工作人员逐一拆开标函进行唱标，公开宣读投标人的名称、投标项目、报价等，并做详细记录，再由招投标双方法定代表签字认可；最后，审标委员会指出表面上的最低标，并公布标底。我国的工程项目招标通常采用公开开标的方式。

所有参加开标的人，均可以记录或录音开标实况，但不得查阅标函。

开标后，投标人不得更改标函内容，但可对标函作澄清和解释，但不能改变标函的实质。若是非公开开标，要在审标委员会成员和公证人员在场的情况下进行开标，开标后选定 2～3 家投标单位分别会谈议标，最后选定一家单位中标，这样，投标单位在不确知各家报价情况下，会应招标单位的要求进行压价，可使招标单位处于有利地位。

凡在规定截止时间后送达的标函原则上均不予接受，按废标处理，予以原封退回。但如果迟到的时间不长，而且延误原因并非投标单位的过失，如交通、自然灾害等不可抗力造成的延误，招标单位可以接受该迟到的标书。

2. 评标和定标

由招标单位组织的评标委员会在开标后独立地进行评标工作，依法必须进行招标的项目，其评标委员会由招标人的代表和有关技术、经济等方面的专家组成，成员人数为 5 人以上单数，其中技术、经济等方面的专家不得少于成员总数的 2/3。

（1）标函完备性审查。评标之前，要对投标文件进行全面审查，大体上有三方面内容：①一般审查，即检查其投标文件和投标保证金是否齐全，是否按规定填写，有无重大计算错误等，若有上述问题存在，按废标处理；②技术审查，即投标的工程项目规模、规格是否与招标书要求相符；设备的质量、效率、消耗等经济指标是否达到要求；若设计由投标人完成，还要对投标人的设计文件是否适合招标工程使用，投标人拟建的施工方案及竣工日期是否可行等进行审查；③商务评审，是从成本、财务和经济分析等方面评定投标报价的合理性和可靠性，估算各投标单位的中标经济效果，尤其要和标底估算数据进行对比，发现有较大的差异应分析其原因。

（2）评标原则。在评标之前，必须确定本次招标的评标原则。这些原则大致有：

1）最低标原则。就是只要投标文件符合要求，就选取最低报价者中标。这是国际公开招标通用的办法，世界银行通常的做法也是如此。然而，若单纯以最低标价为中标原则，往往会招致风险。若有投标人为了中标而盲目压低报价，用此原则与之签订中标合同后，就有可能导致无法履约、工程中途停止。这个原则一般适用于具有通用技术、性能标准或者招标人对其技术、性能没有特殊要求的招标项目。

2）合理低标原则。由于最低标原则有风险，我国多数部门和地区都规定选取报

价既合理可靠又较低的投标人为中标对象，这对维护招投标双方利益、保护投标人的合法利益以及防止过分压低报价而损害工程质量是必要的。

3）接近标底的原则。即选择报价在标底上下一定幅度浮动的投标者为中标对象。我国有些部门和地区规定标价与标底的价差限制在＋5%～－8%标底的范围内，即所谓“上五下八”原则，当标价高出标底5%或低于标底8%的投标视为废标。这对于某些已有多次重复施工经验、有完整的标准预算定额的定型住宅和民用设施建设是适用的。但它的局限性很大，对于不定型的大型工程，如大型工业企业的土建安装、水利水电工程等，采用先进的施工技术和科学的管理完全可以突破常规而达到质优价廉的目标，就无法根据目前使用的定额来衡量其工程节约的潜力，如果仍按接近标底的原则来评标，无疑是不合适的。如日本大成公司在我国鲁布革水电站引水系统的投标报价，只有标底的56.6%，是最低标。许多单位担心该公司要赔本，或是在合同执行中采用低报价高索赔的手段或是完不成任务。但是大成公司中标后的实践证明，由于采用了不少新技术和现代管理方法，工程进展非常顺利，不但不亏本，还有一定的利润。

（3）评标方法。评标的方法，简单地说就是比标，即对各投标人的标价逐一进行比较，常用的有以下两种方法：

1）高低排队法。其做法如下：

a. 按投标人的报价由低至高取若干家进行比较。

b. 分析报价的合理性，尤其要分析最低报价是否合理。

c. 审查质量与工期保证措施的可靠性，施工方案的可行性。

d. 从中选出满意的若干家，请他们参加“澄清会”（相当于投标文件答辩会）回答招标人的问题（或用书面回答）。

e. 对报价、技术水平、施工方案、质量和工期的保证措施、管理水平及财务能力进行综合评价，选择中标候选人。

一般地讲，在满足标书的要求前提下，合理地最低报价的投标人应该是中标候选人。

2）评审标价法。就是用投标文件与招标人的施工规划和标底进行比较，劣于招标人施工组织设计和标底的条款，折成价款加到标价中去，优于招标人施工组织设计和标底的条款也折成价款，从标价中减去，使标价降低。例如，经比较发现，标函中所提的措施和技术保证不足或工程技术人员缺乏时，可按实际需要补充数量，应将追加的价款计算加到标价中去；投标人能够提前完工或保证优质工程时，应把带来的效益从标价中减去相应的价款，最后得出评审标价，以此排列投标人的名次，选择中标候选人。

评审标价法的优点是把各种因素都考虑到标价中去，更加合理公平。如国际招标时，对于不享受优惠的单位（如保护本国单位），可用增加标价的方法来与享受优惠的单位竞争。鲁布革水电站引水工程国际招标就将国外的标价增加7.5%来与国内承包商进行比较。

（4）评审报告。评审报告是评标阶段的结论性报告，它为建设单位定标提供参考意见。评审报告包括招标过程简况、参加投标单位总数及被列为废标的投标单位名称、可能中标标书的重点叙述。其主要内容是：分析标价的合理性与标底的比较，高于或低于标底的百分比及其原因；投标书与招标文件是否相符，有什么建议和保留意见，这些建议是否合理；对投标单位提出工期和进度计划的评述；投标单位的资讯及承担类似工程经验的简述；授标给某一投标单位的风险和可能遇到的问题等。评审报告要明确提出推荐的中标单位。

（5）定标。评标委员会在听取招标工作班子口头汇报和讨论初审评价对比表与分析报告的基础上，获取各种定标依据，推荐一个技术合适、标价合理、服务优惠、质量工期均有保证的最佳投标者为中标者。同时，推荐第二、第三位中标者作候补，以备第一中标者发生变故时能及时依次顶替。

《投标者须知》中通常有一条规定，即下列情况允许招标人拒绝全部投标：投标者少于三家，无竞争性；所有投标文件均未按照招标文件编制；所有报价均同方向大大偏离标底。如果发现招标方出于私利，故意拒标，也应追究其法律责任。

评标必须在投标文件有效期内结束，一般从开标到确定中标者间隔时间不超过 30 天，因故不能在预期时间内完成，需征得各投标单位的同意。大型项目评标时间可以适当延长。

资源 4.6
某长江大桥工程评标案例

根据《中华人民共和国招标投标法实施条例》第五十五条规定，国有资金占控股或者主导地位的依法必须进行招标的项目，招标人应当确定排名第一的中标候选人为中标人。排名第一的中标候选人放弃中标、因不可抗力不能履行合同、不按照招标文件要求提交履约保证金，或者被查实存在影响中标结果的违法行为等情形，不符合中标条件的，招标人可以按照评标委员会提出的中标候选人名单排序依次确定其他中标候选人为中标人，也可以重新招标。该规定明确表明了招标人应当确定排名第一的中标候选人为中标人。有两则工程评标案例，通过案例可以清楚地看出评标专家根据评标规则进行客观公正评审的过程。

资源 4.7
某工程投标实例

4.2.2.7　签订合同

中标者接到中标通知后，一般要在 30 天内与招标人谈判签订合同，若借故拖延谈判和签订合同，招标单位应没收其投标保证金，另定中标者。招标单位也不得借故改变中标单位或拖延签订合同的时间，否则招标人要按投标保证金的同样数额赔偿中标人的经济损失。

除双方签订的协议书外，标书标函、修正补充函件以及开标后双方的来往函件都是承包合同的组成部分。对于大中型项目，中标者在签订承包合同时，要递交履约保证金，作为其不按合同履约时给招标单位造成损失的赔偿。

4.3　工程项目投标

4.3.1　投标准备工作

4.3.1.1　信息的收集与整理

准确、全面、及时地收集各项技术经济信息是投标成败的关键。需要收集的信息涉及面很广，其主要内容可以概括为以下几方面：

（1）招标信息，通过各种途径尽可能在招标公告发出前获得工程项目信息，所以，必须熟悉当地政府的投资方向、建设规划，综合分析市场的变化和走向。

（2）招标项目所在地的信息，包括当地的自然条件、交通运输条件、价格行情等。

（3）施工技术发展的信息，包括新规范、新标准、新结构、新技术、新材料、新工艺等有关情况。

（4）招标单位的情况，包括招标单位的资金状况、社会信誉以及对招标工程的工期、质量、费用等方面的要求。

（5）其他投标单位的情况，及时了解有哪些竞争者，分析他们的实力、优势、在当地的信誉以及对工程的兴趣和意向。

（6）有关报价的参考资料，收集当地近几年类似工程的施工方案、报价、工期及实际成本等资料。

（7）投标单位内部资料，收集整理能反映本单位技术能力、信誉、管理水平、工程业绩等情况的资料。

4.3.1.2　投标资格预审资料

资格预审资料不仅能起到帮助投标单位通过资格预审的作用，还是投标单位重要的宣传材料，投标单位要做好投标资格预审资料的准备工作。参加国际投标竞争时，必须雇佣投标代理人，投标代理人实际上是为外国承包商提供综合服务的咨询机构。投标单位雇佣代理人的最终目的在于拿到工程任务，而代理人也只有协助投标单位实现目的后才能得到代理费。代理费一般为工程标价的2%～3%。

4.3.2　投标工作的实施

4.3.2.1　申请投标和投递资格预审书

投标单位一旦获得招标信息并确定了投标目标，就要向该招标单位提出投标申请并购买资格预审表。申请的方式为：本地区的项目以直接递送投标申请报告为宜，外地或国外项目可采用电传、电报或信函的方式向招标单位提交投标报告。

资格预审是取得投标资格的关键，投标单位应不断把本单位的信息传给社会，增加取得投标资格或被邀请投标的机会。平时应准备好宣传材料，把本单位历年完建和在建的工程彩印成册，随同资格预审表提供给招标人。若招标人对本单位还不够了解，单位负责人应主动登门介绍情况，并邀请招标人参观本单位完建和在建工程，使他们了解自己，争取获得良好的印象。

一般情况下，投标人应提交如下材料：

（1）公司章程，公司在当地的营业执照。

（2）公司负责人名单及任命书、主要管理人员和技术人员名单、公司组织管理机构。

（3）近5年内完成的工程清单（要附有已完工程业主签署的证明）。

（4）正在执行的合同清单。

（5）公司近期财政情况、资产赋值、大型机械设备情况。

（6）银行对本公司的资信证明。

在上述资料中，招标单位比较看重的是投标人近 5 年内完成的工程清单，有类似工程经历的投标者不仅可以顺利地通过资格预审，而且在招标单位考虑判标时也会占有优势。因此，投标人在平时就要注意积累本单位完建工程的资料。若业主可以接受，这种资料也可以请有关单位（如已完建工程项目的业主或主管部门）为自己出具证明。

需要指出的是，一般情况下，项目招标人规定投标者通过资格预审后才能购买标书，但也有项目招标人允许投标者先购买标书，并要求投标者同时提交资格预审材料，待开标后评标谈判时，再将投标者的资信作为首要条件考虑。

4.3.2.2　招标文件的购买与研究

投标者只有接到招标单位发出的投标通知书或邀请书，才具有参加该项目投标竞争的资格，才可以按照指定日期和地点，凭资格预审合格通知和有关证件，采用派专人前去、网上订购或汇款邮寄的方式去购买招标文件，国外工程常采用汇款邮寄方式，国内项目采用前两种方式为宜。招标文件的研究工作包括以下几方面：

（1）研究招标项目综合说明，熟悉工程全貌。

（2）研究设计文件，为制定报价或施工方案提出确切的依据。要认真阅读设计图纸、详细了解各部门对材料品种规格的要求，发现不清楚或相互矛盾之处，应即时以书面形式向招标人询问或在招标答疑会上提请招标单位解释或更正。

（3）研究合同条款，明确中标后的权利与义务。其主要内容有：承包方式、开工、竣工时间、价款结算办法、预付款及工程款支付与结算方法、工期变更及停工、窝工损失处理、保险、政策性调整引起价格变化的处理办法等。这些内容直接影响施工方案的安排、施工期间的资金周转，最终影响投标单位的获利，因此，应在标价上有所反映。

（4）研究投标单位须知，提高工作效率，避免造成废标。

4.3.2.3　参加现场踏勘和标前会议

标书不可能包括所有需要知道的实际情况，投标者必须深入现场收集有关资料，做好分析研究工作。通过现场调查，可以拟定与施工有关的措施，降低费用、减少施工困难。查勘时要特别重视收集如下有关施工准备的资料：

（1）社会经济条件，如劳动力资源、工资标准、专业分包能力、地产材料的供应能力等。

（2）自然条件，如影响施工的气候、山脉、河流等因素。

（3）施工现场条件，如场地地质条件、承载能力、地上及地下建筑物、构筑物及其他障碍物、地下水位、道路、供水、供电、通信条件、材料采购、配件堆放场地等。

招标单位还要召开标前会议，进一步说明招标工程情况，或补充修正标书中的某些问题，同时解答投标者提出的问题，投标人必须参加上述招标会议，否则就被视为退出投标竞争而取消投标资格。

4.3.2.4 编制投标文件

在研究标书、参加现场踏勘和招标会议及调查工作基本完成之后，投标人应立即着手组织有关人员进行施工组织设计，拟定施工方案，确定轮廓进度，对工程成本做出估算，在工程成本估算的基础上初步定出标价，填写投标文件。

1. 施工组织设计或施工方案

施工方案或施工组织设计是投标的必要条件，也是招标单位评标时考虑的因素之一。为投标而编制的施工组织设计与具体施工的方案之间有两点不同：一是对象不同，投标中的施工方案是向招标单位或评标小组介绍施工能力，应简洁明了，突出重点和长处；二是作用不同，投标中的施工方案是为了争取中标，因此应在技术措施、工期、质量、安全及降低成本方面对招标单位有恰当的吸引力。

2. 报价

报价是投标的关键工作。报价的最佳目标是既能胜过竞争对手，又能取得较大的利润。报价是技术与决策相协调的一个完整过程，具体的内容将在本节投标报价技巧中介绍。

3. 编写投标文件

投标人对招标工程做出报价决策之后，即应编制标函，也就是“投标者须知”中规定的投标人必须提交的全部文件。投标书的主要内容有：

(1) 综合说明。

(2) 标书情况汇总表、工期、质量水平承诺、让利优惠条件等。

(3) 详细预算及主要材料用量。

(4) 施工方案和选用的机械设备、劳动力配置、进度计划等。

(5) 保证工程质量、进度、施工安全的主要技术组织措施。

(6) 对合同主要条件的确认及招标文件要求的其他内容。

投标单位可以提出设计修改方案和合同条件修改意见，并做出相应标价和投标书，同时密封寄送招标单位，供招标单位参考。

4.3.2.5 投标

全部投标文件编好之后，经校核无误，由负责人签署，按“投标须知”的规定分装并密封成为标函——投递（或邮寄）的投标文件。标函要在投标截止日期前送到招标人指定的地点，并取得收据。标函一般要派人专送。如必须邮寄，应充分考虑函件在途时间，避免迟到作废。国外投标可发电传或快件寄出。

标函以正式递交招标人的为正本。此正本应以投标单位的名义签署，其中若有添字或删改处，应由投标单位的主管负责人在此处签字盖章。

标函如有下列情况之一者，即属无效：

(1) 未密封。

(2) 投标文件不全。

(3) 未按标书要求填写，或填写字迹模糊，辨认不清。

(4) 未加盖印鉴或印鉴不符合规定。

(5) 一份标函有多个报价。

（6）投标逾期。

投标文件发出后，若发现标书有误，需在投标截止时间前用正式函件更正，否则以原标书为准。

4.3.2.6 开标、询标

投标人必须按标书规定的时间和地点派人出席开标会议，否则即被认为退出投标竞争。

开标宣读标函前，要复验其密封情况。宣读标函过程中，投标人应认真记录其他投标人的标函内容，特别是报价。有的投标人用录音机录下开标会议全过程，以便对本企业报价、各竞争对手，报价和标底进行比较，了解各对手实力，判断中标可能性，为今后竞争积累资料。

宣读标函后，投标人还要及时回答招标人要求补充说明的问题，相当于对投标文件进行答辩，国际上称作投标“澄清会议”，但不能修改标价、工期等实质性内容。

在询标过程中，招标人的质疑、投标方的澄清，均应做书面记录，经双方法定代表人签字后成为招标、投标文件的补充条款。

4.3.2.7 授标与签约

招标单位向中标者发出“书面中标通知书”称为授标。招标单位应在评标委员会确定中标单位后两日内发出中标通知书，并在发出通知书之日起 30 日内与中标单位签订合同。中标单位如逾期或拒签合同，招标单位有权没收其投标保证金，以补偿自己的损失，同时，通知第二中标人前来谈判签约。对未中标的单位，由招标单位通知并退还其预缴的保证金。

招标项目的合同文本应包括招标文件、投标文件、双方签字的开标记录、询标记录、来往函电资料。当招标单位和中标单位对全部合同条款没有异议后，即签订合同协议书，经双方法定代表签字、单位盖章后生效。合同一旦签订，双方即建立了具有法律保护的合作关系，双方必须履约。有的国家规定，在签约后，还须到公证机关进行公证，合同才有法律效用。

资源 4.8 某工程灵活报价的案例

4.3.3 投标报价策略与技巧

投标的核心问题是投标报价。因此，投标策略问题，实质上就是研究投标报价问题，既能击败竞争对手，又能使本单位获得最大限度利润的报价问题。

4.3.3.1 投标报价的类型

工程建筑类施工单位在不同时期、不同竞争环境下，所确定的长期利润目标和近期利益目标是不相同的，而不同的利润目标又决定着企业参加投标竞争时采用不同的报价策略。就利润目标来说，施工企业的报价类型可分为以下几种。

1. 以获得较大利益为投标目的的报价

施工单位的经营业务处于长期比较饱和状态的情况时，或信誉、实力比较强时，其参加投标的战略思想往往是以考虑中长期利润目标和经营效果为主，以获得“自己满意”的利润为目的。这种企业投标时，往往不是压价投标，而是投“中标”或“高标”。

2. 以保本或微利为投标目的的报价

施工单位在业务不饱满的情况下，为解决企业“窝工”现象，其参加投标的战略思想往往是以保本或微利为主。故其投标时，可能会与成本相同或稍高于成本的低标。

3. 以开拓新业务及某地区或国家市场为投标目的的报价

企业为开拓新业务或为打入某行业、某地区和某国家的市场，并创造良好的社会信誉，往往会采取保本甚至赔本低报价。

4. 面临生存危机的超常规报价

当企业面临生存危机或为了保住声誉时，往往不得不咬牙压价，采取低于成本较多的（超低标）超常规报价。

企业要根据市场、竞争对手和本企业的主客观情况，决定自己的报价类型。如果确定以利润为目的，则要明确达到该目的的报价范围。

4.3.3.2 投标报价策略与机巧

报价策略是指投标工作中针对具体情况而采取的报价方法，它与一般确定报价的方法不同，也不能代替确定报价的细致工作。但不论是国内投标，还是国际投标，研究并掌握报价策略与机巧，对夺取投标胜利都起到重要作用。

综合投标报价技巧，主要有如下几种。

1. 修改设计以降低造价取胜

这是投标报价竞争中的一个有效方法。投标人在编制投标文件过程中，应仔细研究设计图纸。如果发现改进某些不合理的设计或利用某项新技术可以降低造价时，投标人除按原设计提出报价外，还可另附一个修改设计的比较方案及相应的低报价，这往往能得到业主的赏识而收到出奇制胜的效果。如法国布继克公司在科威特布比延桥工程的投标中，提出了采用预应力铪梁和双柱式排架桩的新方案，不但使造价降低了1/3，还缩短了工期，从而一举夺标。

2. 标函中附带优惠条件制胜

在投标中能给业主一些优惠条件，比如贷款、提供材料设备等，解决业主的某些困难，有时是投标取胜的重要因素。如上海石洞口电厂主厂房基础打桩工程招标中，中国二十冶集团有限公司获得业主缺乏钢板桩的信息，就在标函中提出可以垫借12000根钢板桩给业主，并可力争提前15天完工（工期与对手一样），解决了业主材料短缺的燃眉之急。虽然报价比对手高，却中了标。

3. 不平衡单价法

不平衡报价，指在总价基本确定的前提下，调整项目和各个子项的报价，以期既不影响总报价，又可在中标后获取较好的经济效益。通常采用的不平衡报价有下列几种情况：

(1) 对能早期收回进度款的项目（如土方、基础等）单价可报以较高价，以利于资金周转；对后期项目（装饰、电气安装等）的单价可适当降低。

(2) 估计今后工程量可能增加的项目，其单价可提高；而工程量可能减少的项目，其单价可降低。

上述两点要统筹考虑，对于工程量计算有错误的早期工程，如不可能完成工程量表中的数量，则不能盲目抬高单价，需要具体分析后再确定。

(3) 没有工程量而只需填报单价的项目（如疏浚工程中的开挖淤泥工作等），其单价可抬高。这样，既不影响总的投标价，又可多获利。

(4) 对于暂定的、实施可能性大的项目，价格可定高；估计该工程不一定实施的项目则可定低价。

采用不平衡报价法，要注意调整单价时，不能太高或太低。一般来说，单价的调整幅度不宜超过±10%，只有对投标单位具有特别优势的某些分项，才可适当增大调整幅度。

4. 多方案报价法

这是利用工程说明书或合同条款不公正或不明确之处，争取达到修改工程说明书和合同为目的一种报价方法。合同条款和工程说明书不公正或不明确，投标人往往要承担很大风险。为了减少风险就须扩大工程单价，增加“不可预见费”，但这样做又会因报价过高而增加被淘汰的可能性。这时，可采用多方案报价法，即在标函上报两个单价：一是按原工程说明书和合同条款报价；二是加以注解，“如工程说明书或合同条款做某些改变，则可降低多少费用”，既吸引业主修改说明书和合同条款，又使报价较低。

5. 预备标价法

工程项目招标的全过程也是投标单位互相竞争的过程，竞争对手们总是随时随地互相侦察对方的报价动态，而要做到报价绝对保密又很难，这就要求参加投标报价的人员能随机应变，当了解到第一报价对己不利时，可用预备的标价投标。如石塘水电站的招标，水电第十二工程局于开标前一天带着高、中、低3个报价到达杭州后，就千方百计通过各种渠道了解投标者到达的情况及可能出现的对手情况。直到截止投标前10分钟，他们发现主要竞争对手已放弃投标，立即决定不用最低报价，同时又考虑到第二竞争对手的竞争力，决定放弃最高报价，选择了中标报价，结果成为最低标，为该局中标打下了基础。

6. 联保法

若一家单位实力不足，可联合其他单位分别进行投标。无论哪一家中标，都联合进行施工。

7. 低投标价夺标法

这是一种非常手段。若单位大量“窝工”，为减少亏损，或为打入某一市场，或为挤走竞争对手保住自己的地盘，于是制定亏损标，力争夺标；但若单位无经济实力，信誉又不佳，此法不一定奏效。

报价是工程投标的核心。报价过高，会失去中标机会；报价过低，即使中标，也会给企业带来亏本风险。施工企业应从宏观角度对工程总报价进行控制，力求报价适中，提高中标率，获得较好的经济效益。某工程灵活报价的案例，该项目承办商在报价中就采用了多方案报价法、增加建议法、突然降价法等，达到了出奇制胜的效果。

资源4.9
工程招投标违法主要类型及实例

4.4 法律责任

法律责任是指行为主体因违反法律义务而应当或必须承担的不利后果，是法律规则的一个有机组成部分。任何法律规则不仅要明确规定法律主体的义务或权利，而且要明确规定因违反法律义务而应承担的法律责任。只有在义务责任和违反义务的责任都得到明确规定的情况下，法律规则才是完整的，其实施也能够得到有效的保障。因此，《中华人民共和国招标投标法》（简称《招标投标法》）就违反招标投标法义务应承担的责任做出了明确规定。

4.4.1 招标人的违法行为及其法律责任

在我国，大量的工程建设项目是以项目业主的形式进行的，因此，《招标投标法》规定的许多法律义务也是针对项目业主的。根据招标投标法的规定，招标人的违法行为及其相应承担的法律责任主要有以下几种。

4.4.1.1 招标人违反强制招标义务的责任

招标人违反强制招标行为的情况有：

（1）依法必须进行招标的项目而不予招标的行为。

（2）将必须进行招标的项目化整为零规避强制招标的行为。如项目单位基于规避招标的目的，采用分解和拆分项目合同等方法，使项目的单价价值低于招标限额，从而达到规避招标的目的。

（3）其他规避招标的行为。

对于违反强制招标义务的上述行为，法律规定了行为人应当承担责任的形式。《招标投标法》第四十九条规定，违反本法规定，必须进行招标的项目而不招标的，将必须进行招标的项目化整为零或者以其他任何方式规避招标的，责令限期改正，可以处项目合同金额千分之五以上千分之十以下的罚款；对全部或者部分使用国有资金的项目，可以暂停项目执行或者暂停资金拨付；对单位直接负责的主管人员和其他直接责任人员依法给予处分。

4.4.1.2 招标人限制竞争或违反非歧视义务的责任

《招标投标法》第五十一条规定，招标人以不合理的条件限制或者排斥潜在投标人的，对潜在投标人实行歧视待遇的，强制要求投标人组成联合体共同投标的，或者限制投标人之间竞争的，责令改正，可以处一万元以上五万元以下的罚款。

4.4.1.3 招标人违反保密义务的责任

《招标投标法》第五十二条规定，依法必须进行招标的项目招标人向他人透露已获取招标文件的潜在投标人的名称、数量或者可能影响公平竞争的有关招标投标的其他情况的，或者泄露标底的，给予警告，可以并处一万元以上十万元以下的罚款；对单位直接负责的主管人员和其他直接责任人员依法给予处分；构成犯罪的，依法追究刑事责任。

前款所列行为影响中标结果的，中标无效。

4.4.1.4　招标人违反禁止谈判义务的责任

《招标投标法》第五十五条规定，依法必须进行招标的项目，招标人违反本法规定，与投标人就投标价格、投标方案等实质性内容进行谈判的，给予警告；对单位直接负责的主管人员和其他直接责任人员依法给予处分。

如果这种谈判行为对中标结果造成直接影响，该中标无效。招标人应当依照本法规定的中标条件从其余投标人中重新确定中标人或者依照本法重新进行招标。

4.4.1.5　招标人不当确定中标人的责任

招标人必须在招标候选人中确定中标人。如果招标人在评标委员会依法推荐的中标候选人以外确定中标人，如果依法必须进行招标的项目在所有投标被投标委员会否决后，招标人自行确定中标人，那么招标人的上述行为就属于违法行为，应承担相应的法律责任。根据《招标投标法》第五十七条规定，招标人在评标委员会依法推荐的中标候选人以外确定中标人的，依法必须进行招标的项目在所有投标被评标委员会否决后自行确定中标人的，中标无效。责令改正，可以处中标项目金额千分之五以上千分之十以下的罚款；对单位直接负责的主管人员和其他直接责任人员依法给予处分。

4.4.1.6　招标人与中标人违反了不得变更合同实质性内容的责任

如果招标人与中标人违反了这一义务，则根据《招标投标法》第五十九条规定，招标人与中标人不按照招标文件和中标人的投标文件订立合同的，或者招标人、中标人订立背离合同实质性内容的协议的，责令改正；可以处中标项目金额千分之五以上千分之十以下的罚款。

4.4.2　评标委员会成员的违法行为及其法律责任

评标是招标过程中的关键环节，为了保证评标工作的独立进行，我国《招标投标法》确立了评标委员会制度。评标由招标人依法组建的评标委员会负责。评标委员会成员应当客观、公正地履行职责，遵守职业道德，对所提出的评审意见承担个人责任。评标委员会成员不得与任何投标人或者与招标结果有利害关系的人进行私下接触，不得收受投标人、中介人、其他利害关系人的财物或者其他好处。评标委员会成员与评标活动有关的工作人员不得透露对投标文件的评审和比较、中标候选人的推荐情况以及与评标有关的其他情况。

如果评标委员会成员违反这些义务，则应承担相应的法律责任。包括被提出警告、罚款和被没收收受的财物，被取消担任评标委员会成员的资格并不得再参加任何依法必须进行招标项目的评标工作。如果违法情况严重，则可能构成受贿罪、泄漏国家机密罪或侵犯商业秘密罪，依法被追究刑事责任。

4.4.3　投标人的违法行为及其法律责任

4.4.3.1　投标人的违法行为

投标人应承担法律责任的违法行为主要有两种：串通投标行为和以不正当行为谋取中标的行为。

1. 串通投标行为

投标人的串通投标，包括投标人之间的串通投标和投标人与招标人之间的串通投标。这些都是招标投标中的严重违法行为。

2. 以不正当行为谋取中标的行为

投标人以不正当行为谋取中标的行为，包括投标人以向招标人或者评标委员会成员行贿的手段谋取中标的行为、投标人以他人名义投标的行为及以其他方式弄虚作假骗取中标的行为。

4.4.3.2 投标人违法行为应当承担的法律责任

1. 中标无效

由于投标人的串通投标行为和以不正当行为谋取中标的行为是一种严重的违法行为，往往导致中标结果的不正常。因此，《招标投标法》规定，凡属以上行为，应确认中标无效。

2. 罚款

对投标人而言，罚款的幅度在中标项目金额千分之五以上千分之十以下。对于单位直接负责的主管人员和其他直接责任人员而言，罚款幅度在于单位罚款数额百分之五以上百分之十以下。这种“双罚”原则可以增加对投标人的警示和制裁力度。

3. 没收违法所得

这种违法所得包括投标人串通投标和以不正当手段谋取或骗取中标后所获得的利益。

4. 禁止交易和取消营业资格

投标人上述违法行为情节严重的，对串通投标和以行贿手段谋取中标的行为，取消其 1～2 年内参加依法必须招标项目的投标资格并予以公告；对其骗取投标的行为，取消其 1～3 年内参加依法必须招标项目的投标资格并予以公告。工商行政管理机关对上述违法行为之情况严重者，可吊销投标人的营业执照。

5. 刑事责任

我国《刑法》第二百二十三条规定了串通投标罪，投标人串通投标报价、损害招标人和其他投标人的利益，情节严重的处 3 年以下有期徒刑或者拘役，并处或单处罚金。投标人与招标人串通投标，损害国家、集体、公民的合法利益的，依照前款规定处罚。

6. 损害赔偿

如果投标人相互串通投标，就可能损害招标人和其他投标人利益；投标人与招标人串通投标，也可能损害其他投标人的利益；投标人向招标人或者评标委员会成员行贿的手段谋取中标的行为，也可能对招标人或其他投标人造成损害；投标人以他人名义投标或者以其他方式弄虚作假骗取中标，会给招标人造成损失。因此，根据《招标投标法》第五十三条规定，如果投标人的上述违法行为给他人造成损失的，应依法承担赔偿责任。

由此可见，《招标投标法》规定的法律责任制度是招标投标法的重要组成部分，对于促进招标投标法的遵守和实施以及投标者的行为规范无疑起着重要作用，从而可以进一步规范我国的招投标活动，对市场资源的有效配置和合理利用将起到积极的推进作用。

思　考　题

1. 何为工程建设的招标投标？简述我国工程建设实行招标投标的意义。
2. 工程建设招标按其工作（业务）性质及施工范围可分为哪几类？
3. 招标方式有几种？
4. 工程施工招标程序及其主要工作内容是什么？
5. 招标文件包括哪些文件？招标书的作用、要求及主要内容是什么？
6. 投标资格预审的意义和内容是什么？
7. 叙述评标原则、程序和方法。
8. 叙述工程施工的投标程序。
9. 投标文件包括哪些内容？

第 5 章

工程项目的合同管理

5.1 合同管理概述

2020 年 5 月 28 日十三届全国人大三次会议通过了《中华人民共和国民法典》以下简称《民法典》，并于 2021 年 1 月 1 日起正式实施。其中第三编　合同（第四百六十四条）中规定，合同是民事主体之间设立、变更、终止民事法律关系的协议。

订立履行合同应当遵循合同法的平等、自愿、公平、诚信、不损害社会公共利益的原则。这些基本原则，体现了合同内在的规律和指导思想，是立法机关制定合同法的基本准则，是司法机关或者仲裁机关处理合同纠纷的基本准则，也是当事人订立、履行合同应当遵循的基本准则。

《民法典》的第四百六十五条中“依法成立的合同，受法律保护”是对关于依法成立的合同效力的规定。

依法成立的合同，受法律保护。所谓受法律保护，就是说，如果一方当事人未取得对方当事人同意，擅自变更或者解除合同，不履行合同义务或者履行合同义务不符合约定，从而使对方当事人的权益受到损害，受损害方向人民法院起诉要求维护自己的权益时，法院就要依法维护，对于擅自变更或者解除合同的一方当事人强制其履行合同义务并承担违约责任。

5.2 工程项目合同管理的内容

工程项目合同管理是指对项目合同的签订、履行、变更和解除进行监督检查，对合同履行过程中发生的争议或纠纷进行处理，以确保合同依法订立和全面履行。工程项目合同管理贯穿于合同签订、履行终结直至归档的全过程。

5.2.1 合同的类型

项目承包合同按项目价款支付方式划分为总价合同、单价合同和成本加酬金合同三大类。根据招标准备情况和建设工程项目的特点不同，建设工程施工合同可选用其中的任何一种。

1. 总价合同

总价合同又称为总价包干合同，它是发包人以一个合同总价将项目发包给承包人。采用这种合同形式时，一般要求招标有详细而全面的设计图纸和设计说明书，并能准确地算出工程量和正确评估项目的难易程度。总价合同对承包人风险较大，如物价波动、气候条件恶劣、水文地质条件恶劣以及其他恶劣条件等。因此有经验的投标人会把可能发生的风险，以风险基金的方式摊入投标报价中，投标报价总体水平一般较高。显而易见这种合同方式对发包人来说风险较小，但发包人投入的资金较大。总价合同又分为固定总价合同和可调总价合同。

（1）固定总价合同。俗称“闭口合同”。在合同履行过程中，如果发包人没有要求变更原定的承包内容，承包人在完成承包任务后，不论其实际成本如何，均应按合同价获得工程款的支付。

采用固定总价合同时，承包人要考虑承担合同履行过程中的全部风险，因此，投标报价较高。固定总价合同的适用条件一般为：工程招标时的设计深度已达到施工图设计的深度，合同履行过程中不会出现较大的设计变更，以及承包商依据的报价工程量与实际完成的工程量不会有较大差异。这样，可以使承包商在报价时能够合理地预见到实施过程中可能遇到的各种风险。工程合同期较短（一般为1年之内），双方可以不必考虑市场价格浮动可能对承包价格的影响。

（2）可调总价合同。这类合同与固定总价合同基本相同，但合同期较长（1年以上），只是在固定总价合同的基础上，增加合同履行过程因市场价格浮动对承包价格调整的条款。由于合同期较长，承包人不可能在投标报价时合理地预见1年后市场价格的浮动影响，因此，应在合同内明确约定合同价款的调整原则、方法和依据。常用的调价方法有：文件证明法、票据价格调整法和公式调价法。

2. 单价合同

单价合同是以中标承包人投标时所报的各项单价为基础，项目工程量是以监理工程师核定的实际完成数量，并按照约定的计量办法确定的工程量，作为支付价款的依据。在合同的执行中，设计变化、新增加项目和工作、合同变更、物价浮动、价格调整、汇率变化以及出现的风险和索赔等，均会导致支付费用的变化，所以单价合同需要发包人和承包人均承担合同风险。一般情况下，招标人让承包人承担可以预见并能采取防范措施的风险，这样投标人会给出合理报价，从而降低整体投标报价水平。

单价合同大多用于工期长、技术复杂、实施过程中发生各种不可预见因素较多的大型土建工程，以及业主为了缩短工程建设周期，初步设计完成后就进行施工招标的工程。单价合同的工程量清单内所开列的工程量一般为估计工程量，而非准确工程量。

3. 成本加酬金合同

成本加酬金合同是将工程项目的实际造价划分为直接成本费和承包商完成工作后应得酬金两部分。工程实施过程中发生的直接成本费由业主实报实销，另按合同约定的方式付给承包商相应报酬。

成本加酬金合同大多适用于边设计、边施工的紧急工程或灾后修复工程。由于在签订合同时，业主还不可能为承包商提供用于准确报价的详细资料，因此，在合同中只能商定酬金的计算方法。在成本加酬金合同中，业主需承担工程项目实际发生的一切费用，因而也就承担了工程项目的全部。而承包商由于无风险，其报酬往往也较低。

4. 单价为主总价为辅的合同

该种合同类型是指项目的主体部分是以单价的形式报价，合同实施时发包人按项目单价乘以完成量进行支付；而进出场费、临时设施费等采用总价形式。因为它是为主体项目服务的，是承包人自行设计、实施和安装的，各承包人依据自己的能力和条件报出总价。

5. 建设工程施工合同类型的选择

建设工程施工合同的形式繁多、特点各异，业主应综合考虑：①工程项目的复杂程度；②工程项目的设计深度；③工程施工技术的先进程度；④工程施工工期的紧迫程度等因素，根据这些因素选择不同计价模式的合同。

一般而言，在合同工期 1 年以内且施工图设计文件已通过审查的建设工程，可选择总价合同；紧急抢修、救援、救灾等建设工程，可选择成本加酬金合同；其他情形的建设工程，均宜选择单价合同。

5.2.2　合同文件的组成

1. 合同文件（或称合同）

合同文件指由发包人与承包人签订的为完成本合同规定的各项工作的全部文件以及其他在协议书中明确列入的文件。

合同文件指组成合同的各项文件，包括招标规定、合同条件、技术规范、图纸、合同协议书、投标函及其附件、招标文件及其修改和补遗、往来信函、会议纪要、备忘录和书面答复、补充协议、监理人的各种指令和变更等。

2. 技术条款

技术条款指本合同的技术条款和由监理人作出的或批准的对技术条款的任何修改或补充文件，也是工作说明书。

3. 图纸

图纸指列入合同的招标图纸和发包人按合同规定向承包人提供的所有图纸（包括配套说明和有关资料），可分为招标图纸、投标图纸和施工图纸。

（1）列入合同的招标图纸及其补充通知仅作为承包人投标报价和在履行合同过程中衡量变更的依据，不能直接用于施工。

（2）列入合同的投标图纸及其补充资料仅作为发包人选择中标者和在履行合同过程中检验承包人是否按其投标内容进行施工的依据，也不能直接用于施工。

（3）施工图纸。由发包人提供或由承包人提交并经监理人批准的直接用于施工的图纸（包括配套说明和有关资料）。发包人委托监理人提交给承包人的施工图纸需要修改和补充时，应由监理人在该工程（或工程部位）施工前签发施工图纸的修改图给承包人，具体期限应视修改内容由双方商定，承包人应按修改后的施工图纸进行施工。施工图纸的修改涉及变更时应按合同文件的变更的有关规定办理。

在工地各保存一套完整的图纸。未经对方许可，按合同规定由发包人和承包人相互提供的图纸不得泄露给与本合同无关的第三方，违者应对泄密造成的后果承担责任。

4. 投标文件

投标文件指承包人为完成本合同规定的各项工作，在投标时按招标文件的要求向发包人提交的投标报价书、已标价的工程量清单及其他文件。

5. 中标通知书

中标通知书指发包人正式向承包人授标的通知书。

6. 构成合同的所有文件

构成合同的所有文件是互相说明和补充的前后合同条款的含义应一致，由于各种原因合同条款之间出现含糊、歧义或矛盾时，通用合同条款中规定由监理人做出解释，在专用合同条款中规定了合同解释的优先顺序：①合同协议书包括补充协议；②中标通知书；③投标报价书；④专用合同条款；⑤通用合同条款；⑥技术条款；⑦图纸；⑧已标价的工程量清单；⑨其他合同文件。

5.2.3　双方的一般义务和责任

1. 发包人的一般义务和责任

在工程项目中，除了承包人要履行义务之外，发包人也要履行义务，以促进工程更圆满地进行。发包人应遵守法律和合同约定，如因发包人原因未能及时办理完毕与工程相关的许可、批准或备案或未能及时提供资料，发包人应承担由此增加的费用和（或）延误的工期，并支付承包人合理的利润。

（1）发包人应在其组织实施本合同的全部工作中遵守与本合同有关的法律、法规和规章，并应承担由于其自身违反上述法律、法规和规章的责任，并办理法律规定由其办理的许可、批准或备案，包括但不限于建设用地规划许可证、建设工程规划许可证、建设工程施工许可证、施工所需临时用水、临时用电、中断道路交通、临时占用土地等许可和批准。

（2）协调处理施工现场周围地下管线和邻近建筑物、构筑物、古树名木的保护工作，并承担相关费用。

（3）发包人应按专用合同条款规定的承包人用地范围和时限，办清施工用地范围内的征地和移民，按时向承包人提供施工用地。

（4）发包人应按技术条款的有关规定，完成应由发包人承担的施工准备工程，并按合同规定的时限提供承包人使用。

（5）监理人应在合同规定的时限内，向承包人提供测量基准点、基准线及其书面资料。承包人应根据上述基准点（线）以及国家测绘标准和本工程精度要求，测设自己的施工控制网，将施工控制网资料报送监理人审批。

（6）发包人应当在移交施工现场前向承包人提供施工现场及工程施工所必需的毗邻区域内供水、排水、供电、供气、供热、通信、广播电视等地下管线资料，气象和水文观测资料，地质勘察资料，相邻建筑物、构筑物和地下工程等有关基础资料，并对所提供资料的真实性、准确性和完整性负责。

（7）发包人应委托监理人在合同规定的时限内向承包人提供应由发包人负责提供的图纸。

（8）发包人应按工程进度付款、完工结算和最终结清的相关规定支付合同价款，履行合同的义务。

(9) 发包人应按照合同的约定负责按照验收标准组织或参与验收工作。

2. 承包人的一般义务和责任

(1) 承包人应在其负责的各项工作中遵守与本合同工程有关的法律、法规和规章，并保证发包人免于承担由于承包人违反上述法律、法规和规章的任何责任。

(2) 承包人应按合同规定的格式和专用合同条款规定的金额，在正式签署协议书前向发包人提交经发包人同意的银行或其他金融机构出具的履约保函或经发包人同意的具有担保资格的企业出具的履约担保书。取得证件的费用由承包人承担。

(3) 承包人应在接到开工通知后及时调遣人员和调配施工设备、材料进入工地，按施工总进度要求完成施工准备工作。

(4) 承包人应认真执行监理人发出的与合同有关的任何指示，按合同规定的内容和时间完成全部承包工作。除合同另有规定外，承包人应提供为完成本合同工作所需的劳务、材料、施工设施、工程设备和其他物品。

(5) 承包人应按合同规定的内容和时间要求，编制施工组织设计、施工措施计划和由承包人负责的施工图纸提交监理人审批，并对现场作业和施工方法的完备和可靠负全部责任。

(6) 承包人应按合同规定负责办理由承包人投保的保险。

(7) 承包人应按国家有关规定文明施工，并应在施工组织设计中提出施工全过程的文明施工措施计划。

(8) 承包人应严格按技术条款中规定的质量要求完成各项工作。

(9) 承包人应按文明施工的有关规定认真采取施工安全措施，确保工程和由其管辖的人员、材料、设施和设备的安全，并应采取有效措施防止工地附近建筑物和居民的生命财产遭受损害。

(10) 承包人应遵守环境保护的法律、法规和规章，并应按环境保护的规定采取必要的措施保护工地及其附近的环境免受因其施工引起的污染、噪声和其他因素所造成的环境破坏以及人员伤害和财产损失。

(11) 承包人在进行本合同规定的各项工作时，应保障发包人和其他人的财产和利益以及使用公用道路、水源和公共设施的权利免受损害。

(12) 承包人应按监理人的指示为其他人在本地或附近实施与本工程有关的其他各项工作提供必要的条件。除合同另有规定外，有关提供条件的内容和费用应在监理人的协调下另行签订协议。若达不成协议，则由监理人作出决定，有关各方遵照执行。

(13) 施工劳务分包合同中的工程承包人的主要义务有：向劳务分包人提供相应的工程资料；满足劳务作业所需的能源供应、通信及施工道路畅通；向劳务分包人交付具备项目下劳务作业开工条件的施工场地；向劳务分包人提供生产、生活临时设施；按合同约定，向劳务分包人支付劳动报酬。

(14) 工程未移交发包人前，承包人应负责管理和维护；移交后承包人应承担保修期内的缺陷修复工作。若工程移交证书颁发时尚有部分未完工程需要保修期内继续完成，则承包人还应负责该未完工程的管理和维护工作，直至完工后移交给发包人为止。

5.2.4　转让和分包

分包分为工程分包和劳务作业分包。工程分包应遵循合同约定或者经发包人书面认可。禁止承包人将合同工程进行违法分包。分包人应具备与分包工程规模和标准相适应的资质和业绩，在人力、设备、资金等方面具有承担分包工程施工的能力。分包人应自行完成所承包的任务。

1. 承包人不得将其承包的全部工程转包给第三人

未经发包人同意，承包人不得转移合同中的全部或部分义务，也不得转让合同中的全部或部分权利，下述情况除外：

（1）承包人的开户银行代替承包人收取合同规定的款额。

（2）在保险人已清偿了承包人的损失或免除了承包人的责任的情况下，承包人将其从任何其他责任方处获得补救的权利转让给承包人的保险人。

2. 工程分包应经批准

承包人不得将其承包的工程肢解后分包出去。主体工程不允许分包。除合同另有规定外，未经监理人同意，承包人不得把工程的任何部分分包出去。经监理人同意的分包工程不允许分包人再转包出去。承包人应对其分包出去的工程以及分包人的任何工作和行为负全部责任。即使是监理人同意部分分包，也不能免除承包人按合同规定应负的责任。分包人应就其完成的工作成果向发包人承担连带责任。监理人认为有必要时，承包人应向监理人提交分包合同副本。除合同另有规定外，下列事项不要求承包人征得监理人同意：

（1）按合同的规定提供劳务。

（2）采购符合合同规定标准的材料。

（3）合同中已明确了分包人的工程分包。

3. 发包人指定分包人

（1）发包人根据工程特殊情况欲指定分包人时，应在专用合同条款中写明分包工作内容和指定分包人的资质情况。承包人可自行决定同意或拒绝该指定的分包人。若承包人在投标时接受了发包人指定的分包人，则该指定分包人应与承包人的其他分包人一样被视为承包人雇用的分包人，由承包人与其签订分包合同，并对其工作和行为负全部责任。

（2）在合同实施过程中，若发包人需要指定分包人时，应征得承包人的同意，此时发包人应负责协调承包人与分包人之间签订分包合同。发包人应保证承包人不因此项分项而增加额外费用；承包人则应负责该分包工作的管理和协调，并向指定分包人收取管理费；指定分包人应接受承包人的统一安排和监督。由于指定分包人造成的与其分包工作有关的一切索赔、诉讼和损失赔偿均应由指定分包人直接对发包人负责，承包人不对此承担责任。

资源 5.1
分包案例

（3）在合同实施过程中，如承包人无力在合同规定的期限内完成合同中的应急防汛、抢险等危及公共安全和工程安全的项目，发包人可对该应急防汛、抢险等项目的部分工程指定分包人。因非承包人原因形成指定分包条件的，发包人的指定分包不应增加承包人的额外费用；因承包人原因形成指定分包条件的，承包人应承担指定分包所增加的费用。

5.2.5 承包人的人员及其管理

1. 承包人的人员

承包人的人员包括承包人为完成合同规定的各项工作向工地派遣或雇用技术合格和数量足够的下述人员：①合格证明的各类专业技工和普工；②具有技术理论知识和施工经验的各类专业技术人员及有能力进行现场施工管理和指导施工作业的工长；③具有相应岗位资格的管理人员。

此外，承包人的项目经理是承包人驻工地的全权负责人，按合同规定的承包人义务责任和权利履行其职责。承包人项目经理应按本合同的规定和监理人的指示负责组织本工程的实施。在情况紧急且无法与监理人联系时，可采取保证工程和人员生命财产安全的紧急措施，并在采取措施后 24 小时向监理人提交报告。承包人为实施本合同发出的一切函件均应盖有承包人授权的现场机构公章和承包人项目经理或其授权代表签名。项目经理易人，应事先征得发包人同意。项目经理短期离开工地，应委派代表代行其职，并通知监理人。

2. 承包人人员的上岗资格

技术岗位和特殊工种的工人均应持有通过国家或有关部门统一考试或考核的资格证明，监理人认为有必要时可进行考核合格者才准上岗。承包人应按要求提交的人员情况报告中说明承包人人员持有上岗资格证明的情况。监理人有权随时检查承包人人员的上岗资格证明。

监理人有权要求撤换承包人的人员。承包人应对其在工地的人员进行有效的管理，使其能做到尽职尽责。监理人有权要求撤换那些不能胜任本职工作或行为不端或玩忽职守的任何人员，承包人应及时予以撤换。

5.2.6 工程项目的交通运输管理

在道路通行权和场外设施，承包人应根据合同工程的施工需要，负责办理取得出入施工场地的专用和临时道路的通行权，以及取得为工程建设所需修建场外设施的权利，并承担有关费用。发包人应协助承包人办理上述手续。在场内道路上，除专用合同条款另有约定外，承包人应负责修建、维修、养护和管理施工所需的临时道路和交通设施，包括维修、养护和管理发包人提供的道路和交通设施，并承担相应费用。由承包人负责运输的超大件或超重件，应由承包人负责运输并向交通管理部门办理申请手续，如我国的南水北调超大口径 PCCP 的吊装与运输是施工运输中的成功典范。

施工过程中大量的建筑、安装材料、机械设备及周转材料等将运往场地时，需要编制详尽的材料、设备进场计划及合理的交通、运输组织方案，该案例是能否使工程顺利进行，避免窝工现象的发生的关键所在。

5.2.7　材料和设备的管理

1. 承包人提供的材料和工程设备

除合同另有规定外，为完成合同各项工作所需的材料和工程设备均由承包人负责采购、验收、运输和保管。合同规定承包人负责采购的主要材料和工程设备，一经与供货厂家签订供货协议，应将一份副本提交监理人。

对于承包人负责采购的材料和工程设备，应由承包人会同监理人进行检验和交货验收，并提供检验材料证明和产品合格证书。承包人还应按合同规定的技术标准进行材料的抽样检验和工程设备的检验测试，并将检验成果提交给监理人。监理人应按合同规定参加交货验收，承包人应为其监督检查提供一切方便。监理人参加交货验收不解除承包人所承担的任何应负的责任。

2. 发包人提供的工程设备

按合同规定由发包人提供的工程设备的名称、规格、数量、交货地点和计划交货日期均规定在专用合同条款中，承包人应根据合同进度计划的进度安排，提交一份满足工程设备安装要求的交货日期计划报送监理人审批，并抄送发包人。监理人收到上述交货日期计划后，应与发包人和承包人共同协商确定交货日期。发包人提供的工程设备不能按期交货时，应事先通知承包人，由此增加的费用和工期延误责任由发包人承担。

对于发包人负责采购的工程设备，应由发包人或监理人和承包人在合同规定的交货地点共同交货验收，由发包人正式移交给承包人。在验收时，承包人按监理人的指示进行工程设备的检验和测试，并将检验结果提交给监理人。工程设备安装后若发现工程设备存在缺陷时，应由监理人和承包人共同查找原因，如是设备制造不良引起的缺陷，应由发包人负责；如属承包人运输和保管不慎或安装不良引起损坏，应由承包人负责。如果工程材料也由承包人采购时，提供给承包人的材料应是合格的。由于建筑材料的问题造成工程质量事故时，其质量责任要由发包人承担。

除此之外，承包人除在工地内转移这些材料和设备外，未经监理人同意，不得将上述材料和设备中的任何部分运出工地。承包人在征得监理人同意后，可以按不同施工阶段的计划撤走其属于自己的闲置设备。监理人一旦发现承包人使用的施工设备影响工程进度和质量或者与合同条款中写明各种租赁设备的型号、规格、完好程度不相符时，有权要求承包人增加和更换施工设备，承包人应予及时增加和更换，由此增加的费用和工期延误责任由承包人承担。

5.2.8　工程变更管理

在工程项目建设与管理的过程中，工程项目变更的合同管理是十分普遍的现象，如设计变更、施工条件变化、不可抗力的因素等，工程变更必然导致双方的权利义务关系发生改变。由于项目建设过程是一项动态、系统、复杂的活动，存在着不可预计控制性风险。因此，在项目建设过程中，无论哪一方提出对工程变更，都有可能导致施工的程序、工程的内容、数量、质量要求及标准的变更，因此，工程变更是工程项目合同管理的重要内容。

引起变更的原因有很多，一般主要有以下几个方面。

1. 设计变更

设计变更可能发生在设计阶段，可能是因为项目法人对项目的构想产生变化或其他方面的因素，而要求设计变更。在施工阶段也可能发生设计变更，可能是项目法人根据施工现场实际情况，或者是主管部门对工程建设要求的改变，提出设计变更，也有可能是承包人根据现场情况提出合理化建议，请求变更。也有可能图纸缺陷引起的变更：如设计深度不够、设计文件与现场情况不符、设计图纸和说明书互相矛盾等。

2. 施工条件的变化引起的变更

在工程施工过程中，施工条件变化是经常发生的，最常见的比如业主提供的地勘资料与现场情况不符，致使工程中途停工或者施工方案改变，如特大暴雨、地震、发包人的原因造成无法提供施工场地等引起的变更。

3. 进度计划的变更

施工进度会因为人的因素、环境的因素还有资源的因素的改变而改变，或者因为施工方或业主的原因而加快施工进度，缩短工期。这些进度计划的改变都会引起设备供应、物资供应、图纸供应等一系列的变化，因此都属于工程变更。

4. 工程范围发生变化

在合同管理中，某新增工程或工程变更是属于合同工程范围以内的工作还是属于超出合同工程范围的工作，经常会引起合同双方的争议，成为合同管理中经常出现的问题。是否属于合同的工程范围，在施工费用和工期等方面有根本的差异。

由于建筑工程项目所需要花费的施工时间较长，因此在各个施工环节中都有可能出现变数。且工程变更所带来的问题和影响也很多，如对质量控制工作带来影响、引发施工索赔、加大投资控制难度等诸多问题，为此，一定要进一步加大对工程施工过程的管理力度，以此来确保工程变更的合理性。

5.3 工程项目合同争议及其解决途径

对于工程项目而言，合同是法律保护合同签订双方权利和义务的重要依据，合同中所涉及的每一条款都与合同签订双方的自身利益有着直接关系。合同是否合理将会直接影响到工程能否顺利完成。因此，在签订合同时，应对合同的每一条款都认真分析研究，做到条条有理可循，有法可依。但是，伴随着工程项目的逐步进行，会出现诸多不可预测的问题。单凭合同也无法做到应对工程中存在的每个问题，这就造成了合同争议的出现。

发包人和承包人或其中任一方对监理人作出的决定持有异议，又未能在监理人的协调下取得一致意见而形成争议，任一方均可以书面形式提请争议调解组解决，并抄送另一方。在争议尚未按合同约定的规定获得解决之前，承包人仍应继续按监理人的指示认真施工。

5.3.1 争议调解组

发包人和承包人应在开工后的 84 天内按合同约定的规定共同协商成立争议调解

组，并由双方与争议调解组签订协议。争议调解组由3名或5名有合同管理和工程实践经验的专家组成，专家的聘请方法可由发包人和承包人共同协商确定，也可请政府主管部门推荐或通过行业经济合同争议调解机构聘请，并经双方认同。评审组成员应与合同双方均无利害关系。争议调解组的各项费用由发包人和承包方平均分担。争议的评审如下：

（1）合同双方的争议，应首先由主诉方向争议调解组提交一份详细的申诉报告，并附有必要的文件图纸和证明材料，主诉方还应将上述报告的一份副本同时提交给被诉方。

（2）争议的被诉方收到主诉方申诉报告副本后的28天内，也应向争议调解组提交一份申辩报告，并附有必要的文件图纸和证明材料。被诉方亦应将其报告的一份副本同时提交给主诉方。

（3）争议调解组收到双方报告后28天内，邀请双方全权代表和有关人员举行听证会，向双方调查和质询争议细节；若需要时，争议调解组可要求双方提供进一步的补充材料，并邀请监理人代表参加听证会。

（4）在听证会结束后的28天内，争议调解组应在不受任何干扰的情况下进行独立和公正的评审，提出由全体评审专家签名的评审意见提交发包人和承包人，并抄送监理人。

（5）若发包人和承包人接受争议调解组的评审意见，则应由监理人按争议调解组的评审意见拟定争议解决议定书，经争议双方签字后作为合同的补充文件，并遵照执行。

（6）若发包人和承包人或其中一方不接受争议调解组的评审意见，并要求提交仲裁，则任一方均可在收到上述评审意见后的28天内将仲裁意向通知另一方，并抄送监理人。若在上述28天期限内双方均未提出仲裁意向，则争议调解组的意见为最终决定，双方均应遵照执行。

5.3.2　争议的解决途径及预防

1. 友好解决

当合同签订双方出现工程造价纠纷时，依据相关法律法规和相关文件，双方应该本着平等、诚信的协商原则，共同寻求解决纠纷的方法。依据双方的协议，遵循已有的处理办法和纠纷处理惯例，以诚信和公平为处理原则，双方达成新的协议，解决工程造价纠纷。

2. 仲裁

若在仲裁意向通知发出后42天内仍未能解决争议，则任何一方均有权提请仲裁机构仲裁。发包人和承包人应在签署协议的同时，共同协商确定本合同的仲裁范围和仲裁机构，并签订仲裁协议。发包人和承包人未能在合同规定的期限内友好解决双方的争议，则任一方均有权将争议提交仲裁协议中规定的仲裁机构仲裁。在仲裁期间，发包人和承包人均应暂按监理人就该争议作出的决定履行各自的职责，任何一方均不得以仲裁未果为借口拒绝或拖延按合同规定应进行的工作。

3. 诉讼

发包人和承包人因本合同发生争议，未达成书面仲裁协议的，任一方均有权向人民法院起诉。诉讼是解决工程造价纠纷的最终的手段，但由于需要立案、需要支付高昂的诉讼费用、诉讼时间长、过程烦琐等诸多缺点，使其具有很大风险。

4. 工程建设项目争议预防措施

保证合同的严密性，合同条款应符合相关法律法规的规定，排除不合理、无效条款。合同签订双方，业主单位和施工方应组织有关人员深入学习研究与合同相关的法律法规及相关文件，并监督从业人员严格按照法规办事；业主单位不应借助买方市场盲目压价，施工方不应接受不合理报价，不以无效条款作为更改项目造价的要挟条件。

施工单位应加强施工前的勘测工作及勘察设计资料的管理；设计单位要加强对设计工作的管理，保证施工图设计的准确性、合理性和可实施性；在项目实施过程中，监理单位要做到严格监督施工方，做到诚信、守法、公正；在项目施工前要确认与造价相关的法规性文件并严格执行，避免出现法规文件的重复和冲突。

5.4 工程项目中的合同违约与索赔

所谓违约是指在建设工程施工合同履行过程中，合同双方因种种原因没能履行约定的行为。造成违约的原因很多，有不可抗力，有对方原因，有本方原因，有第三方原因。

5.4.1 承包人违约及违约处理

（1）在履行合同过程中，承包人发生下述行为之一者属于承包人违约：

1）承包人无正当理由未按开工通知的要求及时进点组织施工和未按签署协议书时商定的进度计划有效地开展施工准备，造成工期延误。

2）承包人违反合同约定私自将合同或合同的任何部分或任何权利转让给其他人，或私自将工程或工程的一部分分包出去。

3）未经监理人批准，承包人私自将已按合同规定进入工地的工程设备、施工设备、临时工程设施或材料撤离工地。

4）承包人使用不合格的材料和工程设备，或拒绝按合同约定处理不合格的工程、材料和工程设备。

5）由于承包人原因拒绝按合同进度计划及时完成合同规定的工程或部分工程，而又未采取有效措施赶上进度，造成工期延误。

6）承包人在保修期内拒绝按工程移交证书中所列的缺陷清单内容进行修复，或经监理人检验认为修复质量不合格而承包人拒绝再进行修补。

7）承包人否认合同有效或拒绝履行合同规定的承包人义务，或由于法律、财务等原因导致承包方无法继续履行或实质上已停止履行本合同的义务。

（2）承包人的违约处理。承包人发生违约行为时，监理人应及时向承包人发出书面警告，限令其在收到书面警告后的合同约定的时间内予以改正。承包人应立即采取有效措施认真改正，并尽可能挽回由于违约造成的延误和损失。由于承包人采取改正措施所增加的费用应由承包人承担。

承包人在收到书面警告后的合同约定时间内仍不采取有效措施改正其违约行为，继续延误工期或严重影响工程质量，危及工程安全，监理人可暂停支付工程价款，并按合同规定暂停其工程或部分工程施工，责令其停工整顿，并限令承包人在合同约定时间内提交整改报告报送监理人。由此增加的费用和工期延误责任由承包人承担。

监理人发出停工整顿通知后，承包人继续无视监理人的指示，仍不提交整改报告，亦不采取整改措施，则发包人可通知承包单位解除合同并抄送监理人，并在发出通知后，派人员进驻工地直接监管工程，使用承包人设备、临时工程和材料，另行组织人员或委托其他承包人施工，但发包人的这一行动并不免除承包人按合同规定应负的责任。

在工程实施期间或维修期内发生危及工程安全的事件，当监理人通知承包人进行抢救时，承包人声明无能力执行或不愿立即执行，则发包人有权雇用其他人员进行该项工作。若此类工作按合同规定应由承包人负责，由此引起的费用应由监理人在发包人支付给承包人的金额中扣除，监理人应与发包人协商后将作出的决定通知承包人。

5.4.2　发包人违约

（1）在履行合同过程中，发包人发生下述行为之一者属于发包人违约：

1）发包人未能按合同规定的内容和时间提供施工用地、测量基准和应由发包人负责的部分准备工程等承包人施工所需的条件。

2）发包人未能按合同规定的时限向承包人提供应由发包人负责的施工图纸。

3）发包人未能按合同规定的时间支付各项预付款或合同价款，或拖延、拒绝批准任何支付凭证，导致付款延误。

4）由于法律、财务等原因导致发包人已无法继续履行或实质上已停止履行本合同的义务。

（2）发包人的违约处理：

1）若发生发包人违约中的第 1）、2）项的违约行为时，承包人应及时向发包人和监理人发出通知，要求发包人采取有效措施限期提供上述条件和图纸，并有权要求延长工期和补偿额外费用。监理单位收到承包人通知后，应立即与发包人和承包人共同协商补救办法，由此增加的费用和工期延误责任由发包人承担。

发包人收到承包人通知后在合同约定时间内仍未采取措施改正上述违约行为，则承包人有权暂停施工，并通知发包人和监理人，由此增加的费用和工期责任由发包人承担。

2）若发生第 3）项的违约时，发包人应按合同规定加逾期付款违约金，逾期仍不支付，则承包人有权暂停施工，并通知发包人和监理人，由此增加的费用和工期延误责任由发包人承担。

若发生第 3）、4）项的违约时，承包人已发出通知，并采取了暂停施工的行动后，发包人仍不采取有效措施纠正其违约行为，承包人有权向发包人提出解除合同的要求，并抄送监理人。发包人在收到承包人书面要求后仍不答复承包人且过了合同约定时间，则承包人有权立即采取行动解除合同。

5.4.3 索赔

索赔是国际工程承包中经常发生的正常事项，是对外承包企业利用客观性、合理性、合法性及双赢性获取补偿的经济活动。索赔是指在合同履行过程中，对于非自身的过错，而造成的损失或社会影响，向对方提出经济补偿和时差补偿的合理要求。

对于合同双方来说，索赔是维护双方合法利益的权利。承包商可以向业主提出索赔，业主亦可向承包商提出索赔。在分包合同中分包商可以向总包商提出索赔，总包商亦可根据合同规定向分包商提出索赔。

索赔的性质属于经济补偿行为而不是罚款，索赔属于正确履行合同的正当权利要求。工程索赔有利于强化工程合同管理，是有利于提高投标中标率的重要因素，是补救工程成本和工期损失的重要手段之一，是降低工程合同风险的重要途径，是取得工程项目经济效益的重要措施。

5.4.3.1 索赔的时机、依据、产生的原因

1. 索赔的时机

（1）承包人有权根据合同条件的任何条款及其他有关规定向发包人索取追加付款，但应在索赔事件发生后 28 天内将索赔意向书提交发包人和监理人。在上述意向书发出后的 28 天内，再向监理人提交索赔申请报告，详细说明索赔理由和索赔费用的计算依据，并应附必要的当时记录和证明材料。如果索赔事件继续产生影响，承包人应按监理人要求的合理时间间隔列出索赔累计金额和提出中期索赔申请报告，并在索赔事件影响结束后的 28 天内向监理人提交包括最终索赔金额、延续记录、证明材料在内的最终索赔申请报告，并抄送发包人。

（2）承包人按合同规定提交了完工付款申请单后，应认为已无权再提出在本合同工程移交证书颁发前所发生的任何索赔。

（3）承包人按合同规定提交的最终付款申请单中，只限于提出本合同工程移交证书颁发后发生的新的索赔。提交最终付款申请单的时间是终止提出索赔的期限。

2. 索赔的依据

施工索赔的目的是得到工期或费用补偿，所以索赔的类型主要有费用索赔和工期索赔。索赔前需要大量的索赔论证工作，收集和整理资料证明自身的索赔权利。实践中一般索赔的依据有合同文件、技术规范和施工图纸、往来信件、会议纪要、现场施工记录、施工计划、现场气象记录、市场信息和政策法令资料、工程报告和工程照片等。

3. 索赔产生的原因

（1）风险引起的索赔。风险一般包括合同风险、政治风险、经济风险，如物价暴涨、自然条件的变化、施工现场条件复杂、各种法律法规的变化、涉外项目的货币汇兑风险等。在水利工程建设项目施工中，目前采用的是水利部、国家电网公司和国家工商行政管理局 2000 年颁布的《水利水电土建工程施工合同条件》（GF—2000—0202）。该合同条件详细规定了合同当事人的权利义务，公平分配了双方的责任和风险。

（2）施工条件变化引起的索赔。工程在施工过程中，不可避免地出现新的变化，尤其是设计变更。承包商的报价是以原招标文件和设计图纸为基础计算的，根据合同条款，施工图纸中改变任何工作的数量和性质，或改变了工程任何部分的施工程序或施工方案，都是变更，如果此类变更影响了承包商的费用，承包商就可要求重新估价，并提出延长工期的要求。

关于变更的内容有：增加或减少合同中任何一项工作内容；增加或减少合同中关键项目的工程量超过专用合同条款规定的百分比；取消合同中任何一项工作（但被取消的工作不能转由发包人或其他承包人实施）；改变合同中任何一项工作的标准或性质；改变工程建筑物的形式、基线、标高、位置或尺寸；改变合同中任何一项工程的完工日期或改变已批准的施工顺序；追加为完成工程所需的任何额外工作。

（3）发包人违约引起的索赔。发包人未能按合同规定的时间和内容提供施工合同条件，如承包人进场条件和通道、水和电的供应、施工用地、征地移民、基准测量资料等，发包人不能按规定的时间提供图纸，未能按规定的时间支付合同价款和预付款以及退换保留金等，由此造成承包人费用的增加和工期的延误，都属于发包人的责任，承包人有要求索赔的权利。

（4）原始资料不足引起的索赔。发包人在招标阶段所提供的气象、地质水文资料与工程实际不相符时将造成工程的费用增加和工期延误，当承包商额外支出的费用得不到补偿时，势必引起索赔。但是承包人对正确的资料做出了错误的判断，这类情况，是不能索赔的。

（5）加速施工引起的索赔。当工程项目计划进度受到干扰，影响了总目标工期的实现，导致项目不能按时竣工，业主通过分析认为工程的推迟完工将给自己带来重大的经济损失或政治影响时，或由于部分工程的延期导致一系列工程的延期时，业主可采用赶工措施，发布加速施工指令，要求承包商投入更多资源来完成该工程项目，保证总目标工期的实现，这必然导致承包商工程成本的增加，引起承包商的索赔。

5.4.3.2　索赔内容的计算方法

1. 工程变更的索赔

根据工程变更的内容，相应的工程价格也要变更调整。一般来说，工程变更价格的确定分以下三种方式：①按合同单价计算工程款；②参照合同单价确定新单价；③重新确定新单价。

2. 工程延期索赔

如果由于承包商未能按合同工期完工，则应支付业主一定的延期赔偿。

工程延期的计算：在计算工程延期时，主要有如下几种情况：

（1）关键路径的拖延。如果在关键路径上的拖延是由业主的原因造成的，此拖延是可原谅的拖延，承包商的工期应被批准延长，其延长期与实际拖延的工期相当，完工期也应相应延长。

（2）非关键路径的拖延。如果在非关键路径上的拖延是由业主的原因造成的，即使是可原谅的拖延，由于对整体工期没有影响，承包商的工期不能被批准延长，完工期也保持不变。

（3）关键路径和非关键路径同时拖延。如果关键路径上和非关键路径上同时发生拖延，此时有如下几种情况：

1）如果按照合同条款，关键路径上和非关键路径上的拖延都是可原谅的拖延时，关键路径上拖延的工期应得到确认，工期应相应延长。

2）如果关键路径上的拖延是可原谅的拖延，而非关键路径上的拖延是不可原谅的拖延，则关键路径上拖延的工期应该得到确认，工期应相应延长。

3）如果关键路径上的拖延是不可原谅的拖延，则即使非关键路径上的拖延是可原谅的拖延，工期也不能得到延长。

其计算方法为：①网络分析法（如采用计划管理软件）；②比例分析法，公式为：总工期索赔=(新增工程合同价/原合同价）原合同总工期；③双方现场协商确定等。

资源 5.2 网络图中有关工期和费用的索赔案例

3. 工程延期费用索赔

（1）现场管理费或开办费。

（2）单一工序的延期费用。

（3）实际费用与合同单价。

（4）总部管理费计算，在计算时，可采用如下公式：

1）Hudson 公式。此公式来源于 1970 年出版的《Hudson 建筑与工程合同》第十版，它运用承包商在投标时的管理费用比例作为基础来计算承包商的管理费用（或利润）损失，在拖延时，采用以下公式进行计算：

$$损失=\frac{总部管理费(利润)百分比}{100}\times\frac{合同总额}{合同工期}\times拖延期$$

2）Emden 公式。此公式来源于《Emden 建筑合同与实践》第二部第八版，该公式与 Hudson 公式类似，不同的是，公式中的总部管理费（利润）百分比是根据承包商的年度财务报告中的实际值计算的：

$$总部管理费(利润)百分比=\frac{总管理费开支(利润)}{总营业额}\times 100\%$$

3）Eichleay 公式。在 Emden 公式的基础上，美国的 Eichleay 所用的实际管理费用与 Emden 相同，包括工程变更和补偿。

4. 利润计算

在进行利润索赔时，承包商应保存以下记录：所有投标和授标记录，从而可以建立投标中标率；所有收到投标邀请的项目，以及不能投标或需要报高价的标。

如果承包商可以证明，在施工期间承包商有可能取得其他的中标，在原则上已经足够建立索赔的依据；如果拖延全部是由于工程的变更造成的，此时应采用 Hudson 公式；如果拖延是由于违反合同或不能区分工程变更和违反合同的拖延，建议采用 Emden 公式。

总之，在计算管理费用增加或利润损失时，如采用公式计算，通常来说不用进行调整。大多数情况下，Emden 公式和 Eichleay 公式优于 Hudson 公式。在实际操作中，承包商可取其高值用于索赔文件中。

5. 加速施工索赔

当工程出现拖延时，承包商和业主面临着要决定是否采用加速施工的方式来使部分或全部工程提前竣工。

有些合同条款包括了加速施工的条款，但通常需要承包商同意并应事先确定加速施工的费用。如果合同中没有类似条款，则承包商和业主之间可以签订新的补充协议。

在计算加速施工索赔费用时应考虑的内容：①低效加班，即在正常工作时间以外支付的费用，例如，承包商在投标时计划工作时间为每天9小时，每周工作6天，则在计算加速施工费用时，只能考虑额外的时间内的费用；②增加人员的费用，临时雇佣人员的高工资、奖赏，劳务人员的差旅、运输费用等；③减低的效率，增加管理人员或操作人员并不一定带来同等的施工效率，劳务人员也不一定能有效地工作，需要各工序之间的紧密配合，又可能导致更多的等待时间；④增加的电力灯光费用；⑤增加的机械设备费用；⑥无论什么原因造成加速施工，承包商应切记，在增加费用之前，做好有关记录，为今后整理索赔费用提供可能。

6. 施工干扰和工效减低索赔

为此，承包商必须建立起因原定的施工工序和时间受到业主原因的影响，而导致承包商不能按原来预定的施工顺序和时间开展计划的工序。如业主在工程一开工就指示一个月的暂停施工，此时，承包商有权就工效减低的费用进行索赔，包括拖延期间的现场设施、管理费等，如果没有下达暂停施工的指令，则这些额外费用将不会发生。

在大多情况下，要计算每个工序的干扰费用是很困难的，有时是不可能的。因此，大多数情况是采用整体计算方法，这种方法特别适用于在承包商对拖延和干扰完全没有责任的时候，如果承包商有部分责任，则此类索赔可能完全失败，增加的费用可能全部由承包商自行负责。

7. 违反合同索赔

违反合同隐含条款，大多数承包商的索赔是基于业主违反合同的隐含条款引起的，例如，合同中一般规定业主应与承包商配合实施工程达到一定的目标，业主如果违反了这些隐含条款，则承包商可以通过法律途径就其损失提出索赔；民事侵权行为；误导、提供不真的信息，误导是指在合同谈判期间提供虚假的陈述，这些陈述与双方签订合同有关，误导的索赔有时可以通过仲裁来解决。业主或工程师提供的工程数量表或其他文件，如果有误导则有可能导致索赔，承包商可以就业主在合同谈判时提供不真的现场条件或其他风险进行索赔。

8. 支付合理费用索赔

支付费用索赔还可以用于以下情况：在合同中没有确定单价或按合同应支付合理费用时；当双方没有有效的可执行的合同，但法律要求就所提供的服务或实施的工程进行付款时。

9. 整体索赔

在多数情况下，承包商会认为由于整体工程变更引起的拖延会大于每个变更所引起的拖延的总和。由于工程师原因引起的工程变更、指令或行为造成工程拖延，如果超出了按各单一原因而分析的拖延，则应分清如下情况：

(1) 按合同条款承包商应负责的拖延，此时不应给延长工期。

(2) 承包商应在费用上负责的拖延，应有权要求延长工期（如恶劣天气的延期）。

(3) 业主应负责的延期应被确定并进行列表，如果能够进行单一原因所造成的拖延的分析，则应逐一分析，而剩下的其他不能进行单一原因分析并应由业主负责的拖延，可采用整体索赔的方式进行。

10. 不可抗力的索赔

不可抗力是指不能预见、不能避免并且不能克服的客观情况，如战争、叛乱、辐射、暴乱、重大自然灾害等。发生“不可抗力”事件后，一般认为由于其不可克服性，签约双方均无责任，各方可根据“不可抗力”条款解除继续履约的合同义务，通常各自承担各自的经济损失。

资源 5.3 不可抗力造成的索赔案例

11. 不可预见物质条件的索赔

现场物质条件是指承包商在施工现场遇到的自然物质条件、人为的其他物质障碍和污染物等，如地质和水文条件，但不包括气候条件。由于物质条件比招标文件中所描述得更为困难和恶劣，是一个有经验的承包商也无法预见到的，从而增加了施工的难度而导致承包商的成本增加和工程拖期，承包商可以提出工期和费用索赔。

12. 暂停施工和终止合同索赔

暂停施工索赔与终止合同索赔是指由于发包人、承包人的违约或不可抗力等因素的影响，使工程被迫在竣工验收前暂时停止实施，或造成合同非正常终止，并不再继续进行，使承包人或发包人蒙受经济损失而提出的索赔。

资源 5.4 某水利工程合同管理索赔案例

13. 拖期付款索赔

根据我国《民法典》第八百零三条规定，发包人未按照约定的时间和要求提供原材料、设备、场地、资金、技术资料的，承包人可以顺延工程日期，并有权要求赔偿停工、窝工等损失。因此拖期支付工程款使承包人的施工费用紧张、合法权益受到损失，承包人有权对业主提出索赔。

资源 5.5 项目索赔（补偿事件）报告案例

14. 物价调整索赔

工程项目建设期较长，往往项目的原材料受区域经济和国际政治经济的影响，材料价格具有很强的不确定性和不稳定性，尤其是在通货膨胀严重、货币兑换不稳定等情况下，物价的涨落会直接影响工程成本的高低，进而影响承包人的经营效益。对此类损失，有权向业主提出索赔。

思　考　题

1. 合同具有哪些法律特征？项目合同的签订原则是什么？

2. 项目合同管理的制度和内容有哪些？

3. 合同管理中常见的建设各方有哪些？他们对合同管理的职责是什么？

4. 常见合同组成文件及其基本概念是什么？

5. 简要说明合同管理中承包人与发包人的义务与责任。
6. 解决争议有哪些途径？如何预防争议的产生？
7. 何时可以提出索赔？索赔的依据有哪些？
8. 应如何在工程项目合同管理中减少索赔的发生？

第6章 工程项目的质量管理

6.1 工程质量管理概述

工程项目质量是指工程产品满足要求和具备所需要的特征和特性的总和。所谓满足规定要求，通常是指符合有关的法规、技术标准或合同规定的要求；所谓满足需要，一般是指满足用户的需要，这种需要即是对工程产品的性能、寿命、可靠性及使用过程的适用性、安全性及经济性等特性的要求。这些规定与需求一般包含以下几个方面：

（1）适用性。适用性主要是指工程满足使用目的各类性能。性能主要包括理化性能、结构性能、使用性能和外观性能。

（2）可靠性。可靠性可解释为建设工程在规定的时间和条件下完成其规定功能的能力，即要求工程在竣工验收时达到相关的指标规定，同时保证在一定的使用期限内工程的整体和各部件都可以正常使用。

（3）经济性。经济性指的是工程项目在规划、勘察、设计、施工阶段，以及整个工程的使用阶段期间产生的成本和费用。工程经济性主要是指设计成本、施工成本以及使用成本三者之和。

（4）耐久性。耐久性即工程的寿命，具体指的是工程项目在竣工验收后可以正常使用的年限，也就是按照规定，工程满足使用功能的寿命周期。因为建筑物有结构类型多样，质量水平不一致，施工方式不统一，使用性能不同的特性，国家在工程的使用期限方面还未出台统一的规定，但部分技术标准中，有相应的使用寿命要求。

（5）安全性。安全性即工程建设完成后，在使用阶段保证其结构安全、不危害人身和周围环境的性能。

（6）与环境的协调性。与环境的协调性即工程与周边生态环境和已建成工程实体的协调性，以及与工程建设所在地区的经济环境间的协调性。

总体而言，适用性、可靠性、经济性、耐久性、安全性和与环境的协调性都是工程交付使用前所必须达到的基本要求，六项质量特性相互依存，缺一不可。依据工程建设所在地区的环境、技术、经济条件等，民用建筑、道路建筑、工业建筑、住宅建筑、公共建筑这些不同类型不同专业的工程在质量特性上可以有不同的侧重点。

6.1.1 工程质量管理的内容

工程质量管理贯串于工程产品的形成之中，包括规划、可行性研究、设计、施工等各阶段的质量管理。各阶段质量管理的内容可分为：质量管理规划或计划；全员质量教育和培训；质量基础技术工作（标准的管理，计量管理，质量情报等）的展开；

生产企业质量保证体系的建立；生产过程中质量检验和控制；质量信息反馈。

6.1.2　提高工程质量的意义

质量是提高企业和社会经济效益的关键，是提高企业竞争力的支柱，是企业管理和技术水平的综合反映，搞好质量管理意义重大。

工程质量管理的发展过程大体分成三个阶段：第一阶段，从 20 世纪初到 40 年代，属于质量检验阶段；第二阶段，从第二次世界大战开始到 50 年代，属于统计质量管理阶段；第三阶段，从 60 年代至今，属于全面质量管理阶段。

美国质量管理专家戴明把全面质量管理的基本方法概括为四个阶段：PDCA 循环，即 P——计划阶段（Plan）；D——实施阶段（Do）；C——检查阶段（Check）；A——处理阶段（Action）。第一阶段又分四个步骤，即查找问题，进行排列，分析问题产生的原因，制定政策和措施；第二阶段包括一个步骤，即执行措施；第三阶段包括一个步骤，即检查采取措施后的效果；第四阶段包括两个步骤，即建立巩固措施，确定遗留问题。

资源 6.1
PDCA 循环

6.2　工程项目质量管理体系

工程项目质量管理体系是建立在全面质量管理基础上的，是贯彻全面质量管理的基本观点。

6.2.1　质量管理体系的组成

工程项目质量管理体系包括控制的组织体系、对象体系和过程体系。

1. 工程项目质量管理组织体系

质量管理组织体系包括承包商的质量保证体系和业主/监理工程师的质量控制体系两方面。承包商的质量保证体系由下列子系统组成：①思想保证系统：要求参与施工的全体人员树立全面质量管理的观点；②组织保证系统：要求设置质量管理机构和相应的专职质量管理人员，设置质量管理试验室并配有相应的检验人员，基层建立质量管理小组并配有兼职质量管理人员，以形成质量管理的网络；③工作保证系统：包括施工准备质量保证系统和施工现场质量保证系统。

业主主要确定工程项目质量目标，具体的质量控制工作一般由监理工程师承担。监理工程师的质量控制体系，要求：①合理设置质量控制机构；②科学配备质量控制人员；③明确各类监理人员在质量控制方面的职责。

2. 工程项目质量管理对象体系

对象体系主要指施工阶段的质量控制对象，包括对质量影响因素的控制和对施工结果的质量控制，即对工程产品质量的控制。

3. 工程项目质量管理过程体系

（1）施工前质量控制。施工前质量控制包括对施工人员和分包商的资质审核，对工程所需原材料、构配件的质量进行检查和控制，对工程设备的采购或订货、检查、验收严格把控质量关，仔细审核承包商提出的施工组织设计和施工技术措施，检查施工现场的水平坐标、高程水准点，要求承包商建立完善的质量保证体系，组织设计交底和图纸审核，审核承包商提交的关键施工机械设备的技术性能报告，把好开工关等。

（2）施工中质量控制。施工中质量控制是指施工过程中进行的质量控制，包括完善工序质量控制，把影响工序质量的因素纳入管理状态；建立质量控制点，及时检查和分析质量统计分析资料和质量控制图表；严格工序间交接检查，按有关规定检查验收；重要工程部位或专业工程应该进行试验或技术复核；按相应的质量评定标准和办法对完成的分项、分部工程进行检查、验收；审核设计变更和图纸修改；定期或不定期组织现场会议，分析、通报工程质量状况，协调有关单位间的业务关系等。

（3）施工后期质量控制。施工后期质量控制是指在完成施工过程后所进行的质量控制，包括按规定的质量评定标准和办法对完成工程进行质量检验评定；审核有关质量检验报告和技术文件；整理有关工程项目的竣工验收资料，并编目、建档；按合同要求组织工程验收。

6.2.2 质量管理体系的建立

工程项目质量管理体系的构建一般可划分为以下几个步骤：

（1）确立系统质量管理网络。要明确系统每一层面的工程质量管理负责人，一般情况下，项目中承担实施任务的项目经理、总工程师、监理机构的总监理工程师、专业监理工程师共同构成工程质量管理责任者的关系网络构架。

（2）制定质量管理制度。质量管理制度作为项目各参与方共同遵守的管理依据，是工程项目质量管理体系管理文件或手册的主要内容，一般包括报告审批制度、质量信息制度、协调制度、例会制度和质量验收制度等。

（3）分析质量管理界面。工程项目质量管理体系的质量责任界面分为动态界面和静态界面两类。一般情况下，依据法律法规、合同条件和组织内部职能分工来确定静态界面。工程建设进程中，设计单位之间、施工单位之间、设计单位和施工单位之间的衔接配合与责任分配都属于动态界面。动态界面必须通过分析研究明确管理原则与协调方式。

（4）编制质量管理计划。工程项目管理总组织者承担主持编制工程项目总计划的职责，同时按照质量管理体系的要求，安排各质量责任主体方负责其所承担任务范畴内的质量计划的编制，并依据规定程序完成质量计划的审批工作，以此为自身质量管理的凭据。

6.2.3 质量管理体系的运行

构建质量管理体系可以为合理把控工程项目质量提供组织制度层面的保障。而工程项目质量管理体系的运行是发挥系统功能的过程，也是把控质量活动职能和效果的过程。为保证质量管理体系的有效运行，必须完善系统内部的运行环境与机制。

工程项目质量管理体系的运行环境主要包含以下几个方面：

（1）建设工程的合同结构。作为工程项目各参与方相互联系的纽带，建设工程合同应具备合理的结构、明确的质量标准和责任条款。且只有在严格进行履约管理的条件下，质量管理体系的运行才能变成项目各参与方的自觉行动。

（2）质量管理的资源配置。质量管理的资源配置不仅包含对项目质量管理人员和专职技术人员的配置，还包括对项目进行技术和质量管理所需的设施、设备、软件、器具等物质资源的配置。对人员和物质资源进行合理配置是运行质量管理体系的基本条件。

（3）质量管理的组织制度。为保障质量管理系统各个环节都可以有序运行，就必须完成工程质量管理体系内部的各项程序性文件和管理制度的构建，从而提供系统运行所必需的行动指南、行动准则和评价基准的依据。

运行机制是工程项目质量管理体系的生命主体，机制缺陷可能会导致系统运行混乱、失效、失控等严重后果。因而，应该高度重视系统内部管理制度的设计，避免重要制度的缺失、制度自身存在缺陷、制度之间发生矛盾等问题的出现，这样才可为系统的运行注入动力、约束、反馈和持续改进机制。

（1）质量管理体系运行的动力机制。动力机制是运行机制的核心，动力机制来源于利益机制。建设工程项目的实施过程是由多个主体参与的价值增值链，只有保持合理的供方和分供方关系，才能形成质量控制体系运行的动力机制。

（2）质量管理体系运行的约束机制。约束机制取决于自我约束能力和外部监控效力，前者指质量责任主体和质量活动主体（即组织和个人）的经营理念、质量意识、职业道德及技术能力的发挥；而后者是指来自实施主体外部的推动和检查监督。

（3）质量管理体系运行的反馈机制。运行的状态和结果的信息反馈，是进行体系控制能力评价以及及时做出处置决策的重要依据。

（4）质量管理体系运行的持续改进机制。在建设工程项目实施的各个阶段、不同层次、不同范围和不同主体之间，应该运用 PDCA 循环原理，即按计划、实施、检查和处理循环进行的方式展开控制，同时必须抓好控制点的设置，加强重点控制和例外控制，从而寻找改进的机会，研究改进措施，保证质量管理系统的不断完善和持续改进。

6.3　工程项目质量管理影响因素控制

6.3.1　工程项目质量管理影响因素

工程质量的优劣，取决于一系列的影响因素，主要包括以下五个方面：操作人员、工程材料、施工机械、施工方法或工艺、施工环境等。

1. 操作人员

在工程项目建设过程中，人担任着操作者、决策者、管理者的身份，其工作范畴更是涵盖规划、决策、勘察、设计、施工和验收等项目建设的全过程。人员的素质包含人的文化水平、作业能力、控制能力、管理能力、身体素质、职业道德等，都会直接或间接地影响工程规划、决策、勘察、设计和施工质量。因此，工程质量一项极为关键的影响因素是人员素质，为保证工程内部人员的素质，建筑行业执行资质管理以及各专业从业人员持证上岗制度。

2. 工程材料

工程材料是工程建设的基本物质条件，是工程质量的基础要素，一般包括构建工程实体所需的各种建筑材料、构配件、半成品等。工程材料的选用是否合理、材质是否通过检验、产品是否合格、保管及使用是否恰当等，都是影响建筑工程结构刚度和强度的直接要素，同时还对工程的使用功能、使用安全、工程外表与观感产生直接影响。

3. 施工机械

工程建设过程中使用的机械设备主要包括两类：一类指的是像电梯、泵机、通风设备等构成工程实体和配套的工艺设备和各类机具，他们完备了建筑实体的使用功能，是建筑设备安装工程和工业设备安装工程的重要组成部分；另一类指的是各类操作工具、大型垂直与横向运输机械设备、各类测量仪器与计量器具、各种施工安全设备等在施工过程中使用的机具设备。施工机具是工程生产的主要手段，对工程质量也有重要的影响。工程建设所需机械设备产品的质量优劣会直接影响工程使用质量，而机械设备的类型与施工特点的契合程度、设备性能是否稳定先进、操作是否安全便捷等都将对工程项目的质量产生不同程度上的影响。

4. 施工方法或工艺

在工程施工过程中，工程质量还直接受施工方案的合理性、施工工艺的先进性、施工操作的正确性影响。使用新工艺、新技术、新方法，不断提升工艺技术，是工程质量持续稳定上升的重要手段。

5. 施工环境

施工环境也是对工程质量特性产生影响的重要因素。一般情况下，施工环境包括工程地质、水文、气象等工程技术环境，施工作业面大小、通风照明、通信条件、防护设施等工程作业环境，工程实施合同环境、管理关系的确定、管理制度和组织体制等工程管理环境，工程邻近建筑物、地下管线等周边环境。增强环境管理，改进技术环境，提升作业条件，加以必要的整改措施，是有效把控环境对工程质量影响的重要手段。

6.3.2 质量管理影响因素控制

保证工程质量是业主、工程师和承包商都关心的一个问题。工程质量的优劣，一般来说，取决于承包商的技术水平、施工经验、管理水平和工作态度。因此，业主在工程项目的招标阶段，在报价相同或相近的情况下，总是选择资信条件好的承包商，以确保工程的施工质量。

工程项目的质量控制工作包括下面几方面的内容：

1. 劳动主体的质量控制

劳动主体的质量控制包括参与工程项目各类人员的生产技术、文化素养、生理体能、心理行为等方面的个体素质及经过合理组织充分发挥其潜在能力的群体素质。企业可以通过择优录用、加强思想教育和技能培训教育，合理组织、严格考核，并有相应的激励和奖惩机制，优化组合和充分发挥企业员工的潜力。

资源 6.2 工程项目质量控制的原则

2. 劳动对象的控制

原材料、半成品、设备是构成工程实体的基础。在工程项目的施工阶段，施工用的原材料和工程的永久设备的质量是否合格，对工程质量起着决定性的作用。因此，应该严格进行材料和设备的质量检验。

3. 施工环境的控制

施工环境的控制主要包括地质水文状况、气象变化及其他不可抗拒因素，施工现场的通风、照明、安全卫生防护设施等劳动作业环境。环境因素对工程质量的影响一般无法避免，可采取预测预防的控制方法来消除或降低对施工质量的不利影响。

4. 限制合同转让与分包

业主通过层层审核把关，如资格预审、评标、授标等环节选定中意的承包商。因而授予合同意味着对承包商的信任，在授标和签订合同后，业主对合同转让和合同分包一般采取严格的态度，这样有助于保证施工质量。

5. 严格按技术规程施工

招标合同文件中的施工技术规程是控制工程质量的主要文件。它详细论述工程项目的工作范围、技术标准、施工顺序、施工方法等有关技术方面的要求，是检查施工质量的依据。承包商在施工过程中，必须严格地按照技术规程办事，以保证工程质量，避免产生对工程质量的异议，避免引起合同纠纷。为了保证工程质量和建成后使用方便，承包商在严格按照施工技术规程办事的同时，亦应执行业主或工程师的修改或补充指令，使建成的工程更好地发挥效益。

6. 对质量缺陷进行补救

保证施工质量的另一个重要环节，是现场监督检查，以便随时发现问题，立即进行修改和处理，以免形成隐患，导致事故扩大。

6.4　施工质量控制和施工安全管理

6.4.1　施工质量控制

6.4.1.1　施工质量控制的目标

建设工程以达到在工程项目决策、设计文件和施工合同中所确定的预期使用功能和质量标准为项目施工质量控制总目标。在施工阶段，项目各参与方拥有不同的质量控制任务和目标，但从工程项目管理的角度来看，都致力于实现工程项目的质量总目标。施工阶段各参与方的质量控制目标分别如下所述。

1. 建设单位的控制目标

在项目施工阶段，建设单位对整个施工过程进行全面的质量监督管理，从而确保整个施工过程、阶段性产品及项目成果达到项目决策所规定的质量标准。

2. 设计单位的控制目标

在项目施工阶段，设计单位主要负责控制设计变更以及纠正施工过程中发现的设计问题、采纳设计变更的合理建议、对工程部分重要的分部分项工程和关键部位的施工质量验收签证等工作，从而保证竣工后工程项目质量符合设计文件中规定的质量标准。

3. 施工单位的控制目标

一般情况下，施工单位包含施工总承包和分包单位。作为工程项目的生产者，施工单位应按照施工合同中规定的任务范畴和质量要求，进行建设全过程、全方位的质量自控，保证最终交付使用的工程产品质量与设计文件中规定的标准相一致。

4. 供货单位的控制目标

工程项目的供货单位提供的建筑材料、设备以及构配件等工程材料应符合采购合同中的质量标准并包含材料的合格证明（产品规格、使用说明书以及检验试验单据），且供货单位需对其产品质量负责。

5. 监理单位的控制目标

在项目施工阶段，监理单位主要通过现场旁站、巡视、平行检验等模式对施工过程进行质量监理，审核施工单位提交的施工质量文件和报告报表。监理单位还可通过施工指令、支付结算控制的手段，监控施工承包单位的质量活动行为，履行对施工质量的监督责任，以确保工程质量符合施工合同与设计文件中的质量规定。

资源6.3
旁站、巡视、平行检验

6.4.1.2 施工质量控制的环节

做好施工阶段的质量控制，确保工程质量，又不造成因标准过高而浪费投资，在工程建设的全过程中，就应考虑质量标准，把质量标准和工程成本，建设期限联系起来，全面研究和决策。每个工程项目的质量控制工作应抓以下四个环节。

1. 勘测设计阶段

基础资料要准确，技术数据要准确。水文、地质、土壤等资料的误差往往引起重大的事故和损失。没有准确的基础资料，就没有好的设计，也没有恰当的质量标准；掌握标准恰当，做到安全而节约。在建筑物的布局、地基处理和设备造型等方面，应做到经济合理，安全可靠。在确定建筑质量标准时，应符合技术规范要求，并结合工程的具体条件；编写好施工技术规程。施工技术规程是施工合同文件的主要内容之一，它详细而具体地规定了该项目的施工顺序、施工工艺和质量标准，对保证工程质量关系重大。设计咨询公司应认真负责地编写好这一合同文件，防止照抄现成的规程而与具体工程特点脱节的现象。

2. 订货采购阶段

建筑材料和永久设备的订货采购工作应严格按施工技术规程和工程量清单等合同文件的规定进行。施工用的设备则应符合投标文件中机械设备的型号和数量，能保证完成施工进度，业主和工程师除对其调离工地现场进行控制外，对施工设备的质量和维修事宜不予过问，因为这些设备的产权仍属承包商所有。为保证工程质量，在订货采购阶段应做好以下工作：按照合同标准采购建筑材料；按照合同标准采购永久设备；对关键性设备、材料严格检验；注意仓储和运输，保证按进度规定的时间安全运往工地。

3. 施工阶段

施工阶段的质量控制工作主要是严格限制分包，严格按技术规程施工，严格进行现场质量检验，并严格要求处理质量缺陷，使整个施工过程符合合同文件的规定。

4. 工程维修阶段

在工程项目的缺陷责任期，工程项目已投入运行，隐藏的工程缺陷可能暴露出来，这就为检验施工质量提供了最后的一个机会。凡在缺陷责任期出现的工程质量缺陷，承包商有责任予以修补，直到达到合同文件规定的标准。

6.4.2　施工安全管理

工程施工中，防止工伤事故，保障人身安全是一个值得重视的问题。作为承包商，应自觉地建立安全制度，保证整个工程项目的安全生产。这样做，不仅是从经济损失上考虑，更重要的是基于对劳动人民生命健康的关怀。遵守国家的安全生产法规，还体现了一个承包公司的管理水平和业务形象。

6.4.2.1　影响施工安全的主要问题

为了保证安全施工，在工程建设的全过程中，从施工准备开始直到维修期满，都应该注意影响安全的因素，及时采取预防措施，防止安全事故的发生。一旦发生安全事故，要迅速采取处理措施。下面说明各个施工阶段和工程部位经常发生的安全事故，并提出注意事项，以防事故发生。

1. 施工准备阶段

在工程项目正式开工以前，项目经理及其项目组主要负责人要对施工区域的周围环境、地下管线、施工地质情况进行全面考察，特别注意以下问题：事先告知施工人员地下电缆、水管或防空洞的位置，并要专人进行妥善处理；在施工区域有高压电线的附近标出醒目的标志，并采取相应措施；采取必要的防护措施，防止施工设施对周围居民安全、住宿和交通等方面造成干扰和危险；在安排施工进度时，要妥善安排每个工序的进度，防止进度过紧或工作时间过长。

2. 基础施工阶段

基础施工阶段的安全生产，主要是防范土方坍塌或深坑井内窒息中毒，采取安全的边坡比。在深坑部位，应采取支护措施，并计算边坡荷载能力，采取必要的加固边坡的措施。在雨季施工或地下水位较高的地区施工时，要做好基坑支护和排水措施，并密切注意防止基坑两侧土体滑塌。在深基坑内施工时，要注意防止沼气或有毒气体，防止因通风不良出现窒息危险。

3. 隧洞施工阶段

隧洞施工最易发生工伤事故，有时甚至发生极严重的人身伤亡恶性事故，应引起施工管理人员的特别注意。因此，在隧洞施工中，应严格按程序施工，时刻注意塌方、涌水、窒息和触电事故可能的发生迹象，并认真作好以下工作：①高度警惕发生塌方；②注意防止涌水；③时刻注意通风、防止窒息；④注意防止触电。

资源 6.4
隧道施工阶段各工作的主要注意事项

4. 结构施工阶段

在结构施工阶段，建筑物的高度不断上升，要特别注意高空作业安全，尤其是防止作业人员坠落或被坠落物扎伤。为此要注意下面事项：①完善结构施工层的外防护，预防高处坠落事故；②做好结构内各种洞口的防护，防止落人落物；③加强起重作业的管理，预防机械伤害事故；④特别注意危险工种的安全保护。

以上各项仅是工程施工中最常见的安全事项。各类土建工程的施工管理人员应根据自己工程项目的特点，有针对性地制定全面的安全施工制度和防护措施，确保安全生产。

6.4.2.2　改进施工安全的途径

在每一个工程项目的施工现场，都应该在项目经理的领导下，建立完善的施工安全组织，以调动各方面的积极性，认真地执行安全施工的各项规定和制度，各负其责，齐心协力地实现安全生产。

为了实现安全生产，必须在施工现场建立起安全生产的保证系统，这包括下面四个方面：

1. 组织保证措施

工程项目安全的组织保证措施，可以分为两个系统：一个是以项目经理为主的总包和分包联合组成的安全生产委员会；另一个是由项目经理亲自领导的工程项目组下的安全管理班子。工程项目安全生产委员会的职能，是在总承包商项目经理的牵头下，吸收各个分包项目的负责人，共同组成安全生产委员会，保证工程项目全面的安全生产。工程项目组管理班子在项目经理的直接领导下，形成了自己的安全生产系统。它通过项目组各部门的负责人，发挥各部门的职能作用，通过实施各种安全生产的规章制度，保证了整个工程项目的安全生产。

2. 物质保证措施

安全生产的所需费用应列入间接费，在每个工程项目组内，应有充足的安全生产费，以便购置安全器械和设备，保证施工现场的紧急开支。物质保证措施主要有设立事故抢救医疗室；购置足够的劳动保护用品和器械；设置火灾消防队等。

3. 健全安全生产规章制度

每个工程项目现场，应有一套完善的保证安全生产的规章制度，并严格监督实施，才能起到预防事故的作用。在健全安全生产制度和各工种的安全操作规程前提下，还应定期召开安全生产会议；项目经理要经常检查安全生产规程和制度的执行情况；项目经理要把预防事故放在安全生产的首位。

4. 建立安全生产奖惩规则

从经济上奖励安全生产好的班组或个人，并对违章作业造成工伤事故者进行惩处，对促进安全有相当大的作用。至于奖惩的具体规定，各项目组应根据工程项目的特点自己制定。

6.5　国际质量标准认证体系

国际质量管理体系标准目前主要采用的是2000版的ISO 9000族国际标准，八项质量管理原则是其标准编制的基础。

6.5.1　国际质量管理体系中质量管理的原则

质量管理原则包括以下几点。

资源6.5
ISO 9000族

1. 以顾客为关注焦点

组织即从事一定范围生产经营活动的企业，依存于其顾客，它应当理解顾客当前的和未来的需求，满足顾客要求并争取超越顾客的期望。

2. 领导作用

领导者应该确立本组织统一的宗旨和方向，并营造和保持使员工充分参与实现组织目标的内部环境。因此，领导在企业的质量管理中起着决定性的作用。只有领导重视，各项质量活动才能有效开展。

3. 全员参与

各级人员是组织之本，只有全员充分参与，才能使他们的才干为组织带来收益。工程质量是工程建设过程中全体人员共同努力的结果，其中也包含着为他们提供支出的管理、检查、行政人员的贡献。企业领导应该对员工进行质量意识等各方面的教育，激发他们的积极性和责任感，使全员积极参与，为达到让顾客满意的目标而奋斗。

4. 过程方法

将相关的资源和活动作为过程进行管理，可以更高效地得到期望的结果。任何使用资源生产活动和将输入转化为输出的一组相关联的活动都可视为过程。

5. 管理的系统方法

将相互关联的过程作为系统加以识别、理解和管理，有助于组织提高实现其目标的有效性和效率。不同企业应该根据自己的特点，建立资源管理、过程实现、测量分析改进等方面的关联关系，并加以控制。采用过程网络的方法建立质量管理体系，实施系统管理。

6. 持续改进

持续改进总体业绩是组织的一个永恒目标，其作用在于增强企业满足质量要求的能力。持续改进包括工程质量、过程及体系的有效性和效率的提高。持续改进是增强和满足质量要求能力的循环活动，使企业的质量管理走上良性循环的轨道。

7. 基于事实的决策方法

有效的决策应该建立在数据和信息分析的基础上，数据和信息分析是事实的高度提炼。以事实为依据作出决策，可防止决策失误。因此，企业领导应该重视数据信息的收集、汇总和分析，以便为决策提供依据。

8. 与供方互利的关系

组织与供方是相互依存的，建立双方的互利关系可以增强双方创造价值的能力。供方提供的产品是企业提供产品的一个组成部分。处理好与供方的关系，是企业持续稳定提供顾客满意产品的重要问题。

6.5.2　国际质量管理体系文件的构成

国际质量管理体系标准要求企业重视质量管理体系文件的编制和使用。编制和使用质量管理体系文件本身是一项具有动态管理要求的活动。质量管理体系的建立、健全要从编制完善的体系文件开始，质量体系的运行、审核与改进都依据文件的规定进行，质量管理实施的结果也要形成文件，作为证实产品质量符合规定要求及质量体系有效的证据。

国际质量管理体系标准对文件提出明确要求，企业应当具有完整和科学的质量管理体系文件。质量管理体系文件一般应该包括以下内容。

1. 质量方针和质量目标

一个企业的产品质量方针和质量目标一般都以简明的文字来表述，是企业质量管理的方向目标，应该反映用户及社会对工程质量的要求及企业相应的质量水平和服务承诺，也是企业质量经营理念的反映。

2. 质量手册

质量手册是规定企业组织建立质量管理体系的文件，是对企业质量体系做系统、完整和概要的描述。其内容一般包括：企业的质量方针、质量目标；组织机构及质量职责；体系要素或基本控制程序；质量手册的评审、修改和控制的管理办法。

3. 程序文件

质量管理体系程序文件是质量手册的支持性文件，是企业各职能部门为落实质量手册要求而规定的细则，企业为落实质量管理工作而建立的各项管理标准、规章制度等都属于程序文件的范畴。各企业程序文件的内容及详略可视企业情况而定。

4. 质量记录

质量记录是工程质量水平和质量体系中各项质量活动进行及结果的客观反映。对质量体系程序文件所规定的运行过程及控制测量检查的内容如实加以记录，用以证明工程质量达到合同要求及质量保证的满意程度。如在控制体系中出现偏差，则质量记录不仅须反映偏差情况，而且应该反映出针对不足之处所采取的纠正措施及纠正效果。

6.5.3 质量管理体系的建立和运行

质量管理体系的建立是企业按照八项质量管理原则，在确定市场及顾客需求的前提下，制定企业的质量方针、质量目标、战略手册、程序文件及质量记录等体系文件，确定企业在生产或服务全过程的作业内容、程序要求和工作标准，并将质量目标分解落实到相关层次、相关岗位的职能和职责中，形成企业质量管理体系执行系统的一系列工作。质量管理体系的建立还包含着组织不同层次的员工培训，使体系工作和执行要求为员工所了解，为形成全员参与的企业质量管理体系的运行创造条件。

质量管理体系的运行是在生产及服务的全过程按照质量管理文件体系制定的程序、标准、工作要求及目标分解的岗位职责进行操作运行。质量管理体系运行的过程中，按照各类体系文件的要求，监视、测量和分析过程的有效性和效率，做好文件规定的质量记录，持续收集、记录并分析过程的数据和信息，全面体现产品的质量和过程符合要求及可追溯的效果。

按文件规定的办法进行管理评审和考核：过程运行的评审考核工作，应针对发现的主要问题，采取必要的改进措施，使这些过程达到所策划的结果和实现对过程的持续改进。

落实质量体现的内部审核程序，由组织有计划地开展内部质量审核活动，其主要目的是：①评价质量管理程序的执行情况及适用性；②揭露过程中存在的问题，为质量改进提供依据；③建立质量体系运行的信息；④向外部审核单位提供体系有效的证据。

为确保系统内部审核的效果，企业领导应该进行决策领导，制定审核政策、计划，组织内审人员队伍，落实内部审核，并对审核发现的问题采取纠正措施和提供人财物等方面的支持。

6.5.4 质量管理体系的认证与监督

6.5.4.1 质量管理体系认证的意义

质量认证制度是由公正的第三方认证机构对企业的产品及质量体系做出正确可靠的评价，从而使社会对企业的产品建立信心。第三方质量认证制度自 20 世纪 80 年代以来已经得到世界各国的普遍重视，它对供方、需方、社会和国家的利益具有以下意义：提高供方企业的质量信誉；促进企业完善质量体系；增强国际市场竞争能力；减少社会重复检验和检查费用；有利于保护消费者利益；有利于法规的实施。

6.5.4.2 质量管理体系的申报及批准程序

1. 申请和受理

具有法人资格，已按国际质量管理系统标准或其他国际公认的质量体系规范建立了文件化的质量管理体系，并在生产经营全过程贯彻执行的企业可提出申请。申请单位须按要求填写申请书，认证机构经审查符合要求后接受申请，如果不符合要求则不接受申请，均予以发出书面通知书。

2. 审核

认证机构派出审核组对申请方质量体系进行检查和评定，包括文件审查、现场审核，并出具审核报告。

3. 审批与注册发证

认证机构对审核组出具的审核报告进行全面审查，符合标准者批准并予以注册，发给认证证书（内容包括证书号、注册企业名称及地址、认证和质量体系覆盖产品的范围、评价依据及质量保证模式标准及说明、发证机构、签发人和签发日期等）。

6.5.4.3 获准认证后的维持与监督管理

企业获准认证的有效期为 3 年。企业获准认证后，应该通过经常性的内部审核，维持质量管理体系的有效性，并接受认证机构对企业质量体系实施监督管理。获准认证后的质量管理体系维持与监督管理内容包括以下几个方面。

1. 企业通报

认证合格的企业质量体系在运行中出现较大变化时，需要向认证机构通报情况，认证机构接到通报后，根据情况采取必要的监督检查措施。

2. 监督检查

认证机构对认证合格单位质量维持情况进行监督性现场检查，包括定期和不定期的监督检查。定期检查通常是一年一次，不定期检查根据需要临时安排。

3. 认证注销

注销是企业的自愿行为。在企业体系发生变化或证书有效期届满时未提出重新申请等情况下，认证持证者提出注销的，认证机构应该予以注销，收回体系认证证书。

4. 认证暂停

认证暂停是认证机构对获证企业质量体系发生不符合要求情况时采取的警告

措施。认证暂停期间企业不得用体系认证证书作宣传。企业在规定期间采取纠正措施满足规定条件后，认证机构撤销认证暂停。否则将撤销认证注册，收回合格证书。

5. 认证撤销

当获证企业质量体系存在严重不符合规定或在认证暂停的规定期限未予以整改，或发生其他构成撤销体系认证资格情况时，认证机构做出撤销认证的决定。企业不服可提出申诉。撤销认证的企业一年后可重新提出认证申请。

6. 复评

在认证合格有效期满以前，如企业愿意继续延长，可向认证机构提出复评申请。

7. 重新换证

在认证证书有效期内，出现体系认证标准变更、体系认证范围变更、体系认证证书持有者变更等，可按规定重新换证。

6.6 质量控制常用统计分析方法

统计分析方法是利用数理统计的原理和方法对工程质量进行控制的科学方法。常用的方法有调查表法、直方图、排列图、分层法、因果图、相关图和控制图等。

6.6.1 调查表法

调查表法又称统计调查分析表，是用图表或表格统计工程项目设计、施工中发生的各种数据，并对统计的数据概略分析。比较常用的调查表有：分项工程质量调查表，不合格内容调查表；不良原因调查表。

例：影响某工程项目施工进度的原因调查表见表 6.1。

资源 6.6 调查表法的步骤

表 6.1　　影响施工进度原因调查表

原　　因	受影响的施工部位	影响进度及次数	备　　注
设计方案多变	地下室、机电安装	各 1 次	
工程场地狭小	厂房基础、出水口	全过程	
承包商施工组织不妥	临时设施、骨料跟不上	各 1 次	
承包商施工组织不妥	上坝公路交通、机电安装	各 2 次	
电气生产厂家延期供货	电气安装	1 次	

6.6.2 直方图

直方图是用于分析样本质量数据分布状态，预测工序质量好坏的一种常用工具。其模式如图 6.1 所示。它的横坐标表示质量特性值。纵坐标表示频数或频率，每个条形方块的底边长度代表产品质量特性的取值范围，方块的高度代表落在这个区间范围的产品有多少。

当工序出现异常时，出现的是异常直方图。如锯齿形、孤岛形、双峰形、陡壁形和平顶形等，如图 6.2 所示。

资源 6.7 直方图的作图步骤

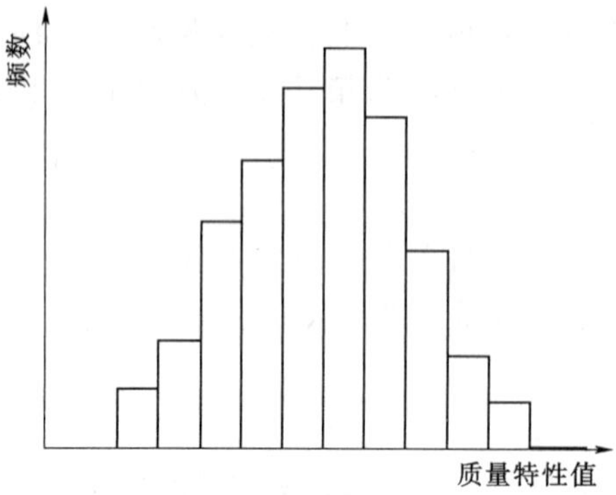

图 6.1　直方图

(1) 锯齿形。直方图出现参差不齐，大多数是由于分组不当或组距确定不当造成的。

(2) 孤岛形。孤岛形直方图即在远离分布中心的地方出现小的直方，形如孤岛。孤岛的存在表明生产过程中出现了异常因素，例如少量材料不合格或短期内工人操作不当。

(3) 双峰形。直方图出现两个中心顶峰，形成双峰状。这往往是由于把来自两个总体的数据混淆在一起作图造成的。例如将两个班组的数据混为一批。

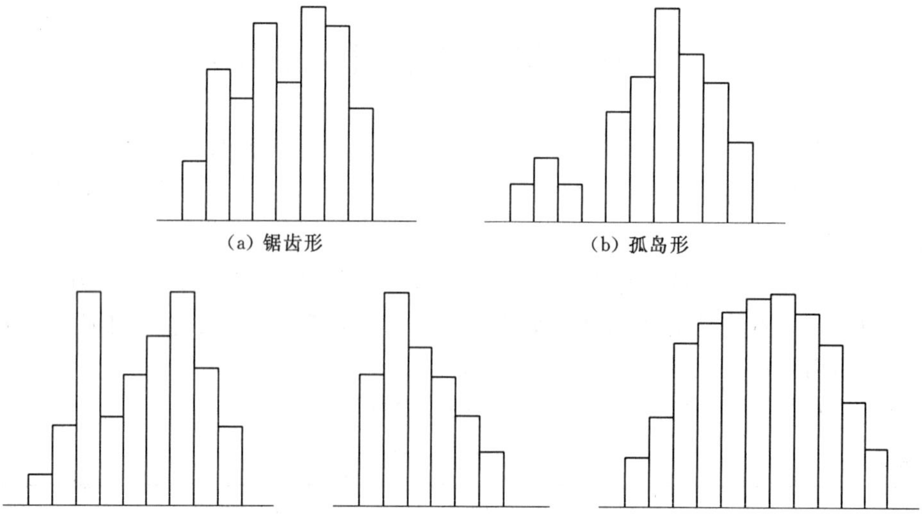

(a) 锯齿形　(b) 孤岛形　(c) 双峰形　(d) 陡壁形　(e) 平顶形

图 6.2　异常直方图

(4) 陡壁形。直方图的一侧出现陡峭绝壁的状态，分布中心偏向一侧。这通常是因为操作者无意造成的数据收集差错或主观地剔除了部分数据，造成了不真实的统计结果。这时应该重新进行数据统计或按规定对数据进行严格的检验。

(5) 平顶形。平顶形直方图没有突出的顶峰，一般是由多个母体数据混在一起造成的，或者是在生产过程中有缓慢变化的因素在起作用，例如操作者的疲劳。

6.6.3　排列图

资源 6.8 排列图的作图步骤

排列图也称主次因素排列图，用于找出影响工程或产品质量的主要问题，帮助人们确定需要改进的关键项目。其模式如图 6.3 所示。

排列图上有一个横坐标，两个纵坐标，一条折线和若干条形方块。横坐标上排着影响质量的各种因素，根据影响程度的大小，从左到右顺序排列。左边的一个纵坐标表示某种质量因素造成不合格品的频数或件数等；右边的纵坐标表示某种质量因素造成不合格品的累计频率，也就是各种影响质量因素发生次数在各因素发生次数之和中占的百分率；一条折线称为累计频率曲线，也称巴雷特（Pareto）曲线。通常把累计百分数分为三类：0～80%这一区间为A类，是主要影响因素；80%～90%为B类，是次要影响因素；90%～100%为C类，是一般影响因素。

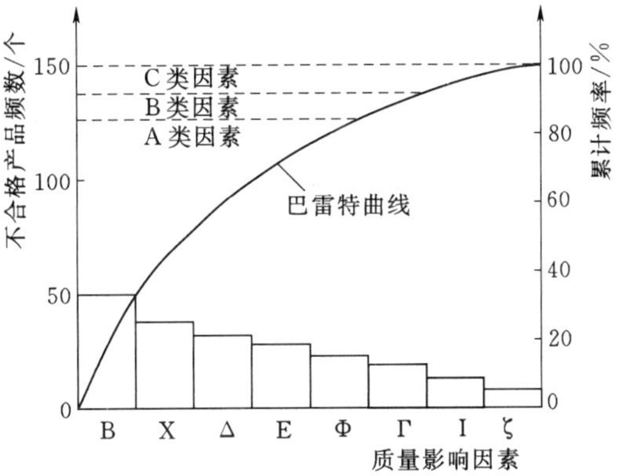

图 6.3　排列图

6.6.4　分层法

分层法也称分类法。它把收集到的质量数据按照不同的目的加以分类，将同一生产条件下收集的数据归并在一起，使其更能反映事实的性质。然后利用这种归类整理的数据进行分析，便于从中找出问题所在。这种分析的过程一般借助于其他方法，如排列图、直方图等。

资源 6.9
分层法案例

质量数据的分类方法多种多样，一般按工程项目、施工生产时间、不同操作人员、不同施工操作方法、不同机械设备、不同原材料及不同检测手段等来划分。

6.6.5　因果图

在找出质量问题后，为分析产生质量问题的原因，以确定因果关系的图称为因果图。它也被称为特性因果图，按其表现形状，又称为鱼骨图或树枝图，其模式如图6.4所示。

资源 6.10
因果图的作图步骤

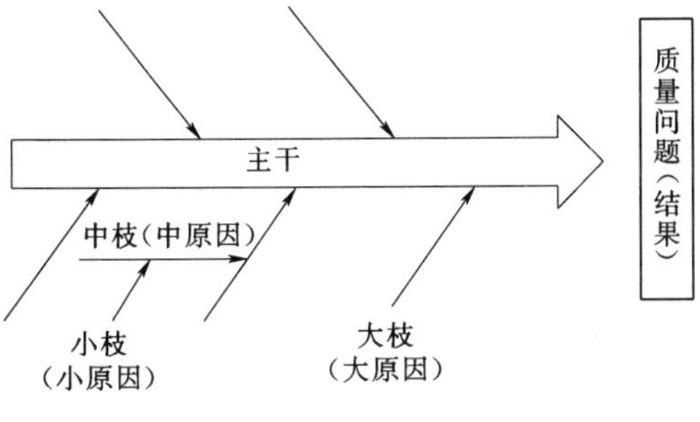

图 6.4　因果图

6.6.6　相关图

相关图又称散布图，它是研究两个变量之间关系的图。利用相关图进行质量控制，主要是研究某一工程（产品）或工序质量的诸影响因素中，某两个因素之间存在着的某种关系，然后通过控制其中一个影响因素来控制另一个影响因素，进而达到控制和改进该工程（或产品）或工序质量的目的。相关图大致有六种基本模式，如图6.5所示。

资源 6.11
相关图的作图步骤

6.6.7　控制图

控制图也是一种统计分析方法，它和直方图均可用来分析工序是否正常，工序质量是否满足标准要求。但和直方图相比，它是一种动态分析方法，比直方图有效。此外，控制图还用于工序质量的控制。人们对控制图有“质量管理始于控制图，亦终于控制图”的评价。

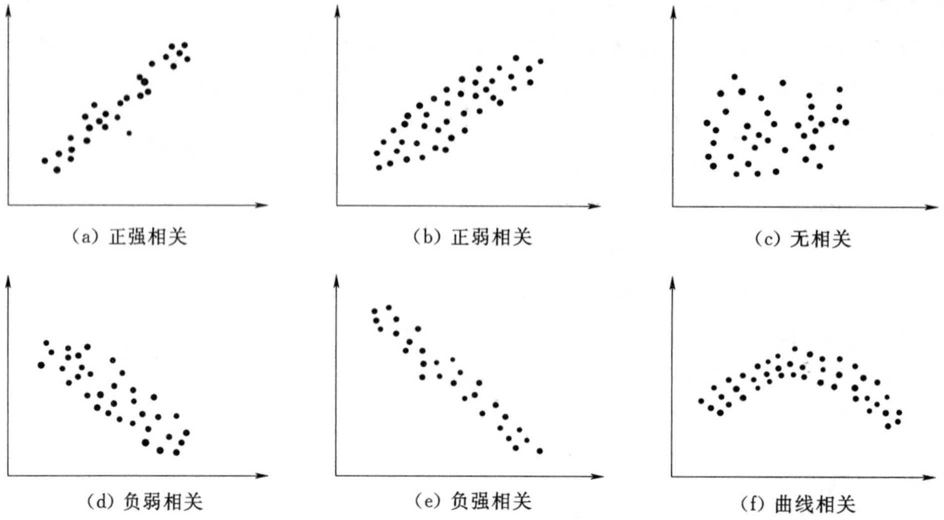

(a) 正强相关　(b) 正弱相关　(c) 无相关

(d) 负弱相关　(e) 负强相关　(f) 曲线相关

图 6.5　相关图

1. 控制图的模式

控制图的一般模式如图 6.6 所示。控制图一般有三条线，上控制线（UCL）为控制上限，下控制线（LCL）为控制下限，中心线（CL）为平均值。把被控制对象发出的反映质量动态的质量特性值用图中某一相应点来表示，将连续打出的点顺次连接起来，形成表示质量波动的折线，即为控制图图形。

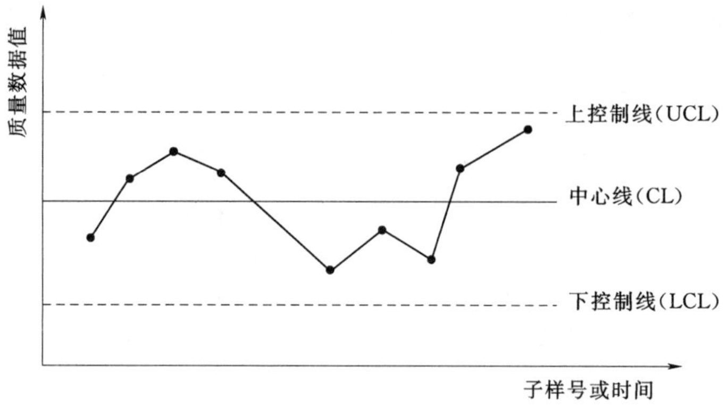

图 6.6　控制图

资源 6.12 控制图的作图步骤

2. 控制图的控制界限

根据数理统计理论，只要工序处于稳定状态，质量数据在很多情况下服从正态分布，从中抽取试样的平均值出现在总体均值 μ 和三倍标准差 σ 内，即 $\mu \pm 3\sigma$ 内的概率是 99.73%。若规定，每当发现试样平均值出现在 $\mu \pm 3\sigma$ 之外，则认为生产状态有了变化，即发生了异常，这种判断发生错误的可能性接近于 0.3%，按数理统计观点，这为小概率事件。

研究表明，当把 μ 作为控制图的中心线，$\mu \pm 3\sigma$ 分别作为控制图的控制上下限时，一般可使因犯两类判断错误造成的总损失达到最小限度。第一类判断错误是将飞出界外的正常点，误判为非正常，因采取了事实上不需要的措施而造成经济损失。第二类判断错误是将落入控制界限线之内的异常点误判为正常，因没有采取措施，产生不合格品而造成经济损失。

但是，在某些特殊条件下，还宜采用另外一些控制界限。例如，$\mu \pm 2\sigma$，这时虽所犯第一类错误的风险要大些，但犯第二类错误的可能性要小些。这种界限适用于寻找故障的费用较低的情况；若寻找工序故障的费用很高，则采用 $\mu \pm 3.5\sigma$ 或 $\mu \pm 4\sigma$ 要经济。

目前在国内外最常用的控制界限是 $\mu \pm 3\sigma$。而对不同类型的控制图，控制界限的推求及所得的具体计算公式是不相同的。常用的均值和极差控制图（$\overline{x}$-R 图）控制界限计算公式的推导如下。

根据数理统计理论，质量特征数据总体服从正态分布 $N(\mu, \sigma^2)$，则从总体抽取大小为 n 的样本（x_1，x_2，…，x_n）的均值$\overline{x}$服从正态分布 $N(\mu, \sigma^2/n)$。于是，$\overline{x}$图的控制界限为

$$\left.\begin{aligned} UCL &= \mu + \frac{3\sigma}{\sqrt{n}} \\ LCL &= \mu - \frac{3\sigma}{\sqrt{n}} \end{aligned}\right\} \tag{6.1}$$

此外，极差 R 也可认为服从正态分布 $N[d_2\sigma, (d_2\sigma)^2]$。于是，$R$ 图的控制界限为

$$\left.\begin{aligned} UCL &= (d_2 + 3d_3)\sigma \\ LCL &= (d_2 - 3d_3)\sigma \end{aligned}\right\} \tag{6.2}$$

由于可取 $\mu = \overline{x}$，$\sigma = \overline{R}/d_2$，因而$\overline{x}$-$R$ 图的上下控制界限为

$\overline{x}$ 图

$$\left.\begin{aligned} UCL &= \overline{x} + \frac{3}{d_2\sqrt{n}}\overline{R} \\ LCL &= \overline{x} - \frac{3}{d_2\sqrt{n}}\overline{R} \end{aligned}\right\} \tag{6.3}$$

R 图

$$\left.\begin{aligned} UCL &= \left(1 + \frac{3d_3}{d_2}\right)\overline{R} \\ LCL &= \left(1 - \frac{3d_3}{d_2}\right)\overline{R} \end{aligned}\right\} \tag{6.4}$$

为简化，引入

$$\left.\begin{aligned} A_2 &= \frac{3}{d_2\sqrt{n}} \\ D_3 &= 1 - \frac{3d_3}{d_2} \\ D_4 &= 1 + \frac{3d_3}{d_2} \end{aligned}\right\} \tag{6.5}$$

则得到$\overline{x}$-R 图上下控制界限的计算公式为

$\overline{x}$ 图
$$\left.\begin{aligned}UCL=\overline{x}+A_2\overline{R}\\LCL=\overline{x}-A_2\overline{R}\end{aligned}\right\}\tag{6.6}$$

R 图
$$\left.\begin{aligned}UCL=D_4\overline{R}\\LCL=D_3\overline{R}\end{aligned}\right\}\tag{6.7}$$

式中：A_2、D_3、D_4为依赖于样本大小 n 的常数。

一些常用控制图控制界限计算公式见表6.2，其有关系数见表6.3。

表6.2　　控制界限计算公式

控制图种类	中心线	上下控制界限	备　注
$\overline{x}$ 控制图	$\overline{x}$	$\overline{x}\pm A_2\overline{R}$	$A_2\overline{R}=3$(标准偏差)
R 控制图	$\overline{R}$	$D_4\overline{R},D_3\overline{R}$	$D_4\overline{R}=\overline{R}+3$(标准偏差)
$\overline{R}$控制图	$\overline{x}$	$\overline{x}\pm m_3A_2\overline{R}$	$m_3A_2\overline{R}=3$(标准偏差)
x 控制图	$\overline{x}$	$\overline{x}\pm E_2\overline{R}$ $\overline{x}\pm 2.66\overline{R_4}$	$E_2\overline{R}=3$(标准偏差) $2.66\overline{R_4}=3$(标准偏差)
p 控制图	p	$\overline{p}\pm 3\sqrt{\frac{\overline{p}(1-\overline{p})}{n}}$	$\sqrt{\frac{\overline{p}(1-\overline{p})}{n}}=$(标准偏差)
p_n 控制图	$\overline{p}_n$	$\overline{p}_n\pm 3\sqrt{\overline{p}_n(1-\overline{p})}$	$\sqrt{\overline{p}_n(1-\overline{p})}=$(标准偏差)
c 控制图	$\overline{c}$	$\overline{c}+3\sqrt{\overline{c}}$	$\sqrt{\overline{c}}=$(标准偏差)
u 控制图	$\overline{u}$	$\overline{u}\pm 3\sqrt{\frac{\overline{u}}{n}}$	$\sqrt{\frac{\overline{u}}{n}}=$(标准偏差)

表6.3　　控制图系数

样本大小 n	c^*	d_2	d_3	A_2	D_4	D_3	m_3	E_2
2	0.7979	1.128	0.853	1.880	3.267	—	1.000	2.660
3	0.8862	1.693	0.888	1.023	2.575	—	1.1602	1.772
4	0.9213	2.059	0.880	0.729	2.282	—	1.0922	1.457
5	0.9400	2.326	0.864	0.577	2.115	—	1.1976	1.290
6	0.9515	2.534	0.848	0.483	2.004	—	1.1351	1.184
7	0.9594	2.704	0.833	0.419	1.924	0.076	1.2137	1.109
8	0.9650	2.847	0.820	0.373	1.864	0.136	1.1600	1.054
9	0.9693	2.970	0.808	0.337	1.816	0.184	1.2226	1.010
10	0.9727	3.078	0.797	0.308	1.777	0.223	1.1768	0.975

注　"—"表示不考虑下控制界限。

这里应当指出，在直方图中提到的公差 T 这个概念，和这里提及的控制界限这个概念是有区别的。控制界限是概率界限，而公差界限是一个技术界限；前者用于判断工序状态是否正常，而后者用于判断工程或产品质量是否符合规定要求；控制界限是根据生产过程处于控制状态所取得的数据计算而来的，而公差界限是根据工程或产品事先规定的技术要求（规范规定或设计要求）来确定的，并不是根据生产现场收集的数据计算而得。

3. 控制图的观察分析和使用

第一步，判断工序是否稳定（正常）。绘好控制图，接着首先是要判断其工序是否正常，其判断规则为：如果点绘的点子超出了管理图（控制图）中的上下控制界限，则判断工序发生了异常变化；此外，如控制图中点子排列有下述情况者，即认为排列不随机，也应判为工序发生了异常变化。

（1）点子在中心线一侧连续出现 7 次以上者。

（2）连续 7 个以上的点子上升或下降者。

（3）点子出现周期性变化者。

（4）连续 3 个点子中有 2 个点子出现在控制界限附近者等。

第二步，判断生产是否满足质量要求。所绘控制图属正常，则说明工序处于稳定状态，但这时所对应的控制图并不能立即转化为质量控制使用的控制图，它还必须和设计质量要求或标准相比较，做出是否满足的判断。比较的内容通常有：设计值和实际平均值的比较，标准公差和控制界限的比较等。用于判断的指标通常有：标准偏差 σ，变异系数 C_v，工序能力指数 C_p（或 C_{pk}）。

标准偏差 σ 是表示生产中质量特性数据波动大小的数值。在质量管理中常用极差平均值$\overline{R}$来计算 $\sigma(\sigma=\overline{R}/d_2)$。

变异系数 C_v 是表示生产中质量特性数据波动大小的数值。它的计算公式为

$$C_v=\frac{\sigma}{\overline{\overline{x}}}=\frac{\overline{R}}{\overline{\overline{x}}d_2} \tag{6.8}$$

工序能力指数 C_p（或 C_{pk}）是表示工序在稳定（控制）状态下，生产出合乎质量标准要求的工程或产品能力大小的数值。当实际的平均值$\overline{\overline{x}}$和标准（设计）中心值 T_m 一致，即工序无偏时，工序能力指数用 C_p 表示，其计算公式为

$$C_p=\frac{T}{6\sigma}=\frac{d_2 T}{6\overline{R}} \tag{6.9}$$

式中：T 为标准或设计用公差值。

实际上，平均值$\overline{\overline{x}}$和标准或设计中心值 T_m 常是不一致的，即工序有偏，这时工序能力指数 C_{pk} 表示，其计算公式为

$$C_{pk}=\frac{T-2|T_m-\overline{\overline{x}}|}{6\sigma}=\frac{T-2|T_n-\overline{\overline{x}}|}{6\overline{R}}d_2 \tag{6.10}$$

若 σ、C_v 或 $C_p(C_{pk})$ 满足要求，则可将分析用控制图转化为控制用控制图；若不满足，则还应调整生产过程的有关因素，直到满足规定要求才能转化为控制用控制图。需要说明的是，在工程建设中，σ 和 C_v 的标准国内外有差别，如混凝土强度的 σ 和 C_v 标准，见表 6.4，对于 $C_p(C_{pk})$ 的取值标准还有待进一步研究。

第三步，用控制图控制生产。从生产过程中取样、测试、整理数据，在控制图上点绘点子，按判断规则判断生产过程是否处于控制状态。若处于控制状态，则继续生产，此时工程或产品质量保持在所要求的水平；若生产过程处于非控制状态，即出现异常，应暂停生产，分析原因，采取措施，待生产过程恢复正常后再继续生产。

资源 6.13
质量控制图应用案例

表 6.4　　国内外某些混凝土强度 σ 和 C_v 的规定标准

标准	美国标准	英国标准	我国水工标准	
			<200 号混凝土	≥200 号混凝土
优秀	$C_v<10\%$	$\sigma\leqslant 24$	$C_v<0.15$	$C_v<0.11$
良好	$C_v=10\%\sim15\%$	$\sigma\leqslant 30$	$C_v=0.15\sim0.18$	$C_v=0.11\sim0.14$
一般	$C_v=16\%\sim20\%$	$\sigma\leqslant 36$	$C_v=0.19\sim0.22$	$C_v=0.15\sim0.18$
较差	$C_v>20\%$	$\sigma\leqslant 48$	$C_v>0.22$	$C_v>0.18$

思　考　题

1. 工程质量管理的意义和特点是什么?
2. 全面质量管理的基本观点、方法和特点是什么?
3. 常用的质量控制统计方法是哪些?请举例说明。
4. 什么是质量控制的保证系统?
5. 施工安全管理的主要措施是哪些?
6. 某工程在浇筑混凝土时，先后取了 100 个试样，其抗压强度的数据见表 6.5。

表 6.5　　抗压强度的数据

行次	混凝土抗压强度/(kg/cm²)									
1	220	270	266	234	266	224	264	249	213	254
2	209	219	216	150	267	225	294	286	205	203
3	228	200	272	269	179	217	191	179	155	176
4	226	220	196	185	217	175	187	247	267	271
5	263	287	237	299	256	263	184	215	211	223
6	267	153	199	217	315	195	212	213	221	330
7	264	317	237	215	272	253	282	276	254	288
8	306	254	278	313	305	258	256	266	233	308
9	247	263	229	208	268	255	321	310	154	195
10	150	248	239	225	224	311	189	209	278	266

试求:

(1) 列表计算每个样组的 $\overline{x}_i$ 和 R_i(每组取 5 个数据)。

(2) 计算上下控制界限，并绘制 $\overline{x}$-R 图。

(3) 判定生产过程是否处于统计控制状态。

第 7 章

工程项目的进度管理

工程项目施工最重要的是保证工程成本、工期、质量满足合同目标的要求，如果工程项目在规定的时间内不能交付使用，不仅会影响项目投资效益的发挥，还关系着企业的经济效益获得。工程项目进度控制的目的就是要确保工程项目按照既定目标工期实现，或者在保证施工质量和不增加施工实际成本的条件下，适当缩短施工工期。因此，做好工程项目进度管理工作，是顺利达到预定工期及质量目标的重要环节，是工程项目管理过程中很重要的一项内容，也是许多工程降低延期风险的重要保障。本章重点从项目进度控制的基本原理与方法、进度计划的编制、网络计划技术的特点与运用、进度优化等方面介绍了项目进度管理的知识内容。

7.1　工程项目进度控制概述

资源 7.1
进度管理
案例

7.1.1　进度控制的含义及其目标

7.1.1.1　进度控制的含义

工程项目进度控制是指在既定的工期内，编制出最优的施工进度计划，在执行该计划的施工过程中，经常检查施工实际进度情况，并将其与计划进度相比较，若出现偏差，分析产生的原因和对工期的影响程度，找出必要的调整措施，修改原计划，不断地如此循环直至工程竣工验收。

7.1.1.2　进度控制的目标

工程项目进度控制目标的确定，需要全面协调各种与建设工程进度相关的因素，在分析过程中全面的涵盖有利和不利因素两个层面，可以使制定出的进度控制目标更加的合理有效。工程项目进度控制目标的确立主要遵循的有：工程项目总进度目标中对施工工期的基本要求；工期定额、相类似建设项目的实际施工进度；项目难易程度以及各项工程所需条件的施行境况。

资源 7.2
建设工程项
目进度控制
目标制定应
具体考虑的
内容

一般地，施工项目进度控制的总目标是确保工程项目按照既定目标工期实现，或者在保证施工质量和不增加施工实际成本的条件下，适当缩短施工工期。

7.1.2　进度控制的措施

7.1.2.1　组织措施

（1）组织是目标能否实现的决定性因素，为实现项目的进度目标，应充分重视健全项目管理的组织体系。

（2）在项目组织结构中应有专门的工作部门和符合进度控制岗位资格的专人负责

进度控制。

(3) 进度控制的主要工作环节包括进度目标的分析和论证、编制进度计划、定期跟踪进度计划的执行情况、采取纠偏措施，以及调整进度计划。

(4) 应编制项目进度控制流程。

(5) 进度控制工作包含了大量的组织和协调工作，而会议是组织和协调的重要手段，应进行有关控制会议的组织设计。

7.1.2.2　管理措施

(1) 建设项目进度控制的管理措施涉及管理的思想、管理的方法、管理的手段、承发包模式、合同管理和风险管理等。

(2) 建设项目进度控制在管理方面存在的主要问题包括：缺乏进度计划系统；缺乏动态控制；缺乏进度计划多方案比较和优选。

(3) 利用网络计划的方法编制进度计划要严谨地分析各工作之间的逻辑关系，通过网络计算发现关键工作和关键路线，利用网络计划可以实现进度控制的科学化。

(4) 承发包模式的选择直接关系到项目实施的组织和协调。为保证进度目标的实现，要选择合理的合同结构，以避免过多的合同交界面而影响工作的进展。

(5) 为实现进度目标，不仅要进行进度控制，还要分析影响项目进度的风险，并在此基础上采取一定的风险管理措施，以降低进度失控的风险程度。

7.1.2.3　经济措施

(1) 经济措施涉及资金需求计划、资金供应的条件和经济激励措施等。

(2) 应编制与进度计划相适应的资源需求计划，其中包括资金需求计划和人力物力需求计划，以此来反映工程实施的各时段所需要的资源。

(3) 资金供应条件包括可能的资金总供应量、资金来源及资金供应的时间。

(4) 在工程预算中应考虑加快工程进度所需要的资金，其中包括为实现进度目标将要采取的经济激励措施所需要的费用。

7.1.2.4　技术措施

(1) 技术措施涉及对实现进度目标有力的设计技术和施工技术的选用。

(2) 不同的设计理念、设计技术路线、设计方案会对工程进度产生不同的影响。

(3) 施工方案的选择对工程进度有直接的影响，在进行施工技术选择时，不但要考虑技术的先进性和经济合理性，还要考虑其对进度的影响。

7.1.2.5　合同措施

(1) 合同措施是通过建设单位与施工单位签订的主要施工合同，明确各方的责任与权力关系，是一份具有法律效力的协议文件。

(2) 施工单位必须依据施工合同中要求，在合同约定工期内完成各部分工程建设任务，建设单位则按照施工单位实际完成的施工量，以合同中约定的形式支付工程项目款。

(3) 合同措施是建设单位保证工期进度实现的重要手段，即以合同的形式确保总进度控制目标和合同总工期相一致，分包合同的工期与总包合同的工期相一致。

(4) 合同措施同时确保供货、供电、运输、构件加工等合同中规定的提供服务的时间与有关的进度控制目标相一致。

7.1.3 影响进度控制的因素

资源7.3
进度控制
基本原理

工程项目的开展是一个时空动态的过程，可能受到外在复杂环境变化的影响，导致实际的工程进度迟缓于原计划的进度。从责任角度划分，包含了承包商因素或非承包商因素所导致的延误或延期。这些因素可以进一步细分如下。

（1）工程建设相关单位的影响。一项工程建设项目的进度不仅受施工承包单位控制，还受与该工程建设有关的单位控制。如通信和供电等部门的协作必将对施工进度产生影响。

（2）物资供应进度的影响。除基本工程建设的材料、配件和机具需要在数量、质量和时间上满足工程项目的需求外；对创新性工程项目，特殊材料和新材料的合理配备使用也是影响工程进度的因素。

（3）资金的影响。资金是工程项目施工的重要保障。工程款项是否能及时拨付，或施工承包商是否能预先垫资等，将影响施工承包单位的资金周转，从而影响施工进度。

（4）设计变更的影响。当业主对工程设计提出了新要求后，变更而引起的设计、物资、材料、施工等情况的变化影响原工程进度目标。

（5）施工技术的影响。如类似的水利工程主体建设，却存在差异很大的工程地质条件，若计划不够周详、施工方案不恰当及施工组织设计不合理，都会带来工程项目施工进度的改变。

（6）各种风险因素的影响。出现自然灾害等不可抗力因素，如暴风雨、洪水、地震等气候水文地质灾害等，或临场出现障碍物和安全隐患，发现历史文物等，都将影响到施工进度。这些因素超出了建设单位、承包单位和其他项目参与单位的控制范围，系为不可抗力因素。

（7）承包单位自身管理水平的影响。由于施工管理不当和相关手续办理不及时，造成的组织管理不力，导致相关作业脱节、不同工种之间连接不畅，从而影响工程按照原有进度开展实施。

7.2 工程项目进度控制的内容

工程项目管理有多种类型，代表不同利益方的项目管理者有不同的进度控制任务，其进度控制的内容也有所区别。

7.2.1 监理单位的主要任务

设计前的准备阶段，向建设单位提供有关工期的信息和咨询，协助其进行工期目标和进度控制决策；进行环境和施工现场调查分析，编制项目进度和总进度计划，编制设计前准备工作详细计划，并控制其执行；发出开工通知书；审核总承包单位、设计单位、分包单位及供应单位的进度控制计划，并在其实施过程中，履行监理职责，监督、检查、控制、协调各项进度计划的控制；通过审核、审批设计单位和施工单位的进度付款，对其进度实行动态间接控制，妥善处理和核批施工单位的进度索赔。

7.2.2 设计单位的主要任务

编制设计准备工作计划、设计总进度计划和各专业的出图计划，确定计划工作目标及其实施步骤；执行各类计划，在执行中经常检查，采取相应措施排除各种障碍，必要时对计划进行调整或修改，保证计划的实现；为施工单位的进度控制提供设计保证，并协助施工单位实现进度控制目标；接受监理单位的设计进度监理。

7.2.3 施工单位的进度控制内容

7.2.3.1 施工前进度控制

确定进度控制的工作内容和特点，控制方法和具体措施，进度目标实现的风险分析，以及尚待解决的问题；编制施工组织总进度计划，对工程准备工作及各项任务做出时间上的安排；编制工程进度计划；编制年度、季度、月度工程计划。

7.2.3.2 施工过程中进度控制

定期收集数据，预测施工进度的发展趋势，实行进度控制。进度控制的周期应根据计划的内容和管理目的来确定；随时掌握各施工过程持续时间的变化情况以及设计变更等引起的施工内容的增减，施工内部条件与外部条件的变化等，及时分析研究，采取相应措施；及时做好各项施工准备，加强作业管理和调度。在各施工过程开始之前，应对施工技术物资供应、施工环境等做好充分准备。应该不断提高劳动生产率，减轻劳动强度，提高施工质量，节省费用，做好各项作业的技术培训与指导工作。

7.2.3.3 施工后进度控制

施工后进度控制是指完成工程后的进度控制工作，包括组织工程验收，处理工程索赔，工程进度资料整理、归类、编目和建档等。

7.3 工程项目进度计划编制

7.3.1 项目进度计划的种类

根据不同的划分标准，施工进度计划可以分为不同的种类。它们组成了一个相互关联、相互制约的计划系统。常见的分类标准有：

(1) 按项目建设参与方分类，可分为业主方进度计划、设计方进度计划、施工方进度计划和供货方进度计划等。

(2) 按使用者分类，可分为工程项目负责人所用进度计划、项目部门负责人所用进度计划和项目管理人员所用进度计划等。

(3) 按项目范围分类，可分为项目总进度计划、单位工程进度计划和分部分项工程进度计划等。

(4) 按时间分类，可分为长期、中期和短期进度计划以及年度进度计划、季度进度计划、月进度计划、日进度计划等。

(5) 按目的分类，可分为用于反映逻辑关系的进度计划、用于协调的进度计划和用于平衡的进度计划等。

(6) 按项目个数分类，可分为单体进度计划和群体进度计划等。

(7) 按粗细程度分类，可分为规划性进度计划、控制性进度计划和实施性进度计划等。

7.3.2 工程项目计划编制的方法

在建筑行业，编制项目进度规划运用的计划方法和技术有项目结构图法、工作表法、线条图法、S形曲线法、网络计划图等。

7.3.2.1 项目结构图法

项目结构图反映的是项目概要，按照不同的着眼点可绘制不同的结构图。在编制进度计划之前，有必要从进度规划的角度绘制项目结构图，它反映项目进展过程中全部必要的工作和事件。在项目前期或设计阶段，一旦项目内容基本清晰，就应绘制项目结构图，以使项目参与各方对项目有个完整的把握。项目结构如图 7.1 所示。

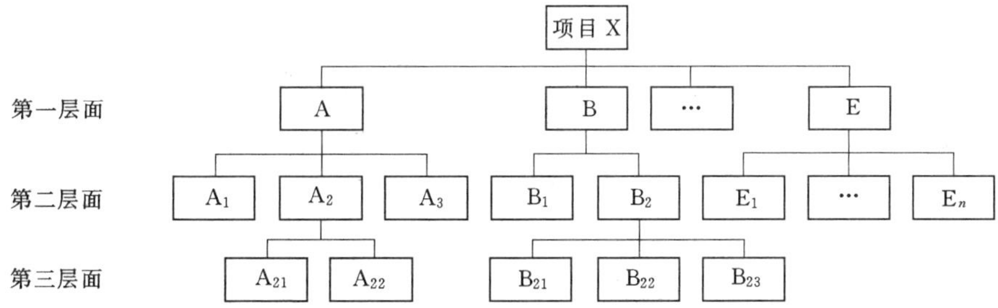

图 7.1 项目结构

7.3.2.2 工作表法

工作表（表 7.1）是反映任务包顺利进行的一系列的步骤，它定义了工作的开始时间和工作完成的需要花费的时间。工作表可根据项目结构图或任务包、管理流程、影响因素等确定，其粗细程度取决于对格式化信息的要求。

表 7.1　　工 作 表 示 例

项目名称：　　　　日期：　　　　页号：

任务包编号	任务包说明	工作编号	工作说明	工作范围	资源	责任部门	持续时间	备注
1	2	3	4	5	6	7	8	9

7.3.2.3 线条图法

线条图按照其绘制方法的不同分为水平图表（又称横道图）和垂直图表（又称斜线图）。

横道图又称甘特图，是由美国人亨利·甘特（Gantt H. L.，1861—1919）发明的，主要用于项目计划安排与项目进度控制。横道图是以一段横道线来表示一项活动，以横道线的起点和终点分别表示该项活动的开始时间和结束时间，而横道线长度所对应的时间代表该工序的持续时间，其所在的位置则代表着该项工作在整个施工进

资源 7.4 横道图的优缺点

度计划中所处阶段。通常的横道图的表头为工作及其简要的说明，项目进展表示在时间表格上。横道图自身的优缺点决定了其既有广泛的应用又有局限性。

垂直图表法是空间-时间图表的一种形式，分为时间-任务量图、时间-路程图等等。垂直图表适用于表示连续的、在一线段上的工作规划和控制。因此，工作的进程以一个速度来表示。垂直图表法的横坐标表示按比例的建筑工程线段，纵坐标是时间，并已除去了非工作时间。每项工作在图中用线条表示，图中线条不能交叉。

7.3.2.4　S 形曲线法

S 形曲线是以二维坐标图表达的一条按时间完成任务量或累计完成成本量的曲线。其中，横坐标表示进度时间，纵坐标表示累计工作任务完成量。S 形曲线的斜率表示施工速度的快慢。对于一个工程项目，在施工前期和后期，资源投入量常较少，施工速度较慢，故 S 形曲线的斜率呈现先增大后减少的趋势。

7.3.2.5　网络计划图

资源 7.5 国际上网络计划的名称

网络计划图有多种形式，它的简单性和高效性使其得到了广泛的应用。国际上，网络计划有众多名称。其具体的表达方法在 7.4 节做详细阐述。

7.4　工程项目网络计划技术

网络计划技术是以网络计划对任务的工作进度进行安排和控制，以保证实现预定目标的科学的计划管理技术。网络计划由两部分构成，即网络图和网络时间参数。网络计划技术能清楚而明确地表达各工作内容之间的逻辑关系，易于发现项目实施中经常出现的时间冲突、资源冲突。

网络计划技术的基本原理即划分一项工程的整个建造过程，并依据各部分工作的先后顺序与相互之间的制约关系，将工程以网络图的形式呈现。依照网络图上所加注的各时间参数的计算结果，可以找到关键工作和关键线路。在此基础上结合最优化原理，逐步改善网络计划技术设定的初始方案，寻求最优方案，从而追寻以最少资源消耗获得最大经济效益。

资源 7.6 网络计划技术的分类与特点

网络计划技术的基本模型是网络图。所谓网络计划，是用网络图表达任务构成、工作顺序，并加注时间参数的进度计划。按照网络计划的基本元素，网络计划技术可分为双代号网络计划、单代号网络计划、事件节点网络计划。

7.4.1　双代号网络图

双代号网络图应用较为普遍，它是由若干箭线和节点组成的，箭线表示一项工作，它占用一定的时间，有时也消耗资源。箭线的尾部表示工作的开始，头部表示工作的结束。箭线两端的节点都编有号码，所以也可以用箭线两端节点号码来表示该箭线所代表的工作。

7.4.1.1　双代号网络图的基本组成要素

（1）工作。计划任务按需要的粗细程度划分而成的既消耗时间又消耗资源的子项目或子任务，用一根箭线和两个节点表示，工作类型标注在箭线上端，完成该项工作所需的时间标注在箭线下面，两个节点中的号码用以表示该项工作，具体表示方法如

图 7.2 所示。

工作可以是消耗时间和资源的工作，如混凝土的浇筑；可以是只消耗时间而不消耗资源，如混凝土的养护；也可以是不消耗时间和资源的虚工作，只表示相临前后工作之间的逻辑关系。其中虚工作本身没有具体工作内容，只起到联系、断路和区分的作用：联系作用指工作之间的工艺联系和组织联系；断路作用指当网络图的中间节点有逻辑错误时，应用虚工作断路，以正确表达工作间的逻辑关系；区分作用指若两项工作用同一代号就应用虚工作区分，如图 7.3 所示。

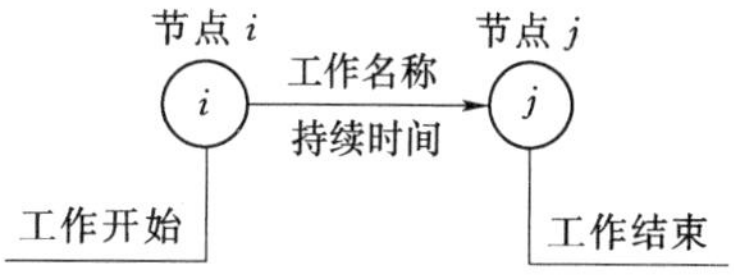

图 7.2　工作的表示方法

1）联系作用：③—④虚工作表明垫层 2 在垫层 1 和挖基槽 2 都完成后才开始。

2）断路作用：③—④、⑤—⑥虚工作表示正确的逻辑关系。

3）区分作用：③—④虚工作区分②—④与②—③。

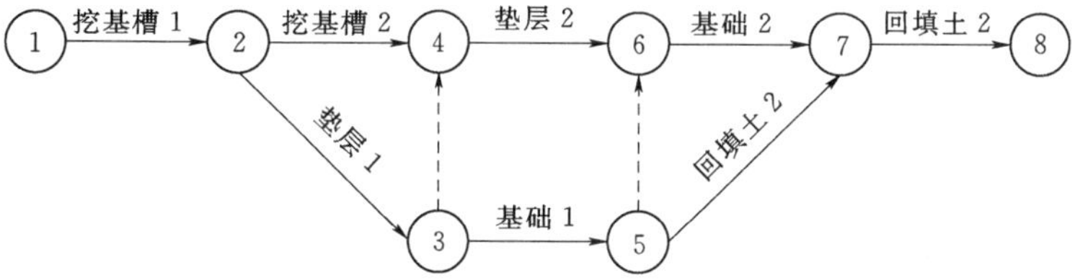

图 7.3　虚工作的作用

(2) 节点。在网络图中箭头的起点和终点处均绘制以圆圈，一般表示该节点前一项或若干项工作的结束，同时也表示该节点后一项或若干项工作的开始，该时间点就称为节点。不同于工作的性质，节点仅起到连接前后工序的作用，代表工作开始和结束的瞬间。

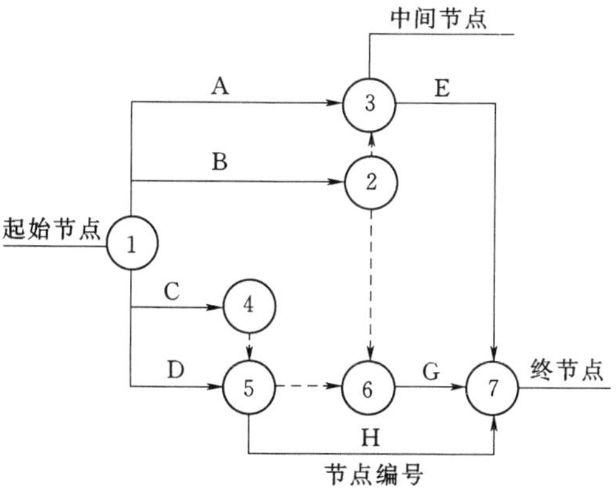

图 7.4　节点的表示方法

节点包括起始节点、中间节点和终点节点。每一个网络图中，起始节点有且仅有一个，无任何的箭线指向起始节点；中间节点有若干个，即包含指向箭线也包含引出箭线；终止节点也有且仅有一个，无任何的箭线从终止节点引出。具体表示方法如图 7.4 所示。

(3) 线路。在双代号网络图中，沿着箭线的方向，从起始节点到终点节点的每一条通路都称为线路。线路的表示方法有两种：用线路上的节点编号来表示和用线路上各项工作的名称来表示。

通常，一个网络图中会有多条线路。由于每条线路所经过的工作个数、内容各不相同，因而完成每条线路中所有工作所需的时间也不相同。线路上所有工作持续时间之总和称为该线路的计算工期。在网络图中，多条线路中时间最长的线路称为关键线路；网络图中除了关键线路以外的线路称为非关键路线。其中，关键线路的持续时间长度即为该网络计划的总工期，关键线路上的工作被称为关键工作，在整个网络计划的实施过程中，关键工作的持续时间的延长和缩短均会对项目总工期造成影响，因此，掌握关键工作的进度是把控整个项目进度的重点。

双代号网络图中常见的逻辑关系及其表示方法见表 7.2。

表 7.2　　双代号网络图中常见的逻辑关系及其表示方法

序号	工作间逻辑关系	表示方法
1	A、B、C 无紧前工作，即工作 A、B、C 均为计划的第一项工作，且平行进行	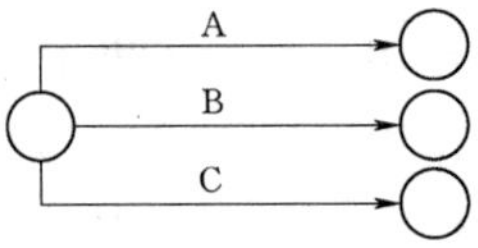
2	A 完成后，B、C、D 才能开始	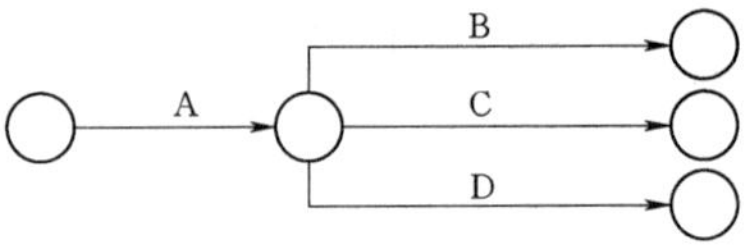
3	A、B、C 均完成后，D 才能开始	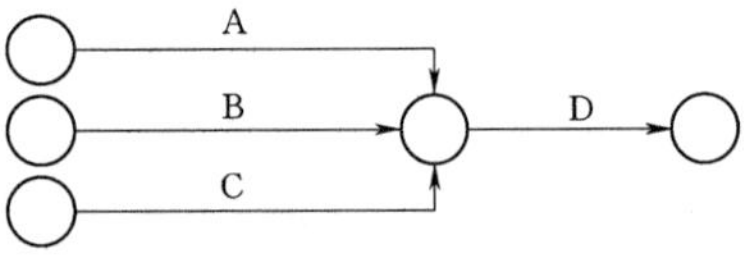
4	A、B 均完成后，C、D 才能开始	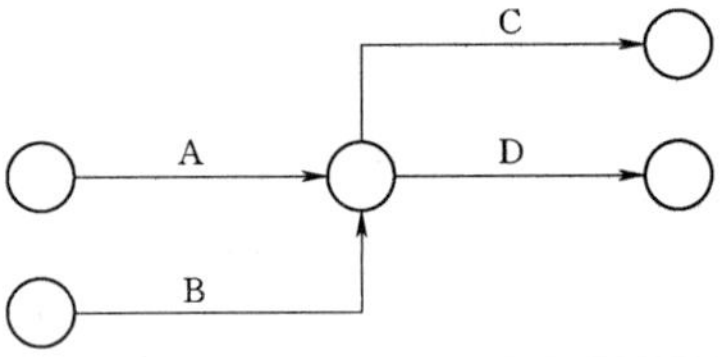
5	A 完成后，D 才能开始；A、B 均完成后 E 才能开始；A、B、C 均完成后，F 才能开始	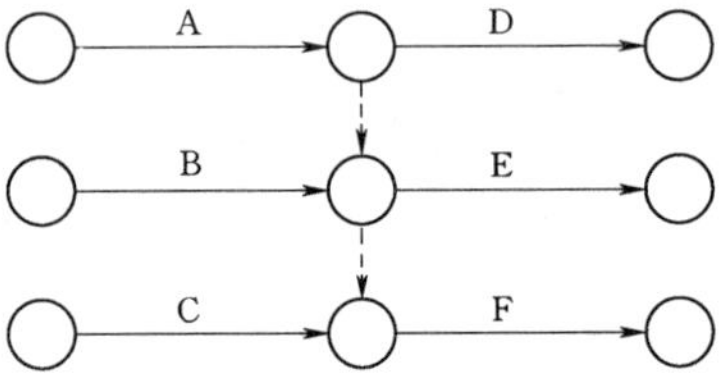
6	A 与 D 同时开始，B 为 A 的紧后工作	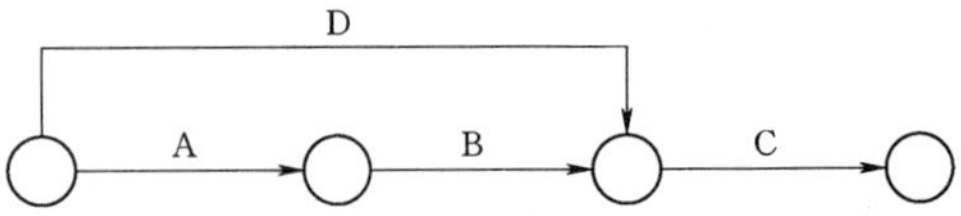
7	A、B 均完成后，D 才开始；A、B、C 均完成后，E 才开始；D、E 完成后，F 才开始	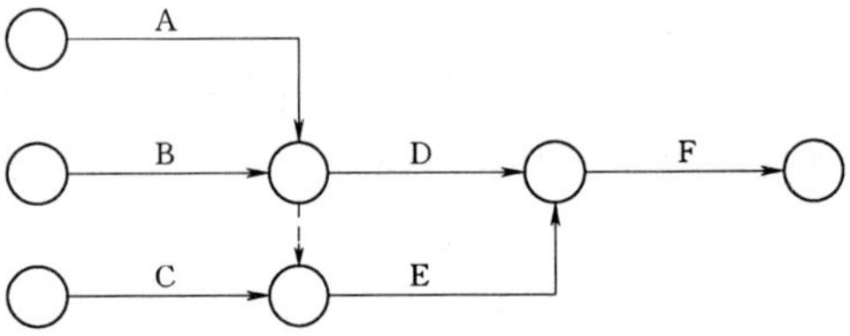

续表

序号	工作间逻辑关系	表　示　方　法
8	A结束后，B、C、D才开始；B、C、D结束后，E才开始	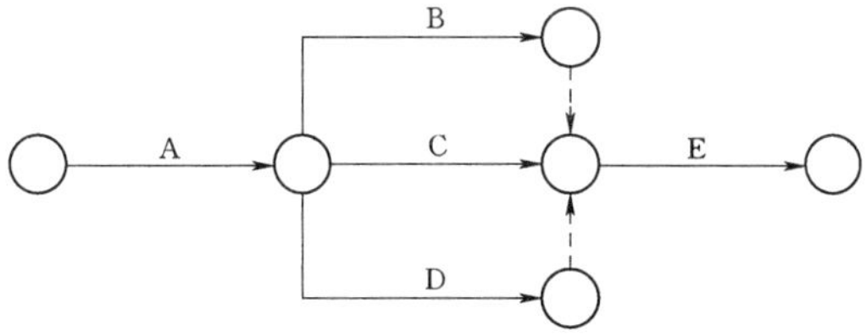
9	A、B完成后，D才能开始；B、C完成后，E才能开始	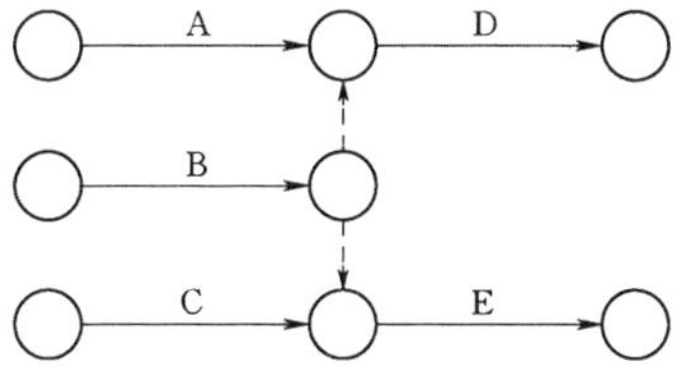

7.4.1.2　双代号网络图的绘制规则

（1）节点编号宜从小到大，可连续和不连续编号，但必须保证箭头号大于箭尾号，不得重号。

（2）不得有两个或两个以上的箭线从同一节点出发且同时指向同一节点。表达工作之间平行的关系时，可以增加虚工作来表达它们之间的关系。

（3）表达工作之间的搭接关系时不允许从箭线中间引出另一条箭线。但当网络图的起始节点和终点节点有多条引出箭线和多条引入箭线时，为确保网络图的清晰简介，可用母线法绘图。

（4）网络图中不允许出现双向箭线和无箭头箭线。

（5）同一项工作在一个网络图中不能重复表达。

（6）严禁出现从一个节点开始，顺箭头方向又回至起始点的循环回路。

（7）开始节点与结束节点只能各一个。除网络图的开始节点，不允许出现没有外向箭线的节点；除网络图的终点节点，不允许出现没有内向箭线的节点。

（8）绘制网络图时，宜避免箭线交叉。当箭线交叉不可避免时，可采用如图7.5所示表示方法。

资源7.7
母线法

7.4.1.3　双代号网络计划时间参数的概念

（1）持续时间，指一项工作从开始到完成的时间，用 D_{i-j} 来表示工作 $i-j$ 的持续时间。

（2）计算工期，根据网络计划时间参数计算而得到的工期，T_c。

（3）要求工期，是任务委托人所提出的指令性工期，T_r。

（4）计划工期，指根据要求工期和计算工期所确定的作为实施目标的工期，T_p。

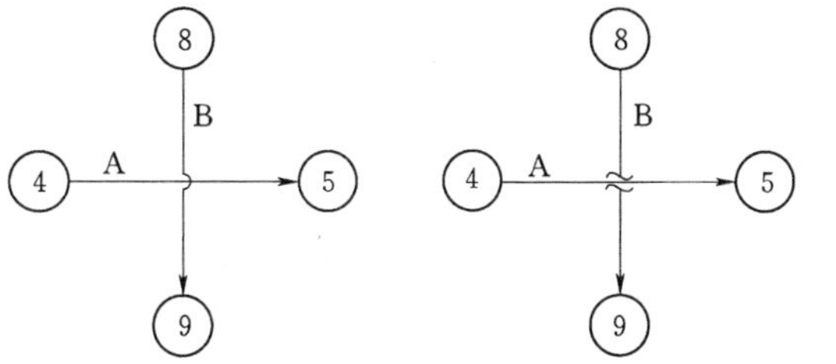

(a) 过桥法　　(b) 断线法

图7.5　箭线交叉的正确表示

(5) 最早开始时间，指在其所有紧前工作全部完成后，本工作有可能开始的最早时刻，ES_{i-j}。

(6) 最早完成时间，指在其所有紧前工作全部完成后，本工作有可能完成的最早时刻，EF_{i-j}。

(7) 最迟完成时间，在不影响整个任务按期完成的前提下，本工作必须完成的最迟时刻，LF_{i-j}。

(8) 最迟开始时间，在不影响整个任务按期完成的前提下，本工作必须开始的最迟时刻，LS_{i-j}。

(9) 总时差，在不影响总工期的前提下，本工作可以利用的机动时间，TF_{i-j}。

(10) 自由时差，在不影响其紧后工作最早开始时间的前提下，本工作可以利用的机动时间，FF_{i-j}。

(11) 节点最早时间，在双代号网络计划中，以该节点为开始节点的各项工作的最早开始时间，ET_i。

(12) 节点最迟时间，在双代号网络计划中，以该节点为完成节点的各项工作的最迟完成时间，LT_j。

(13) 时间间隔，指本工作的最早完成时间与其紧后工作最早开始时间之间可能存在的差值，LAG_{i-j}。

7.4.1.4　双代号网络计划的时间参数计算（工作计算法）

所谓按工作计算法，就是以网络计划中的工作为对象，直接计算各项工作的时间参数。这些时间参数包括：工作的最早开始时间和最早完成时间、工作的最迟开始时间和最迟完成时间、工作的总时差和自由时差。此外，还应计算网络计划的计算工期。为了简化计算，网络计划时间参数中的开始时间和完成时间都应以时间单位的终了时刻为标准。如第 3 天开始即是指第 3 天终了（下班）时刻开始，实际上是第 4 天上班时刻才开始；第 5 天完成即是指第 5 天终了（下班）时刻完成。

下面是按工作计算法计算时间参数的过程：

(1) 计算工作的最早开始时间和最早完成时间。工作最早开始时间和最早完成时间的计算应从网络计划的起点节点开始，顺着箭线方向依次进行。其计算步骤如下：

1) 以网络计划起点节点为开始节点的工作，当未规定其最早开始时间时，其最早开始时间为零。

$$ES_{i-j}=0 \tag{7.1}$$

2) 其他工作的最早开始时间应等于其紧前工作最早完成时间的最大值。

其余各项工作，例如工作 $j-k$，它的紧前工作是 $i-j$，其最早开始时间计算公式为

$$ES_{j-k}=\max(ES_{i-j}+D_{i-j}) \tag{7.2}$$

3) 工作的最早完成时间可利用公式进行计算：

$$EF_{i-j}=ES_{i-j}+D_{i-j} \tag{7.3}$$

4) 网络计划的计算工期应等于以网络计划终点节点 n 为完成节点的工作的最早完成时间的最大值。

$$T_c = \max(EF_{j-n}) \tag{7.4}$$

（2）确定网络计划的计划工期：

1）当已规定了要求工期时，计划工期不应超过要求工期，即 $T_p \leqslant T_r$。

2）当未规定要求工期时，可令计划工期等于计算工期，即 $T_p = T_c$。

（3）计算工作的最迟完成时间和最迟开始时间。工作最迟完成时间和最迟开始时间的计算应从网络计划的终点节点开始，逆着箭线方向依次进行。其计算步骤如下：

1）以网络计划终点节点 n 为完成节点的工作，其最迟完成时间等于网络计划的计划工期。

$$LF_{j-n} = T_p \tag{7.5}$$

2）其他工作的最迟完成时间应等于其紧后工作最迟开始时间的最小值。假设对其他各项工作 $i-j$，其紧后工作是 $j-k$。

$$LF_{i-j} = \min(LF_{j-k} - D_{j-k}) \tag{7.6}$$

3）求得各项工作的最迟完成时间后，工作的最迟开始时间可利用公式进行计算：

$$LS_{i-j} = LF_{i-j} - D_{i-j} \tag{7.7}$$

（4）计算工作的总时差。工作的总时差等于该工作最迟完成时间与最早完成时间之差，见式（7.8），或该工作最迟开始时间与最早开始时间之差，见式（7.9）。

$$TF_{i-j} = LS_{i-j} - ES_{i-j} \tag{7.8}$$

$$TF_{i-j} = LF_{i-j} - EF_{i-j} \tag{7.9}$$

（5）计算工作的自由时差。自由时差 FF_{i-j} 是指在不影响本工作的紧后工作最早开始的前提下，本工作拥有的机动时间。假设本工作是 $i-j$，其紧后工作是 $j-k$，则其计算公式为

$$FF_{i-j} = ES_{j-k} - EF_{i-j} = ES_{j-k} - ES_{i-j} - D_{i-j} \tag{7.10}$$

自由时差总是小于或等于总时差。需要指出的是，对于网络计划中以终点节点为完成节点的工作，其自由时差与总时差相等。此外，由于工作的自由时差是其总时差的构成部分，所以，当工作的总时差为零时，其自由时差必然为零，可不必进行专门计算。

（6）确定关键工作和关键线路。在网络计划中，总时差最小的工作为关键工作。特别地，当网络计划的计划工期等于计算工期时，总时差为零的工作就是关键工作。

找出关键工作之后，将这些关键工作首尾相连，便构成从起点节点到终点节点的通路，位于该通路上各项工作的持续时间总和最大，这条通路就是关键线路。在关键线路上可能有虚工作存在。

关键线路上各项工作的持续时间总和应等于网络计划的计算工期，这一特点也是判别关键线路是否正确的准则。

在上述计算过程中，是将每项工作的 6 个时间参数均标注在图中，故称为六时标注法。

为使网络计划的图面更加简洁，在双代号网络计划中，除各项工作的持续时间以

资源 7.8
工作计算法
计算案例

外，通常只需标注两个最基本的时间参数——各项工作的最早开始时间和最迟开始时间，而工作的其他 4 个时间参数均可根据工作的最早开始时间、最迟开始时间及持续时间导出。这种方法称为二时标注法。

7.4.1.5　双代号网络图的优缺点

1. 双代号网络图的优点

双代号网络图能充分表示各工序间的逻辑关系以及时间关系，清晰直观，便于项目进度计划的分析与优化。

2. 双代号网络图的缺点

（1）双代号网络图在工序之间的逻辑关系复杂时，有时必须增设虚工作，导致绘图困难。

（2）实际实现的双代号网络图都很难是最优，不具有唯一性。

7.4.2　单代号网络图

7.4.2.1　单代号网络图的基本要素

单代号网络图是由节点和箭线组成的。节点代表工作，可以用圆圈或方框表示。箭线仅表示工作之间的逻辑关系，不占用时间和资源，单代号网络图不用虚箭线。

单代号网络图的绘制规则基本同于双代号网络图，主要区别是在必要时，可增设一个起始节点及结束节点（如开始或结束工作多于一个）。

单代号网络图的时间参数包括：持续时间 D_i、工作最早开始时间 ES_i、工作最早完成时间 EF_i、工作最迟开始时间 LS_i、工作最迟完成时间 LF_i、工作总时差 TF_i、工作自由时差 FF_i、$i-j$ 两工作时间间隔 LAG_{i-j}。具体的时间参数标注与逻辑关系的表示方式如图 7.6 与图 7.7 所示。

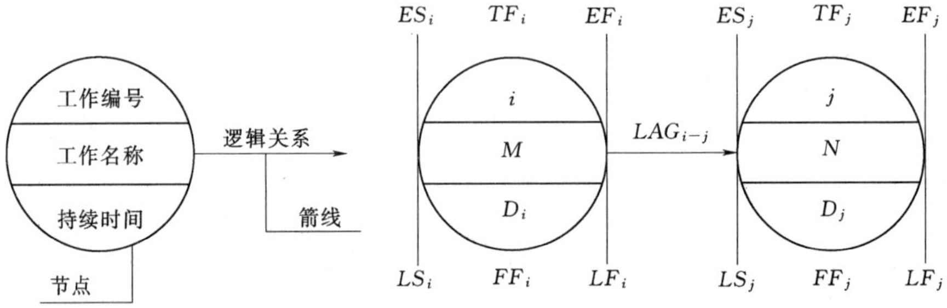

图 7.6　单代号网络图时间参数的标注

7.4.2.2　单代号网络图时间参数的计算

（1）工作最早开始时间：

1）当没有规定工程的开始时间时，起始节点的最早开始时间定为零。

$$ES_i=0 \tag{7.11}$$

2）其他工作，假设它的编码为 j，并设它的紧前工作为 i，i 代表工作 j 的所有紧前工作，那么工作 j 的最早开始时间，等于它的所有紧前工作中最大的最早完成时间，公式如下：

$$ES_j=\max(EF_i) \tag{7.12}$$

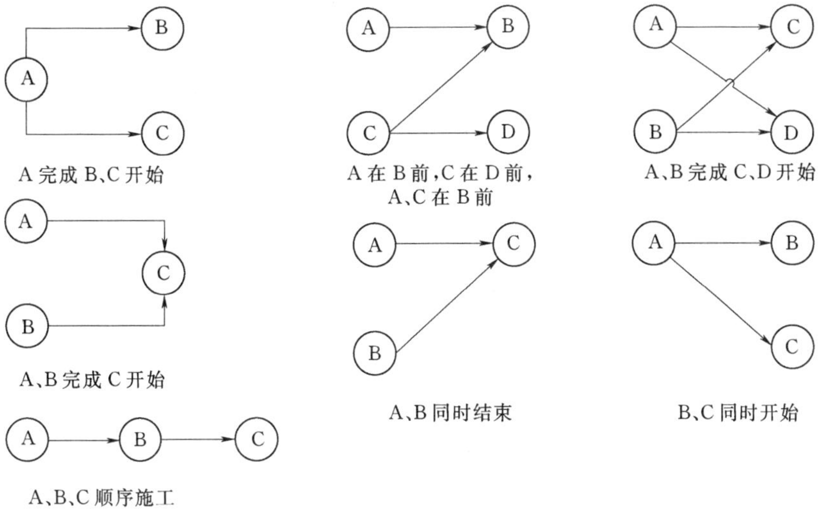

图 7.7 单代号网络图的逻辑关系及其表示方法

当工作 j 的紧前工作只有一项时，就不必再求最大值了。

(2) 工作最早完成时间。计算时，应该从网络计划的起点节点开始顺着箭线方向依次逐项计算。

$$EF_i = ES_i + D_i \tag{7.13}$$

计算工期 T_c 等于最后工作完成时间的最大值。

(3) 计算相临工作之间的时间间隔 LAG_{i-j}。相临两项工作 i 和 j 之间的时间间隔 LAG_{i-j}，等于紧后工作 j 的最早开始时间 ES_j 和本工作 i 的最早完成时间之差。

$$LAG_{i-j} = ES_j - EF_i \tag{7.14}$$

(4) 工作总时差 TF_i、自由时差 FF_i。计算时，从终结节点开始，逆着箭头的指向，朝着起始节点方向计算：

1) 假设终结节点的编号为 n，通常规定它的总时差为零，即

$$TF_n = 0 \tag{7.15}$$

2) 总时差，从网络计划的终点节点开始逆着箭线方向依次逐项计算。

$$TF_i = \min(TF_j + LAG_{i-j}) = LF_i - EF_i = LS_i - ES_i \tag{7.16}$$

3) 自由时差，当工作 i 有紧后工作 j 时，即

$$FF_i = \min(LAG_{i-j}) = \min(ES_j + EF_i) \tag{7.17}$$

对于终结节点代表的工作，由于其没有紧后工作，所以它的计算公式为

$$FF_i = T_p - EF_i \tag{7.18}$$

(5) 工作最迟开始、完成时间。计算时，LS_i、LF_i 应该从网络计划的终点节点开始逆着箭线方向依次逐项计算。

1) 最迟开始时间：

$$LS_i = ES_i + TF_i \tag{7.19}$$

2) 最迟完成时间：

$$LF_i = LS_i + D_i \tag{7.20}$$

结束节点 n，则 $LF_n = T_c$

关键线路的确定：总时差 TF_i 为零，时间间隔 LAG_{i-j} 为零。

资源 7.9 单代号网络图计算案例

7.4.2.3　单代号网络图的优缺点

1. 单代号网络图的优点

（1）各工序之间的关系容易表达，无须添加虚工序，因此绘制单代号网络图更为简单，不易出错，网络图图面也更加简洁。

（2）单代号网络图的灵活性更大，使用简单，便于修改。

（3）单代号网络图具有唯一性。

（4）其表达方式与人们思维方式一致，更易于接受。

2. 单代号网络图的缺点

（1）各项工序的持续时间都表示在节点内部，没有体现出持续时间的长度，网络图不够形象直观。

（2）当工序较多时，难以清晰表达出工序间的层次结构关系，且箭线之间也有可能出现交叉现象。

7.5　工程项目进度控制与优化

7.5.1　工程项目进度控制

在建设项目的实际实施过程中，常因人力、物资供应和自然条件等多种因素的影响导致实际进度偏离原制定的计划进度。因此，在项目实施过程中，需制定系统的把控措施，较高频率地对比实际进度与计划进度，及时发现存在的进度问题并采取措施纠正偏差，以避免偏差影响进度目标的实现。

7.5.1.1　工程项目实际进度与计划进度的比较方法

1. 横道图比较法

横道图比较法是将检查日期前项目进展过程中各项作业实际完成情况通过观察、收集到的信息，在整理后以不同线型的横道线并列标注于原计划横道线处，直观地对比各作业的实际进度和计划进度间存在的偏差。

例如，某建设工程项目截至第十周末的实际进度和计划进度如图 7.8 所示。通过对比实际进度和计划进度的横道线可以得出，到第九周末进行进度检查时，项目中的挖土方和垫层作业均已完成；支模板作业按计划也应该完工，但实际仅完成 80%，工程量拖延 20%；绑钢筋作业按计划到第十周末应完成 80%，而实际仅完成 60%，同样拖欠 20%的工程量。

图 7.8 所表达的比较法适用的前提是建设工程项目中各项作业都是均匀进展，即单位时间内每项工作可以完成的工程量一致。但实际工程项目中各项作业进行的速率往往不同。依据各项作业是否匀速，可采取以下两种不同的方法进行实际进度和计划进度的对比分析。

（1）匀速进展横道图比较法。匀速进展代表着单位时间内，工程项目中每项作业

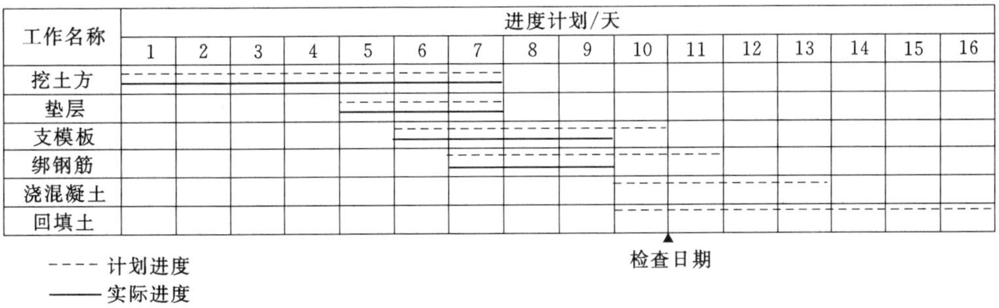

图 7.8 某建设工程项目实际进度和计划进度的横道图

完成的工程任务量相一致，也就说明工作以均匀速度开展。

(2) 非匀速进展横道图比较法。非匀速进展代表作业在不同的单位时间内完成的工程量不等，即作业累计完成的工程量与累计完成时间之间不呈线性关系。

对比结果存在三种情况：同一时刻横道线上方标注的计划工程量累计百分比大于横道线下标注的实际工程量累计百分比，代表实际进度存在拖延状况，二者的数值差即代表实际进度拖延的工程量；反之，则代表实际进度存在超前状况，二者的数值差代表实际进度超前的工程量；同一时刻横道线上下方标注的工程量累计百分比数值相等，则代表实际进度与计划进度保持一致。

不同于匀速进展横道图，非匀速进展横道图不代表计划和实际完成的工程量，仅代表工作的开始时间、完成时间以及持续时间。且该方法不但可以对比分析某时刻的实际进度与计划进度关系，而且可以进行某时间段内实际进度与计划进度的比较。而非匀速进展横道图比较法的实行，必须建立在项目实施部门有按期记录工程量完成情况的前提下。

2. S 形曲线比较法

S 形曲线比较法是以横纵坐标分别表示工程持续时间和累计完成工程量，绘制出一条按计划时间累计完成工程量的 S 形曲线，并在此基础上，在同一坐标系上绘制工程项目实施过程中各检查日期对应的实际累计完成工程量的 S 形曲线，将实际进度与计划进相比较的一种方法。

分析对比实际进度与计划进度的 S 形曲线，可获得如下的相关信息：

(1) 获得建设工程项目进度计划的实际完成情况。以累计完成的工程量为标准，对应计划进度 S 形曲线和实际进度 S 形曲线上的两点。实际工程进展点位于计划进度进展点的左侧，代表实际进度超前于计划进度；实际工程进展点位于计划进度 S 形曲线的右侧，代表实际进度落后于计划进度；两点重合，即实际工程的进展点位于计划进度 S 形曲线上，代表实际进度与计划进度保持一致。如图 7.9 所示，在实际进度与计划进度的 S 形曲线相交以前，保持实际进度超前于计划进度；相交以后，保持实际进度滞后于计划进度。

(2) 获得实际进度相较于计划进度超前或滞后的时长。以 T_a 和 T_b 分别为两次进度检查的日期，T_a 时刻的实际进度超前，ΔT_a 是实际进度超前于计划进度的时长；T_b 时刻的实际进度滞后，ΔT_b 是实际进度滞后于计划进度的时长。

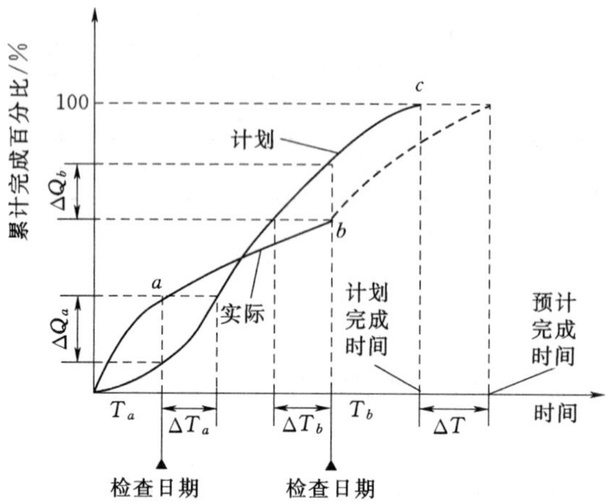

图 7.9　S 形曲线比较法

（3）获得实际进度相较于计划进度超额或拖欠的项目工程量百分比。同样以 T_a 和 T_b 分别为两次进度检查的日期，ΔQ_a 代表第一次检查日期时，实际进度较计划进度超额完成的项目工程量百分比；ΔQ_b 代表第二次检查时期时，实际进度较计划进度拖欠的项目工程量百分比。

（4）获得实际工程后期进度的预测。假设后期的工程按原计划速度完成，则结合已有的实际工程进度，可预测得到该工程的后期进度和实际完工时间。通过 S 形曲线的对比，可获得实际工期超前和滞后时长，如图中工程实际完工时间比计划工期预计拖延了 ΔT 时长。依据预估的结果，工程各部门需采取相应的赶工措施，尽量避免总工期的拖延。

3. 前锋线比较法

前锋线比较法是在时标网络计划图上用虚线或点划线的形式绘制出项目实际进度的前锋线，依据前锋线与网络图中工作箭线交点（实际进度到达的前锋点）的位置判断实际进度与计划进度间是否存在偏差以及偏差的大小。

当实际进度达到的前锋点位于检查日期线的右侧时，代表进度超前；当实际进度达到的前锋点位于检查日期线的左侧时，代表进度延迟；当实际进度达到的前锋点位于检查日期线上时，代表实际进度与计划进度保持一致。如图 7.10 所示，分别以第 6 天与第 11 天为进度检查的日期，虚线即绘制的前锋线。通过分析可知，第一次进度检查时：作业③—⑥比计划进度提前一天；作业②—④与②—⑤比计划进度延迟了一天。第二次进度检查时：作业③—⑥比计划进度延迟了一天；作业⑦—⑨的进度与计划进度保持一致；作业⑧—⑨比计划进度延迟了三天。但上述判定成立的前提是各作业匀速进展。

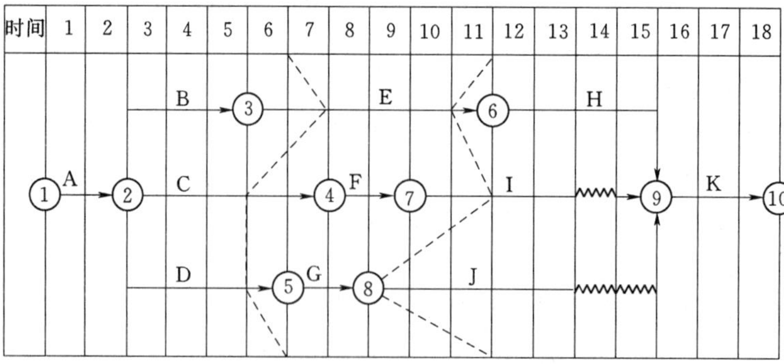

图 7.10　前锋线法在时标网络中的应用

实际进度前锋线比较法不仅可以通过前锋线与作业的工作箭线交点局部比较该作业的实际进度是否偏离计划进度，还可以根据某一工作的进度偏差是否在总时差范围内来判断其对整个项目的总工期影响。

【例】 某工程项目的施工网络计划图如图 7.11 所示。该计划在第四周结束时进行实际进度的检查，检查结果显示工作 A、B 和 E 均已全部完成，工作 C 完成了计划任务量的三分之一，工作 D 完成计划任务量的 25%，还需三周时间才可全部完成，试用前锋线法对该工程的实际进度与计划进度进行比较。

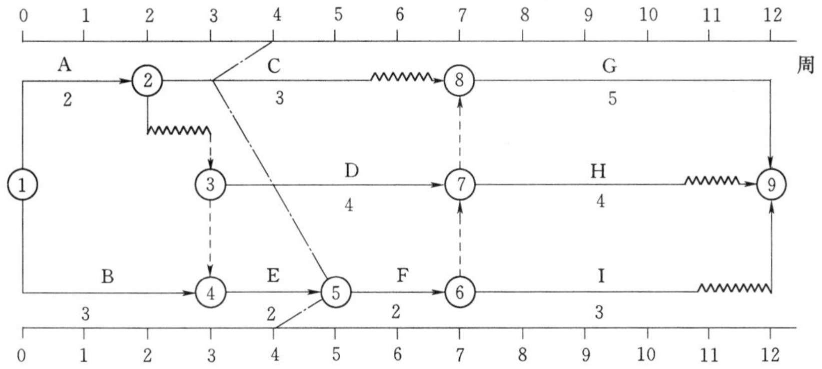

图 7.11　某工程前锋线比较

依据第四周末的检查结果绘制前锋线，如图中点划线所示，通过对比可获得以下信息：

（1）工作 C 的实际进度滞后一周，但由于其总时差与自由时差均为两天，所以既不影响总工期，也不影响后续工作的正常进行。

（2）工作 D 的实际进度与计划进度一致，对后续工作和总工期均无影响。

（3）工作 E 实际进度提前了一周，对总工期无影响，将使其后续工作 F 和 I 的最早开始时间提前一周。

综上所述，该检查时刻各工作的实际进度对总工期无影响，仅会使工作 F 和 I 的最早开始时间提前一周。

4. *赢得值法*

赢得值法（Earned Value Management，EVM）最初由美国国防部确立于 1967 年，是一种全面衡量工程进度以及费用情况的项目管理技术，已被国际上先进的工程公司用来进行工程项目费用、进度综合分析控制。其基本要素是以货币量来测量工程的实际进度，但并不是以直接的资金投入量来反映工程进展，而是以投入资金转化成的工程量来衡量，是一种完整有效的项目监控举措。以赢得值法来把控项目的实际进度，包括已完工作预算投资、计划工作预算投资和已完工作实际投资三项基本参数。

（1）赢得值法的基本参数。已完工作预算费用（Budgeted Cost for Work Performed，BCWP），代表以批准认可的预算为标准对某一段时间内完成的作业或部分作业所需资金总额的预估值。这一数值既是业主支付承包人所完成工作量相应费用的主要依据，也是承包人挣得的金额，故也被称为赢得值或挣值：

$$已完工作预算费用(BCWP)=已完成工作量\times预算单价 \tag{7.21}$$

计划工作预算费用（Budgeted Cost for Work Scheduled，BCWS），是指以进度计划为依据，以批准认可的预算为标准，对某一时刻应当完成工程量所需资金总额的预估值。在项目实施过程中，BCWS一般保持不变，除非业主与施工方签订的合同在相应的条款上有变更。

$$计划工作预算费用(BCWS)=计划工作量\times预算单价 \tag{7.22}$$

已完工作实际费用（Actual Cost for Work Performed，ACWP），即项目进行到某一时刻，所有已经完成作业的实际花费金额总值。

$$已完工作实际费用(ACWP)=已完成工作量\times实际单价 \tag{7.23}$$

（2）赢得值法的评价指标。基于赢得值法的三项基本参数，提出四个以时间为变量的评价指标。

费用偏差（Cost Variance，CV）是指从已完工作预算费用BCWP中扣除已完工作实际费用ACWP后的金额数值，计算公式为

$$CV=BCWP-ACWP \tag{7.24}$$

当费用偏差CV为负值时，代表项目施工的实际花费高于预算费用；反之，代表实际费用低于预算费用。

进度偏差（Schedule Variance，SV）指从已完工作预算费用BCWP中扣除计划工作预算费用BCWS后的金额数值，计算公式为

$$SV=BCWP-BCWS \tag{7.25}$$

当进度偏差CV为负值时，代表项目施工的实际进度落后于计划进度，进度滞后；反之，代表实际进度快于计划进度，进度超前。

费用绩效指数（Cost Performance Index，CPI）是指已完工程的预算费用BCWP与已完工程的实际费用ACWP的比值，计算公式为

$$CPI=BCWP/ACWP \tag{7.26}$$

当费用绩效指数$CPI>1$时，代表项目已完成工作的实际花费高于预算费用，属于超支；当费用绩效指数$CPI<1$时，代表项目已完成工作的实际花费低于预算费用，属于节支；当费用绩效指数$CPI=1$时，代表项目已完成工作的实际花费与预算费用吻合，项目费用按计划进行。

进度绩效指数（Schedule Performance Index，SPI）即已完工作的预算费用BCWP与计划工作的预算费用BCWS的比值，计算公式为

$$SPI=BCWP/BCWS \tag{7.27}$$

当进度绩效指数$SPI>1$时，代表项目实际进度比计划进度快，即进度超前；当进度绩效指数$SPI<1$时，代表项目实际进度比计划进度慢，即进度滞后；当进度绩效指数$SPI=1$时，代表项目实际进度与计划进度一致。

【例】 某建筑物基础工程施工至2015年5月底，统计结果显示，项目已完工作预算费用为24000元，已完工作实际费用为32000元，计划工作预算投资为30000元。则该工程此时的进度偏差为多少？

解： 依据题目可知：BCWS=30000元，BCWP=24000元，ACWP=32000元

可得：$SV = BCWP - BCWS = 24000 - 30000 = -6000$（元）

$$SPI = BCWP/BCWS = 24000/30000 = 0.8$$

SV 为负值，即项目进度滞后 6000 元。

SPI 为 0.8，即每 1.0 元计划完成的工作价值实际获得 0.8 元的已完工作的价值，代表进度滞后，实际进度落后于计划进度。

资源 7.10 项目费用与进度分开控制的缺陷

赢得值法既可以通过费用偏差和费用绩效指数对项目费用进行控制，又可以依据进度偏差和进度绩效指数把控项目实际进度，形成费用与进度的综合控制，避免了过去二者分开控制的缺陷。

7.5.1.2 工程项目进度计划的调整

1. 进度偏差原因分析

建设工程项目大多都有建设周期长，参与单位多，项目种类复杂等特点，因此在项目施工过程中常有许多不可控因素影响项目实际进度。在项目施工前，要充分了解和认识这些影响因素，制订合理的计划，使项目尽可能按计划进行；在实际进度出现偏差时，更应该分析导致偏差的主要因子，分析其产生的原因，才可以制定出合理的举措。

进度偏差的主要影响因子有：

（1）计划失误。制订计划时漏掉部分必要的功能和工作；计划的项目工作量与项目持续时间不足，导致相关作业实际工作量增加；资源供应不足或能力不够，例如制订项目计划时没有考虑到资源供应的有限性和资源短缺的可能性，忽略了项目施工方的实际施工能力；项目进程中发生了计划中没有考虑到的风险或其他状况，导致项目无法达到预估的工作效率；业主在项目开始时就要求在较短工期内完成项目所有工程量，致使项目承包商的工期限制太紧。

（2）项目条件的改变。项目工程量的改变；外界对项目的新要求和约束；项目施工环境的改变；不可抗力事件的发生。

（3）项目管理中的失误。建设项目计划部门与项目施工方之间，总承包商和分包商之间，建设单位与承包商之间缺乏充分有效的沟通，相互协调配合差；工程施工管理者缺少对工期的意识；项目参与单位没有清楚理解项目中各个作业环节间的逻辑关系，在任务下达时缺乏详细的解释；项目必须前提条件准备不充分，业主、设计及施工单位间配合不协调，各作业间衔接差导致工作脱节，施工必需的材料、设备等资源供不应求；与项目相关但不是项目主进程的计划任务的拖延造成整个项目进度滞后；项目承包商同一时间承担过多项目，无法集中力量施工，从而导致材料供应拖延，资金流转不周，工期控制过于松懈；业主未能按期提供项目工程款，未能及时提供工程建设所需技术资料、设备等。

（4）其他原因。例如监理工程师履行职责不力，决策不果断甚至发布错误指令，又如检查过程中发现的质量问题的返工，中途修改项目实施方案等。

2. 进度偏差影响分析

在项目实施过程中，当通过进度比较发现进度偏差时，需要分析进度偏差的大小及其所在的位置，以获得该偏差对项目后续作业和总工期的影响，从而采取合理的措施对原进度计划进行调整，保证项目目标的实现。进度偏差的大小和发生位置的不同会在不同程度上影响项目的实际进度，因此需要采用网络计划图各作业的总时差和自由时差进行偏差结果的影响分析，其具体分析步骤如下：

（1）判断出现进度偏差的工作是否为关键工作。若出现进度偏差的工作为关键工作，出现在关键线路上，则无论其偏差的大小，均会影响后续作业的进度以及项目总工期，必须采取相应的措施对现有的工程施工进行调整；若出现偏差的非关键工作，则其是否对后续作业和总工期产生影响，取决于进度偏差与总时差和自由时差间的关系，需进一步分析。

（2）判断进度偏差是否超过总时差。若工作的进度偏差超过该工作的总时差，则此进度偏差必定对项目的总工期和后续工作产生影响，必须采取对应的调动措施；若工作的进度偏差值小于总时差数值，代表此进度偏差不会对项目总工期产生影响，但其是否会影响后续作业的进度，取决于偏差值与自由时差间的关系，需进一步分析。

（3）判断进度偏差是否大于自由时差。若工作的进度偏差超过该工作的自由时差，则此进度偏差必定对后续的工作产生影响，需依据后续工作实施的限定条件制定相应整改措施；若工作的进度偏差值小于或等于总时差数值，代表此进度偏差不会对后续工作产生影响，可按原有进度继续施工。

3. 进度拖延解决措施

（1）应对进度拖延的基本策略。在项目实施过程中，当发现进度滞后时，管理部门需要决策是否采取应对措施和采取什么举措。一般情况下，进度拖延的应对策略有以下两种：

1）继续按原计划施工，不赶工。项目各工作间一般都存在紧密的逻辑关系，故当管理部门决定不采取赶工措施时，某一作业的进度拖延就会导致总工期的延长，承包商和业主必须承担延期完工的风险。

2）为降低已存在的进度拖延对整个项目的影响，采取赶工措施。赶工代表着部分后续作业的实际工期要比计划工期短，所以赶工可能会导致施工费用的增加，还会影响后续作业的计划进度。因此，需要依据项目具体情况制定合理赶工措施，以确保赶工计划切实可行。

（2）常见的赶工措施。当决定采取赶工措施来解决进度滞后问题时，项目管理者必须依据项目的实际情况，灵活选择赶工对策。常采用的赶工措施有：

1）资源投入增加。例如增加项目劳动力数量、项目所需材料和设备的投入量。这是最为常见的赶工措施，但这类型的赶工措施存在以下几点问题：①导致项目投资金额增加；②导致资源使用效率下降；③导致管理难度增加。

2）项目已有资源的重新调配。重新调配资源一般表现为调整不同作业的施工力量水平，即将非关键作业中的劳动力调整到关键作业施工作业中。该措施有可能会造成不同作业间的资源争夺问题。

3）改变项目范围，调整施工方案。该项措施可以有效地改善项目进度拖延的问题，但采用该项措施必须注意以下两点：①项目范围的改变和施工方案的调整，都必须以获得建设单位和设计单位等相关方的批准为前提，否则，项目的相关调整不仅无法缓解进度滞后，甚至会因为返工造成工期的进一步拖延；②该措施会造成后续作业的进度计划发生较大的改变，因此必须合理制定后续作业的进度计划，确保作业间的紧密衔接。

4）提升劳动生产率。提高劳动生产率主要是从施工人员生产效率和机械作业效率两方面进行：①一般情况下，提升作业施工人员的生产效率有两种方法：一种是对施工人员进行统一的专业培训，但培训需耗费时间，因此这一方法对大型项目更为有效；另一种是通过设定赶工绩效工资等方式激励作业人员，该方法较前者更快速有效；②通过合理调配施工机械，也可以提高其生产效率。通过改善施工器械的布置方案和制订合理的使用计划，保证机械处于较好的工作状态，从而提升机械的生产效率。

5）采取部分作业外包的策略。在进度拖延情况严重，劳动力不足的情况下，采用外包策略是有效压缩工期的方法，尤其是当其他的企业具备更优的管理和技术水平。

7.5.2 工程项目进度优化

7.5.2.1 进度计划的优化途径

项目进度计划的优化一般可以通过以下两种途径。

1. 在不增加资源的前提下压缩工期

在进行工期优化时，首先应在保持系统原有资源的基础上对工期进行压缩。如果还不能满足要求，再考虑向系统增加资源。在不增加系统资源的前提下压缩工期有两条途径：一是不改变网络计划中各项工作的持续时间，通过改变某些活动间的逻辑关系达到压缩总工期的目的；二是改变系统内部的资源配置，削减某些非关键活动的资源，将削减下来的资源调集到关键工作中去以缩短关键工作的持续时间，从而达到缩短总工期的目的。

2. 平衡资源供应，压缩关键活动工期

由关键路径的定义知道，关键路径的长度就是项目的工期，所以要压缩项目工期就必须缩短关键活动的时间。将初始网络计划的计算工期与合同指令工期相比较，会求出需要缩短的工期，通过压缩关键路线的方法进行多次测试计算直至符合指令工期的要求为止。

如果项目初始进度计划的工期是按各工序活动的正常工期计算出来的，那么它对应一个成本值。根据项目活动的成本费用率及极限工期，知道压缩项目活动的时间必然要增加相应的成本。在实际项目管理中，压缩任何活动的持续时间都会引起费用增加，因此在压缩关键活动的工期时要抓住问题的关键，即怎样合理地压缩工期使项目的成本代价最小。

7.5.2.2 进度计划的优化方法

依据工程计划的实际需求与具备条件，项目进度计划优化的目标可划分为工期目标、费用目标和资源目标。按照优化目标的不同，进度计划的优化方法分别是工期优化、费用优化及资源优化。

1. 工期优化

工期优化即通过压缩项目关键工作的持续时间，以解决计算的实际工期不满足要求工期的过程。

网络计划工期优化的基本途径是缩减关键工作的持续时间，但不改变项目各工作间的逻辑关系。以经济合理为基本原则，在优化过程中，不可因时间压缩改变关键工作的属性，即不可变成非关键工作。当项目进程中出现多条关键线路时，要有效压缩工期就必须将各条线路的总持续时间缩减至一样的数值。工期优化的步骤如下：

（1）明确项目最初网络计划图的关键线路和总工期。

（2）按工期优化的要求计算关键线路要压缩的时间 ΔT，T_c 是初始网络计划的总工期，T_r 是要求工期，ΔT 的计算公式为

$$\Delta T = T_c - T_r \tag{7.28}$$

（3）选定要进行持续时间压缩的关键工作。选择压缩对象要以缩短持续时间对项目质量与安全的影响小、备用资源充分、缩短持续时间花费的费用最少为依据。

（4）压缩所选择关键工作的持续时间，重新计算项目总工期并确定关键线路，需保证被压缩时间的工作仍为关键工作，否则需减少压缩的持续时间。

（5）当优化后的计算工期仍比要求的工期长，选择不同的关键工作，反复操作以上的（2）～（4）步，至项目总工期达到工期要求或者工期已无法再缩减。

（6）在保证原有的关键工作性质不变的前提下，持续时间已经缩短至极限，无法进一步缩减，而此时的项目总工期仍达不到项目要求工期，则应重新审核要求工期的合理性，或调整项目原网络计划的技术和组织方案。

2. 费用优化

费用优化的实质是项目工期成本优化，该种优化方法包括两种：以成本最低为标准寻找最优工期或依据项目要求工期探求最低成本。

（1）成本与时间的关系：

1）工程成本与项目工期的关系。工程总成本包括直接成本和间接成本两部分。直接成本可划分为人工成本、材料成本、机械使用成本、其他直接成本以及现场经费。间接成本指企业经营管理的全部花费，这部分成本会随着工期的压缩而降低。工期变化造成的其他损益包括资金的时间价值和效益增量等，这些也都包含在工期总费用里。工程成本与工期间的关系如图7.12所示。

2）工作直接成本与持续时间的关系。网络计划图中各关键工作的持续时间决定着项目总工期，因此要完成项目工期成本的优化，就必须明确各工作的直接成本与持续时间间的相关关系，这是网络计划工期成本优化的基础。

工作的直接成本与持续时间间的关系和工程直接成本与工期间的关系相类似，工作直接成本与持续时间成反比，即随着持续时间的缩减，工作的直接成本增加，如图7.13所示。将工作的直接成本与持续时间间的关系曲线近似为一条直线可以简化计算，且当工作划分较为精细时，其计算结果也比较精准。

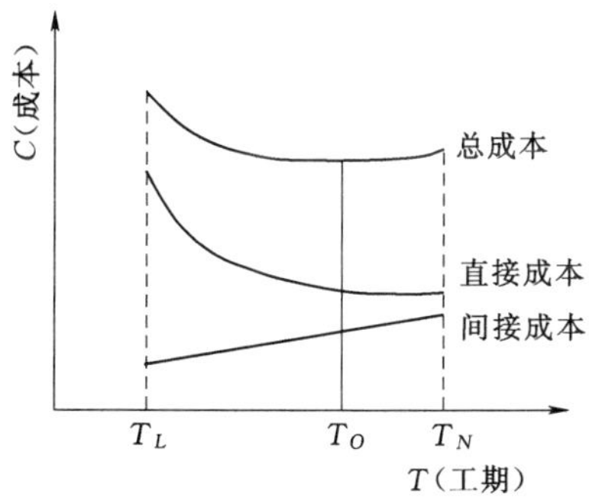

图 7.12　工期-成本曲线

T_L—最短工期；T_O—最优工期；T_N—正常工期

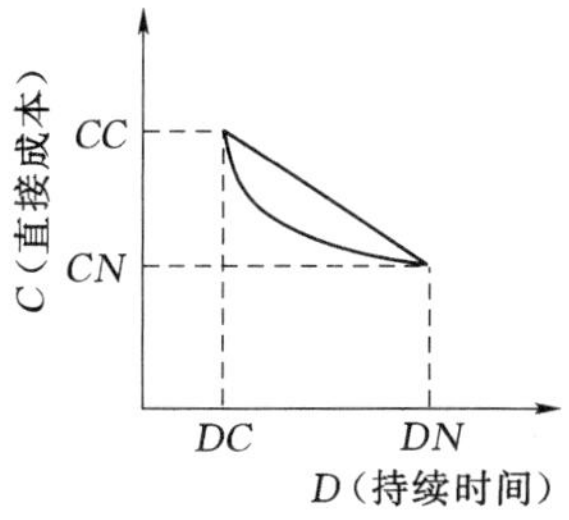

图 7.13　前锋线法在时标网络中的应用

CC—最短持续时间完成，工作需要的直接成本；CN—正常持续时间完成，工作需要的直接成本；DN—工作的正常持续时间；DC—工作的最短持续时间

费用和工期的优化过程一般利用计算机进行，而网络计划图则通过手工绘制。即依据网络计划图中各工作的持续时间和成本的关系，寻找可缩短工期且直接成本增加最少的工作，压缩其持续时间至可压缩的最低值，并考虑由此造成的间接成本的增加，便可求得项目总成本最低时的最优工期和满足工期要求的最低成本。

(2) 成本优化的步骤如下：

1) 按项目已有的网络计划图寻找关键线路并确定计算工期。

2) 计算各项工作缩短单位时间对应增加的直接成本，即直接费用率。直接费用率的计算公式为

$$\Delta C_{i-j}=\frac{CC_{i-j}-CN_{i-j}}{DN_{i-j}-DC_{i-j}} \tag{7.29}$$

式中：ΔC_{i-j}为工作 $i-j$ 的直接费用率；CC_{i-j}为最短持续时间完成 $i-j$ 工作需要的直接成本；CN_{i-j}为正常持续时间完成 $i-j$ 工作需要的直接成本；DN_{i-j}为 $i-j$ 工作的正常持续时间；DC_{i-j}为 $i-j$ 工作的最短持续时间。

依据直接费用率的计算公式可知，工作的持续时间缩短一个时间单位对应增加的直接成本越多，工作的直接费用率就越大。因此，为达到要求工期而缩短工作持续时间时，应选择直接费用率最小的关键工作为压缩对象。当项目有多条关键线路时，需要同时压缩多个关键工作的持续时间，应该以关键线路上所有工作的直接费用率之和（组合直接费用率）最小作为选择压缩对象的标准。

3) 明确关键工作的间接费用率。间接费用率指各工作持续时间缩短一个时间单位对应减少的间接成本，一般需要依据各工作的实际情况确定。工作 $i-j$ 的间接费用率用 ΔC_{Ii-j}表示。

4) 计算工程项目总成本。

5) 明确压缩对象。依据直接费用率或组合直接费用率，分别确定项目有一条关键线路或多条关键线路时的压缩对象。

6) 对比压缩对象的直接费用率或组合直接费用率与工程间接费用率的大小关系。①当压缩对象的直接费用率或组合直接费用率大于项目的间接费用率时，代表关键工

作持续时间的压缩会导致工程总成本的增加，进一步压缩持续时间的方案不可取；②当压缩对象的直接费用率或组合直接费用率等于项目的间接费用率时，代表关键工作持续时间的压缩不会造成工程总成本的增加，可以对关键工作的持续时间进行压缩；③当压缩对象的直接费用率或组合直接费用率小于项目的间接费用率时，代表关键工作持续时间的压缩会使工程总成本减少，可以对关键工作的持续时间进行压缩。

7）确定压缩对象持续时间的缩减值。缩减关键工作的持续时间需要遵循以下两条基本原则：①以工作的最短持续时间为标准，缩减后的持续时间必须比该值大；②不可因持续时间的压缩而改变关键工作的性质，即不可变为非关键工作。

8）计算压缩关键工作持续时间后的项目总成本。关键工作的持续时间缩短后，项目的总工期缩短，会相应增加项目的直接成本，降低间接成本，因此压缩持续时间后的成本计算公式为

$$C_t = C_{t+\Delta t} + \Delta T(\Delta C_{i-j} - \Delta C_{Ii-j}) \tag{7.30}$$

式中：C_t 为工期缩减到 t 时项目的总成本；$C_{t+\Delta t}$ 为工期为 $t+\Delta t$ 时的项目总成本；ΔT 为工期缩减总值；ΔC_{i-j} 为压缩对象的直接费用率；ΔC_{Ii-j} 为压缩对象的间接费用率。

9）重复执行第3）～7）步，当项目的计算工期达到要求工期或压缩对象的直接费用率或组合费用率高于工程间接费用率，成本优化得到最优结果。

10）计算最优结果的项目总成本。

3. 资源优化

工程项目中的资源是影响工程进度的主要因素，可划分为人力资源、资金资源、材料资源、设备资源、动力资源、机具资源等。资源优化即以项目已有的资源为基础，以调整工作开始时间为方法，将资源合理分布至各项作业以满足优化目标。资源优化可分为资源有限-工期最短和工期固定-资源均衡两种优化方法。

（1）资源有限-工期最短的优化。资源有限-工期最短的优化是在项目每天的资源需求量超过资源限量的情况下，调整计划安排，使资源使用量满足资源限制并将工期延长值控制在最小。其具体步骤如下：

1）按已有网络计划，计算项目每天的资源需求。

2）从网络计划执行日期起，逐日核查每天资源需求量和有限资源量的大小关系。当工期内存在资源需求量大于有限资源量的情况时，必须进行网络计划的调整。反之代表已有的方案即为优化方案。

3）以工期延长时间最短为标准，调整出现资源冲突的工作，安排新的工作顺序。项目的延长工期的计算公式为

$$\Delta T_{m-n \cdot i-j} = EF_{m-n} - LS_{i-j} \tag{7.31}$$

式中：$\Delta T_{m-n \cdot i-j}$ 为工作 $i-j$ 安排在工作 $m-n$ 之后时造成的项目工期延长值；EF_{m-n} 为工作 $m-n$ 的最早完成时间；LS_{i-j} 为工作 $i-j$ 的最迟开始时间。

4）重复执行以上三步直至获得优化方案。

（2）工期固定-资源均衡的优化。工期固定-资源均衡的优化是以工期保持不变为

前提，以均衡资源需用量为目标，调整项目计划安排。

方差 δ^2 或标准差 δ 是资源均衡性评价的常用指标，方差值越小代表资源分配越均衡。设 T 为固定的工期，S_t 为 t 时段作业所需要的资源量，S_{av} 为资源需求量的日平均值，方差和标准差的计算公式为

$$\begin{aligned}\delta^2 &= \frac{1}{T}\sum_{t=1}^{m}(S_t - S_{av})^2 = \frac{1}{T}\sum_{t=1}^{m}(S_t^2 - 2S_tS_{av} + S_{av}^2)\\ &= \frac{1}{T}\sum_{t=1}^{m}S_t^2 - \frac{2S_{av}}{T}\sum_{t=1}^{m}S_t + \frac{1}{T}\sum_{t=1}^{m}S_{av}^2\\ &= \frac{1}{T}\sum_{t=1}^{m}S_t^2 - 2S_{av}^2 + S_{av}^2\\ &= \frac{1}{T}\sum_{t=1}^{m}S_t^2 - S_{av}^2 \qquad (7.32)\end{aligned}$$

$$\delta = \sqrt{\frac{1}{T}\sum_{t=1}^{m}S_t^2 - S_{av}^2} \qquad (7.33)$$

式中工期与资源需求量日平均值均为常数，因此要缩小方差数值，必须减小 $\frac{1}{T}\sum_{t=1}^{m}S_t^2$，即要获得最小的方差 δ^2 或标准差 δ，只能在各工作的总时差范围内调整开始和结束时间，获得优化方案。

思　考　题

1. 什么是工程项目进度控制？
2. 影响工程项目进度的因素有哪些？
3. 工程项目进度表达编制的方法有哪些？
4. 工程项目进度控制的方法及原理有哪些？
5. 工程项目进度计划的编制方法有哪些？各有什么特点？
6. 双代号网络图和单代号网络图的相同点和不同点有哪些？
7. 工程项目进度控制和优化的基本方法是什么？
8. 已知网络计划的资料见下表，要求：

（1）试绘出双代号网络计划图。

（2）计算出各时间参数并标注在网络计划图上。

（3）用双箭线标明关键线路。

工作名称	A	B	C	D	E	G
工序历时	12	10	5	7	6	4
紧前工作	—	—	—	B	B	C、D

9. 已知某工程工序计划见下表，要求：

（1）绘制双代号网络计划图。

（2）计算参数并在图中进行标注。

（3）用双箭线标注出关键线路。

工作名称	A	B	C	D	E	F	G	H	I	J
工序时间	10	12	6	5	12	16	12	8	5	12
紧前工作	—	—	—	A、C	B、D	A	E	F、G	E	I

第8章 工程项目的投资管理

投资管理是工程项目管理的重点，贯穿于项目建设的全过程，是在满足项目合理工期和质量的前提下，采取技术与经济相结合的手段，在工程建设的各个阶段尤其是投资决策阶段和设计阶段对投资进行管理，将工程项目的投资控制在限额范围内，力争使参与工程建设的劳力、机械设备得到合理组合和有效控制，使工程项目投资发挥更大的经济效益。本章主要从项目的融资、资金计划、成本控制及审计等方面介绍了工程项目投资管理的相关知识。

8.1 工程项目投资概述

投资是关系到宏观经济发展和微观经济效率的重要经济变量。所谓投资，就是投资主体为了达到一定的目的而将其能支配的资金（或其他资源）投入到社会再生产的过程。这里的投资包含三层含义：一是指投入的资金（或其他资源）；二是指投资主体的资金投放行为，包括资金的筹措、投向、投资决策、投资计划、实施、调控等活动；三是指资金（或其他资源）的投入过程。因此，投资的实质可以这样说：投资是投资主体以获利为目的的资金使用，是资金的垫付，它的动机在于获得收益，即按照资金的本性要求能够盈利，实现资金的增值。

所谓工程项目的投资是指进行工程项目建设花费的全部费用，即建设该工程项目有计划地进行固定资产再生产和形成最低量流动资金的一次性费用总和。目前，我国的工程项目投资总体来说分为两大部分，即固定资产投资和流动资产投资。

资源 8.1
固定资产与流动资产

工程项目投资构成可以简单地用图表示，如图 8.1 所示。许多工程项目，特别是经营性工程项目的开发是以发展经济或以最大化工程项目投资方利益为目的，即使是政府投资的公益性工程项目，政府对工程项目的经济性也特别关注。而参与工程建设的各承包方，包括设计、施工和材料设备供应等，也均以获得经济利益为目的。因此，工程项目的资金管理在工程项目管理中占有特别重要的地位，是业主和工程建设其他参与方所关注的重要问题。业主方希望通过对工程项目的资金管理，达到对承包人的有效控制，用最低的代价或成本建成高质量的工程；而承包方在获得工程承包权后，通过对工程项目的资金管理降低工程成本，以获取更多的利润。

资源 8.2
公益项目

虽然工程项目管理各方的目的不同，但对项目资金管理的方法大致相当，主要包括：确定工程费用目标、制订费用计划、执行计划；在工程实施中检查费用计划执行状况，即寻找实际费用与费用计划的偏差；针对费用偏差分析发生的原因，采取纠偏措施使实际费用与费用计划一致等。对于工程项目业主方，项目前期的资金管理还包

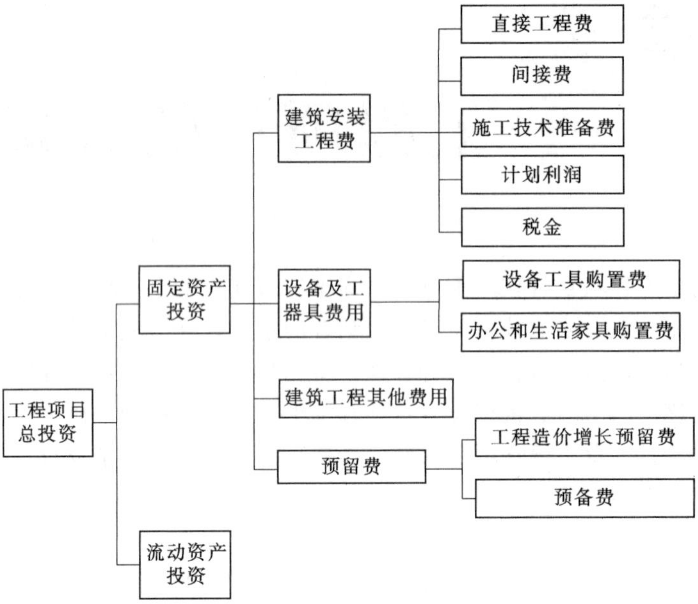

图 8.1　工程项目投资构成

括工程项目的融资及其管理。

资源 8.3
直接工程费、间接费、预备费

资源 8.4
工程项目投融资主要模式

有关直接工程费、间接费、预备费的详细解释可参考拓展材料。目前，国际工程项目投资主要分为以下几种合作方式：①建设-移交，即 BT 模式；②建设-经营-转让，即 BOT 模式；③建设-租赁-移交，即 BLT 模式；④建设-拥有-经营-转让，即 BOOT 模式；⑤建设-拥有-经营，不存在移交责任，即 BOO 模式；⑥政府部门和私企的合作，即 PPP 模式。每个项目根据自身的投资来源、收益预期和产权属性等特点，制定出最优的投融资合作模式，确保项目的正常开展。

8.2　项　目　融　资

在立项之前，为项目的建设筹集资金是一项重要的工作。如何以最有效和经济的方法开辟资金来源、降低资金成本、优化资金结构并管好用好这些资金是一门财务科学。

融资指以项目的名义在社会上筹措资金，并仅以项目自身预期收入和资产对外承担债务偿还责任，债权人对项目以外的资产和收入没有追索权，不以项目以外的资产、权益和收入进行抵押、质押或偿债，也不需要项目方提供任何形式的担保。

融资可以分为直接融资和间接融资。直接融资是不经金融机构的媒介，由政府、企事业单位及个人直接以最后借款人的身份向最后贷款人进行的融资活动，其融通的资金直接用于生产、投资和消费；间接融资是通过金融机构的媒介，由最后借款人向最后贷款人进行的融资活动，如企业向银行、信托公司进行融资等。

“项目融资”是一个特定的金融术语，它是指项目的承办人（即股东）为经营项目成立一家项目公司，以该项目公司作为借款人筹借贷款，并以项目公司本身的现金流量和收益作为还款来源，以项目公司的资产作为贷款的担保物。该融资方式一般应用于现金流量稳定的发电、道路、铁路、机场、桥梁等大型建设项目。

项目融资目前有以下两种概念：

（1）广义的项目融资。广义的项目融资是指一切为了建设一个新项目、收购一个现有的项目或对一个已有的项目进行重组所进行的融资活动，即针对一个具体项目所安排的融资。

（2）狭义的项目融资。狭义的项目融资是为了一个特定的经济实体所安排的融资，其贷款人最初考虑安排贷款时，满足于使用该经济实体现金流量和收益作为偿还贷款的资金来源，并满足于使用该经济实体的资产作为贷款的安全保障。其简明定义为以特定项目的现金流量和资产为基础的优先追索或无追索融资。本章主要讨论狭义的项目融资活动。

追索是指在借款人未按期归还贷款时，贷款人要求借款人用除抵押物以外的其他资产进行偿还债务的权利，有完全追索、有限追索和无追索等几种形式。

（1）完全追索。完全追索指在任何情况下，借款人未按期还贷款时，债权人有权对借款人除抵押物以外的其他资产进行追索，直至债务完全还清。

（2）有限追索。有限追索指债权人可以在特定阶段或在规定的范围内对借款人进行追索，除此之外，无论出现什么情况，债权人均不能追索到借款人除抵押资产及所承担的义务以外的任何财产。

（3）无追索。无追索为有限追索的特例，即在任何情况下，债权人均不能追索到借款人除抵押资产以外的任何财产。

8.2.1 项目的资金结构与融资渠道

项目的资金结构是指为一个项目筹集到的资金的构成，包括资金的类型、资金的来源与币种，以及各部分资金之间的比例。资金结构往往和项目的效益、资金的应用以及承担的风险等有很大关系。

在安排项目资金时应该遵循的基本原则有：①不能举债过多而影响项目经济强度；②尽可能降低项目的资金成本；③充分利用税务优惠。

项目可能获得的资金有两种基本类型，即权益资金（Equity Capital）和借贷资金（Debt Capital）。权益资金反映了一个项目投资者所提供的资金份额，这个份额决定了他对该项目拥有多大比例的控制权和利益分配权。一个项目的权益资金可以是实物也可以是现金。提供权益资金的人，当他们拿不准是否一定能收回其投资时，通常尽量减少提供现金的份额以降低风险，而代之以提供设备、技术、专利和专门的生产知识作为他们的权益资本。如果是政府投资机构，有时也可用水资源、矿产拥有权和土地等作为权益资本。借贷资金是以借款方的信用为基础向银行等金融机构贷款所获得的资金，供款方可以有两种形式出现：一种是政府作为借方，直接以它的信誉和资金储备为贷款担保，向金融机构借款，启动项目；另一种是把偿还贷款的责任从政府转移到项目本身，即项目的贷款是计划由项目建成后运行所得的收入来偿还，在这种情况下，贷方收回贷款的保证将主要依赖项目建成后的现金收入流状况。

资源 8.5
权益资金与借贷资金

资源 8.6
股票、债券

项目权益资本的融资渠道主要有中央和地方的国有投资公司的资本金、国际经援机构的赠款、发行股票、向社会集资等。另外，借贷资本的融资渠道是多种多样的，包括世界银行贷款、国际经援机构贷款、商业银行贷款、项目贷款、出口信贷、贷款租约和发行债券等。

8.2.2　项目融资的适用范围

项目融资广泛应用于：①矿产资源的勘探、开采，如石油、天然气、铁矿、有色金属的勘探和开采；②初级产品加工，如钢铁、电解铝生产；③基础产业、公共事业和大型基础设施建设，如发电、城市供水、水利枢纽、公路、铁路、桥梁等工程；④军事工程等。

由于融资复杂、融资时间长、成本高等特性，项目融资主要用于大中型项目，小型工程项目一般不采用这种方法筹集资金。

8.2.3　项目融资的主要步骤

一个项目的融资要取得成功，必须有详细的规划和严格的管理。其主要步骤如下。

（1）进行项目的可行性研究。这对于研究项目的集资方案是至关重要的，因为贷方需要取得足够的证据，以断定向他借款的项目是可行的和能够获利的；贷方还需要断定他们贷出款项的偿还是有保证的。项目的可行性研究需要包括项目的经济效益与费用分析、项目执行的可靠性以及项目完建投产后获得足够收益的可靠性研究。

（2）选择项目的资金结构，对资金的来源加以鉴别。这一步骤的目的是确定项目所需资金的数额、项目投资的风险以及对业主能否筹集到这笔资金作出判断。与此同时，还须对资金结构和集资渠道制定出几个可能的替代方案。

（3）拟定一份最终的集资计划，包括：所需资金总额；分阶段的资金需求量；权益资金和借贷资金的数额和比例；对资金来源的建议；从预期的投资者和贷款人获得资金的期限和一般条件；对避免和弥补资金风险的安排和建议。

（4）与可能的贷款人进行初步的接触，以便他们了解和熟悉这个工程项目的情况，进而还需要和可能的贷款人讨论借款的金额、利息、期限以及有关的各种附加条件的基本意向。

（5）安排与贷款人的正式谈判，最终确定贷款的条件和协议条款，并签署贷款协议。

8.2.4　项目融资的主要方式

近年来，随着我国经济的飞速发展，工程建设项目不断增多，建设规模持续扩大，对资金的需求量不断增加。在这种背景下，对政府管理部分以及企业的融资能力要求越来越高。如何充分调动与发挥社会各界力量，参与项目建设，确保建设资金充裕，一直是工程学界关注的重要问题。项目融资经过多年的发展，已经有了较为成熟的模式，主要分为间接融资和直接融资，具体如下所述。

间接融资模式主要包括两优贷款间接融资、出口信贷间接融资、银行直接贷款等模式。如图 8.2 所示，两优贷款模式主要涉及优惠贷款以及优惠出口买方借贷，其中，优惠贷款主要由我国相关政府部门制定相应的金融机构给予发展中国家长期性、低利息的贷款，这种融资模式存在政府援助的特性。而优惠出口买方信贷则是在满足政治要求的基础上，加强国际及地区之间的经济贸易合作，通过出口买方信贷的方法对其提供优惠的特定贷款模式。两优贷款融资模式较为常见，不过在申请贷款时需要满足一定的政治条件和要求，门槛较高。出口信贷间接融资指的是利用离析补贴同时进行信贷担保，给予贷款方低利息贷款。出口信贷间接融资又可划分为买方与卖方信贷。在具体的操作过程中，应用最为广泛的是买方信贷模式。

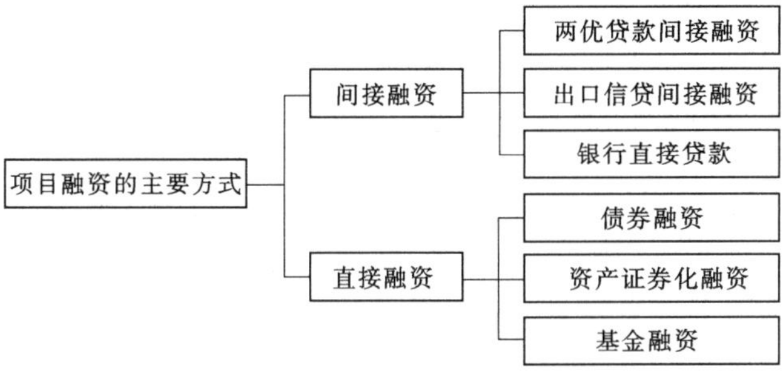

图 8.2 项目融资的主要方式

直接融资分为债券融资、资产证券化融资及基金融资等。债券融资指企业通过发行债券的方式来筹集社会闲散资金。例如，针对某些市场预期明确、有良好投资回报潜力的工程项目，可以采取该方式来筹资。三峡工程项目在建设中就采用了该模式。与银行贷款相比，这种融资模式具有较高的自由性，但对企业信誉和社会影响力有较高要求。资产证券化融资则指企业通过上市发行股票来筹资，该方式对企业和项目的盈利能力、经营基础等要求较高，也是目前最常用的融资模式。基金融资可划分为产业基金及风险基金等。产业基金比较常见，主要是定向投资，例如环保基金、国家集成电路产业投资基金等。在工程项目采用产业基金的方式进行融资时，基金投资者以及项目的有关投资者同时一起承担风险，并且共享收益。

资源 8.7 三峡工程的融资方案

以港珠澳大桥为例，这一重大跨界基础设施的决策过程，体现了一种跨越体制差异、交织了中央—地方各方利益协调的嵌套博弈治理模式。有关国家集成电路产业投资基金项目的融资方式可参考拓展材料。

资源 8.8 港珠澳大桥工程的融资方案

资源 8.9 国家集成电路产业投资基金

8.3 工程项目的资金计划

8.3.1 工程项目的资金计划基本概念

工程项目的资金计划是对项目资金预期目标进行筹划安排等一系列活动的总称。主要是对工程项目的总体资金管理目标进行规划，对实施的各项活动的费用进行周密的安排，系统地确定项目资金管理的任务、综合进度下各阶段的费用及完成各项任务所需要的资金等，它是项目资金管理的重要组成部分。

在资金计划中，经常用到以下几个基本概念：

（1）投资和投资计划，一般从业主、投资者角度出发。

（2）成本和成本计划，承包商采用的较多。

（3）费用和费用计划，各种对象均可以使用，但“成本”和“费用”有些区别，有些费用可以进入成本，而有的费用不能作为成本开支。

它们都以工程上的价值消耗为依据，其实质上有统一性。无论从业主、投资者角度，还是从承包商角度，其计划和控制方法是相同的。

8.3.2　工程项目成本计划

8.3.2.1　工程项目成本组成

我国工程项目建设费用包括以下几部分。

（1）建筑工程费用，主要包括人工费、材料费、机械费、其他直接费、现场管理费、总部管理费等。

（2）安装工程费用，主要包括直接费、间接费、利润和税金等。

（3）设备购置费用，主要包括设备原价或进口设备抵岸价和设备运杂费等。

（4）工具、器具、家具购置费用，指必须购置的、没有达到固定资产标准的设备、仪器、生产家具等的费用。

（5）其他费用，如土地、建设单位管理费、拆迁费等。

8.3.2.2　现代工程项目管理中成本计划的特点

从现代工程项目管理角度看，成本计划具有以下显著的特点。

（1）从总体上考虑工期、成本、质量、实施方案等之间的相互影响和平衡，对不同方案进行技术经济分析，寻求最优解决。

（2）除建设成本外，还要考虑运营成本，即采用全寿命期成本计划方法。一般来说，对确定的功能要求，建设质量的标准高，则建设成本增加，运营费用降低；反之，建设成本低，运营费用提高。因此须通过工程全寿命期经济性比较和费用优化的办法解决。

（3）全过程的成本计划管理。在项目实施过程中，任何一方（业主、承包商等）作出任何决策都要做相关的费用预算，顾及对成本和项目经济效益的影响。

（4）其目标是使项目建设成本最小化，同时与项目盈利最大化相统一。

（5）按可获得的资源（资金）量安排项目规模和进度计划，还要按照项目预定的规模和进度计划安排资金的供应，保证项目的顺利实施。

8.3.2.3　成本计划的过程

成本计划通常需要经过总成本目标、成本逐层分解、成本估算，再由下而上逐层汇集、精细对比分析的过程。

（1）在项目的目标设计阶段就提出总投资目标，可行性研究阶段对总投资目标进行进一步分析论证；项目被批准立项后，则确定了该项目的计划总成本。

（2）按结构图对各个成本对象或子部分计算成本估计值，将此估计值与限额相比较。

（3）按结构图由下而上进行汇总，并与原计划（限额）进行对比，衡量每一层单元计划的符合程度，以便对设计和计划进行修改。

(4) 经分解的新的成本计划版本须经规定的批准程序，批准后就应该作为各层次组织成本责任和成本控制的依据。

成本项目分解结构和工程项目分解结构是相通的，只是说工程项目分解结构应用到成本管理中来，就称之为“成本项目分解结构”(简称 CBS)。

资源 8.10 工程项目成本的结构分解

8.3.2.4 成本计划的内容和表达方式

通常一个完整的项目成本计划包括以下几个方面的内容：

(1) 各个成本对象的计划成本值。

(2) 成本-时间表和曲线，即成本的强度计划曲线。它表示在各时间段上工程成本的完成情况。

(3) 累计成本-时间表和曲线，即 S 形曲线或香蕉图，又被称为项目的成本模型。

(4) 相关的其他计划，如工程款收支计划、现金流量计划、融资计划等。

常用的成本计划的表达方式有：

(1) 表格形式，如项目成本-时间表、成本分析对比表等。

(2) 曲线形式，有两种：一种是直方图形式，如成本-时间图，它表示任一时间段上工程成本的完成；另一种是累计曲线形式，如累计成本-时间曲线。

(3) 其他形式，如表达各成本要素份额的圆（柱）形图等。

资源 8.11 工程项目成本计划影响因素与精度

人们总希望制定精确的成本计划，但这是很困难的。有关工程项目成本计划影响因素与精度的详细解释可参考知识拓展。

工程项目成本计划图可以很形象地看出工程成本计划，具体可参考资源 8.12。

资源 8.12 工程成本计划图

8.3.3 工程项目资金计划

无论对业主还是承包商，对项目的现金流量越来越重视，并将它纳入计划范围。

对业主来说，项目的建设期主要是资金支出，因此现金流量计划表现为支付计划。它不仅与由成本计划确定的工程进度有关，而且还与合同所确定的付款方式（尤其是付款期）有关。项目必须在可以筹集的资金范围内安排规模、标准、实施时间，还应该考虑在项目实施过程中特殊情况下的资金需求，如物价上涨、不可抗力、不可预见的复杂地质条件等。

对承包商来说，项目的费用支出与收入在时间上常不平衡，有些项目承包商常需垫资承包。

工程项目的现金流量计划的作用主要有以下几种：

(1) 安排资金以保障正常施工，由现金流量计划安排借贷款计划。

(2) 计算资金成本，即计算由于工程负现金流量（投入＞收益）带来的利息支出，并计入报价中。

(3) 对于垫资多、资金缺口大、财务风险大的问题，应该有相应的对策。

下面以承包商的资金计划为对象来介绍工程项目资金计划的方法。

8.3.3.1 支付计划

承包商对工程的资金支出与由工期计划确定的成本计划并不同步。因此，承包商在制定工程项目的支付计划时应该包括以下计划。

(1) 人工费支付计划。

（2）材料费支付计划。

（3）设备费支付计划。

（4）分包工程款支付计划。

（5）现场管理费支付计划。

（6）其他费用支付计划，如管理费、保险费、利息等。

8.3.3.2　工程款收入计划

承包商的工程款收入计划即为业主的工程款支付计划，受下列因素影响。

（1）工程进度，即按照成本计划确定的工程完成状况。

（2）合同确定的付款方式，通常有以下几种。

1）工程预付款（备料款、准备金），在合同签订后、工程开始前支付，作为施工准备。

2）按月进度付款，在每月末将该月实际完成的分项工程量结算成当月的工程款，一般在第二个月支付。

3）按形象进度分阶段支付，一般分为开工、基础完工、主体完成、竣工等几个阶段。

4）其他形式带资承包。

8.3.3.3　现金流量

在工程支付计划和工程款收入计划基础上可得到工程的现金流量。可通过表格、图表形式来反映现金流量情况。

8.3.3.4　融资计划

在承包商垫资承包项目情况下，承包商在建设期间为负现金流量，因此可考虑采取融资方式来获得所垫资金。在融资时应该注意以下问题：

（1）项目融资计划的确定，即何时需要注入多少资金才能满足工程需要。

（2）以什么样的融资方式取得资金，如自有资金、世行贷款、亚行贷款、国内外商业贷款、外国政府各种形式的信贷等，或者通过发行股票、债券等。

资源 8.13
某工程项目
资金计划表

具体的工程项目资金计划是如何呈现的可参考资源 8.13。

8.4　工程项目的成本控制

工程成本是施工全部活动工作质量的综合性指标，它反映了承包企业生产经营管理活动的各方面工作的综合成果。承包商通过议标或招标获得工程承包合同后，面临的极为重要的课题就是成本管理。获得承包合同，仅是赢得投标竞争的成果，只有把实际工程实施成本管理与控制在合同价格之内，才能获取利润。尽管承包商在投标前已对工程做过详细的价格计算，也分析过成本和利润，但是，如果不在实施过程中进行严格的成本管理和控制，仍可能产生难以预料的严重后果。

8.4.1　项目成本的定义及其构成

8.4.1.1　项目成本的定义

成本是为达到某一目标而使用或放弃的资源。项目成本是指为完成项目而以货币形式发生的资源耗费，主要包括项目实施全过程各阶段的资源耗费。这些资源耗费不仅仅是资本耗费，还包括完成整个项目所耗费的全部资源。

8.4.1.2　项目成本的构成

对于不同的项目参与者（即项目利益关系者）来说，参与项目的工作阶段、时间不同，其所经历的项目生命周期长度是不同的。不同的参与者会在不同的时间以不同的方式测算成本。因此，不存在统一的项目成本构成。但任何成本构成都应该包括项目参与者眼中的项目生命周期各项工作的资源耗费。因此进行成本管理，首先应该识别项目参与者的项目生命周期，进而确定各阶段的资源耗费和项目成本构成。

从项目范围看，项目成本应包括项目生命周期全过程所发生的全部成本，主要有以下几项。

1. 项目启动成本

项目启动是项目形成的第一个阶段，也是每个项目都必须经历的。为了进行科学的决策，在项目启动阶段要进行翔实的调查研究，收集和掌握第一手信息资料，进行项目的可行性研究。项目决策的优劣，直接影响到项目的建设和建成后的经济效益及社会效益。完成这些工作需要耗用人力、物力资源，需要花费资金，通常包括市场调查费用、可行性研究费用等。这些费用构成了项目成本中的项目启动成本。

2. 项目规划成本

任何一个项目都要开展项目规划设计工作。这些工作同样要发生费用，这项费用是构成项目成本的一个重要组成部分。

3. 项目实施成本

项目实施成本是指为完成“项目产出物”在项目实施过程中所耗用的各项资源。这既包括在项目实施过程中所耗费物质资源的成本，也包括项目实施中所消耗活劳动的成本（项目团队成员的工资、奖金等）。项目实施成本包括采购费、研制费、开发费、建设费及分包费等。项目的实施成本是项目总成本的主要组成部分。项目成本控制在很大程度上是对项目实施成本的管理与控制。

4. 项目终结成本

项目结束阶段也会发生一系列成本，如建设工程项目的竣工验收费、软件开发项目的调试测试费等，这些费用构成项目终结成本。

8.4.2　成本控制的目的和作用

为了有效地控制成本，应遵循循环性的原则，即制订计划，按计划执行，实际成本与计划成本的比较，分清差异，并进行适当处理，然后再执行。也就是说，计划、执行、管理必须经常连续反复地进行。其作用有如下几点。

8.4.2.1　监督工程收支，实现计划利润

在投标阶段分析的利润仅仅是理论计算而已，只有在实施过程中采取各种措施监督工程的收支，才能保证计划利润变成现实的利润。具体地讲，应当使每一笔开支在金额上最合理，时间是最恰当，并控制在计划之内；应当使每一笔该收的钱在数额上没有任何遗漏，并且尽早收回；对于计划外的一切开支必须严加审查，除应由成本控制工程师签署意见外，还应由相应的负责人员进行审批；对于虽有计划但超出计划数

额的开支也同计划外用款一样处理；对低于成本计划的支出节余，也应加强平衡和控制，可以采取以丰补歉的调整。

8.4.2.2　做好盈亏预测，指导工程实施

在工程实施中，应根据单位成本增高和降低的情况，对各部分项目的成本增降情况进行计算，不断对工程的最终盈亏做出预测；对于增大成本的分部项目，如有突破该项成本计划的可能，应向有关业务部门和负责人发出警告信号。如有全面突破成本计划的前兆，应及时向现场经理和办事处经理报告；根据实施过程中的成本统计资料，分析突破成本计划的原因，指出薄弱环节，并提出降低成本的措施和建议，作为指导工程实施的参考。

8.4.2.3　分析收支情况，调整资金流动

根据工程实施中的情况和成本增降的预测，对流动资金需要的数量和时间进行调整，使流动资金计划符合实际情况，从而可供筹集资金和偿还借贷资金参考。

8.4.2.4　积累资料，指导今后投标

对实施过程中的成本统计资料进行积累并分析单项工程的实际成本，用来验证原来投标计算的正确性。所有这些资料均是十分宝贵的，特别是对在该地区继续投标承包新的工程，有着十分重要的参考价值。

8.4.3　成本控制的主要内容

8.4.3.1　成本控制的基础工作

做好定额管理工作，应有一套高出现有平均水平的先进的技术经济定额，作为编制施工作业计划、降低成本计划以及进行校正和掌握人工、材料、机具消耗和控制费用开支的依据。承包工程的主要定额有：物资消耗定额，燃油料、动力消耗定额，劳动定额，机械台班产量定额，材料使用定额，各种费用定额等。

建立健全计量和验收制度，设置必要的计量设备，建立出入库检查制。计量和验收工作是经济核算和成本管理的重要一环，它为各部门提供可靠的数据，是成本校核的必要条件。根据施工和物资管理的特点，配备必要的计量器具。一切物资的收、发、领、退等都要按规定办理手续，准确计量、校验，对库存物资和现场材料要定期盘点，做到账物相符。施工中的各种消耗，一般都应以精确计量的实际消耗为准，不应估算；施工完成的工程量应以测量和计量的数据办理工程价款的结算。

建立健全原始记录。原始记录是工程施工管理活动中的第一次直接记录，是编制成本计划、制订各项定额、进行工程价款结算和工程成本校核的主要依据，是成本管理的基础。企业应统一规定各种原始凭证的格式内容和计算方法以及填写、签署、报送、传递、保存等制度。主要的原始数据有：合同管理的原始记录，如投标文件、图纸、合同及有关的往来信函；施工管理的原始记录，如施工图纸、施工计划、完成工程量记录、工程检测书、工程价款结算单、工程质量检验记录、工程验收证书、工程竣工验收、业主自办工程备忘录等；物资机械管理原始数据，如供资合同、固定资产账目、机械运转维修保养记录等；人事工资管理方面的原始记录；财会管理的原始数据等。

正确计价。正确计价是合理计算生产耗费，确定工程实际成本的前提。企业可以

根据其管理体制和各项定额与价格，制订内部机构台班单价、人工单价、各种服务收费价格等，但必须遵守工程项目所适用的财务制度和会计准则。

编制施工预算。施工预算是内部成本核算、作业计划、签订分包合同和签发施工任务单的主要依据。

成本管理的准备工作，首先是认真研究合同内容，特别是工期、支付条件及其他限制规定，要按施工预算考虑计划成本和施工计划，调度机械设备。其次，要根据工程进度计划和材料调度计划，编制出经营工程所需的现金流量表，每月支出预算额度是根据施工预算的计划成本和工程进度表所制定的人工费、材料费、机械设备费和对分包商支付等各项费用，每月的预算额以合同明细表中的价格和工程进度计划表为基础进行估算，在进行管理时，对于工程变更、工程量增减和基本估价等条件的变化必须密切注意和反映。在制定了进度计划、材料供应计划及预订之后，应当制定工程成本结算科目分类。成本会计科目分类是成本管理业务最基本且很重要的环节。

8.4.3.2 工程成本科目分类

统一分类的目的为：统一细目样式，避免预算成本漏项；作为计划与实际成本比较的基础；作为改进施工方法、提高效率、降低成本的比较手段；作为同类工程间比较研究的手段。

在满足成本管理目的的前提下，应尽量使成本账目分类的手续制度简化。例如，全部承包的土建工程，购买用于工程目的的设备和机械，其费用不向各项工程账目摊销，而是作为从各项工程账目中分离出的一个会计科目核算，使施工预算与实际费用直接比较，既方便又有效。此外，一般的方法是把组成各项成本科目的费用分门别类，即将所有的直接费和间接费最终分摊到各工程账目中去。所以，美国土木学会"基础会计及成本管理手续委员会"对工程成本的会计科目分类采用如下的六大账集：投标项目的工程账；设备和机械资产账；居住设施的资产账；设备及机械运行费账；居住设施经营费账；其他经费和管理费账。

8.4.3.3 成本预测

它是在成本发生前，根据预计的各种变化情况，测算成本的降低幅度，确定降低成本的目标。成本预测的主要方法如下：

(1) 专家会议法。专家会议法是指将有关人员集合起来，针对预测的对象，交换意见预测工程成本。使用该方法，预测之间常出现较大的差异。在这种情况下，一般可采用预测值的平均值或加权平均值作为预测结果。

(2) 专家调查法。专家调查法又称特尔菲法，根据有专业知识的人的直接经验，采用系统的程序，互不见面和反复进行的方式，对某一问题进行判断的一种方法。首先草拟调查提纲，提供背景资料，然后轮番征询不同专家的预测意见，最后再汇总调查结果。

(3) 详细预测法。这种预测方法通常是对施工项目计划工期内影响其成本变化的各个因素进行分析，拟找出最近已完工项目或将完工项目的成本，预测这些因素对工程成本中有关项目（成本项目）的影响程度。然后用比重法进行计算，预测出工程的单位成本或总成本。

（4）工作分解法。该方法是依照施工组织设计和施工进度计划，将整个工程逐级划分为内容单一的小项。然后依据企业内部定额，按照实际的材料、设备、人工费用，估算每个小项的施工成本，自下而上进行汇总，最后得到总的计划工作预算成本。

成本预测的主要内容如下。

（1）确定降低成本的目标。工程项目降低成本目标也就是项目成本的降低率，是必须保证工程项目利润计划的完成，其计算表达式为

$$\text{工程项目降低成本目标}=\frac{\text{工程项目预算成本}-\text{工程项目目标成本}}{\text{工程项目预算成本}}\times 100\% \tag{8.1}$$

其中

$$\text{工程项目目标成本}=\text{工程项目预计的结算收入}-\text{税金}-\text{计划期目标利润} \tag{8.2}$$

式（8.1）和式（8.2）中，工程项目预计的结算收入是指合同价减去业主成本工程价，税金是按照有关的法规规定的税收，目标利润是指工程项目经费计划中规定的计划利润。

（2）分析和研究降低成本的途径。为确保工程项目降低成本目标的实现，就要分析和研究各种可能的降低成本的措施和途径，这些可能措施和途径主要包括以下内容：

1）改进施工工艺和施工组织。工程中劳动力消耗、材料消耗、机械台班消耗以及费用的支出很大程度上都是由施工方案和施工组织的水平控制的。施工工艺方案和施工组织方案合理是最大的节约。所以，在制定施工方案、施工组织设计时应进行方案的技术经济分析。

2）节约材料费用。节约材料费用应从量价和差价两方面着手。从订货、采购、运输、入库验收、仓库保管、集中加工、回收利用等环节以及合理下料、综合利用等方面全面节约。

3）节约人工费用。节约人工费用关键在于提高工效，节约劳动消耗量。为此，应采用平均先进的劳动定额、定员定编、改善劳动组织及采用以提高劳动生产率为目标的其他技术组织措施。

4）节约机械使用费。工程上应讲求机械设备的合理配备，切实提高机械设备的利用率和效率，以及采用降低机械台班使用费的其他措施。

另外，实行全面质量管理，减少和防止不合格品、废品的损失和返工损失，节约管理费用。

（3）计算采用措施后的经济效果。降低成本的措施确定后，要计算采用这些措施后的经济效果。它实际上也是降低成本目标保证程度的预测。

由于原材料、燃料、动力等物资消耗降低而使成本降低：

$$\text{成本降低率}=\text{材料成本占全部成本的比重}(\%)\times\text{材料、燃料等消耗降低}(\%) \tag{8.3}$$

由于劳动生产率提高率超过平均工资增长率而使成本降低：

$$\text{成本降低率}=\text{工资成本占全部成本的比重}(\%)\times\left[1-\frac{1+\text{平均工资计划增长}(\%)}{1+\text{劳动生产率计划增长}(\%)}\right] \tag{8.4}$$

由于多完成工程任务，使费用相对节约而使成本降低：

$$成本降低率=固定费用占全部成本比重(\%)\times\left[1-\frac{1}{1+完成任务增长率(\%)}\right] \tag{8.5}$$

由于节约开支，压缩管理费用而使成本降低：

$$成本降低率=管理费用占全部成本比重(\%)\times费用压缩率 \tag{8.6}$$

由于减少废品、返工损失而使成本降低：

$$成本降低率=废品、返工损失占全部成本(\%)\times废品、返工损失降低率 \tag{8.7}$$

将上述各项目因素计算的成本降低率相加，即为测算的成本降低率。将测算的成本降低率与成本降低目标进行比较，如满足要求，即把降低成本的措施落实下来，进行成本计划的编制；如不能满足要求，则还需要分析，选择和采用另外的降低成本措施，再进行测算和比较，直到满足成本降低目标的要求为止。

由此可见，成本预测过程是不断动员挖潜、以保证达到成本降低目标并保证成本指标与其他各项技术经济指标平衡与衔接的过程。所以，成本预测又称成本的试算平衡。

8.4.3.4 成本计划的编制

投标报价一般由工程技术部门负责，主要根据招标文件、图纸和调查了解的材料、设备和业务价格资料作出报价单，这个报价单是有科学依据的，但比较粗糙。例如，在报价阶段，对各项管理费用、临时设施、机器设备等的计算和分摊办法，往往是凭经验数据来估算的。对于税收、利润等则大都采用系数法粗略估计。而编制成本计划则要求细致具体，要同成本会计制度密切结合和协调。因此，成本计划一般要由工程技术部门和财务部门合作，共同编制。

成本计划是依据最后签订的合同价格、工程量价格单和投标报价计算书等资料编制的。由于合同价格和工程量价格率是按各项工程量与其单价的乘积算得的，而每项工程内容的单价是包括材料费、机具设备费、劳务费和各种管理费用的综合价格，这种综合价格不便于进行控制和分析。而作为成本分析，则需要将综合单价及总价按材料、设备、劳务和管理费用等分解，分类汇总。

1. 材料成本控制计划

按投标报价估价表中的材料用量进行统计，各月所需材料用量统计的精细程度可根据需要列出。由于材料是分批购买的，因此，在统计表中可以将实际发生的单价及总价多列几栏，以便在控制过程中根据情况列出已发生数和今后预计调整数等。

2. 生产设备成本控制计划

同材料成本控制计划一样，列出细目进行控制。

3. 施工机具成本控制计划

施工机具设备可以根据不同的成本核算习惯列表。大致有两类费用：一类是利用设备而发生的费用支出；另一类是设备投入运转发生的费用。前者主要是所购设备机具的折旧费摊销，后者主要包括燃料、零配件和修理费。

4. 劳务费成本控制计划

可按投标报价中的劳务数量估计劳务来源和工资等各项成本费用，重新核算。控制劳务费用的主要措施是合理安排进场和退场人员的时间，避免窝工现象，减少辅助生产人员，提高工效，降低劳务成本等。

5. 临时工程费用成本控制计划

根据施工组织设计中临时工程项目内容制订计划。因工程规模和工期长短不同，工程费用的差别很大。例如，工期较长的工程，合理安排各类工人进场和退场时间，可以最大限度地利用工人住宿基地，以减少营地建筑面积；某些仓库加工场所可利用早期建成了外壳的永久性工程来临时存放设备和工具，以及安排维修车间、安装件加工车间等。

6. 管理费用成本控制计划

由于投标计算时是按多数法估算的，在签订合同后，可以较详细地分项核算，编制出接近现实的控制计划。管理费包括直接管理费、工程总管理费和间接管理费。

得益于计算机的出现与发展，项目成本管理软件也得到了飞速发展，并在工程项目管理中发挥了极其重要的作用。

资源 8.14 项目成本管理软件

8.4.4　成本控制的程序和方法

8.4.4.1　下达成本控制计划

由成本控制部门或工程师根据成本计划分门别类拟定和下达控制计划给各管理部门和施工现场的管理人员。

8.4.4.2　确定调整计划权限

应当随同计划的下达，规定各级人员在控制计划内进行平衡调剂的权限。任何计划都不可能是尽善尽美的，应当给各管理部门在一定范围内进行调剂求得平衡的余地。

8.4.4.3　建立成本控制制度

完好的计划和相应的权限都需要有严格的制度予以保证。首先，应制订一系列常用的报表，规定报表填报方法。其次，应规定涉及成本控制的各级管理人员的职责，明确成本控制人员同财会和现场管理人员之间的合作关系和具体职责分工。

8.4.4.4　设立成本控制专职岗位

成本控制专职人员从工程一开始就参与编制成本计划，制定成本编码和推行各种成本控制的规章制度，注意搜集和整理每项已完工程的实际成本资料，同成本计划进行比较分析，提出调整成本计划的意见。成本控制专职人员还有责任协助和参与财会部门和工程技术部门编制的工程决算，为今后投标所需的工程成本计算提供参考资料。

8.5　工程项目审计

随着我国经济建设方向向建设节约型社会转变，人们对工程建设项目资金使用的关注重点也从以往的合理性与合法性提升到了是否经济、有效。审计作为调查、了解资金使用情况的重要手段之一，为保证工程建设项目资金合理、合法、经济、有效起着至关重要的作用。

8.5.1　审计的定义与阶段划分

审计是审计机关为了查明有关经济活动和经济现象的认定与所制定标准之间的一致程度，依法独立而客观地收集和评估被审计单位的证据（主要指会计凭证、会计账簿、会计报表及财政收支、与财务收支有关的资料和资产、监督财政收支、财务收支等），并将结果传递给有利害关系的使用者的系统过程。

项目审计是对项目管理工作的全面检查，包括项目的文件记录、管理的方法和程序、财产情况、预算和费用支出情况以及项目工作的完成情况。工程项目审计是指对单项工程项目从投标中标、组织施工到竣工交付使用全过程的经济活动和管理进行的审计，并对其最终绩效进行评价，主要是对工程建设项目资金来源及使用情况、招标投标情况、工程建设成本及其他财务收支情况、概算（预算）调整情况以及各种合同执行情况等进行的审计监督，包括了内控制度、财务收支、经济效益、经济责任等内容，是一项综合性的审计。

工程项目审计的目的在于规范工程项目管理，完善制度，加强监管，防范风险，提高资金使用效益，实现项目优质、高效与安全。

工程项目审计一般划分为以下三个阶段。

（1）工程项目的前期审计，主要是对工程前期准备工作及施工管理的各项内控制度进行审计。

（2）工程施工过程审计或中期审计，主要是围绕成本效益情况进行的审计。

（3）工程项目终结审计，主要侧重于经济责任审计。

8.5.2　工程项目审计内容

工程建设项目审计内容包括：工程建设项目招标投标审计、工程建设项目开工前审计、工程建设项目预（结）算审计、工程建设项目财务审计、工程建设项目合同执行情况审计。

8.5.2.1　工程建设项目招标投标审计

对进行招标投标的工程项目，应该严格按照《中华人民共和国招标投标法》进行招标投标实施审计。主要审计内容如下。

（1）招标投标活动是否遵循公开、公平、公正和诚实信用的原则。

（2）招标文件是否正确、完整，招标文件中所列规模是否控制在批准的设计规模之内，有无计划外项目。

（3）招标方式是否合法，是否按规定的程序和方式招标，招标办法有无漏洞或弊端，对潜在投标人的选择及资质审查是否公正。

（4）标底编制：①标底编制的程序、方法是否合规，套用定额及执行取费标准是否符合规定；②工作量计算是否准确，标底造价是否真实；③标底造价是否控制在批准的概算或修正概算以内；④标底造价的确定是否有利于竞争和保证工程质量，有无为获得更多的包干结余而不切实际地压低标底造价的问题；⑤标底编制是否按程序进行。

（5）投标书的编制：①内容是否完整、合规；②潜在投标人选择的施工方法和施工组织设计是否科学、先进，有无保证工程质量、工期和安全的具体措施；③计划开竣工日期、工程进度安排及对合同主要条件的确认是否合理；④投标报价是否合理、合规；⑤投标文件及过程是否合规。

（6）评标和定标：①评标委员是否由招标人的代表和有关技术、经济等方面的专家组成，评标是否由评标委员会负责，与招标人有利害关系的人有无进入相关项目的评标委员会的情况；②评标办法和标准是否合理、合规；③开标是否公开进行并当众启封标书，有无监督；④是否按照平等竞争、公平合理原则对潜在投标人的报价、工期、主要材料用量、施工方案、质量实绩、企业信誉等进行综合评价，择优确定中标人。

工程建设项目招投标要严格实施审计，通过案例可以认真思考招投标过程中可能遇到的问题。

资源 8.15
招投标问题

8.5.2.2　工程建设项目开工前审计

审查工程项目开工前的工程项目计划、资金落实、开工条件具备、施工队伍选定以及承包合同签订等情况的合法性和合规性。

（1）所建工程是否为经过批准的计划内项目，是否正式列入本单位固定资产投资计划或企业年度预算内，项目建设是否符合基本建设程序有关规定。

（2）所建工程是否进行了立项论证，初步设计、概算是否经过有关部门审批，项目是否经过有关管理部门批准。

（3）项目资金来源是否符合公司有关规定，是否按投资计划及时到位，使用是否合规。

（4）项目建设用地是否按批准的数量征用，征地、拆迁工作是否已经完成，施工场地的“四通一平”（即供电、供水、运输、通信和场地平整）是否已经完成或一并列入施工承包或招标范围，其费用支出是否符合规定。

（5）项目建设所需要的主要设备是否已经订货，主要材料是否已经落实并部分达到现场，有无因设备、材料不落实而影响施工进度的情况。

（6）项目法人是否已经设立，项目经理和管理结构成员是否已经到位。

（7）开工报告是否经过有关部门批准，大中型建设项目的开工是否符合《国家计委关于基本建设大中型项目开工条件的规定》。

（8）项目施工组织设计大纲是否已经编制完成。

（9）施工企业是否持有有效的营业执照、开工许可证、税务登记证及承揽工程所应具备的资质等级证书。

（10）施工企业投入的技术人员、技术装备等是否与所承建的工程项目相适应。

（11）工程建设承包合同是否合规，工期、质量、造价、工艺、技术规范、材料和设备供应、价格结算等方面的责任和要求是否明确。

（12）总包、分包之间责任是否明确，分包单位是否具有相应资质，有无违反规定将分包的工程再转包等问题。

8.5.2.3　工程建设项目预（结）算审计

审查工程项目预（结）算的真实性、合规性和准确性。

（1）工程建设项目是否按批准的初步设计建设，并符合验收标准。

（2）竣工结算的依据是否符合合同条款有关规定，结算资料和手续是否齐全，有无假预算、假结算的工程项目。

（3）工程预（结）算书的内容是否真实、准确、合法：①按工程量计算规则和经审定的施工图计算的工程量是否准确，有无重算、漏算等问题；②预算套用的定额是否与工程应执行的定额标准相符，各分项工程预算定额是否与设计文件相符，工程名称、规格、计算单位是否一致，预算单价的换算是否准确，有无套错定额情况；③施工企业取费标准是否与其资质等级或合同规定相符，工程类别是否符合取费系数的规定，取费系数及计算是否符合规定；④设备、材料用量是否与定额含量或设计含量一致；⑤设备、材料是否按国家定价或市场价计价，材料预算价格与实际价格是否准确；⑥设计变更单、材料代用单、现场质量签证单、工序验收单及补充预算书等是否真实、有效，数据是否正确，手续是否完备，有无重签、多签等问题。

（4）预算（概算）执行情况：①调整预算（概算）是否由有资格单位依据规定的办法、定额、标准编制，套用定额和计取费用是否准确，是否符合规定，是否经有资格部门批准；②设计变更的内容是否符合规定，签证手续是否齐全；③影响建设规模的单项工程间投资调整和建设内容变更是否按规定的管理程序报批，有无擅自改变设计内容、扩大建设规模和提高建设标准等问题；④建设项目设计、施工各个环节是否执行了国家有关环境保护法规和政策，环境治理项目是否和项目建设同步进行。

（5）对实行预算包干的工程建设项目，审计部门必须对其预算进行审计；对施工中工程变更的，亦应根据变更情况对其预算进行审查调整。

8.5.2.4 工程建设项目财务审计

审查工程项目实际发生的各项支出的真实性、合法性和合规性。

（1）工程总投资是否控制在经批准的投资计划以内。

（2）工程建设项目工程成本是否真实、合法，建筑安装工程成本是否按概算和公司有关制度正确归集、分配，单位工程成本是否准确，有无将计划外工程费用及其他费用挤入了工程成本或将工程项目开支列入了生产成本等问题。

（3）其他费用支出情况：①各项购置费用是否控制在经批准的概算之内；②建设单位管理费的使用是否符合会计制度的规定，有无擅自提高标准、扩大范围、超概算的问题；③土地征用及迁移补偿费是否按照《中华人民共和国土地管理法》规定的标准和范围支付，有无严重高估、弄虚作假的问题，有无擅自多征土地的问题；④勘察设计费、监理费和可行性研究费是否按国家有关规定支付，有无提高标准或用其他名义多取费用的问题；⑤进口成套设备费用的开支范围和标准是否符合合同规定。

（4）预付工程价款：①预付工程价款是否与合同规定的比例及工程进度相符；②预付的备料款和工程款是否如数进行了抵扣，质量保证金是否留足；③有无安装设备未安装而预付工程价款的问题；④预付工程价款是否支付到约定的银行账户，有无违规付款行为；⑤施工单位收到预付工程价款后出具的收据是否合规，收据的内容、数字是否正确无误；⑥预付工程价款账务处理是否及时正确。

（5）工程项目设备、材料采购及管理：①设备、材料等物资是否按设计要求进行招标采购，其价格、运输、材料保管等费用核算是否准确，使用与维护是否有效，材料成本差异的分摊是否合理，有无盲目采购、抬高设备价格和加大材料采购成本等问题；②采购的设备、材料等物资的质量和数量是否符合工程项目的需要；③建设物资是否与同期生产耗用物资严格区别核算。

8.5.2.5　工程建设项目合同执行情况审计

在工程建设项目审计中，无论实行招标投标的工程项目，还是采取其他承建方式建设的工程项目，审计部门都应随工程进展，对承发包双方履行合同情况进行审计。

（1）承发包双方是否严格履行了合同所规定的义务（包括工期、工程质量、技术指标及工程项目管理等），有无违反合同的情况。

（2）在执行合同的过程中，如发生合同变更、解除，是否履行了合法、合规的手续。

（3）发生合同纠纷时，是否执行了有关部门的调解或仲裁决定，有无因以上事项影响建设工程质量和工期等问题。

（4）工期是否超过合同规定期限，是否按规定收取违约金。

通过案例可以了解合同审计中遇到的常见问题。

资源 8.16
合同审计中的问题

8.5.3　工程项目审计程序和审计方式

8.5.3.1　工程项目审计程序

工程项目审计实施过程就是实现项目审计目的的过程。这一过程具有一般审计项目共有的实施程序：

（1）下达审计通知书。

（2）制定审计方案。

（3）组织实施审计。

（4）编写审计报告。

（5）交换审计意见等。

8.5.3.2　工程项目审计方式

工程项目审计一般可视具体情况采用下列方式：

（1）就地审计。

（2）送达审计。

（3）联合审计。

（4）审计监察办公室认为适当的其他审计方式。

8.5.3.3　工程项目审计方法

进行工程项目审计，审计监察办公室应根据不同工程建设项目的具体情况，可分别采取不同审计方法，包括全面审查、重点审查、分析比较等。

8.5.4　项目审计具体要求

为提高审计质量，审计部门应对较大工程实施项目跟踪审计。施工管理单位和施工单位应积极配合，审计人员应深入施工现场，并根据工程进展情况及时向施工管理单位索取有关文件、资料。

对工程项目资料报送不全者，审计部门不予审计；对审计查证已经实施后才补充报送的签证、变更单、联络单等，审计机构不予承认。

8.5.4.1 资料收集范围

工程建设有关单位应向审计部门报送下列资料：①项目建议书、可行性研究报告及相应的批准文件；②设计（计划）任务书、初步设计、修正总概算及批准文件；③设备采购合同，器材引进、设备技术说明书；④工程招投标资料和承包合同、施工协议等；⑤全套竣工图纸、设计变更图纸、设计变更签证单、施工组织设计及竣工资料；⑥隐蔽工程资料记录及验收资料；⑦附有工程量计算书，加盖送审单位、编制单位公章及预算员专用章，建设单位初审后加盖公章，并由甲方代表签字，符合规范要求的工程预（结）算书；⑧主要材料分析表、材料价差计算及分配明细表；⑨施工单位自行采购材料的原始凭证；⑩建设单位预付工程款、预付材料款、拨付工程进度款有关手续，有关项目贷款利息支出、分配情况，以及建设单位工料明细表；⑪工程完成情况月报表；⑫工程项目中间验收记录；⑬招标投标工程变动项目的有关文件；⑭施工单位企业资质等级证书、营业执照、税务登记书；⑮有关影响工程造价、工期等的签证资料；⑯有关工程项目建设的财务会计核算资料、文件；⑰其他与工程项目建设有关的文件、资料等。

8.5.4.2 掌握工程概况

进行工程建设项目审计，审计机构应了解所审计的工程建设项目下列情况：①工程建设项目性质、类别、规模、承建方式等情况；②项目资金来源、计划投入与实际投入数量，项目概算及其调整；③项目的平面布置、设计规模、建筑面积、建设标准、技术要求；④工程材料的供应方式；⑤工程价款的结算情况；⑥工程项目预算、结算已审核情况及审核结果的处理；⑦工程的实际完成情况和进度，已完工的单项工程的数量和造价，未完工的单项工程的工程进度；⑧建设期内工程预算定额、预算单价、取费标准等的变化情况；⑨工程设计单位、工程监理部门及主要施工单位、主要设备生产厂家有关情况；⑩其他需要了解的情况。

8.5.4.3 现场勘察核实

审计机构在必要时应会同工程管理部门、施工单位等对以下项目进行现场勘察核实：①增减的分部或分项工程；②实际施工用料偏离结算的工程项目；③变更设计的工程项目；④必须丈量的工程项目；⑤隐蔽工程情况；⑥需要勘察的其他情况。

对现场勘察核实过程中发现的与预（结）算不一致的问题，审计人员应逐项记录，并取得工程管理部门或工程监理部门及施工单位的签证。

8.5.4.4 采购审查

施工单位自行采购、按实核销的材料，在核对进货发票的同时，应按照其不高于同类同质当时市场价格的原则进行审查。

8.5.4.5 工程变更的影响

审计人员在审查工程结算时，遇到下列情况时应当获取适当的证据：①变更工程设计；②建设单位提供材料和设备；③施工中使用的材料和设备与规定不符；④变更不同资质的施工企业；⑤改变项目的性质；⑥提高或降低建设标准；⑦计划外工程项目；⑧其他应当获取证据的情况。

8.5.4.6　获取签证

审计人员在审查工程结算时，遇到下列情况时应当获取必要的签证：①施工情况与图纸不符；②实物工程量与图纸不符；③施工用料发生变化；④施工情况与施工合同不符。

工程签证要规范管理，签证单应统一样式，三方验收签字栏甲方签字处要规范填写，注明工程量是否属实字样，并加盖印章。各级签字人员对工程量的真实性、准确性负相应责任。

8.5.5　项目投资效益审计

项目投资效益审计是工程项目审计中很重要的一部分，其重点是查找各个阶段管理的缺失部位、薄弱环节、衔接部位。工程项目经济效益审计事前环节重点是预防，主要是通过对前期各项工作的审计查漏补缺，消除效益流失的隐患；事中环节主要是控制，要在工程项目成本形成过程中，对人工、物料及其他费用进行监控，及时发现和纠正损失浪费问题，实现造价控制目标；事后环节重点是评价，要通过项目实际效果与预期目标的对比、分析，对其经济效益情况作出评价。

8.5.5.1　前期调研论证

前期调研论证重点应放在所论证项目的可行性和科学性上。可行性研究是建设项目前期工作的重要内容，是建设程序中的重要组成部分。审计中要注意分析项目调研程序是否科学；调研内容是否全面；调研结论依据是否充分；专家意见是否独立、客观，反对意见是否得到重视；可行性研究报告是否是在实事求是的前提下，通过对项目要素进行认真、全面的调查和详细的测算分析，经过多方案的比较论证后提出；具体论述项目是否具备经济上的必要性、合理性、现实性；技术和设备的先进性、适用性、可靠性；财务上的盈利性、合法性；环境及建设上的可行性；项目建议书是否坚持实事求是原则；拟建项目的各要素是否进行认真的调查研究，测算分析是否符合实际情况等。

8.5.5.2　项目设计

项目设计的重点包括工程建设理由及条件；工程选址及建设规模；工程主要内容及投资形式；经济效益、环保效益及社会效益等内容是否在工程设计方案中充分说明；是否满足设备的选型、征地、投资控制、编制施工图设计的需要；施工图设计是施工建设的依据，它是否满足建筑材料的选用、设备的安装和非标准件的制作的需要，是否满足施工图预算的编制、施工组织设计和现场施工方面的需要。

8.5.5.3　签订合同

签订合同环节效益审计的重点是工程用主要材料是否符合设计质量要求和不超出投标报价，在同质同价的条件下，择优选择供货厂家；在按照招标文件和投标文件签订承包合同的同时，是否将施工现场的固体废弃物、扬尘、噪声、污水等污染物的治理写入合同附加条款；签订合同时，是否将合同协议书、中标通知书、投标书及其附件、通用条款、标准、规范及有关技术文件、图纸、工程量清单、工程报价单或预算书、双方有关工程的洽商、变更等书面协议或文件视为合同的组成部分。

8.5.5.4 工程建设

建设阶段的经济效益审计，实质上是核实工程建设项目的成本造价和监督工程建设质量。在该阶段中要做好事中审计，主要应该抓好以下四个方面的工作：第一，材料方面，审计人员应督促建设单位派员根据要求进行市场调研，以确定材料价格，定点购买，排除施工单位故意抬高材料价格，增加工程造价的可能。第二，在设计变更方面，在施工过程中严格按施工图施工，不突破投标报价，对任何一方提出的工程设计变更，应从申报制度上严格控制。第三，在施工组织设计方面，要从全局出发，抓重点和难点，抓紧关键环节与薄弱环节，确保施工的连续性、节奏性、均衡性。第四，在索赔事项方面，应当加强主动控制：一是要加强对国家政策、法律、法令的理解；二是要在签定固定总价合同时，应在条款中注明所包含的各种风险因素，不能存在模棱两可的词句；三是发包人严格按合同条款办事，不能给承包人留有索赔借口；四是严格要求承包方按施工图施工，尽量减少变更工程量；五是在工程管理过程中，应当尽量将工作做在前面，减少索赔事件的发生。

8.5.5.5 工程竣工验收

竣工验收阶段效益审计的重点是完工程度和工程质量的审查核实。审计中要注意：①工程竣工验收是否符合有关条件，验收是否严格按工程施工质量验收规范执行；②有无因设计不合理造成工程不能发挥效益的问题；③工程设备内在质量是否存在问题；④有无完整的技术档案和施工管理资料，是否签订了工程保修合同。

8.5.5.6 工程运营

项目投入运营后效益审计关注的重点是预期目标的实现情况，也就是所谓的达标性审计。在内部控制测试的基础上，确定项目部的内部控制制度的完整性、合理性及有效性。要深入到企业生产经营的业绩环节，关注企业及项目部的经营风险。一个好的项目，有了一定的投入，不一定就能产生好的效益。管理不善、作业组织不科学、机械设备及施工临时设施布局不合理，都可能影响这个项目效益的发挥。因此，工程项目运营后效益审计就是通过对完工投产项目可行性研究报告数据与实际数据的对比分析和项目效果的实际验证，确定项目预期的目标是否达到，主要效益指标是否实现；要通过分析评价找出未实现预期目标的原因，找出存在的问题，总结经验教训，采取应对措施，改善经营管理，减少经济损失；同时通过及时有效的信息反馈，为未来的新项目决策提供建议，促使工程投资决策更科学合理，提高决策、管理和建设水平。通过资源 8.17 案例了解工程项目运营后效益审计的具体过程。

资源 8.17
长江三峡工程竣工财务决算草案审计结果

思 考 题

1. 工程项目的资金结构是什么？工程项目的融资渠道有哪些？工程项目的融资程序是什么？

2. 工程项目成本控制的基本思路是什么？它有什么重要的意义？

3. 承包商制订资金计划的目的是什么？

4. 选择融资方案时应该考虑哪些问题？
5. 简述承包商工程项目成本计划工作过程。
6. 试通过调查访问，收集一个采用项目融资方式筹措资金的工程案例。
7. 讨论：承包商如何才能减少自有资金的投入量。
8. 简述什么是工程项目审计，工程项目审计主要包括哪几个阶段？
9. 工程项目审计的具体要求包括哪些内容？

第9章 建设工程监理

目前在我国工程建设领域，工程建设监理行业已形成规模，积累了丰富的工程监理实践经验，监理理论体系基本建立，监理法规及标准体系日益完善。但随着国民经济的快速发展和工程建设管理体制的深化改革，对工程监理提出了更高的要求，需要培养大量的高水平监理人才，对提高项目投资决策科学化水平、规范建设各方的行为及促进投资效益最大化等方面起着重要的推动促进作用。本章重点对建设工程监理概述、监理的程序与方法、监理的主要内容、监理的目标控制等相关知识进行论述。

9.1 建设工程监理概述

9.1.1 建设工程监理的概念

建设工程监理是指具有相应资质的工程监理单位受建设单位的委托，根据批准的工程项目建设文件、相关的法律法规、工程建设标准、勘察设计文件、工程建设合同及监理合同，实施阶段综合运用法律、经济、组织和技术手段，对工程质量、投资及进度进行控制，对合同及信息进行管理，对工程建设参与者的行为和关系进行协调与约束，履行工程安全生产管理职责，确保建设行为的合法性、科学性和经济性，取得最大投资效益的微观监督管理活动。建设工程监理的含义需要从以下几方面理解。

1. 针对工程项目所实施的监督管理活动

工程建设监理是为建设项目提供管理服务的行业，监理单位是建设项目管理服务的主体，而非建设项目管理主体，也非施工和设计项目管理和服务主体。工程建设监理活动是在工程项目界定的监理范围内实施监督管理活动。

2. 建设工程监理行为主体

《中华人民共和国建筑法》第三十一条明确规定，实行监理的工程，由建设单位委托具有资质条件的工程监理单位监理，因而建设工程监理的行为主体是工程监理单位。工程监理单位是具有独立性、社会化、专业化的专门从事工程建设监理和其他技术服务活动的组织。监理单位按照独立、自主及公正的原则，以第三方身份开展工程建设监理活动。例如，政府主管部门的监督管理活动就不属于工程建设监理范畴，属于行政性监督管理，其行为主体是政府主管部门。

3. 工程建设监理实施需要业主委托和授权

工程监理单位只有与建设单位以书面形式订立建设工程监理合同，明确监理工作的范围、内容、服务期限和酬金，以及双方的义务和违约责任后才能在规定的范围内实施监理。在建设单位授权下工程监理单位在委托工程中拥有一定管理权限。在工程项目建设过程中，建设单位作为项目管理的主体掌握着决策权，并承担主要风险。

4. 建设工程监理实施依据

建设工程监理实施依据包括批准的工程项目建设文件、有关的法律和法规、工程建设标准、勘察设计文件及工程建设监理和其他相关合同等。工程建设合同（含监理合同）是工程建设监理的最直接依据。

5. 建设工程监理实施范围

工程监理单位受建设单位委托，按照建设工程监理合同约定，在工程勘察、设计、招标、施工及保修等阶段提供的监督管理活动均为相关服务。工程监理单位可拓展自身的经营范围，为建设单位提供包括项目策划决策和建设实施全过程的项目管理服务。

在项目实施阶段，工程建设监理是“第三方”的监督管理行为，它不仅需要与建设方建立委托与服务关系，而且需要与设计、施工和材料设备供应单位等承建商建立监理与被监理关系。工程建设监理的主要目的是协助建设方在项目的实施阶段，进行投资、进度、质量控制、合同管理、组织协调的监督管理和服务活动。

6. 工程建设监理是微观性质的监督管理活动

微观监督管理和由政府建设行政主管部门进行的宏观监督管理有着明显区别。监理单位从事的监理活动是针对某个工程项目展开的，通过跟踪监理、旁站监理及全过程监理，围绕该工程项目建设的各项活动进行监督管理。

9.1.2　工程建设监理的性质

建设工程监理的性质可概括为服务性、独立性、公平性、科学性四个方面。

1. 服务性

工程建设监理属于咨询服务性行业，依靠专家的知识、经验和技能以及必要的试验、检测手段，对建设方委托的监理业务进行分析研究，提出建议、方案和措施，协助提供高层次、智力密集型服务。工程监理单位既不直接参与工程设计，也不直接参与施工，既不向建设单位承包工程造价，也不参与施工单位的利润分成。

2. 独立性

《建设工程监理规范》（GB/T 50319—2013）明确要求，工程监理单位应公平、独立、诚信、科学地开展建设工程监理与相关服务活动。独立性是工程监理单位公平的实施监理的基本前提。《中华人民共和国建筑法》第三十四条规定，“工程监理单位与被监理单位的承包单位以及建筑材料、建筑构配件和设备供应单位不得有隶属关系或者其他利害关系”。因而独立性首先表现在建筑工程监理单位是个独立的法人机构，是作为独立的专业公司受业主的委托去履行服务的，与项目业主和承包商没有任何隶属关系。为了保证工程建设监理行业的独立性，监理公司不能参与承包商、制造商和供应商的任何经营活动或拥有股份，也不能从承包商或供应商处收取任何回扣或利润分成。因而独立性是监理单位开展工程建设监理工作的重要原则。

3. 公平性

FIDIC《土木工程施工合同条件》中，咨询工程师的公正性要求不复存在，而只要求公平，不充当调解人或仲裁人的角色，接受业主报酬，负责进行施工合同管理的受托人。因而我国工程监理单位受建设单位委托实施工程监理，也无法成为公正的第三方，但需公平地对待建设单位和施工单位，公平性是建设工程监理行业能够长期生存和发展的基本职业道德准则。特别是当建设单位与施工单位发生利益冲突或矛盾时，工程监理单位应以事实为依据，以法律法规和有关合同为准绳，在维护建设单位合法权益的同时，不能损害施工单位的合法权益。例如在调解建设单位与施工单位之间的争议、处理费用索赔和工程延期、进行工程价款支付及结算时，应尽量客观、公平地对待建设单位和施工单位。

4. 科学性

由于工程建设规模日趋庞大，环境日益复杂，功能需求及建设标准越来越高，新技术、新工艺、新材料、新设备不断涌现，建设参与单位越来越多，工程风险日渐增加，工程监理单位只有采用科学的思想、理论方法和手段才能有效地管理工程建设项目。

9.1.3 建设工程监理目的和任务

1. 建设工程监理的目的

建设工程监理的目的是力求实现项目目标，即在计划的投资（成本）、进度和质量目标内实现建设项目。工程建设监理是一种有偿技术服务性质的活动，在监理过程中，监理单位不直接参与设计、施工、材料、设备的采购供应工作。但监理单位应根据监理合同的职权范围高效率及高智力地承担项目的经济效益、进度及质量等方面的责任。项目在实施的过程中，有潜在的各种外部环境风险干扰，监理工程师不能完全驾驭这些风险，只能力争减少或避免干扰和风险的影响。因而监理单位不承担其专业以外的风险责任，而由业主和承包商共同分担。

监理单位虽无法保证项目一定在预定目标内实现，但在政府有关部门和监理行业组织的规范下，出于职业道德的约束，基于它的社会信誉和经营方面考虑，会力求为实现项目的投资、进度及质量目标而努力。

2. 建设工程监理的基本任务

建设工程监理的基本任务是对工程项目的投资、进度和质量三大目标进行动态的协调控制，即“三控、两管、一协调”。“三控”即质量控制（包括工程施工安全质量控制）、投资控制和进度控制；“两管”即合同管理和信息管理；“一协调”即协调工程建设相关各方的关系。

9.2 建设工程监理的程序与方法

9.2.1 建设工程监理的程序

1. 确定项目总监理工程师与建立监理组织机构

监理单位根据工程的规模、性质、业主对监理的要求，委派称职的人员担任项目总监理工程师，代表监理单位全面负责该工程的监理工作。监理单位在承接监理任务时，工程监理的投标、拟定监理方案及与建设单位签订委托监理合同时，即应选派称职的总监理工程师主持该项工作。总监理工程师对内向监理单位负责，对外向建设单位负责。

监理组织机构人员构成是监理投标书中的重要内容。总监理工程师应根据监理大纲和合同内容组建项目监理组织机构，在监理规划和具体实施计划中及时进行动态调整。

2. 编制建设工程监理规划

项目相关资料的收集整理是监理规划编制及目标控制的基础。工程建设监理规划是开展监理活动的纲领性文件，主要包括工程概况、工程监理的工作范围及内容，即指从立项、设计、招投标、施工到验收阶段所做工作内容的规划。监理规划应由总监理工程师主持，专业监理工程师参加编制，完成后须经监理单位技术负责人审核批准，在召开第一次工地会议前报送建设单位。

3. 实施规范化的监理工作

作为一种科学的监理制度，监理工作的规范性体现在：一是工作的时序性，按照一定的逻辑顺序先后开展；二是职责分工的严密性；三是工作目标的确定性。

4. 参与工程竣工预验收，签署建设监理意见

工程建设完成后，在正式验收前由监理单位组织竣工预验收，发现问题及时与施工单位沟通，提出整改。监理单位参与工程竣工验收后，要签署监理意见。

5. 向建设单位提交工程建设监理档案资料

监理工作完成后，监理单位向建设单位提交的监理档案资料应在委托监理合同文件中约定。监理单位提交的资料应符合有关规范要求，包括设计变更、工程变更，监理指令性文件，各种签证资料等。

6. 监理工作总结

监理工作完成后，项目监理机构应及时从两方面进行工作总结：一是向业主提交监理工作总结，主要包括委托监理合同履行情况，监理任务或目标完成情况的评价，由业主提供的供监理活动使用的办公及设施清单等；二是向监理单位提交工作总结，主要包括监理工作中的技术及措施等经验，监理工作中存在的问题及改进的建议。

9.2.2 建设工程监理的基本方法

建设工程监理的基本方法是由若干个不可分割的子系统组成。它们相互联系、支持、共同运行，形成一个完整的由目标规划、动态控制、组织协调、信息管理、合同管理及安全生产管理构成的方法体系。

1. 目标规划

目标规划是以实现目标控制为目的规划，它是围绕项目投资、进度和质量目标进行分析研究、安排计划、风险管理、制定监理措施等项工作的集合。目标规划工作主要包括：①对确定的投资、进度、质量目标进行论证；②分解目标系统，以便实施控制；③编制目标实施计划；④对计划目标的实施进行风险分析，以便采取针对性的措施实施主动控制；⑤制定各目标的综合控制措施，确保三大目标的实现。

2. 动态控制

动态控制通过对工程项目实施过程、目标和活动进行跟踪，全面、及时、准确地掌握工程信息，定期地将实际目标值与计划目标值相对比，如实际目标偏离计划目标，采取措施加以纠正，以保证计划目标的实现，动态循环控制贯穿于项目监理目标控制的全过程。

监理工程师的任务是目标控制，但他不保证目标的实现，监理的性质是咨询而不是承包。例如某市旅游局建造了 14 个宾馆，平均超投资 20%以上，为了解决这一问题，该旅游局邀请市设计院监理，该设计院要求咨询费为总投资的 2%左右，项目法人表示钱愿意出，但合同需约定保证工程质量，延期罚款，投资超出部分监理方负责赔偿。这是对监理责任的误解，监理工程师似医生，医生不能向病人保证服药后病一定痊愈。

3. 组织协调

在工程项目实施过程中存在着大量组织协调工作，项目法人和承包人之间，设计施工单位之间，项目参与单位与政府相关组织部门之间，由于各自的经济利益和对问题的不同理解，会产生各种矛盾及问题，因此监理工程师要及时地进行组织协调，维护双方的合法权益，处理好他们之间的关系。组织协调是实现项目目标不可缺少的方法和手段。组织协调主要包括：①监理组织内部之间的协调；②监理组织与外部环境之间的协调，主要是与业主、设计和施工单位、材料和设备供应单位，以及与政府有关部门、咨询单位、科学研究单位等之间的协调。

4. 信息管理

工程监理过程实质上是工程信息管理的过程。工程监理单位受业主委托，通过一定的组织机构，对工程监理信息进行收集、加工、存储、传递、分析和应用等系列信息管理工作。监理工程师在开展监理工作时，根据项目信息对预测或发现的问题进行规划、决策、执行和检查。监理工程师的信息管理是基于工程信息管理系统平台，工程参建各方可实现信息共享和协同工作；近年来建筑信息建模（BIM）技术的应用，为工程信息管理提供了可视化手段；工程实施阶段借助于 BIM 技术，可进行方案比选，实际施工模拟及优化，提供合理的施工方案，实现资源优化合理利用。因而，工程监理单位应用 BIM 技术搭建数字化信息平台，实现工程建设各阶段数据信息的整合及应用，提高效率和质量，提升监理单位的服务价值。

5. 合同管理

在工程建设过程中合同管理主要是根据监理合同的要求对工程承包合同的签订、履行、变更和解除及索赔进行监督与检查，合同双方争议时进行调解和处理，以保证合同依法签订及全面履行。工程合同是监理单位站在公平立场，采取各种控制、协调与监督措施，履行纠纷调解职责的依据，也是控制项目三大目标的重要手段，因而合同管理对项目实施过程的监理调控起着重要的作用。按照 FIDIC《土木工程施工合同条件》实施的工程，条款中列出了项目实施过程中所遇到的各方面问题，规定了合同各方的权利和义务，并规定了监理工程师在处理问题时的权限和职责。在工程实施过程，FIDIC 合同条件涉及了常发生的有关设备材料、开工停工、延误、变更、风险、索赔、支付、争议、违约等问题，以及财务、进度、质量管理等方面工作。

6. 安全生产管理

项目监理机构应根据法律法规，工程建设强制标准，履行工程安全生产管理职责，并应将安全生产管理的监理工作内容、方法和措施纳入监理规划及实施细则。包括施工单位安全生产管理体系的审查、专项施工方案的监督实施及安全事故隐患的处理。

9.3 建设工程监理的主要内容

9.3.1 建设工程监理的工作任务

建设工程监理的主要任务是通过合同管理、信息管理和组织协调等手段，控制工程质量、造价和进度目标，并履行工程安全生产管理的法定职责。根据项目建设程序，工程监理分为建设前期阶段（立项阶段）、设计阶段、施工准备阶段、施工阶段、施工验收阶段，具体工作内容如下。

1. 建设前期阶段（立项阶段）

建设前期阶段（立项阶段）工作内容包括：①协助业主准备工程报建手续；②投资决策咨询；③编制项目建议书和可行性研究报告；④项目评估。

2. 设计阶段

设计阶段工作内容包括：①结合建设工程特点，收集设计所需的技术经济资料；②编写设计要求文件；③组织设计方案招标，协助业主选择好勘察设计单位；④商谈设计委托合同内；⑤向设计单位提供设计基础资料；⑥配合设计单位开展技术经济分析，优化设计方案。

3. 施工准备阶段

施工准备阶段工作内容包括：①协助业主编制招标文件；②核查施工图设计和概预算；③协助业主组织招投标活动及与中标单位商签承包合同；④协助业主拟订工程的各类合同条款，并参与各类合同商谈。

4. 施工阶段

(1) 施工阶段的质量控制：①对隐蔽工程进行检查和办理签证，对重点工程驻点跟踪监理，签署分部分项和单位工程质量评定表；②对施工测量和放样进行检查，发现质量问题及时通知施工单位纠正，并做监理记录；③检查施工现场的材料、构件和设备的质量，并应查验检验报告单，监理工程师有权禁止不符合质量要求的材料和设备进入工地和投入使用；④监督施工单位严格按照施工规范、设计文件及施工合同进行施工；⑤对工程主要部位、主要环节及技术复杂工程加强检查，⑥对施工单位的检测仪设备进行定期检查、不定期抽验，以确保度量资料的准确；⑦监督施工单位对各类土木和混凝土试件按规定进行检查和抽查；⑧监督施工单位认真处理施工中发生的一般质量事故，并认真做好记录，对重大质量事故及其他紧急情况报告业主。

(2) 施工阶段的进度控制：①监督施工单位严格按照合同规定的工期组织施工；②进行施工进度的动态控制；③建立工程进度台账，核对工程形象进度，按月、季和年度向业主报告工程进度以及存在的问题。

(3) 施工阶段的造价控制：①审查施工单位申报的月度和季度计量，认真核对工程数量，不超计、不漏计，严格按合同规定进行计量支付签证；②建立计量支付签证台账，定期与施工单位核对清算；③保证支付签证的各项工程质量合格、数量准确；④按建设单位授权和施工合同的规定审核变更设计。

5. 施工验收阶段

(1) 督促和检查施工单位及时整理竣工文件和验收资料，对单位工程竣工验收报告提出意见。

(2) 根据施工单位的竣工报告，提出工程质量检验报告。

(3) 组织工程预验收，参加业主组织的竣工验收。

在工程项目的不同实施阶段，建设工程监理工作程序如图 9.1 所示。

9.3.2 建设工程监理的主要方式

监理机构应根据工程监理合同约定，采用巡视检查、平行检验、旁站监理、见证取样等主要方式对工程实施监理。

1. 巡视检查

巡视检查是指项目监理机构监理人员针对施工现场质量和安全生产管理情况进行定期或不定期的检查工作。监理人员按照监理规划及实施细则要求通过对施工现场的巡视检查，及时发现施工过程中的各类质量及生产安全事故隐患等问题，及时采取相应的处理措施，如要求施工单位进行纠正并督促整改（如巡视监理员发现个别施工人员在砌筑作业中砂浆饱满度不够，可口头要求施工人员加以整改）；对于采取相应处理措施的质量问题、生产安全事故隐患，监理人员应检查施工单位的整改落实情况。巡视监理人员发现问题，但自己无法解决或无法判断是否能够解决时，应立即向总监理工程师汇报。

2. 平行检验

平行检验是项目监理机构在施工单位自检的同时，按照有关规定及工程监理合同约定对同一检验项目进行检测试验。平行检验内容包括工程实体量测和材料检验等内容，是控制工程施工阶段质量的重要手段之一，是工程质量验收和竣工验收的重要依据。

3. 旁站监理

旁站监理是项目监理人员在施工阶段对关键部位或工序的施工质量实施全过程现场跟班的监督活动。关键部位或工序有：基础工程中的土方回填、混凝土灌注桩浇筑、地下连续墙等；主体结构中梁柱节点钢筋隐蔽工程、混凝土浇筑、钢结构安装等。旁站监理对建设工程质量的控制起着重要的作用。

4. 见证取样

见证取样是指项目监理机构对施工单位涉及结构安全的试块及工程材料现场取样、封样、送检工作的监督活动。总监理工程师应检查监理人员见证取样工作的实施情况，发现问题应立即要求施工单位采取相应的措施。

图 9.1　建设工程监理工作程序

9.4 建设工程监理的目标控制

9.4.1 目标控制的概念

在工程管理学中，目标控制是按计划标准来衡量所取得的成果，通过检查、分析、监督、引导等控制方法，纠正实际过程中所发生的目标偏差，以保证预定的计划目标得以实现的管理活动。工程建设目标控制是一个有限的、周期性的循环过程，通常包括投入、转换、反馈、对比、纠偏等五个基本环节。

工程建设监理单位及其监理工程师开展目标控制有两项重要的前提：一项是制定出科学的目标规划和计划；另一项是有效地做好目标控制的组织工作，其中包括设置目标控制机构、配备合适的建设工程监理人员、落实机构人员目标控制的任务和职能分工。

9.4.2 目标控制的分类

根据划分依据可将建设目标控制划分为不同的种类：按照控制措施作用于控制对象的时间不同，可分为事前控制、事中控制和事后控制；按照控制信息的来源不同，可分为前馈控制和反馈控制；按照控制措施制定的出发点，可分为主动控制和被动控制。

1. 主动控制

主动控制是在预先分析各种风险因素及其导致目标偏离可能程度的基础上，采取预防措施，减少或避免目标偏离，使计划目标得以实现。主动控制必须在计划实施之前就采取控制措施，以降低目标偏离的可能性及其严重程度，起到防患于未然的作用。因此主动控制是一种事前控制或者前馈控制，主要根据同类工程实施情况的综合分析数据和经验，结合拟建工程的具体情况，采取相应的预防措施避免同类问题和隐患的出现。

2. 被动控制

被动控制是指项目按照计划进行时，跟踪实施实际情况，通过对项目输出信息的加工整理，发现问题，找出偏差，分析原因，寻求解决问题和纠正偏差的措施，从而使工程实施恢复到计划状态或尽量减少偏差程度。被动控制是一种事后控制或者反馈控制，实施过程如图 9.2 所示。

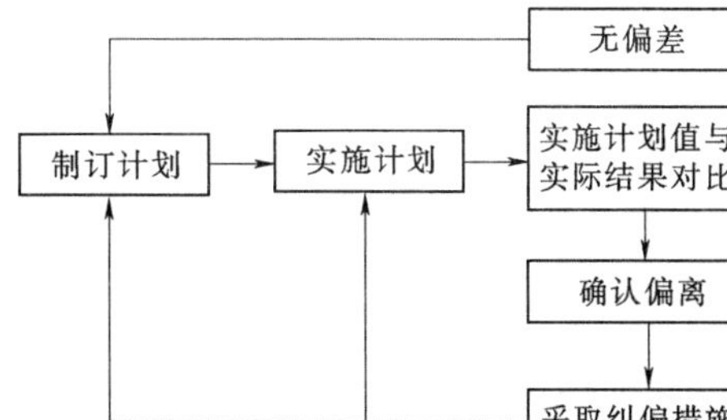

图 9.2 被动控制-反馈过程

3. 主动控制与被动控制的关系

监理工程师在进行目标控制过程中，既要实施主动控制（或前馈控制）又要实施被动控制（或反馈控制），根据预测和实际输出的工程信息有机结合实施动态控制。在工程实施过程中，仅采取被动控制措施通常难以实现预定目标，但全部采取主动控制措施，也是不现实和不经济的。因此，是否采取及如何采取主动控制措施，应当通过风险因素及技术经济分析来确定。图9.3为主动控制与被动控制相结合，图中纠正措施包括主动控制和被动控制采取的纠偏措施。

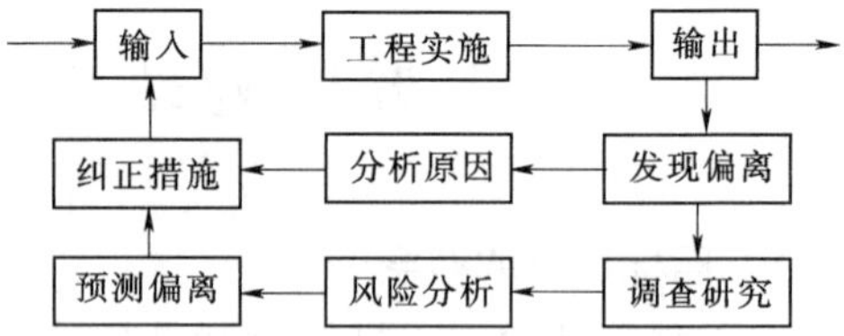

图9.3　主动控制与被动控制相结合

9.4.3　工程监理的目标控制

工程建设的核心任务是目标控制，即对工程项目的投资、进度、质量目标实施控制。为了有效地进行目标控制，必须正确处理投资、进度、质量三大目标之间的关系。因而监理单位受建设单位委托，在项目实施过程中，需要协调处理三大目标之间的关系，并采取有效措施控制三大目标。

9.4.3.1　三大目标

1. 投资控制

工程建设监理投资控制是指在工程项目的实施阶段，受建设单位委托，力求使项目在满足质量和进度要求的前提下，实现项目实际投资不超过计划投资的管理活动。

（1）投资控制不是单一目标。投资控制与质量及进度控制相辅相成，实施投资控制的同时需要兼顾质量和进度目标，不能简单地把投资控制理解为将工程项目实际投资控制在计划范围内。

对投资目标进行论证时，要认真分析建设单位对项目的综合需求，做好投资、进度和质量三方面的协调处理工作，力求优化实现各目标之间的平衡。在投资控制过程中，当采取某项控制措施时，要考虑是否对目标控制产生不利影响。例如，采用限额设计控制投资时，要使项目实际投资限定在投资额度内，同时又要保障项目的功能、使用要求和质量标准。

（2）投资控制应具有全面性。监理工程师进行投资控制时要针对项目全部费用及项目所有子项目费用实施控制，防止只重视主体工程或红线内工程而忽视其他子项目投资控制；要对所有合同价的付款实施控制；投资不仅在项目施工阶段进行控制，也要在其他阶段进行控制，满足资金使用计划的要求。

项目全过程及全方面地投资控制是工程建设监理控制的主要特点。监理工程师需要从项目系统性出发，采取综合措施实施目标控制，即不仅从经济方面，还应围绕投资控制的组织、信息、合同、风险及安全管理等方面开展相应的投资控制。

2. 进度控制

工程建设监理的进度控制是指在实现项目总目标的过程中，为使实际进度符合计划进度的要求而开展的有关监督管理活动。

监理单位作为项目管理服务的主体，进度控制是为了最终实现项目计划目标。但监理单位的进度控制目标取决于建设单位的委托要求。根据监理合同，它可以是全过程监理，也可以是阶段性监理，既可以是从立项到项目正式动用的整个计划周期，也可能是某个实施阶段的计划周期。工程建设监理进度控制的总目标贯穿整个项目的实施阶段。

3. 质量控制

工程建设监理质量控制是指在力求实现工程项目总目标的过程中，满足工程造价和进度要求的前提下，为达到项目总体质量和功能要求所开展的有关监督管理活动。工程质量主要表现为工程合同、设计文件、技术规范标准等所规定的质量标准。

（1）工程项目质量目标。工程质量是指工程满足建设单位需要，符合国家法律法规、技术规范标准、设计文件及合同规定的特性综合。其中，狭义的工程质量是工程实体的质量，包括分项工程、分部工程和单位工程质量；广义的工程质量还包括社会工作、生产过程等工作的质量。因而质量目标要求是对建设项目和建设过程提出的“满足规定或潜在需求的特征和特性的总和”。

1）质量目标的广泛性。凡是构成工程项目实体、功能和使用价值的方面，如建设地点、建筑及结构形式、材料、设备、工艺、规模和生产能力及使用者满意程度等都应列入质量目标范围。同时，对参与工程建设单位和人员的素质、能力和水平及工作质量的要求也将直接影响到建筑产品的质量。项目质量目标的广泛性，要求在项目范围内进行全方位的质量管理，建成符合质量要求的建筑产品。

2）项目质量形成的全过程。工程建设不同阶段，对项目质量的形成有着不同的影响。项目决策阶段决定项目“上与不上”以及“如何上”的问题，需明确项目总体质量目标，对项目质量有潜在的影响。在解决“能否做”和“做什么”的过程中，为项目质量的符合性和适用性进行了可行性研究和决策。通过设计阶段解决“如何做”的问题，使项目质量得以具体化，决定了项目建设后的实用价值和功能；通过招标解决“谁来做”的问题，使项目质量目标的实现落实到承包者；通过施工阶段解决“做出来”的问题，使工程项目形成实体，是项目质量控制的最重要阶段；通过竣工验收解决“是否符合”的问题，使项目质量得以确认。因此，工程项目的每个阶段都有其具体的质量控制任务。监理工程应当根据每个阶段的特点，确定各阶段质量控制的目标和任务，以便进行全过程质量控制的监督管理。

3）项目质量目标控制的影响因素。工程实体质量、功能和使用价值及工作质量涉及设计、施工、供应、监理等诸方面的多种因素。例如，人、机械、材料、方法和环境都影响着工程质量。监理工程师应当对这些因素环节进行有效的控制，以保障工程质量目标的实现。对人要从思想、业务、身体素质等多方面进行有效的、全面的控制。保证正确合理使用合格材料、成品、半成品、构配件，如为了保证现场搅拌混凝土的质量，根据实验按照规定的配合比制备混凝土，严格控制其运输、浇筑、成型、养护等环节；根据工艺和技术要求确认是否选用了合适的机械设备及相对应的使用及操作等管理制度；通过分析与对比确认优化的施工方案是否技术可行、经济合理、工艺先进；对环境，要通过指导、监督与检查建立良好的技术、管理与劳动环境，以确保为实现质量目标提供良好条件。

（2）工程项目质量控制。

1）工程监理质量控制要与政府工程质量监督紧密结合。针对投资、进度、质量三大目标，政府监督管理部门最关注的是工程质量。因为工程质量不仅影响业主的投资效益，还关系着社会公众的利益，要综合考虑项目规划、环境保护、安全可靠等方面对社会的影响，去衡量工程项目质量是否达到标准和要求，这是监理单位与政府有关部门共同监督管理的任务。

政府有关部门侧重于影响社会利益的质量方面，它运用法律、法规、规范和标准等衡量工程质量，以行政、司法为主并辅之以经济的、管理的手段进行强制性控制；采用不定期的方式进行审查、审批、巡视，发现质量问题，并加以制止和纠正；同时派出专业性的质量监督机构对工程项目施工进行监督检查。工程建设监理的质量控制更全面、更具体、更具有针对性，它不但要对社会负责，而且要对建设单位负责。

2）项目质量的系统控制过程。监理工程师的质量控制贯穿于工程项目的实施过程，也就是项目的质量形成过程。在规划和计划阶段，要全面落实项目的质量目标系统及各级质量目标，又要根据计划目标和设计文件对下阶段目标实施控制。在施工阶段最终将形成工程项目实体，要把质量的事前控制与事中、事后控制紧密相结合，在质量控制中采取 PDCA（策划-执行-检查-处置）控制循环原理，在各项工程实施过程中明确目标、制定措施、确定流程、落实方案，及时发现和预测问题并采取相应的措施加以解决，最后完成质量检查验收，最终达到项目的总体质量目标，它是一个有机的整体系统控制过程。

3）项目质量的全面控制过程。质量的全面控制首先表现在对工程项目的实体质量、功能和使用价值质量及工作质量的全面控制。要对工程项目的所有质量特征实施控制，使它从性能、功能、可靠性、安全性直至可维修性方面都能达到质量的符合性和适用性要求。质量的全面控制还表现为对影响工程质量的诸多因素要采取控制措施，如对人、材料和设备、施工机械、施工方法、环境等影响因素都应实施有效控制。项目质量实施全面控制重点应放在对诸多干扰因素的风险分析和管理工作上，预测可能出现的质量偏差，并采取有效的主动预防措施，同时与监督、检查、反馈、发现问题及时解决、发生偏差及时纠偏等被动控制措施相结合，使监理工程师能有效控制项目的质量目标。

（3）工程质量问题和质量事故处理。根据有关规定，凡是工程质量不合格，必须进行返修、加固或报废处理，由此造成直接经济损失的，根据经济损失程度不同可分为质量问题及质量事故。

监理工程师对工程质量问题及事故进行及时有效的处理，是实施质量控制的重要措施之一。工程质量问题及事故实质就是实际工程质量偏离了计划的质量目标，通过调查研究、分析质量问题及事故产生的原因，根据事故的严重程度，采取纠偏措施，落实处理方案，对处理结果进行检查并提出事故处理报告。

1）工程质量问题的处理程序。监理工程师发现质量工程问题时，应按以下程序进行处理：①判定质量问题的严重程度，对可返修的工程，可签发“监理通知”，责成施工单位出具质量问题调查报告，提出处理方案，监理工程师审核后，对处理的结果应当重新进行检验。②对于需要加固补强的质量问题、存在质量问题的工序及分项工程，监理工程师应当签发工程“暂停令”，责令施工单位对有质量问题的工序及部位停止施工；监理工程师可要求施工单位采取防护措施，并提交质量问题调查报告，由设计单位提出处理方案，征得建设单位的同意后批复施工单位处理。③施工单位接到监理通知后，尽快进行质量问题调查，并在明确问题的范围、程度、性质及原因的基础上编写调查报告。④监理工程师审核、分析质量问题调查报告，判断、确认质量问题产生的原因，认真审核签证质量问题处理方案，指令施工单位按既定的处理方案实施，并进行跟踪检查。⑤监理工程师在质量问题处理完毕后，提出质量问题处理报告，报建设单位及监理单位存档。

2）工程质量事故的处理程序。鉴于工程质量事故的复杂性、严重性、可变性及多发性，当发生工程质量事故时，监理工程师应当根据质量事故的实况、合同文件、技术档案及相关的建设法规，按照如下程序进行处理：①工程质量事故发生后，总监理工程师应签发“工程暂停令”，要求施工单位停止质量缺陷部位及下道工序的施工，并要求采取必要措施，防止事故扩大，同时要求在质量事故发生 24 小时内提交书面报告，向相应的主管部门上报；②监理工程师在事故调查组展开工作后，应积极客观地提供相应的证据；③监理工程师接到调查组提出的技术处理意见后，应组织相关单位研究，责成其完成技术处理方案后予以审核签认；④监理工程师要求施工单位制定详细的施工方案，对质量事故技术处理的施工质量，通过旁站等形式实施监理，并会同设计及建设单位共同检查认可；⑤施工单位完工自检并报验结果后，监理工程师应组织有关各方进行检查验收或处理结果鉴定。同时，监理工程师应要求事故单位编写质量事故处理报告，并审核签认归档。

9.4.3.2 建设工程三大目标的关系

监理工程师应当把项目的进度目标、投资（费用）目标和质量目标作为整体进行目标控制，是整个项目系统中相互联系、相互制约的目标子系统。监理工程师在制定目标规划和目标控制过程中，应明确投资、进度、质量三大目标之间的对立、统一的关系。

1. 对立关系

项目投资、进度、质量三大目标之间存在着矛盾和对立的一面。例如，业主对工程质量有较高要求，就需要投入较多的资金和较长的建设时间；如要抢时间、极短时间内完成工程项目，势必会增加投资或使工程质量下降；如果要降低投资、节约费用，势必要考虑降低项目的功能要求和质量标准。

2. 统一关系

项目投资、进度、质量目标关系不仅存在对立的一面，还存在统一的一面。例如，适当增加投资的数量，为加快进度措施提供经济条件，就可缩短工期，使项目提前动用，投资尽早收回，项目全寿命经济效益得到提高；适当提高项目功能要求和质量标准，虽然会造成一次性投资增加和工期延长，但能节约项目动用后的管理费和维修费，从而获得更高的投资经济效益；如果项目进度计划既可行又最优，使工程进展具有均衡性，则不但可以缩短工期，还有可能获得高质量和较低的费用。

三大目标是不可分割的系统。监理工程师在处理三大目标的对立、统一关系时，还应注意掌握客观规律，充分考虑制约因素，对未来可能的收益进行风险评估，把目标规划和计划有效地结合起来。在对工程项目进行目标规划时，要注意统筹兼顾，合理确定投资、进度、质量三大目标标准，力求做到需求与目标的统一和三大目标的统一。

9.4.4　建设工程目标控制原理

9.4.4.1　目标的动态控制过程

由于工程的建设周期长，实施过程中受诸多风险因素的影响，会出现投资增加、工期拖延、工程质量和功能未达到标准要求等问题。因而，在工程的实施过程中，通过对目标-过程-活动的跟踪检查，监测项目实施相关信息，并将工程实际状况与计划目标进行比较，采取有效措施纠正偏差或修改计划，力求使建设工程实现预定目标。因而项目目标控制是个不断循环的动态过程，直到工程建成交付使用，即工程目标体系的 PDCA（Plan—计划；Do—执行；Check—检查；Action—纠偏）动态控制过程，如图 9.4 所示。

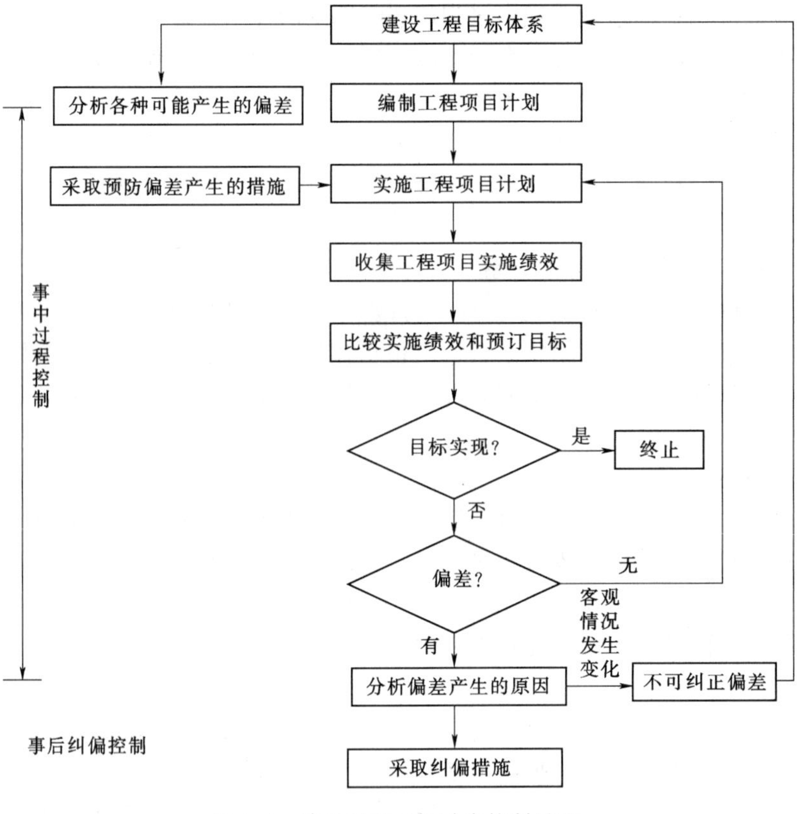

图 9.4　建设工程目标动态控制过程

9.4.4.2　目标动态控制的纠偏措施

资源 9.1 施工现场监理监督质量缺陷问题图片注释

为了对工程建设目标进行有效控制，应当采取诸多有效措施实施控制，通常可归纳为组织措施、技术措施、经济措施、管理措施。

1. 组织措施

采取适当的组织措施，保证目标控制的组织工作明确、完善，才能使目标控制取得良好的效果。例如，项目监理的组织结构；落实监理机构人员，明确各级监理人员的任务与职能分工、权利与责任；改善目标控制的工作流程；建立目标控制工作考核机制，加强各单位之间的沟通协作；加强激励措施，调动和发挥员工的积极性和创造性。组织措施是其他措施的前提和保障。

2. 技术措施

技术措施不仅可以解决工程实施中遇到的技术问题，还可用于纠正目标偏差。为了对工程项目实施进行有效控制，需要对建设及施工方案等进行技术可行性分析；对各种技术数据进行审核；对施工组织设计、施工方案及各投标文件的技术方案等进行审查及论证等。在项目实施过程中，寻求节约投资、保障工期和质量的技术措施，如采用工程网络计划、信息化等技术实施动态控制。

资源9.2 工程项目监理工程案例分析1

3. 经济措施

经济措施不仅仅是审核工程量、工程款支付申请及工程结算报告，还需要编制资金使用计划，对工程变更方案进行技术经济分析等。通过投资偏差分析和未完工程投资预测，发现可能引起未完工程投资增加的潜在问题，从而便于以主动控制为出发点，采取有效的控制措施加以预防。

4. 管理措施

加强合同管理是控制建设工程目标的重要措施。在市场经济条件下，承建商根据与建设单位签订的设计合同、施工合同和供销合同来参与工程建设，工程建设监理依据建设工程合同及监理合同来实施监督管理活动。依据合同进行管理是工程监理目标控制的重要手段。因此，工程监理机构协助建设单位，参与确定对目标控制有力的承发包模式、合同结构及合同计价方式，选定优质的施工单位及材料设备供应单位，拟定完善合同条款，参加合同谈判，并动态跟踪合同执行情况及处理好工程索赔等是控制工程目标的重要合同措施。

资源9.3 工程项目监理工程案例分析2

思　考　题

1. 建设工程监理的含义及性质是什么？
2. 工程建设监理的程序是怎样的？基本方法又包括什么？
3. 工程建设监理施工阶段的主要工作任务有哪些？工程建设监理的主要方式有哪些？
4. 工程建设监理三大目标控制的含义是什么？三者之间的关系又怎样？
5. 什么是主动控制？什么是被动控制？两者之间的关系如何？
6. 项目质量目标控制的影响因素有哪些？如何理解建设工程的质量控制？
7. 简述建设工程目标的动态控制过程。目标控制中PDCA循环是什么含义？
8. 目标控制的纠偏措施有哪些？

第 10 章

工程项目组织与人力资源管理

工程项目组织系统由业主、承包商、设计单位、供应商和项目管理公司等组成。项目组织机构是项目的组织保障，对整个项目的成功与否起着决定性作用。项目人力资源管理是对项目的人力资源开展的有效规划、合理配置、准确评估、适当激励等管理工作。项目组织与人力资源管理工作可以明确项目组织中相关单位及人员的职责与权益，发挥组织各方人员的积极性，从而达到人尽其才、事得其人、人事相宜，实现整体项目的最优化目标效益。本章重点介绍项目组织结构类型与特点、项目经理部与项目经理、项目人力资源管理、项目沟通与协调等相关知识。

10.1 项目组织结构

10.1.1 项目组织结构类型

项目组织是指为进行项目管理、完成项目计划、实现组织职能而进行的项目组织机构的建立、组织运行与组织调整等组织活动。项目组织也具有生命周期，经历建立、发展和解散的过程，它是为实现项目目标而临时组建的，具有时效性。

项目组织结构设计应考虑部门设置、层次及跨度划分、职责分工、规章制度和信息系统等因素，并对组织运作进行有效的管理。项目组织结构主要有线性式组织结构、职能式组织结构、线性职能式组织结构、项目式组织结构、矩阵式组织结构和复合式组织结构。

10.1.1.1 线性式组织结构

线性式组织结构是早期采用的一种项目管理形式，来自军事组织系统，其特点是权力系统自上而下形成直线控制，如图 10.1 所示。

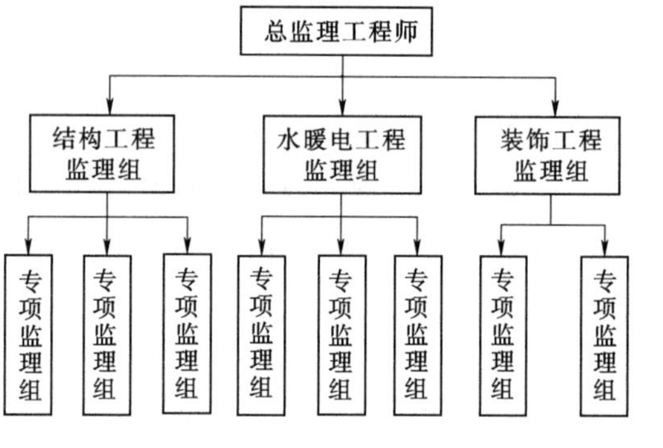

图 10.1 线性式组织结构

1. 优点

（1）结构简单，权力集中，上级对下级直接行使管理和监督的权力，指令唯一，减少纠纷，协调方便，工作任务分配明确，责权清晰。

（2）项目经理有绝对指令权，指挥灵活，能直接控制资源，对业主负责。

（3）信息流通快，决策迅速，项目容易控制。

2. 缺点

(1) 资源浪费。当项目较多且较大时，每个项目都对应一个独立的组织机构，资源无法合理利用。

(2) 项目经理责任较大，一切决策信息都来源于项目经理，要求其通晓各种业务和知识技能，成为“全能”式人物。

(3) 权力争执会使项目参与单位之间合作困难，不能保证信息流通的速度和质量。例如，施工单位发现设计有问题，必须先找项目经理，项目经理再转达给设计单位，设计变更后，先交项目经理，再转达到施工单位。

(4) 如工程较大，专业化分工太细，会造成多级分包，进而造成管理层次的增加。

线性式组织结构，适用于能划分为若干相对独立子项的大中型建设项目或小型建设工程的组织管理。

10.1.1.2 职能式组织结构

职能式组织结构强调职能的专业化，将相应的专业管理职责和权利赋予职能部门，各职能部门具有直接指挥下级部门的权利，如图10.2所示。它的特点是层次结构清晰，成员有一个明确的直接上司，项目任务是以现有的职能部门作为承担任务的主体来完成的。例如，在一个职能式的组织内部进行新产品的研发，创意源自营销部门，然后由研发部门分析技术上的可行性并负责设计产品；将设计变为样品则由生产部门来执行。这一过程中，需经研发部内部逐层上报至本部门经理，由他向生产部门经理通报，然后由生产部门经理再将答案反馈，由研发部经理逐层下达。

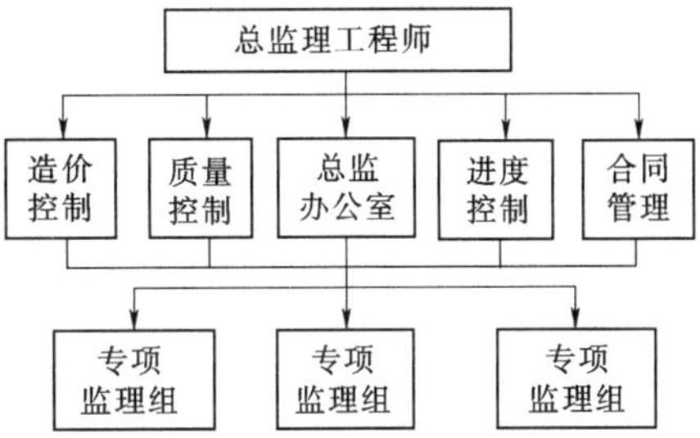

图10.2 职能式组织结构

职能式组织结构中，职能部门安排人员从事某种特定的活动，有效地将专业力量集中。

1. 优点

(1) 专业化分工管理，强大的技术支持。由于按职能实行专业分工管理，有利于人才的培养和技术水平的提高，项目可获得专业部门的绝对技术支持，提高项目管理水平和效率。

(2) 人员使用灵活。项目团队所需专业或技术人员可从相应的职能部门灵活地选择，且技术专家也可同时被不同的项目使用。

(3) 职能部门为本部门人员提供了明确的职业发展方向。

2. 缺点

(1) 项目信息传递途径不畅，职能部门间协作较难，横向联系薄弱。

(2) 任务承担部门会有来自不同部门的互相矛盾的多重指令，责任不明确，协调混乱。

(3) 职能部门利益往往大于项目目标利益，职能部门的工作可能优先于项目组的工作。

职能式组织结构，适用于项目内容单一，管理分工较细的情况。适合专业化的中小企业或公司内部项目、对重复性工作的管理是非常有效的。高等院校及其事业单位一般也采用职能式组织结构管理。

10.1.1.3　线性职能式组织结构

线性职能式组织结构是吸收了线性式及职能式的优点而形成的组织结构，如图 10.3 所示。它把管理部门和人员分为两类：一类是线性指挥部门的人员，具有对下级部门直接发布命令的权力，并对该部门的工作全面负责；另一类是职能部门和人员，是线性指挥人员的参谋，为领导部门的决策服务。职能部门对下级只进行业务指导，不直接下达命令。为充分发挥职能部门的作用，领导部门可授予职能部门一定程度的协调权和控制权，对下属部门的专业业务工作进行管理。

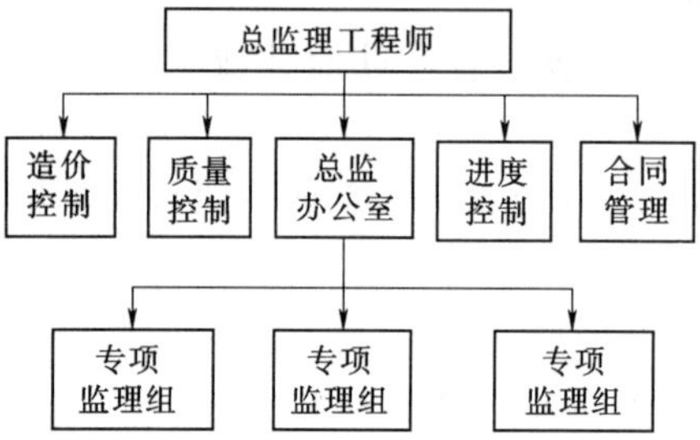

图 10.3　线性职能式组织结构

这种组织结构既具有线性组织模式直线领导、权利集中、指令单一、责权分明及决策效率高等优点，又兼有职能部门处理专业化问题能力强的优点。在线性职能组织结构中职能部门起到参谋作用，但其缺点是职能部门与指挥部门易产生矛盾，不利于信息传递互通情报。一般适用于企业规模不大、产品品种不太复杂、工艺稳定、市场情况比较容易掌握的企业，还有中型建设工程项目施工现场管理易采用这种组织结构模式。

10.1.1.4　项目式组织结构

项目式组织结构是以公司项目或产品分类为依据，人员按项目划分至各项目组，由所在项目团队的项目经理领导，即项目经理可以全面地控制项目，如图 10.4 所示。

项目式组织结构最早应用于美国通用汽车公司的事业部，在总公司领导下设立多个事业部，各事业部有自己独立的产品市场，总公司集中决策，由事业部独立经营核算。事业部内部在经营管理上有自主性和独立性。其优缺点主要有以下几点。

1. 优点

(1) 结构严谨，权责明确，利于统一指挥管理。从项目经理、职能部门主管到基层管理及执行人员都有自己明确的权限和责任，便于统一协调、指挥。

(2) 以项目为中心，整个组织为共同的目标努力，团队精神得到更充分的发挥。

(3) 沟通途径简洁，项目经理可避开职能部门直接与高层领导沟通，减少或避免了沟通中的失真与错误。

(4) 信息反馈迅速。权力的集中使决策的速度加快，对用户的需求和高层的意图做出快速的响应。

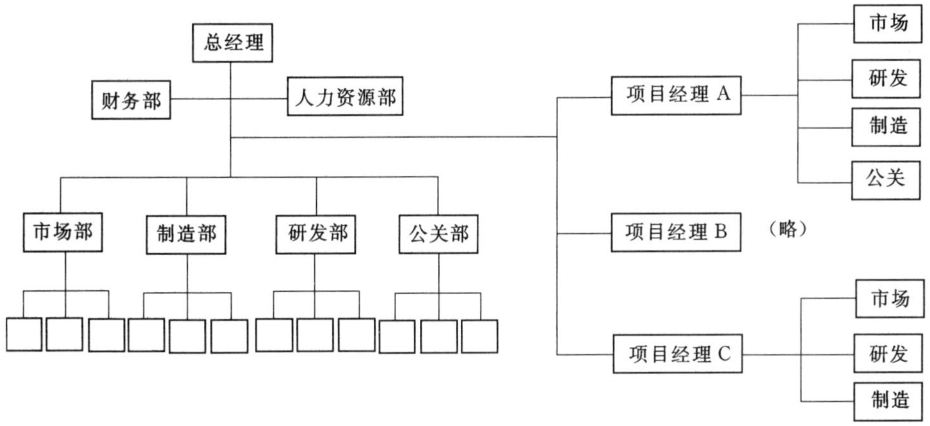

图 10.4 项目式组织结构

2. 缺点

(1) 管理成本高。在多项目或产品的公司中，由于人才、设备等资源的成倍增加，成本增加。

(2) 资源配置效率低。每个项目组织都有自己的职能部门，人员、设施设备等重复配置。项目各阶段的工作重心不同，专家和人才有空闲情况，造成资源浪费。

(3) 项目环境相对封闭，不利于项目与外界的沟通。

(4) 员工缺乏事业和专业上的连续性和保障。项目结束，团队人员回原部门融入较难，势必影响工作的积极性，导致项目难以按时完成。

项目制组织结构常见于一些规模大、项目多的公司，多适用于建筑业和航空航天事业。

10.1.1.5 矩阵式组织结构

矩阵式组织结构兼有职能式和项目式组织的特征，它把职能原则和项目对象原则结合起来，最大程度地发挥了两种组织结构的优势，如图 10.5 所示。

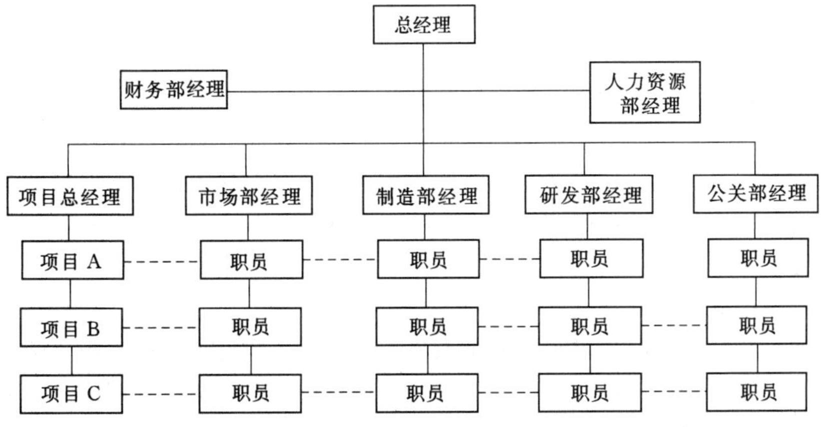

图 10.5 矩阵式组织结构

当公司承接一个新项目时，从各个职能部门挑出人员组成项目团队，由指定的项目经理领导，项目团队中的许多成员仍有义务完成原职能部门中的工作。项目经理对项目的结果负责，而职能部门经理则负责为项目提供所需资源和业务指导。根据项目经理和职能部门经理责任权力的大小，矩阵式组织结构又分为弱矩阵式、平衡矩阵式和强矩阵式三种形式。

(1) 弱矩阵式组织。弱矩阵式组织保留了职能式组织结构的许多特点，团队成员在各职能部门为项目服务，项目经理负责协调和监督工作，在资源分配方面并无很大权力。

(2) 平衡矩阵式组织。项目经理负责项目的时间和成本，监督项目的执行，职能部门经理负责项目的技术及质量。项目经理和职能部门经理权利相当，根据力度易变成弱矩阵式或强矩阵式。

(3) 强矩阵式组织。强矩阵式组织具有项目型组织的许多特点，拥有专职的、有较大权限的项目经理。项目经理可对项目实施有效的控制，职能部门对项目的影响减弱。

矩阵式组织结构存在以下优缺点。

1. 优点

(1) 资源配置优势。具有强大的技术支持；人员使用灵活，项目团队成员在项目完成后仍在职能部门中工作，不再有后顾之忧；资源的浪费减至最少，可平衡资源需求以保证各项目的费用、进度及质量要求。

(2) 组织结构严谨，管理层次分明。项目团队成员虽来自不同职能部门，但在项目中服从统一领导，以项目任务为重，企业组织扁平化，信息传递及沟通途径较畅通。

(3) 有利于人才的全面培养。可以使不同职能部门、不同知识背景的人在合作中取长补短，在实践中拓宽知识面，发挥纵向的专业优势。

2. 缺点

(1) 双重领导。交叉管理使项目经理和职能经理的权力、责任变得模糊，项目团队成员工作的先后次序难以确定而产生不安和冲突。项目成败时又会引起利益均沾或推诿责任。

(2) 权力均衡问题。项目经理和职能部门经理间的力量不均衡，对各自成员的影响力不同，影响项目进度或职能部门的工作。

矩阵式组织结构在进行技术复杂、跨职能较多的项目管理时具有明显的优势。适用于同时承担多个工程项目管理的企业及需要多部门、多技术、多工种配合实施的大型复杂施工项目。

10.1.1.6　复合式组织结构

随着企业规模增大，产品种类和地域事业部扩大，项目结构越来越复杂，项目团队中人员数增加，项目组织结构也越来越趋向于复合型组织结构（职能式、项目式或矩阵式组织结构同时并存），如图 10.6 所示。

在复合式组织中，项目团队的员工管理与职责为：①完全由项目经理管理，从事

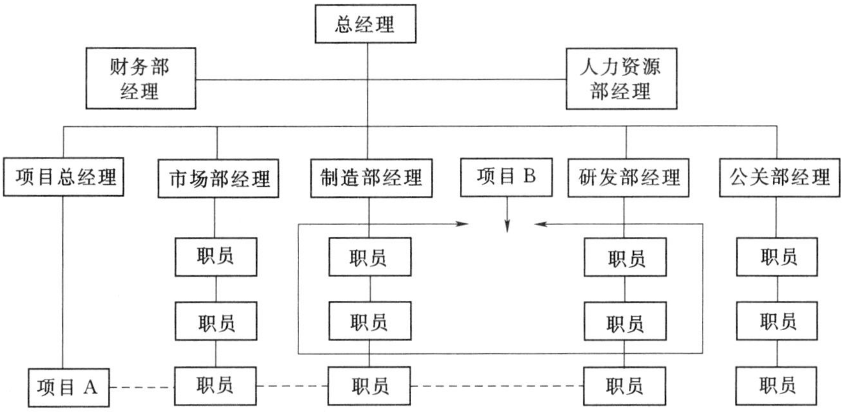

图 10.6 复合式组织结构

专职工作；②兼任项目工作，或仅在从事项目期间由项目经理负责；③有关工作由项目经理负责，其他方面由其部门直接领导负责；④在部门经理的监管下，与项目经理协商完成。

在具体实践中，选择何种组织结构没有一个固定的模式，只有充分考虑组织的战略规模、技术、环境、行业类型、发展阶段以及当前组织趋势等诸方面因素，才可能选出较为合理的、高效率、低成本、项目目标易达成的组织结构。

10.1.2 项目组织结构类型特点

项目不同组织结构类型，采用的组织管理方法、信息交流方式及项目经理的权限及投入的时间也不同，主要组织结构类型的特点见表 10.1。

表 10.1 主要组织结构类型的特点

项目管理的组织形式		职能式	线性式	矩阵式		
				弱矩阵式	平衡矩阵式	强矩阵式
项目特点	项目经理权限	很少或没有	大，甚至全权	有限	小到中等	中等到大
	组织中全时为项目工作的人员所占百分比	几乎没有	85%～100%	0～25%	15%～60%	50%～95%
	项目经理投入的时间	部分	全部	部分	全部	全部
	项目经理的常用头衔	项目协调员/项目主管	项目经理/计划经理	项目协调员/项目负责人	项目经理/项目主任	项目经理/计划经理
	项目管理行政人员的投入时间	部分	全部	部分	部分	全部

资源 10.1 项目组织结构案例分析 1

资源 10.2 项目组织结构案例分析 2

从一般的职能式组织结构到矩阵式组织结构，再到项目式组织结构，项目经理从无到有，跨部门协调效率从低到高，项目经理权力由小到大，项目管理力度由小变大。因此，当项目涉及部门越多，技术及内容越复杂，涉及各职能部门的权责利越大，所需的协调能力越强，就需要采用最大有效支持的项目管理组织结构。

10.2　项目经理部与项目经理

在工程项目组织中，项目经理部居于中心位置，在项目实施过程中起着决定性的作用，工程项目能否顺利实施、能否取得预期的效果、实现目标，直接依赖项目经理部。而项目经理直接领导项目经理部，是项目经理部的核心，他的决策管理、组织和协调能力、知识、素质、经验和领导艺术、个人道德素养都对项目的成败起着决定性的影响。

10.2.1　项目经理部

项目经理部是工程项目组织的管理机构，由项目经理领导，受上级主管部门指导、监督、服务和考核，负责对项目资源进行全面动态管理。项目经理部应在项目启动前建立，在项目竣工验收、审计完成后或按合同约定解体。

工程项目因其不同的性质、规模结构、复杂程度、专业特点、人员素质和地域范围，采取不同的项目组织结构形式，设置不同的项目经理部。例如，土木工程施工项目经理部的主要任务是按照施工合同、内部经济承包责任书，精心组织及科学管理，确保项目工期、安全、质量、成本控制、经济效益等各目标的全面实现。根据项目的规模、任务及技术复杂程度、标段的划分及承发包模式，项目经理部的机构设置与职责不同。

1. 中小型工程项目

通常设立项目管理小组，有项目经理，总工程师及专业工程师（土建及工艺等专业），合同、技术、质量、成本、物料及资料信息管理员等，有时还设有负责采购及库存、安全管理和计划等工作的人员。一般项目管理小组的职能不能分得过细，否则易造成信息多，管理程序复杂，组织成员能动性小，易产生矛盾。

2. 大型工程项目

设立一个项目管理集团（如项目经理部或项目公司），项目经理下设各个部门，如计划部、技术部、合同部、财务部、供应部、办公室等。在项目实施过程中，随着项目管理任务的变化，项目经理部的组织结构和人数会随着项目的进展而发生变化。

3. 工程总承包项目

可设立项目经理、设计（或技术）经理、采购经理、施工经理、试运行经理、财务经理、进度计划工程师、质量工程师、合同管理工程师、估算师、费用控制工程师、材料控制工程师、安全工程师、信息管理员和项目秘书等岗位。

10.2.2　项目经理

项目经理受企业法定代表人委托，是企业法定代表人在工程项目上的全权委托代理人。根据法定代表人授权的范围、期限和内容，履行管理职责，对内是项目的总负责人，对外可作为企业法人代表，并对项目实施全过程及全方位管理。大中型项目的项目经理必须由取得工程建设相关专业资格证书（如建造师）的人员担任。项目经理是项目实施过程中组织、控制、协调的主体，也是责、权、利的主体，他的主要任务是“三控”“三管”“一协调”。

10.2.2.1　项目经理的职责

项目经理以所属企业与建设单位签署的工程承包合同及与所属企业签署的项目承包责任书为依据，以工程对象为管理目标，以合同规定的最终产品的全面达标及所属企业经济效益的获得为管理目的。项目经理的主要职责包括以下几方面。

(1) 贯彻执行国家及主管部门有关法律、法规、政策和标准，执行企业的各项管理制度。

(2) 经授权组建项目经理部，确定组织机构及人员，制定项目经理部的各项管理制度，对项目实施全过程及全面管理。

(3) 主持制定并落实质量安全技术措施和专项方案，负责相关的组织协调工作。

(4) 严格履行企业与建设单位签订的工程承包合同、项目经理部与企业签订项目承包责任书及工程质量安全责任承诺书的职责，确保项目目标的实现。

(5) 组织或参与编制项目管理实施规划，对项目目标进行系统管理。

(6) 对项目的资源进行质量监控、优化配置和动态管理。对进场的机械设备及工器具的安全、质量和使用进行监控。建立成本控制体系，组织或参与评价项目管理绩效。

(7) 建立各类专业管理制度，制定有效的安全文明和环境保护措施，并组织实施。

(8) 进行授权范围内的任务分解和利益分配。

(9) 完善及规范工程信息资料及档案文件，准备结算及竣工资料，参与工程竣工验收。

(10) 接受审计，处理项目经理部解体的善后工作。配合组织完善缺陷责任期的相关工作。

(11) 协助组织进行项目的检查、鉴定和评奖申报工作。

10.2.2.2　项目经理的权限

授权既是项目经理履行职责的前提，又是项目取得成功的保证。为了确保项目经理完成所承担的任务，必须授予相应权利。项目经理应当具有以下权限。

(1) 用人管理权。参与组建项目经理部，主持项目经理部的工作，聘任成员并进行考核、监督及奖惩。

(2) 财务管理权。在企业财务制度规定范围内，依据委托授权可决定资金的投入、使用及计酬办法。

(3) 物资采购权。参与采购方案的确定及有资质的分包人和供货单位的选择及管理。

(4) 进度计划控制权。根据项目进度总目标和阶段性目标，对项目进度实施检查及优化，并对资源进行动态调配，有效地控制进度计划。

(5) 技术质量决定权。根据项目管理实施规划或施工组织设计，可批准重大技术方案和措施，把好技术及质量决策关，主持处理重大责任事故。

(6) 现场管理协调权。在授权范围内，代表公司协调与项目有关的内外部关系，有权处理现场突发事件，事后及时报公司主管部门。

10. 2. 2. 3　项目经理的能力及素质要求

随着项目管理的发展，项目经理承担的责任和被赋予的权力也越来越大，必然对项目经理的知识结构、能力和素质提出了更高的要求。

（1）知识结构。知识结构包括专业知识及实践经验。项目经理必须具有专业技术知识，且受过专门培训，掌握项目管理、经济和法律法规知识，迅速给出解决项目问题的思路和方法，把握实施过程的技术逻辑关系，具有工程管理系统知识。项目管理过程中会遇到诸多不确定性因素及实际复杂问题，要求项目经理必须具有丰富的实践经验和解决实际问题的能力。

（2）能力要求。项目经理应该具备领导能力，业务技术能力，创新能力，良好的社交沟通能力，处理矛盾冲突的能力；具有果断的决策能力，在各种情况下及时做出正确的判断和决策；具有计划、组织、目标定位及授权的管理能力；具有出色的用人能力，能充分调动项目人员的积极性和创造性。

（3）素质要求。项目经理应当遵守国家的法律法规，具有职业道德素质，勇于承担责任和风险；具有事业心和责任感，勇于开拓进取，有良好的身体素质；具有良好的道德品质和团队意识，诚实守信，能正确处理各方利益。

10. 3　项目人力资源管理

在项目管理中，人是主观因素，如何发挥人的主观能动性，对于项目的成败起着至关重要的作用。因此，对项目人力资源进行有效的管理，是项目成功的基石。项目人力资源管理包括项目人力资源管理规划，项目人员的招聘和配备，项目团队的组建、管理及控制等。

10. 3. 1　项目人力资源管理概述

10. 3. 1. 1　项目人力资源管理的概念

项目人力资源管理是根据项目的目标、进展和外部环境的变化对项目相关人员所开展的有效的规划、积极的开发、合理的配置、准确的评估、适当的激励等方面的管理工作，根本目的是充分发挥项目组各方人员的积极性及主观能动性，努力做到人尽其才、事得其人、人事相宜，从而实现既定的项目目标，实现项目投入与产出的高效和项目整体效益的最优。项目人力资源管理更强调团队建设与组织管理的灵活性。

10. 3. 1. 2　项目人力资源管理的特点

项目人力资源管理的对象包括项目团队本身及团队全部人员。项目团队是项目人力资源组织的基本形式，只有了解了项目团队的特性，才能把握项目人力资源管理的特点。

项目团队特性包括：①团队性，项目团队工作是以团队合作的形式，为实现目标项目成员同心协力，协调一致、共同努力完成的，项目工作的成效很大程度上取决于项目团队精神及团队工作管理模式；②临时性，项目团队具有临时性的特点，一个项目从立项到实施完成，团队成员通过项目组织内部抽调或外部招聘，组成项目团队并分工协作，当项目完成后项目团队即告解散，人员会重新回到原来工作岗位或组成新的团队。

项目人力资源管理与一般企业组织运营人力资源管理有很大的不同，主要表现在两个方面：一是项目人力资源管理强调团队建设，项目工作是以团队的方式完成的，因而团队建设是项目人力资源管理的首要任务，项目人力资源管理中的组织规划、设计和人员配备、人员的开发、项目绩效的评价、员工激励和问题解决方式方法等各方面都应充分考虑项目团队建设需要；二是项目人力资源管理强调高效快捷。除了一些大型的、工期较长的项目（如三峡工程等），一般项目因团队持续时间相对较短，因而在团队建设、人员开发培训、解决冲突及激励机制等方面需采取高效快捷的方法，才能充分发挥项目人力资源管理的作用，降低成本，提高项目的竞争力。同时项目收尾阶段，需重视对团队成员的合理安排，将对后续项目的实施起到正面影响。

10.3.1.3 项目人力资源管理内容

项目人力资源管理主要内容包括项目人力资源组织规划设计、项目人员构建、项目人员开发与团队建设。

资源 10.3 《西游记》取经经典案例（项目人力资源与团队管理）

10.3.2 项目人力资源组织规划设计

项目人力资源组织规划是项目定义阶段工作的一部分，在项目人力资源管理过程中需要不断地进行评价和改进，以确保项目组织的适应性。项目某一阶段如项目组织无法高效地工作与运行，就应及时地改进和完善项目组织规划与设计。

10.3.2.1 项目人力资源组织规划概述

项目人力资源管理中的组织规划需要分析项目目标、项目任务、组织结构、职位及职位间的责权利关系、组织协调及信息沟通等诸要素之间的关系，确定项目角色和职责，并合理地制订人员配置管理计划。人员配置管理计划可包括何时及如何招聘人员及人员解散后的安排。同时，可确定培训需求、奖励机制、安全问题，以及人员配置管理计划对组织的影响。

由于项目的目标、资源和环境的不同，为了确保项目在预算范围内按时及优质地完成，从而使业主及客户满意，根据项目的具体情况进行科学的组织规划与设计。

1. 项目人力资源组织规划的影响因素

人力资源组织规划的环境影响因素主要包括组织性因素（何种组织或部门参与项目）、技术性因素（参与的专业与专门技术及工程方法等）、人际性因素（项目候选人之间关系，团队人员岗位设置，项目参与者之间的关系等）、后勤保障及政治因素（项目利益相关者的目标，人员与团队是否有非正式的权利）。对人力资源规划过程起到限制作用的制约条件包括组织结构、集体谈判协议及经济条件。

2. 项目人力资源组织规划的结构特点

项目人力资源管理的组织规划与设计，在不同的项目组织结构中分别具有如下特点：

（1）职能式的项目组织规划。由采用职能式组织结构的项目团队或小组完成项目的部分或整个工作。项目团队或小组通常是松散、临时性的项目组织，项目组织和经理的责权利也相对有限，多用于负责公司内部项目的实施，很少有跨部门的项目团队组织及从组织外部获取的项目团队成员。因而项目人力资源组织规划及设计需全面考虑内部开发项目的特性以及项目经理在项目协调工作方面的合理权限，要特别重视项目经理及团队成员与上级的各种报告关系，以使项目团队能顺利、高效地完成项目任务，实现项目目标。

（2）项目式的项目组织规划。项目式的组织结构通常同时有多个项目团队，是以项目为主的生产组织方式。项目团队成员多数具有专长，项目完成后会被分派到其他项目团队。项目团队组织具有相对稳定性，项目经理在资金和人力资源管理方面有较大的权力。项目团队可从上级组织的各部门和组织外部获取各种人力资源。因而，项目人力资源组织规划及设计应考虑授予项目经理充分的权力，以便项目团队在协调项目工作及相关利益主体的关系方面有足够的权限，充分考虑项目管理人员配备和管理职能部门的设计，以便顺利完成项目任务，实现项目的既定目标。

（3）矩阵式的项目组织规划。矩阵式的项目组织中，项目团队成员来自不同的职能部门或机构，而部门人员通常会分配在不同项目中，减少了人力资源的浪费。项目团队的责、权、利比较对等，项目经理在预算、工期和人力资源管理方面的权力也较为均衡。因而，人力资源的组织规划设计应充分考虑项目工作的范围和内容，从而明确项目团队管理人员配备和管理职能部门的设置，以实现项目的全面管理。

3. 项目人力资源组织规划方式

可用层级结构图、项目责任矩阵和文字表述形式明确项目团队成员的角色和职责。

（1）层级结构图。传统的组织结构图以自上而下的方式展示部门和层次职位间的关系。组织分解结构（OBS）是按项目组织内现有部门、单位和团队而组织的，把项目活动和工作单元列在各部门下，各部门人员通过所在结构图位置，可以清晰了解所承担的职责。

资源 10.4 工程项目组织分解结构图（OBS）

（2）项目责任矩阵。工作分解结构编制完成后，把项目任务和责任分配落实到具体组织和个人，形成项目责任矩阵，见表 10.2。项目责任矩阵反映了与成员相关的项目活动或每项活动的相关人员，确保了每个工作都有明确界定的负责人，项目组成员都对其角色和职责有清晰的了解。

（3）文字表述。如需要详细界定的职责可用文字叙述为主方式。例如，岗位描述、角色、职责、授权表述等。

4. 项目人力资源组织规划内容

（1）角色与职责。角色指某人负责项目某部分工作的标识，角色的明确性（职权、责任和边界）对于项目的成功至关重要，如土建工程师、商务分析师等角色。职权是指使用项目资源及作出决策和批准的权力，如实施方法的选择、质量验收以及如何应对项目偏差等。职责是项目团队成员实施工作规划，完成项目活动所需的技能和能力，如能力不匹配，需采取应对措施改进和提高技能，如培训等。

表 10.2　　项目责任矩阵

项目责任		项目经理	项目工程师	程序员
确定需求		○	▲	
设　计		○	▲	
开　发	修改外购软件包	□	○	▲
	修改内部程序	□	○	▲
	修改手工操作系统流程	□	○	▲
测　试	测试外购软件包	□	●	▲
	测试内部程序	□	●	▲
	测试手工操作系统流程	□	●	▲
安装完成	完成安装新软件包	●	▲	
	培训人员	●	▲	

注　▲—负责；○—审批；●—辅助；□—通知。

（2）项目组织结构图。以图形方式展示项目团队成员及其报告关系。

（3）人员配备管理计划。人员配备管理计划是项目管理计划的一部分，描述何时以何种方式满足项目人力资源需求，包含项目团队的组建、资源和招募时间安排要求、人员遣散安排、培训计划需求、表彰和奖励、人力资源政策、人员保护和安全隐患问题等。

10.3.2.2　职务与岗位分析

1. 职位分析基本概念

职务与岗位分析称为职位分析，通过分析和研究确定项目组织中各个管理职务的角色、任务、职责等内容的组织规划工作，形成系列有关项目岗位的工作描述和任职要求说明等文件。通过对项目组织的每个职位工作加以分析，把握该职位的特性，从而确定该职位的工作规范和考核标准，设置此职位在履行职责上所要求的技术、知识、能力与责任。它的目的是明确给出项目组织所需的职位及任职条件，以便选拔和任用合格的项目人员去组建项目团队。职位分析的主要工作是解决以下几个问题：

（1）项目将需要完成些什么样的任务。根据项目的工作分解结构和组织分解结构所给出的信息，进一步明确项目所要完成的具体工作任务和管理任务。

（2）项目需要在何时完成任务。根据项目的各种计划安排，明确项目各项工作任务和管理任务需要在何时完成，以及是如何衔接的，以便确定具体职位的责任和要求。

（3）项目需要何种职位。进一步确定项目的管理与实施需要何种具体职位，以便能够按时、按质、高效地完成各项任务，是项目组织规划要解决的核心问题。

（4）职位所需什么样的人。职位人员的任职条件和所需知识、技能与专业要求。

2. 职位分析内容

职位分析的内容主要包括对职位的工作说明与描述及任职条件与要求。

（1）职位的工作说明与描述。项目组织各个职位的名称、所需技能、所负责任、授权权力、工作环境以及所涉及的其他特征的说明和描述。其主要内容包括工作名称，工作的责任、任务和程序，工作条件及环境，职位的工资报酬，奖金制度，工作时间等条件。

（2）任职条件与要求。项目具体职位所需的各种资格和技能的要求与必要条件，特别是管理和专业技能的特殊要求与条件。还需说明所要求的学历和能力、工作实践经验及经历、健康状况、综合素质、兴趣爱好、团队合作等协调沟通能力等方面的要求。

3. 职位分析的工作过程

职务与岗位分析是对项目所需的职位进行全面的研究，对后续人员选拔与配置起着决定性的作用，同时对项目团队成员的奖惩、晋升、调配、解雇等提供客观的评估标准。工作全过程可以分成四个阶段，准备阶段、调查阶段、分析阶段和完成阶段，如图 10.7 所示。任何阶段在获得必要的反馈信息时，都可回到前面阶段去进一步收集信息。

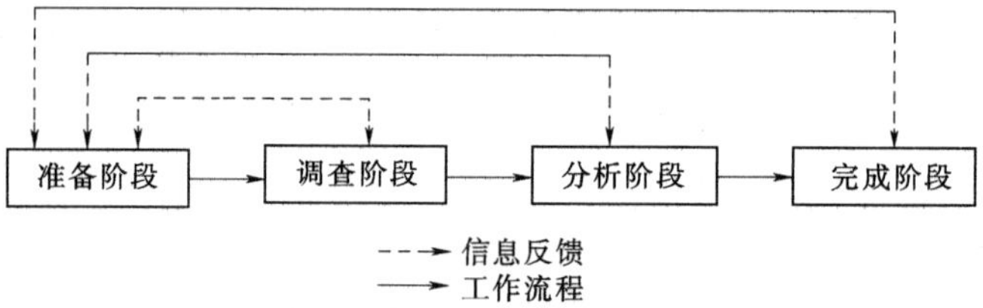

图 10.7　职务与岗位分析的工作流程

（1）准备阶段。准备阶段的任务是了解情况，收集信息，组建由专家和上级领导组成的项目职位分析工作小组；确定职务与岗位分析的对象；对职位的主要工作任务、具体责任、工作流程进行分析和研究；提出职位分析过程中所要解决的主要问题。

（2）调查阶段。调查阶段将对职位的工作过程、工作环境、内容、职责和任职要求做全面调查。主要内容为：编制职位分析调查提纲；分析和调查职位的工作现场及流程、关键事件、工作所需的工具和设备，以及工作的环境和条件；与相关人员进行面谈，收集有关职位的工作特征及信息。

（3）分析阶段。项目需要对各个职位的工作特征和人员要求等方面的调查结果进行全面的综合分析。具体的工作内容为：认真审核、汇总、归纳总结调查阶段所获得的各种信息和资料；分析具体职位的工作和任职人员要求。

（4）完成阶段。编制项目组织各项《职务或岗位说明书》与《任职说明书》。对草拟的《职务或岗位说明书》与《任职说明书》与实际项目要求进行对照比较、修订、审定并批准。

4. 职位分析方法

要完成一个系统、详细、完善的职务与岗位分析，需要对职务或工作进行全面的调查研究。职位分析调查研究方法主要有问卷调查法、文献资料分析法、面谈法、工作过程的现场观察记录法，通过关键事件的行为特征和行为获得职位分析的动态信息方法。

10.3.2.3　职务与岗位工作设计

人力资源规划工作设计是指为了有效地实现项目目标及满足项目工作人员的需求而开展的有关人力资源规划工作内容、工作职能和工作关系的设计。

1. 工作设计概念

工作设计与职位分析是既有联系又有区别的两个概念。职位分析是对项目组织职务或岗位的客观描述，而工作设计则是对职务或岗位的工作内容、方法和工作关系的设计、认定、修改或重新调整。工作设计需要利用职位分析所得到的信息，对项目职务或岗位的工作任务进行细化。项目工作设计如图10.8所示，主要包括如下方面的工作：

（1）工作内容。对工作多样性、自主性、复杂性以及工作难度和整体性等系列工作内容进行设计。

（2）工作职能。确定职位工作的基本要求和方法、工作责任权限、所承担的信息沟通责任，以及在团队协作与配合等方面的要求。

（3）工作关系。确定职位在工作中与他人之间的相互联系和交往的工作范围，参加团队相互协作配合的要求等。

（4）工作绩效。确定每个职位的绩效要求，以及衡量职位工作任务完成情况的具体指标和要求。即职位工作的数量、质量和效率要求。

（5）工作者反应。需要考虑职位工作者对于工作设计的反应和要求。涉及对工作环境和强度的主观及客观评价标准的满足程度。即工作人员对职位工作的满意度、出勤率和离职率等。

（6）工作设计结果的反馈与修改。对于工作内容、关系和绩效的设计结果，需要在职位工作实施中不断进行反馈与修改。

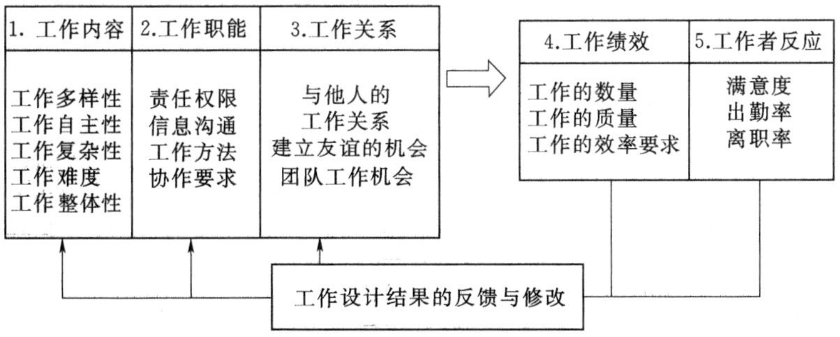

图10.8　项目工作设计

2. 工作设计方法

不同职务和岗位的工作设计方法是不同的，一般常用的工作设计方法有如下所述：

（1）专业化分工的工作设计方法。专业化分工是常采用的一种工作设计方法，主要适用于专业性很强的岗位工作设计。它是将项目的主要专业工作按照劳动分工，分解成系列单一化、标准化和专业化很强的工作职位，按职位的工作内容与职能、关系与绩效等方面的要求进行设计，以便对员工进行培训和激励，高效地实施项目的专业性工作。

（2）职能化分工的工作设计方法。按职能化分工将项目的主要管理工作分解成一系列能承担不同管理职能的职位，设计出职位的具体管理职能和工作范围，进一步给出职位的工作内容与职责、管理工作关系与工作绩效等要求。它不仅兼顾了专业化分工设计特点，还充分考虑了管理工作的特点和相互关联性，避免出现直线指挥链的“缺环”和职能管理方面的“缺项”。

（3）辅助性的工作设计方法。在职位工作设计中还需采用一些辅助性的工作设计方法。在管理职位设计中采取工作轮换法和工作内容扩大化法；在专业性职位的工作设计中采用工作丰富化的措施和方法，即从工作深度去扩展职位工作内容的设计方法等。

10.3.3　项目人员构建

项目人员的选聘是指项目人员的获得与配备，是项目组织创建的开始。项目组成员的选聘是建立在岗位工作分析的基础之上的。人力资源管理专家认为人员的选聘是项目人力资源管理工作的基石，目的是能确保项目团队能获得所需的人力资源。项目组织要想生存和完成项目，就必须选拔和获得合格的人才资源去承担相应的项目工作，以保证项目目标的实现。同时，项目组织还需赋予项目团队成员适合的工作和岗位，实现人员的科学合理配备，确保项目组成员与责任的相匹配，团队成员与团队工作的相匹配、团队成员与项目组织的相匹配。

10.3.3.1　项目人员招聘

1. 人员招聘的基本内容与程序

人员招聘是项目人力资源管理的一个重要环节，其主要任务是采取内部和外部招聘的方式，运用各种方法和手段使项目组织获得足够的、高质量的人力资源。项目需采用各种方法吸引更多的人才来应聘，使项目有更大地选择余地。否则应聘人员过少会降低录用标准，或很难获得足够的满足条件的人力资源。同时，在招聘过程中还要使应聘者更好地了解项目组织，减少因盲目进入项目组而后又离职的情况发生。项目组人员招聘的主要工作内容和程序如下：

（1）招聘计划的制订与审批。招聘计划是招聘工作的依据。制订招聘计划的目的在于使项目组织的招聘工作合理、科学。根据项目人力资源规划确定的岗位及岗位任职说明书，按照人力资源需求数量、质量和时间等做出详细的人力资源招聘计划。

（2）招聘信息的发布。根据人力资源招聘计划的要求，项目组织的内外部环境条件，确定发布招聘信息的时间、方式、渠道与范围。项目组人员多数是通过内部招聘或调配方式获得的，一般采用企业内部信息沟通渠道发布招聘信息。外部招聘人员可通过在新闻媒体刊登广告等方式发布招聘信息。

（3）应聘者提出申请。应聘者在获取招聘消息后，可向项目组的招聘机构提出应聘申请。应聘资料主要包括应聘申请表、个人简历、各种学历、技能和成果证明，各种任职证明和聘书等。

(4) 人员选拔。人员选拔对项目组来说是至关重要的。项目的生命周期较短，招聘的人员存在问题或无法胜任工作，将影响整个项目的工作。这与企业运营组织的人员招聘是不同的，运营组织有机会通过换人来解决问题，但项目很难有时间和机会去改正人员选拔产生的问题。通过人员选拔对应聘者进行辨别和甄选，挑出能力、知识和经验都符合招聘要求的，同时又愿意为项目工作的优秀人才。选拔过程包括资格审查与初选、测试、面试、全面评估和人员甄选等。

(5) 人员录用。人员录用过程包括项目组与应聘者签订试用合同，安排录用人员上岗试用，试用期满经评估合格后可签订合同并正式录用。对于项目而言，特别是短平快的项目，有时无试用阶段直接正式录用。

2. 招聘方式

根据招聘对象来源的不同，项目组人员招聘可分为内部招聘与外部招聘两种方式。

(1) 内部招聘。内部招聘是指从项目组所在公司或团体内部人员中，招聘项目所需的人力资源的一种招聘方式。它可为内部员工提供发展的机会，从而调动公司员工的积极性。同时与外部招聘相比，内部招聘可以节约大量的费用，省去许多不必要的培训，能够保证招聘人员的质量。内部招聘主要包括管理职位的提升、工作调配及内部人员重新聘用。

(2) 外部招聘。从项目组织所在公司或团体以外，招聘项目组所需人力资源的一种招聘方式。外部招聘虽需花费较多的费用，但人员选择的范围要大许多，且招聘的人员能给项目组带来许多创新思想，特别可获得组织内部缺少的高质量特殊人才。外部招聘主要包括广告招聘、就业中介及网络信息招聘。

10.3.3.2　招聘评估

招聘评估是项目组对人员招聘全过程及全部工作进行的一种评价。其目的是审视项目组人员招聘工作的成效，总结招聘工作中的经验和教训，以便为未来招聘工作提供可借鉴的经验及信息。招聘评估是事后控制工作，是对人员招聘结果和招聘方法的评估。人员招聘结果的评估主要有人员招聘的成本效益评估、录用人员的数量及质量评估等。招聘方法的评估主要包括人员招聘方法的可信度和有效程度评估。前者是评价招聘方法所获信息的可信度和置信区间，后者是评价信息的有效性和有用程度。

10.3.3.3　人员配备管理

项目的成功实施与组织的正常运行都需通过人力资源的合理配置来实现。合理配置人员不但有利于项目目标的实现，也有利于充分挖掘人力资源的潜力、降低成本。不断地改进和完善项目组织结构，可以提高项目团队的合作与协同能力。

1. 人员配备的原则

项目人员配备首先是以实现组织目标为中心，提倡简化各种职能业务工作手续，减少项目组织的管理层次，精简项目的组织机构，从而降低配备的人员数量，达到精简、高效和节约的目标。同时应合理安排各类人员的比例，如管理人员和实施人员的比例，各种专业或工种人员的合理平衡配置，减少和消除窝工和人员浪费的现象。

2. 人员配备的主要内容

人员配备的主要内容包括项目团队的组建、项目人员及项目团队的时间安排要求、如何及时进行招募与人员遣散安排，同时可明确技能和能力的培训需求、人员绩效的表彰和奖励、人力资源合规性的政策和策略、针对安全隐患为保护团队成员安全而制定的政策和程序，以及人员配备管理计划对组织的影响等。根据项目需要，人员配备计划可以是正式的或非正式的，可以是详尽的或宽泛的。在项目期间，将不断对其进行更新以指导团队人员的招聘及团队建设活动。

3. 人员配备的方法

(1) 人员配备的一般方法。项目组人员配备一般是通过项目经理和企业内部职能部门主管进行的谈判、内部及外部招聘，经过资格审查、初选、面试的甄别方法进行的。

(2) 人员配备的预测方法。人力资源配备管理计划是通过项目人力资源的需求预测及供给预测、项目人力资源的综合平衡两方面进行的。项目人力资源的需求预测是根据项目的工作任务（从项目工作分解结构 WBS 和工期计划等获得）、项目的组织结构、项目组织所需的各类岗位，预测得出项目的人力资源需求。项目人力资源的供给预测主要涉及项目组织内部的及外部环境为项目供给人力资源能力的预测。

4. 人员配备的过程

(1) 确定资源库。项目可得到的资源供应是有限的，需要项目对可获得资源建立资源库。

(2) 评估技能要求。项目经理应对项目可获得人力资源的技能做出实事求是的评价，确定与获得技能相关的风险，编制客观描述技能的计划。

(3) 确定项目小组的规模。项目小组规模取决于所需执行的任务数量及完成各项任务所需的人工数量。

(4) 明确资源情况。在项目计划编制和实施阶段，编制人员配置计划时，要均衡不同时段的人员数量，避免出现人员配置的“峰”与“谷”现象。

(5) 组建团队。项目团队是为保证项目的有效实施而建立的团队，大部分项目需要一个高效的独特的项目组织结构，通过团队人员合作与协同顺利地完成项目目标。

(6) 创建人力资源图表。项目经理依照 WBS 中各项任务，利用项目人力资源管理图表来配备人力资源，跟踪人力资源使用状况及资源需求变化。

10.3.4 项目人员开发与团队建设

10.3.4.1 项目人员开发的途径

人力资源开发关键在于提高人的素质和能力。人员的素质能力是参与建设活动人员的决策能力、管理能力、作业能力、组织协调能力、公关能力、经营能力、控制能力以及道德品质的总称。通常人员素质能力的高低是工程质量好坏的决定性因素，决策层人员的素质能力更是至关重要，决策或指挥失误将对工程质量的危害更大。对工程作业人员来说，不仅应具有一定的技术水平，还应具有良好的心理状态和职业道德品质。在人力资源开发的过程中，领导是关键，教育是基础，参与是保证，激励是手段，其具体途径有以下几方面：

（1）提高领导层的素质。提高领导素质是搞好人才开发的首要环节。好领导应当有“爱才之心、识才之能、容才之量、育才之责”，应当能明辨是非，激发起员工的积极性、主动性和创造性，挖掘人员潜力。领导能否导之以行，率先垂范，对人力资源开发起着决定性的作用。

（2）建立机制，充分发挥人才的作用。人力资源开发的目标是扩大人才在整个项目人员中的比例，其中最简捷及有效的途径就是充分发挥现有人才的作用，建立完善的人才机制，创造良好的环境氛围。

（3）创造条件，合理激励，使潜在人才脱颖而出。

（4）加强员工的培训，提高员工的素质。企业和项目必须提高全员素质、加强全员培训，转变观念学习知识，掌握技能。全员培训必须有目的、有计划、有组织地进行，力求员工教育经常化、制度化、正规化、层次化。同时，教育培训是开发人力资源的重大措施，通过教育培训增强员工的质量意识，提高员工的业务素质和操作技能，才能最终保证项目的质量。

10.3.4.2 项目的激励机制

人力资源管理的激励机制是运用激励的科学理论和方法，对员工的各种层次需求予以不同程度的满足或限制，通过外部引导行为激发员工的动机和行为，向激励预期的方向发展，朝着所期望的组织和项目目标持久努力，再通过正反两方面的强化，对行为加以控制和调节。

1. 激励的原则

项目领导在指导团队进行成员激励时，应注意把握和目标结合、按需激励和公平公正等原则，全面调动团队成员的积极性。在项目团队的激励工作中，要坚持如下激励原则：

（1）目标导向原则。激励是为了让成员向实现团队目标的方向做出努力，是实现团队目标的一种手段。激励所产生的积极性是否有利于完成团队任务，同时激励目标的设定应满足团队成员的需要。要激励员工，要对员工明确项目或团队目标，明确个人利益与项目利益的关系、工作标准和奖赏方式。因此，项目目标要与成员目标相结合，使成员目标的实现离不开为实现项目或团队目标所做的努力，才能达到满意的激励效果。

（2）要遵循公平、公正的原则。

（3）按需激励原则。激励的起点是满足团队成员的需要。成员的需要存在个体差异性和动态性，因此在实施激励时，项目组或团队应定期进行深入调查，不断了解员工的动态需求，有针对性地采取激励措施，才能起到事成功半的效果。

（4）因人而异的原则。人的需求不同，思想觉悟、价值观及奋斗目标也各不相同，因而采取激励措施要充分考虑成员各自的情况，区别对待，通过激励提高项目成员的积极性。

（5）物质激励和精神激励相结合的原则。

（6）长期激励和短期激励相结合的原则。对团队成员进行激励的终极目标，是提升团队的核心竞争力和长期价值的最大化。所以激励不仅仅考虑当前的需求，而应当把长期激励和短期激励相结合，对激发员工的积极性和能动性起到长效机制。

2. 激励的特点

激励是人力资源管理的核心内容，是对员工潜在能力的开发。完全不同于对物力和财力资源的管理，无法通过精确的计算来进行预测、计划、实施与控制。激励具有如下特点：

（1）激励是以人的心理作为出发点，只能通过行为表现来加以观察。

（2）人在激励条件下会产生动机与行为，受多种主客观因素的影响，在不同的时间和环境其表现截然不同。

（3）激励对象的复杂性。激励机制有一定的弹性，要求对不同员工采取不同激励手段。

（4）激励的目的虽是使员工的潜能得到最大限度的发挥，但激励应该是适度的。

3. 激励的方式

激励的有效性是指通过激励手段能有效地实现预定目标。激励是否有效，关键是看激励能否充分调动团队成员的积极性去努力完成任务，有效地实现预定目标。根据激励的原则，通常可采用以下几种激励方式：

（1）物质激励和精神激励。从激励内容上进行划分，有物质激励和精神激励两种。前者作用于员工的生理方面，是员工对物质需求的满足；后者作用于员工的心理方面，是员工对精神需求的满足。物质激励包括工资激励和奖金激励、福利、培训、工作条件和环境激励。通过精神激励手段来实现对项目员工积极性和创造性的激发，以满足人员较高层次的需求，表现为强化作用、引导作用、激发作用。

（2）参与激励与制度激励。参与激励是指尊重和信任员工，让他们了解项目组织的真实情况，使其在不同深度和不同层次上参与决策，从而激发其主人翁的精神；同时项目团队成员在遵守规章制度的过程中是约束和奖励的双向激励。

（3）目标激励与环境激励。目标激励是由项目目标所提供的一种激励力量，因为项目目标体现了团队成员工作和努力的意义，能够在理想和信念层次上激励团队成员；良好的工作和生活环境可满足团队成员的保健需求，形成一定的压力去推动成员努力工作，具有很强的激励作用。

（4）榜样激励与感情激励。榜样激励是通过满足项目团队成员的模仿和学习的需要，引导其行为达到项目团队目标要求。感情激励是利用感情因素激发员工的工作积极性。

10.3.4.3　项目团队建设

1. 项目团队建设的目标

项目团队是为实现项目目标而组建的，由具有明确分工与合作，且具有不同层次的权利和责任的人员构成的，按团队模式开展项目工作的组织。项目团队的具体职责、组织机构、人员构成和配备等因项目性质、复杂程度、规模大小和持续时间长短而不同。

项目团队包括项目经理及项目组成人员，项目经理是项目团队的领导者，它的核心工作就是建设一个高效团体。项目团队想要发展成具有高效地合作及协同能力的团体，需要项目经理及管理人员积极地开展项目团队的建设工作，不断地完善项目团队的绩效制度及提高处理冲突及问题的能力。项目团队建设涉及很多方面的工作，包括：形成合适的团队机制，提高成员及项目的工作效率；分析影响项目成员和团队业绩的因素，并采取措施调动积极因素，减少消极影响；建立项目成员之间进行沟通和解决冲突的渠道，建立良好的人际关系和工作氛围。项目团队建设的目标包括以下几个方面：

（1）团队成员对项目目标的清晰理解。为使项目团队工作卓有成效，在项目团队的建设中，首先要明确项目的工作范围、质量标准、预算和进度计划，使团队成员对要实现的项目目标有清晰明确的了解，使团队成员对项目的结果，以及由此带来的益处有共同的认识和期望。

（2）团队成员清楚自己的角色和职责。有效的项目团队需要团队成员参与制订项目计划，将成员工作目标与项目目标相结合，团队成员应尊重和重视彼此的知识与技能，能够相互肯定各自为实现项目目标所付出的努力，从而使团队成员能承担起责任，完成所承担的任务。

（3）团队成员要为实现项目目标而努力。例如，为使项目按计划进行，必要时团队成员愿意加班来完成工作。

（4）团队成员间高效的合作与协同。有效的项目团队通常能够进行开放、坦诚而及时的沟通。团队成员愿意交流信息、思想及感情，团队工作中能互相合作和协助完成项目任务，能相互接受各种反馈及建设性的批评意见。

（5）团队成员之间的高度相互信任。有效的项目团队，团队成员相互理解、相互信任并相互依赖。项目团队成员相互关心，并彼此能异中求同，从而构成良好的项目团队。

资源 10.5 项目团队如何拥有高的协调性案例

2. 项目团队的组建原则

（1）明确共同的目标。项目目标可以为团队成员指引方向，提供推动力。

（2）高素质的成员。高素质的成员才能组建高效的团队。

（3）平等的权利和义务。团队成员有权通过合理竞争和科学评价机制获得奖金、利润和股票的奖励，有权申请合理的劳动条件及获得进修培训的机会。同时，有义务履行自己的工作职责，完成自己工作任务，遵守工作指标、工作进度等规定和纪律。

（4）有效的沟通。项目领导和成员之间和项目成员之间的沟通渠道应保持畅通。

3. 项目团队组建的过程

项目团队的组建可能漫长费时。特别是对于大型复杂的工程项目，团队组建是一个复杂动态的过程，如图 10.9 所示。

4. 项目团队的冲突处理

项目冲突是组织冲突的一种特定表现形态，是项目内外部某些关系难以协调而导致的矛盾激化和行为对抗。项目冲突的发生表明了该项目在某些方面存在问题。深入认识和理解冲突，有利于项目关系的协调和对项目进行有效的管理。在项目实施过程中冲突是必然存在的，有时冲突对项目团队的建设是有益的，因为冲突让项目团队成员有机会获得新的认识和经验，是团队学习的好机会，针对冲突提出最好的解决方

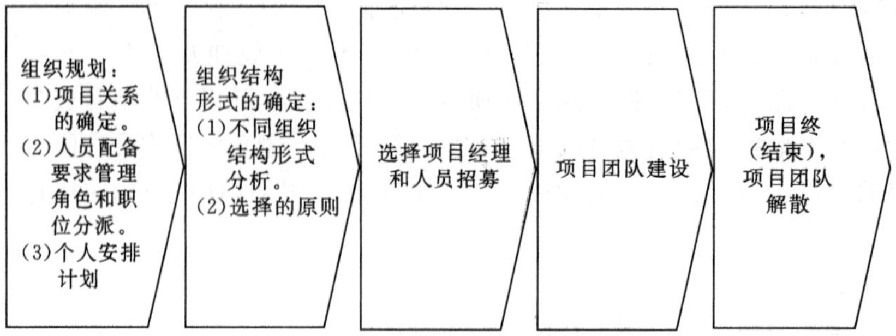

图 10.9　项目团队组建主要过程

案，从而更好地开发员工的创造性和能动性，不断加强项目团队创新开发能力的建设。因此，项目冲突管理是降低项目风险，达到项目目标的重要保证。

（1）项目冲突产生的原因。在项目工作过程中冲突可能来源于各种原因和情况，它涉及项目团队成员、项目经理，甚至是项目业主及客户。项目冲突产生的来源包括工作内容、资源分配、进度计划、预算成本、项目组织各方面及个体差异造成的冲突。

（2）项目冲突的类型。在项目中，冲突是客观的也是经常发生的。根据发生的层次和特征的不同，项目冲突可以分为人际冲突、群体或部门冲突、个人与群体或部门之间的冲突以及项目与外部环境之间的冲突等。

1）人际冲突。人际冲突水平过高或过低都意味着关系失调，冲突过多会使团队成员忙于应付冲突或爆发，过少则使团队成员缺乏沟通和交流，导致项目绩效下降。适度的冲突水平才是项目绩效的最佳状态。

2）群体或部门冲突。群体中的成员角色经常处于和谐-冲突-和谐的循环中。一致对外时，高度和谐，群体处于和平环境和利益相关时容易相互冲突。

3）个人与群体或部门之间的冲突。它是指个人与组织部门的规则制度要求及目标取向等方面不一致，以及个人与非正式组织团队之间的利害冲突。

4）项目与外部环境之间的冲突。主要是与外部利益相关方之间的冲突，主要表现为项目与社会公众、政府部门、客户之间的冲突和纠纷。

资源 10.6
冲突处理方式沟通与协调案例

（3）项目冲突的处理方式。冲突不能完全靠项目经理来处理解决，团队成员间的冲突应由相关成员来处理，冲突处理恰当，会有有利的一面，有问题能够及时得到重视与解决，冲突将迫使团队成员寻求新方法去更有效地解决问题，不断改进完善团队建设。冲突处理不当，会对项目团队产生不利的影响，使团队成员之间缺少交流和沟通信息，破坏项目团队的团结并降低相互信任和相互开放的程度。处理冲突的主要方式有回避或退出、竞争或强制、调停或消除、妥协与合作、正视和解决问题。项目团队解决冲突的最佳方式要视冲突双方个性、冲突原因、冲突性质等各种因素而定。

5. 项目团队问题的解决

项目团队在完成项目的过程中会产生各种各样的问题，这些问题的解决是项目团队建设的一项重要工作。项目团队能否有效解决问题不但会影响团队的建设，也会直接影响和决定项目的成败。项目团队解决问题的程序步骤如下：

（1）描述说明问题。项目团队对所遇问题做出界定和说明，明确问题性质和内容，使团队成员对问题的本质形成一致意见。问题界定与说明将作为问题是否解决的依据。

（2）找出问题原因。找出造成问题的原因，特别是管理或技术方面的问题。解决问题就要多方面收集信息资料，通过分析现象挖掘本质，找出造成问题的主要原因，以便从根本上解决问题。

（3）确定解决问题方案。项目团队在明确问题的原因后，要提出解决问题的多种可行方案，根据建立的方案评估标准对可行方案进行评估，依据评估结果确定解决问题的最佳方案或满意方案。

（4）制定解决问题的工作计划。解决问题的工作计划必须要明确具体任务、成本费用和工期、人员需求、负责实施的项目团队成员等要素。

（5）实施问题解决方案。在解决方案实施的过程中，要组织好各种资源，安排好各方面的工作，合理分工合作，以便使问题彻底得到解决。

（6）判断问题是否得以解决。把实施方案的结果与问题界定说明所描述的情况相比较，判断问题是否真正的解决。

10.4 项目沟通与协调

在工程项目中，有众多的单位参与建设，形成复杂的项目组织系统。在项目实施过程中，由于目标及利益不同会产生大量的矛盾和冲突，项目管理者必须进行有效地沟通协调控制才能解决矛盾和冲突，顺利实现项目目标。沟通与协调是有效解决矛盾的重要手段，因而工程项目的成功离不开有效的沟通与协调，即项目团队内部及各利益相关方之间的协调配合。沟通与协调管理贯穿工程项目管理的全过程，以排除障碍、解决矛盾、保证项目目标的顺利实现。

10.4.1 项目沟通

10.4.1.1 项目沟通概述

项目沟通就是项目团队成员和各部门之间利用各种方式和技巧所进行的信息的双向、互动反馈与理解过程。从项目沟通目的来说，沟通可分为组织沟通和人际关系沟通，它不仅可以解决各种技术、管理程序和方法等方面的问题，还可解决参与者心理和行为的障碍以及参与者之间的争执。通过项目沟通，可获得以下成效：①使项目总目标明确，使项目参加者对项目的总目标达成共识；②使项目参加者彼此相互了解，建立良好的人际关系，以提高团队凝聚力；③减少摩擦、对抗，提高项目组织的工作效率和相关利益主体间的协作精神；④保持项目目标、计划和实施状况的透明性，共同解决冲突和问题，提高问题处理方案的准确性和高效性。

工程项目沟通管理是对项目实施过程中的各种形式和内容的沟通行为进行管理，其目的是保证工程项目的有关信息能够在适当的时间，以适当的方式产生、收集、处理、存储和交流。

10.4.1.2　项目沟通的内容

以项目经理的沟通为例，项目沟通的内容如图 10.10 所示。

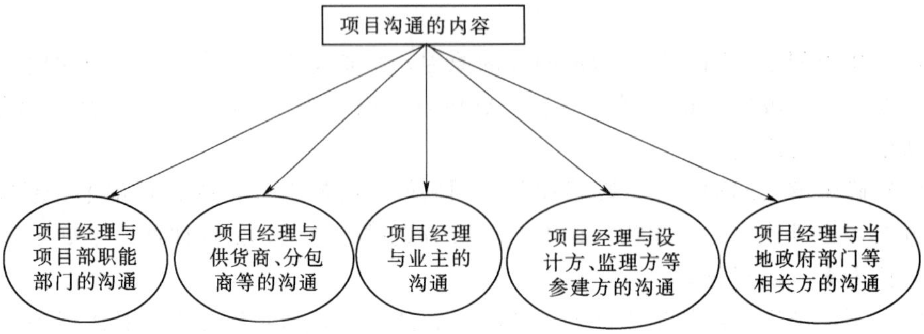

图 10.10　项目沟通的内容

10.4.1.3　项目沟通的类型

1. 业主方的外部沟通

根据沟通对象的不同，业主方与外部沟通有多种，如业主与监理单位的沟通、业主与承包方的沟通、业主与金融机构的沟通和业主与政府的沟通等。

（1）业主与监理单位的沟通。监理单位受业主的委托，在一定范围内为业主管理项目的开发建设，保证项目按预定目标完成。业主与监理单位的沟通对工程项目实施过程的费用、质量和进度目标的控制是至关重要的。

1）要使监理单位了解业主的意图。业主在委托监理任务后，应将前期策划和决策过程向监理单位做全面的说明和解释，提供详细资料，让其了解项目构思基础和出发点、目标设计和决策背景，使监理单位能准确把握项目目标和任务要求。

2）业主要充分信任监理单位，减少对监理单位的盲目干预。如业主与监理单位没有有效的沟通和协调，业主与监理单位产生的矛盾和冲突势必影响工程项目按时、按质完工。

（2）业主与承包方的沟通。承包方是广义的，包括工程施工承包商、设计单位和供应商等。在项目实施过程中，承包方必须接受业主方的组织、协调和监督。

1）通过技术交底、项目报告和工地例会等措施让承包方理解项目总目标及阶段目标、项目的实施方案、各自的工作任务及职责等。

2）指导和培训承包方适应项目工作，熟悉项目管理程序和项目管理技术和方法。

3）业主在招标、签订合同、工程施工中应让承包方掌握相关信息，以作出正确的决策。

4）业主和承包商及时沟通了解项目实施状况及问题，可及时发现项目偏差，并快速采取措施纠偏，同时也可避免承包方产生对立情绪，有利于减少项目纠纷。

（3）业主与金融机构的沟通。工程项目的实施需要资金的支持，同时为回避风险需要工程保险和担保。业主与金融机构的沟通从某种程度上说，影响着工程项目的实施进度和费用。

(4) 业主与政府的沟通。工程项目的建设过程中，从项目的立项、征地拆迁到施工许可证的办理等，都需要政府有关部门的审批和支持，业主与政府的沟通非常关键。

2. 业主方的内部沟通

在项目部内部沟通问题上，项目经理是核心，起主导作用。项目经理领导的员工是各有所长的技术或管理人员，考虑问题的着眼点可能是专业技术方案的可行性与优化程度，与项目目标本身可能存在着矛盾和冲突，项目经理就需要根据项目的总体需求去衡量与协调各职能部门人员的不同意见和观点。按照管理计划为首的原则，在项目部成立之初，就应建立完备的管理工作流程，明确规定项目实施中正式沟通的方式、渠道和时间，让员工按程序和规则办事。由于项目的动态管理特点，项目组成员墨守成规显然是不能适应项目管理工作的，因此，项目经理更需注重其领导艺术，多用专业知识和技能、品格和挑战精神影响项目组成员，避免使用正式权威尤其是处罚权。随着项目组成员的不断成熟，项目经理要采取民主的工作作风，适当放权，让项目成员独立工作，才能充分发挥成员的积极性和创造性，项目部各职能部门和有关人员之间的界面沟通才能有效和畅通无阻。

10.4.1.4 项目沟通的方式

沟通可以是口头的，也可以是书面的，还可以使用媒介（如电话、E-mail 等）进行沟通。传统项目管理中，项目报告、备忘录是基本的交流方式，而在电子通信技术如此发达的今天，项目沟通方式则多种多样，主要有线上和线下会议沟通、书面沟通、面对面沟通、电话沟通、邮件及其他电子通信软件沟通等。

(1) 会议沟通。包括情况评审会议、解决问题会议和技术设计评审会议等。

(2) 书面沟通。书面沟通能够为项目提供连续、可查阅的资料，但大量的文书工作会增加项目有关人员的工作量。

(3) 面对面沟通。项目经理与团队成员之间应及时进行沟通交流，项目团队成员之间也应经常进行面对面的交流，这样可以仔细地讨论问题，了解现场的工作情况，有助于项目经理与团队队员之间保持密切的联系。

(4) 电话沟通、邮件及其他电子通信软件沟通。这些沟通方式节省了交流所需的时间和成本。在项目的实际管理中，应根据需要，分析各利益相关者对信息的需求，根据场合采用合适的沟通方式进行沟通，沟通效果更好。

沟通管理计划中要详细说明信息收集、存储和分发渠道的结构（即从何处如何获取信息）、沟通的进度安排，统一标准（如信息分发的格式、内容、详细程度和所采用的符号规定及定义等），最后还应说明随项目发展更新及修订沟通管理计划的方法。

10.4.2 项目协调

10.4.2.1 项目协调概述

项目协调是指以一定的组织形式、手段和方法，对工程项目实施过程中产生的不畅关系进行疏通，对干扰和障碍予以排除的活动，是工程项目管理的一项重要职能。通过组织协调，使项目各方面、各部门、各层次的工作配合得当，协同一致，即协调过程是矛盾或冲突双方从项目成功的大局出发，达成一致共同努力的过程。因此，组织协调是项目管理者解决矛盾和冲突最佳方法。

项目实施过程中，项目经理是协调的中心和沟通的桥梁。在整个项目的目标设计、项目定义、设计和计划、实施控制中存在各式各样的协调工作，例如，项目目标因素之间如成本、工期、质量等的协调；项目各子系统内部、子系统之间、子系统与环境之间的协调；各专业技术方面的协调；项目实施过程的协调；各种管理方法、管理过程的协调；项目利益相关者之间的组织协调等。在工程建设实施过程中，要保证项目的参与各方围绕着工程项目开展工作，应重视项目的协调管理，实现系统的全面协调控制，发挥项目系统整体功能，使项目目标顺利实现。协调贯穿于项目的全过程管理中，其中组织协调尤为重要，因为项目中利益相关主体的利益冲突比企业组织中各部门的利益冲突更为激烈和不可调和。

10.4.2.2　项目协调的范围

根据协调的方式和目标不同，项目协调的范围分为内部协调和外部协调。外部协调又分为近外层协调与远外层协调。工程项目协调的范围与层次如图10.11所示。

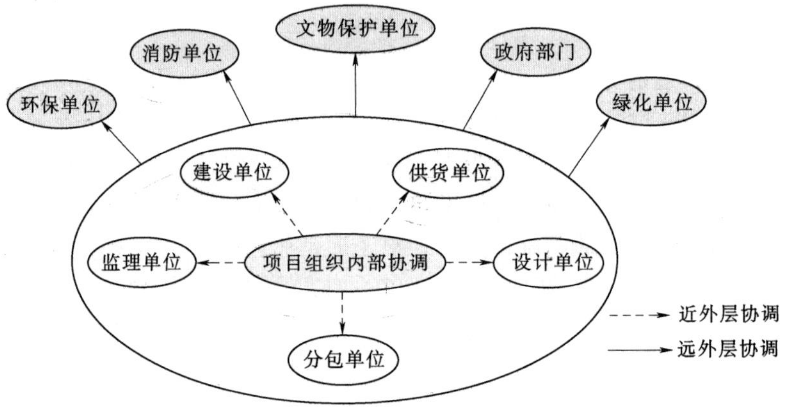

图10.11　工程项目协调的范围与层次

1. 内部协调

内部协调是指在项目内部依据规章制度、承包责任书及协议等进行的协调活动，包括以下三个方面的内容：

（1）项目负责人与项目团队成员进行沟通和协调，排除各种可能的冲突因素。

（2）项目负责人掌握或运用评价及奖赏等手段，对所有团队成员的行为进行鼓励或控制，取得内部运作的协同效果。

（3）项目负责人协调上下级之间及项目团队成员之间的关系，及时化解各种矛盾冲突。

项目内部的组织协调就是以项目目标的实现为前提，动态地协调各专业之间的配合与协作，使各方的积极性都得以充分发挥，取得协调的最佳效果。

2. 外部协调

外部协调又分为近外层协调和远外层协调。项目负责人代表所属的组织机构与项目利益相关方（如设计单位、建设单位、供货单位及监理单位）依据合同进行的协调属于近外层协调；与政府单位、金融机构、行政管理部门等依据法律、行政法规、标准规范及感情交流进行的协调属于远外层协调，一般没有合同关系。

10.4.2.3　项目协调的内容

项目协调的内容包括人际关系的协调，组织关系的协调，供求关系的协调，协作配合关系的协调，约束关系的协调。

1. 人际关系的协调

人际关系的协调包含工程项目参建单位组织内部人际关系的协调和工程项目参建单位与关联单位之间人际关系的协调。协调的对象是相关工作交叉处人与人之间在管理工作中的联系和矛盾，通过协调有效地避免和化解矛盾及利益冲突，提高工作效率。

2. 组织关系的协调

组织关系的协调主要是对工程项目参建单位组织内部各部门之间工作关系的协调，具体包括组织各部门之间的合理分工与有效协作。合理分工能保证任务之间的平衡匹配，有效协作可避免相互之间的利益分割，提高工作效率。

3. 供求关系的协调

供求关系的协调包括工程项目参建单位组织与供应单位之间关系的协调，主要是保证工程项目实施过程中所发生的人力、材料、机械设备、技术、信息、服务等生产要素供应的优质和优价、适量和适时，避免相互之间的矛盾，保证项目目标的实现。

4. 协作配合关系的协调

协作配合关系的协调主要是指与近外层关系的协作配合协调和工程项目参建单位组织内部各部门、各层次之间协作关系的协调，通过活动和交流实现协作配合的高效化。

资源 10.7 项目沟通管理和领导能力案例分析

5. 约束关系的协调

约束关系的协调包括法律、法规约束关系的协调，行政管理约束关系的协调和合同约束关系的协调。前两者主要通过提示和教育手段提高关系方的法律、法规意识，避免产生纠纷和矛盾；后者主要通过监督、适时检查、合同等手段，有效地解决矛盾与冲突。

思　考　题

1. 项目组织结构类型主要有哪几种？各具什么特点和优缺点，适合哪类项目？
2. 项目团队建设的目标是什么？
3. 项目经理的主要职责是什么？
4. 项目人力资源规划的依据和方法是什么？人员配备管理的主要内容是什么？
5. 何谓激励机制？如何建立健全项目激励机制？
6. 工程项目沟通主要有哪几种？
7. 项目组织中的职务与岗位分析主要解决哪些问题？
8. 人员招聘的基本内容和程序是什么？
9. 项目沟通管理的类型是什么？依据协调范围的不同，项目协调的类型有哪些？各具什么特点？

第 11 章

工程项目的风险管理

工程项目的管理计划是基于对将来情况（政治、经济、社会、自然等各方面）预测基础上制订的，是基于正常的、理想的技术、管理和组织之上的。而在实际实施过程中，这些因素都有可能会产生变化。这些变化会使得原定的计划、方案受到干扰，使原定的目标不能实现。这些事先不能确定的内部和外部的干扰因素就是风险。风险管理是现代工程项目管理的一个热点，越来越引起人们的重视。本章在介绍工程项目风险的概念、特点等基本知识的基础上，重点阐述项目风险的识别与评估、项目风险应对措施的制定、项目风险的控制以及项目保险与工程担保等相关知识。

11.1 项目风险管理概述

11.1.1 项目风险的概念和特点

11.1.1.1 项目风险的概念

项目风险是指项目实施过程中，事先不能确定的变化导致原定的计划、方案受到干扰而不能实现其原定目标的不确定性因素。现代工程项目往往具有规模大、技术新颖、持续时间长、参加单位多、与环境接口复杂等特点，项目风险事件，一旦发生，会造成工程项目实施的失控现象，如工期延长、成本增加、计划修改等，最终导致工程经济效益降低，甚至项目失败。

资源 11.1 组织环境因素

资源 11.2 利益相关者

风险事件可能引起消极或积极结果。例如，项目需要先申请环境许可证，或者分配给项目的设计人员有限，都可能成为风险事件。与之相对应的风险是，颁证机构可能延误许可证的颁发；或者，与之对应的机会是，可能获得更多的开发人员参与项目设计。这两个不确定性事件中，无论发生哪一个，都可能对项目的范围、成本、进度、质量等产生影响。风险条件则是可能引发项目风险的各种项目或组织环境因素，如不成熟的项目管理实践、缺乏综合的管理系统、多项目并行实施，或依赖不可控的外部参与者等。组织和利益相关者的风险态度受多种因素影响，这些因素大体可分为三类：风险偏好：即为了预期的回报，一个实体愿意承受不确定性的程度。风险承受力：组织或个人能承受的风险程度、数量或容量。风险临界值：特定的不确定性程度或影响程度。低于风险临界值，组织会接受风险；高于风险临界值，组织将不能承受风险。

综上所述，风险和机会同在，通常只有风险大的项目才能有较高的盈利机会，所以风险又是对管理者的挑战。风险控制能获得非常高的经济效果，同时它有助于竞争能力，素质和管理水平的提高。所以在现代项目管理中，风险的控制问题已成为研究的热点之一。

11.1.1.2 项目风险的特点

分析现代工程项目的案例，可以看出工程项目风险具有全面性的特点。

1. 风险的多样性

即在一个项目中有许多种类的风险存在，如政治风险、经济风险、法律风险、自然风险、合同风险、合作者风险等。这些风险之间有复杂的内在联系。

2. 风险不仅存在于实施阶段，在整个项目生命期中都存在

在目标设计中可能存在构思的错误，重要边界条件的遗漏，目标优化的错误；可行性研究中可能有方案的失误，调查不完全，市场分析错误；技术设计中存在专业不协调，地质不确定，图纸和规范错误；施工中物价上涨，实施方案不完备，资金缺乏，气候条件变化；运行中市场变化，产品不受欢迎，运行达不到设计能力，操作失误等。

3. 风险影响常常是全局的

反常的气候条件造成工程的停滞，则会影响整个后期计划，影响后期所有参加者的工作。它不仅会造成工期的延长，而且会造成费用的增加，造成对工程质量的危害。即使局部的风险也会随着项目的发展，影响逐渐扩大。例如一个活动受到风险干扰，可能影响与它相关的许多活动。

4. 风险有一定的规律性

风险事件的发生是偶然的，没有人能够准确预测，但是项目的环境变化、实施具有一定的规律性，所以风险是可以进行预测的。

5. 风险的相对性

同样的项目风险对于不同的风险管理主体会有不同的影响。对于项目风险而言，人们承受风险的能力不同，对风险认识的深度和广度不同，项目投入资源多少的和收益不同，项目主体的地位高低以及拥有资源的多少不同，项目风险的大小和后果也会不同。

6. 风险的渐进性

项目风险并不是突然爆发的，而是随着环境、条件的变化和自身固有的规律一步一步逐渐发生和发展而形成的。当项目的外部条件逐步发生变化时，项目风险的大小和性质会随之发生变化。

11.1.2 项目风险管理的概念和内容

11.1.2.1 项目风险管理的概念

项目风险管理指通过风险识别、风险界定和风险评价等方法认识风险，并以此为基础，合理地使用各种风险应对措施、管理方法、技术和手段对项目的风险实行有效的控制，妥善处理风险事故所造成的不利结果，以最少的成本保证项目总体目标实现的管理工作。项目风险管理的目标在于提高项目中积极事件的概率和影响，降低项目中消极事件的概率和影响。项目风险管理在项目管理中，属于一种高层次的综合性管理工作。它涉及项目管理的各个阶段和各个方面，涉及项目管理的各个子系统。所以它必须与合同管理、成本管理、工期管理、质量管理联成一体。

项目风险管理的目的并不是消灭风险，而是在于有准备地、理性地在项目实施过程中，减少风险造成的损失。对于一个项目来说，究竟存在有什么样的风险：一方面取决于项目本身的特性，即项目的内因；另一方面取决于项目所处的外部环境与条件，即项目的外因。内因主要取决于参加项目的团队成员对于风险的认识能力，以及团队成员之间的沟通能力；外因主要取决于项目风险的性质。

11.1.2.2　项目风险管理的内容

项目风险管理的主要工作内容包括确定项目风险的种类，即可能有哪些风险发生；进行风险评价，即评估风险发生的概率及风险事件对项目的影响；制定风险对策措施以及在实施中进行风险控制。

11.2　项目风险的识别与评估

11.2.1　项目风险的识别

11.2.1.1　项目风险识别的概念

项目风险识别是确定哪些风险可能影响项目并记录其特征的过程，是一项贯穿于项目实施全过程的项目风险管理工作。风险识别活动的参与者可包括：项目经理、项目团队成员、风险管理团队（如有）、客户、项目团队之外的主题专家、最终用户、其他项目经理和风险管理专家。虽然上述人员往往是风险识别过程的关键参与者，但还应鼓励全体项目人员参与潜在风险的识别工作。

风险识别是一个反复进行的过程，在项目生命周期中，随着项目的进展，新的风险可能产生或为人所知。另外如前所述，项目风险不仅包括蒙受损失的可能性，还包括一些获得收益的可能性。因此，在项目风险识别的过程中，必须全面识别项目风险所可能带来的威胁和机遇。通常，项目风险带来的机遇是项目风险的正面影响，而项目风险带来的威胁则是负面影响。在项目风险识别的过程中，一定要在充分认识项目风险威胁的同时，识别项目风险可能带来的各种机遇，并分析项目风险的威胁与机遇的相互转化条件和影响转化的关键因素，以便能够在下一步制定项目风险应对措施和开展项目风险控制的过程中，消除项目风险带来的威胁，把握项目风险带来的机遇。

11.2.1.2　项目风险识别的内容

项目风险识别是项目风险管理中的首要工作，其主要内容包括如下几个方面。

1. 识别并确定项目有哪些潜在的风险

这是项目风险识别的第一目标。因为只有首先确定项目可能会遇到哪些风险，才能够进一步分析这些风险的性质和后果。所以在项目风险识别工作中，首先要全面分析项目的各种影响因素，从而找出项目可能存在的各种风险，并整理汇总成项目风险清单。

2. 识别引起风险的主要因素

这是项目风险识别的第二项工作目标。因为只有识别清楚各个项目风险的主要影响因素，才能够把握项目风险发展变化的规律，才能够评估项目风险的可能性与后果的大小，从而才有可能对项目风险进行应对和控制。所以在项目风险识别活动中，要根据项目风险清单，全面分析各个项目风险的主要影响因素，并运用各种方式将这些因素同项目风险的相互关系描述清楚。

3. 识别项目风险可能引起的后果

这是项目风险识别的第三项工作目标。在识别出项目风险及其主要影响因素之后，还必须全面分析项目风险可能带来的后果和这种后果的严重程度。项目风险识别的根本目的就是要缩小和消除项目风险可能带来的不利后果，而争取和扩大项目风险可能带来的有利后果。这一阶段对于项目风险的识别和分析主要是定性的分析。

11.2.1.3　项目风险识别所需的依据和信息

项目风险识别的主要依据和信息包括如下几个方面。

1. 项目产品描述

项目风险识别首先要根据项目产品描述识别出可能影响项目产品质量的各种风险。因此项目产品的描述是项目风险识别最重要的依据之一，包括项目产品的数量、质量和技术特性等各个方面的要求和说明。

2. 项目管理计划信息

项目管理计划信息包括项目整合管理的信息以及其他项目规划过程中所确定的所有子管理计划和基准。项目风险管理计划是项目管理计划的组成部分，描述将如何安排与实施风险管理活动，包括确定项目风险管理将使用的方法、工具及数据来源，风险管理计划中每个活动的领导者和支持者，以及风险管理团队的成员及其职责。根据分配的资源估算所需风险管理资金，并将其纳入费用基准，制订应急储备和管理储备的使用方案。确定在项目生命周期中实施风险管理过程的时间和频率，制定进度应急储备的使用方案，确定风险管理活动并纳入项目进度计划中。

项目管理计划信息有两个方面的作用：一是在识别项目风险时，用作风险识别的说明和对于各种风险和风险因素的描述与支持；二是在项目风险识别的过程中，分析和识别各种计划中的风险和风险因素。例如，项目费用计划（费用预算）信息，是分析项目质量风险的一个非常重要的依据和支持信息，因为如果项目预算缺口比较大，就一定会出现由于资源不足或资源质量下降而造成的项目质量问题，或者说就一定会有项目质量问题的风险；同时，项目费用计划也可以作为项目风险识别的对象，通过对于这种计划的分析，识别出项目所存在的超出项目预算的风险，这也是一个很重要的项目风险。

3. 历史信息

历史信息指以前完成的项目实际发生的各种意外事件的历史资料，如项目记录与文件、完整的项目收尾信息与文件，关于以往项目选择决策的结果和以往项目绩效的信息，以及从风险管理活动中获取的信息等，这些对于识别和确定新项目的风险，尤其是负面风险即威胁，是非常重要的一种信息和依据。因为“前车之鉴”在风险管理中是最重要的参考和依据，所以在项目风险识别过程中，首先要全面收集各种有用的历史信息。这些信息中有许多历史项目的经验和教训，既有项目风险因素的分析，又有各种风险事件发生过程的记录，还有项目风险所带来的机遇和威胁及实际发生的风险事件所造成的损失等方面的信息，这些对于一个项目的风险识别是非常有用的。

一般项目历史信息可以从下面的资料文献中得到：

（1）历史项目的各种原始记录。以往历史项目的原始记录对于新项目风险识别是非常有帮助的。在一些项目专业应用领域，某些项目小组的成员可能保存着这些记录。例如，造价工程师就可能保留有他所参加项目的各种项目预算资料。

（2）商业性历史项目信息资料。有许多项目管理咨询公司保留有大量的历史项目信息和统计资料，他们就是通过提供这些资料和开展相关的经营活动而盈利的，所以可以通过这类商业性的项目管理咨询公司获得项目风险识别所需的各种历史项目信息和资料。

（3）历史项目团队成员的经验总结材料。历史项目团队成员保留有许多以前项目所发生的事情或者是假设，这是一种思想型的历史项目信息，是一种经验性的信息。这种信息是非常有用的，但是，这些信息需要通过面对面的交谈来获得，而面谈又需要很高的沟通技巧。所以，这种信息的收集要比书面文本型的历史信息要难得多。

11.2.1.4　项目风险识别的技术

项目风险识别的技术方法很多，既有结构化的方法，也有非结构化的方法，既有经验性的，也有系统性的，这里介绍几种常用的技术。

1. 文档审查

对项目文档（包括各种计划、假设条件、以往的项目文档、协议和其他信息）进行结构化审查。项目计划的质量，以及这些计划与项目需求和假设之间的匹配程度，都可能是项目的风险指示器。

2. 信息收集技术

可用于风险识别的信息收集技术包括：

（1）头脑风暴法。头脑风暴法是一种运用创造性思维、发散性思维和专家经验，通过会议的形式去分析和识别项目风险的方法，目的是获得一份综合的项目风险清单。通常由项目团队开展头脑风暴，团队以外的多学科专家也经常参与其中。在主持人的引导下，参加者提出各种关于项目风险的主意。使用这种方法时会提出这样的一些问题：如果进行某个项目，会遇到哪些风险？其后果的危害程度如何？这些风险的主要成因是什么？风险事件发生的征兆有哪些？风险有哪些基本特性等。

资源 11.3
德尔菲技术

（2）德尔菲技术。也称专家调查法，1946 年由美国兰德公司创始实行。本质上是一种反馈匿名函询法。其大致流程是组织者使用调查问卷就重要的项目风险征询专家意见，然后对专家的答卷进行整理、归纳，并把结果再匿名反馈给各专家，做进一步评论。这个过程反复几轮后，就可能达成一致意见。由此可见，德尔菲法是一种利用函询形式进行的集体匿名思想交流过程。它有三个明显区别于其他专家预测方法的特点，即匿名性、多次反馈、小组的统计回答。德尔菲技术有助于减轻数据的偏倚，防止任何个人对结果产生不恰当的影响。

（3）访谈。通过访谈有经验的项目参与者、项目主要利益相关者或相关主题专家，帮助识别风险。

3. SWOT 分析法

SWOT 分析法从项目的优势（Strength）、劣势（Weakness）、机会（Opportunity）

和威胁（Threat）出发，对项目进行考察。首先，从项目、组织或一般业务范围的角度识别组织的优势和劣势。然后，通过 SWOT 分析再识别出由组织优势带来的各种项目机会，以及由组织劣势引发的各种威胁。也可用于考察组织优势能够抵消威胁的程度，以及机会可以克服劣势的程度。

4. 系统分解法

这是将一个复杂的项目分解成比较简单的和容易认识的子系统或系统元素，从而识别出各个子系统或系统要素的风险方法，即基于项目目标的分类方法-风险分解结构（Risk Breakdown Structure，RBS）。RBS 有助于项目团队在识别风险的过程中发现有可能引起风险的多种原因。不同的 RBS 适用于不同类型的项目。组织可使用预先准备好的分类框架，既可以是简易的分类清单也可以是结构化的风险分解结构。比如，在投资建造一个化肥厂项目时，项目分析人员可以首先根据项目本身的特性，将项目风险分解成为以下几个方面：市场风险、投资风险、经营风险、技术风险、资源及原材料供应风险、环境污染风险等，然后对这些项目风险再做进一步的分解。例如，项目市场风险又可以分解成三个方面：①竞争风险，这又可以分解为产品质量和销售价格的竞争风险，本项目投产后的产品质量和决定价格的生产成本，可由有关人员直接进行计算和估计，然后可以对比其他生产厂家的同类项目产品的质量与价格，最终分析识别出可能存在的竞争风险；②替代风险，这是关于未来项目建成之后是否会出现替代产品而使项目蒙受损失的风险，替代产品的预计产量，替代产品出现的时间，替代产品的功能价格分析等都属于运用系统分解法识别项目风险的范畴；③需求风险，这是指项目建成后产出产品时，市场是否会出现需求不足、需求下降和市场饱和，从而使项目蒙受损失的风险。现有购买力和消费需求的分析，未来需求的分析，市场容量的分析和消费者偏好的分析都属于这一风险分析和识别的范畴。

资源 11.4
风险分解结构

5. 流程图法

项目流程图包括项目系统流程图、项目实施流程图和项目作业流程图等各种形式，流程图法就是使用这些不同的流程图去全面分析和识别项目风险的一种结构化方法。借助于流程图法，项目风险识别人员可以去分析和了解项目风险所处的具体项目环节，项目各个环节之间存在的风险以及项目风险的起因和影响等。运用这种方法完成的项目风险识别结果，还可以为项目实施中的风险控制提供依据。这种方法的结构化程度比较高，所以对于识别项目的系统风险和风险要素是非常有用的。

6. 情景分析法

情景分析法是通过对项目未来的某个状态或某种情况的详细描绘，分析所描绘情景中的风险与风险要素，从而识别项目风险的一种方法。对于项目未来某种状态或情况的描绘可以用图表或曲线给出，也可以用文字描述。对于设计因素较多、分析计算较复杂和方案众多的项目风险分析，可以借助于计算机进行。这种方法的常规做法是：先给出项目状态或情况的描述，然后变动项目的某种因素，分析变动后项目整个情况会怎样？会有什么样的风险发生？风险的后果怎么样等。旨在提醒决策者注意某种措施或政策可能引起的风险或危机性的后果；建议需要进行监视的风险范围；研究某些关键性因素对未来过程的影响；提醒人们注意某种技术的发展会给人们带来哪些风险。

11.2.1.5　项目风险识别的结果

项目风险识别的主要结果是形成风险登记册。风险登记册主要包含以下信息。

1. 已识别出的项目风险清单

项目风险清单需要对已识别出的风险进行尽可能详细的描述。可采用结构化的风险描述语句进行。例如，某事件可能发生，从而造成什么影响；或者，如果存在某个原因，某事件就可能发生，从而导致什么影响。在罗列出已识别项目风险之后，这些风险产生的根本原因可能更加明显。风险的根本原因就是造成一个或多个已识别风险的基本条件或事件，应记录在案，用于支持本项目和其他项目以后的风险识别工作。

通常的项目风险包括项目目标或需求的改变、项目设计错误、遗漏和误解、项目范围定义不清、项目团队成员理解角色和责任有误、项目估算错误、缺少技术水平合格的团队成员等。

2. 潜在的项目风险清单

潜在的项目风险是指没有迹象表明会发生的风险，即发生的可能性较小但一旦发生就会对项目造成重大损失或影响的风险。潜在风险是人们可以主观判断预见的风险，比如重要技术专家的流失或者自然灾害。当然，潜在的项目风险有可能会发展成为项目的真正风险，所以对于潜在的项目风险应该注意跟踪和严格评估。

3. 项目风险的征兆

风险征兆是一种实际风险事件的间接显示，有时也被称为触发引擎或者项目风险触发器。例如，士气低落可能会使项目工效低，从而可能会出现工期拖延，是项目工期风险的征兆；国家或地区发生通货膨胀，可能会使项目所需资源的价格上涨，从而可能会出现突破项目预算的风险，是项目预算风险的征兆。一般项目风险的征兆较多，所以要从全局区分清楚主要和次要的项目风险征兆。

11.2.2　项目风险的评估

11.2.2.1　项目风险评估的概念与内容

1. 风险评估的概念

项目风险评估是在风险识别之后，对于项目风险的影响和后果所进行的评价和估量。对项目风险进行评估必须综合分析项目风险发生的概率和可能造成的影响，对风险进行优先排序，其主要作用是根据这种评估去制定项目风险的应对措施和开展项目风险的控制。

2. 风险评估的内容

（1）项目风险发生的可能性。分析和估计项目风险发生的概率，即项目风险发生可能性的大小，评估的首要任务，也是项目风险评估中最为重要的一项工作。项目风险事件的发生概率越大，它造成项目损失的可能性就越大，对它的控制就应该越严格，所以在项目风险评估中首先要确定和分析项目风险事件发生的可能性大小。

（2）项目风险产生的影响和后果评估。分析和估计项目风险产生的影响，即项目风险可能带来的后果或危害程度的大小，是项目风险评估的第二项任务，这也是项目风险评估中的一项非常重要的工作。即使一个项目风险发生的概率较小，但是如果它一旦发生，其后果却十分严重。比如由于设计图纸提供不及时，不仅会造成工期拖延，而且会造成费用提高（如人工和设备闲置、管理费开支），还可能在原来本可以避开的冬雨季施工，造成更大的拖延和费用增加。所以对它的监控也需要严格，否则这种风险一旦发生就会给整个项目造成严重的影响，甚至导致项目失败。

（3）项目风险影响范围的评估。项目风险评估的第三项任务是分析和估计项目风险影响所涉及的范围。风险的影响范围是个非常复杂的问题，有的风险影响面较小，有的风险影响面很大，可能引起整个工程的中断或报废。而风险之间常常是有联系的。例如，某个工程活动受到干扰而拖延，则可能影响它后面的许多活动。比如经济形势的恶化不但会造成物价上涨，而且可能会引起业主支付能力的变化；通货膨胀引起了物价上涨，则不仅会影响后期的采购、人工工资及各种费用支出，而且会影响整个后期的工程费用。

（4）项目风险发生时间的评估。项目风险评估的第四项任务是分析和估计项目风险发生的时间，即风险可能在项目的哪个阶段、哪个环节上发生。有许多风险有明显的阶段性，有的风险是直接与具体的工程活动（工作包）相联系的。这个分析对风险的预警有很大的作用。越是早期可能发生的项目风险，越应该优先控制，而对于晚期可能发生的项目风险，可以通过监视和观察它们的各种征兆，达到进一步识别和评估这些项目风险的目的。

11.2.2.2 项目风险评估的常用方法

1. 损失期望值法

这种方法首先要分析和估计出项目风险发生的概率和项目风险可能带来的损失大小，然后将二者相乘，求出项目风险的损失期望值，并使用项目损失期望值评估项目风险。在使用这种方法对项目风险大小进行评估时，所需要确定出的项目风险概率和项目风险损失的具体描述如下：

（1）项目风险概率。项目风险发生的概率和概率分布是项目风险评估最基本的内容。项目风险评估的首要工作就是确定项目风险事件的概率分布。一般来说，项目风险事件的概率分布应该根据历史信息资料来确定。当项目的管理者没有足够的历史信息和资料来确定项目风险事件的概率分布时，可以利用理论概率分布去确定项目风险事件的概率。由于项目的一次性和独特性，不同项目的风险彼此相差很远。所以，在许多情况下人们只能根据很小的历史数据样本对项目风险事件发生的概率、风险事件后果的数学期望和方差进行估计，甚至有时根本就没有可以利用的这类样本数据。因此，项目管理者在很多情况下要根据自己的经验，去猜测项目风险事件发生的概率或概率分布，这样得到的项目风险概率被称为主观判断概率。虽然主观判断概率是人们凭借经验和主观判断估算或预测出来的，有别于凭统计资料或模拟实验求得的项目风险概率，但依照过去的经验作为依据，仍然具有一定的客观性。

（2）项目风险后果的估计。项目风险事件造成的损失或后果从三个方面进行衡量，即风险损失的性质、风险损失的大小与分布、风险损失的时间与影响。风险损失的性质是指项目风险可能造成的损失是属于经济性的，还是技术性的，还是其他方面的（如失去了项目客户等）。项目风险损失的大小和分布是指项目风险可能带来的损失严重程度和这些损失的变化幅度（统计分布情况），它们需要分别用数学期望和方差表示。项目风险损失的时间分布是指项目风险是突发的，还是随时间的推移逐渐致损的，项目风险损失是在项目风险事件发生后马上就能感受到，还是需要随时间的推移而逐渐显露出来以及这些风险损失可能发生的时间等。项目风险影响是指项目风险会给哪些项目相关利益者造成损失，从而影响它们的利益。

(3) 项目风险损失期望值的计算。这是有关项目风险事件发生可能带来的收益或损失的计算和评估。这种计算一般是上述项目风险发生概率与项目风险损失估计的乘积的总和。

2. *模拟仿真法*

资源 11.5
蒙特卡罗
方法

模拟仿真法是用数学模拟或者系统仿真模型去分析和评估项目风险的方法，评估时，常采用蒙特卡罗法（Monte Carlo Method）或三角模拟分析法。将项目目标变量（风险评价指标）和各个风险变量综合在一个数学模拟模型内，每个风险变量用一个概率分布来描述，然后利用计算机产生随机数（或伪随机数），并根据随机数在各个风险变量的概率分布中取值，算出目标变量值，经过多次运算即可得出目标变量的期望值、方差、概率分布等指标，绘制累计概率图，如果风险因素较多，可以先进行敏感性分析，选择敏感的风险因素作为风险变量。风险变量的概率分布常用的有正态分布、β分布、三角分布、梯形分布、阶梯分布等，工期、投资等变量多采用三角分布描述。

模拟仿真法可以用来评估各种能够量化的项目风险，通过多次改变参数模拟项目风险以后，得到模拟计算结果的统计分布，并以此作为项目风险评估的结果。例如，对于项目工期风险的评估可以使用这种方法，对于项目成本风险的评估也可以使用这种方法。但是这种方法多数用在大项目或者是复杂项目的风险评估上，小项目则可以使用前面给出的损失期望值法。由于项目时间进度和成本费用的风险都是项目风险管理的重点，所以模拟仿真法在项目风险评估中的使用现在越来越广泛。

3. *专家决策法*

在项目风险评估中经常使用的方法还有专家决策法，它一般可以代替或者辅助上面所讲的数学计算和仿真方法。例如，许多项目管理专家在对于项目工期风险、项目费用风险、项目质量风险等各种风险的评估上，运用他们自己的专家经验做出的项目风险评估经常是很准确和可靠的，甚至有时比通过数学计算与模拟仿真确定的项目风险评估还要准确和可靠，因为这些专家的经验通常是一种比较可靠的依据。在很多项目的风险评估中，风险概率被描述为有高、中、低三种概率，项目风险损失也会有多种不同的严重程度，实际中，人们对这些风险评估的精确程度一般要求并不高，所以用专家决策法做出的项目风险评估结果一般是足够准确和可靠的。专家决策法中使用的专家经验可以从以前从事过与本项目类似项目的专家人员处获得，也可以通过查阅以前项目有关经验教训、原始资料去获得，甚至可以通过计算机信息系统获得。

11.2.3　项目风险识别与评估的过程

11.2.3.1　项目风险管理信息系统的开发建立

要根据项目风险管理的需要，建立项目风险管理信息系统。这种系统既可以是以计算机为基础的信息系统，也可以是人工信息系统，当然也可以是整个工程项目管理信息系统的一个子系统。这一系统的主要功能是及时收集、处理和存储有关工程项目每个具体活动与过程的各种风险信息，以便为风险的分析、识别和控制服务。

11.2.3.2 项目风险信息的跟踪、收集、处理和生成

使用项目风险管理信息系统，去跟踪项目过程以及项目活动的发展，利用项目所处环境与条件的变化信息，去收集、处理和生成有关项目全过程、具体活动全过程的风险信息。这是一个不间断的信息收集与处理的日常工作，是为不断开展的项目风险识别活动提供动态信息的工作。

11.2.3.3 项目风险的识别

运用项目风险管理信息系统生成的信息，加上项目管理人员拥有的项目风险管理经验，就可以对项目所面临的各种风险进行全面的分析与识别，从而找出项目面临的各种风险。在这一分析过程中可以使用各种风险分析的具体方法。例如，风险分析模型的运用，风险仿真技术的运用等。特别需要注意的是，由于存在有关项目风险的信息缺口，所以项目风险识别实际上是一项运用信息、经验与开创性思维的分析与识别活动。许多时候需要参加者运用自己的经验来判断识别出可能存在的项目风险。

11.2.3.4 项目风险的分类

根据识别出的项目风险，运用确定的项目风险分类标志，对初步识别出的项目风险进行分类，以便全面认识项目风险的各种属性。例如，可以对项目风险按照发生概率的高低进行分类，也可以根据项目风险的原因进行分类，还可以根据项目风险后果的严重程度进行分类等。这种分类分析不是一次完成的，它是通过建立相应的“项目的风险分类文档”，并反复使用和修订这一文档而完成的。

11.2.3.5 项目风险发生概率的分析与确定

要对所有已识别出的项目风险进行概率分布和概率大小的分析，以便为下一步确定项目风险事件控制的优先排序打下基础。这一分析需要借助现有信息、历史数据和经验等。通常，以往曾做过的类似项目或相近的项目所发生的风险情况记录是这一步分析工作的重要信息之一。另外，也还需要依靠项目管理人员的经验去判断。

11.2.3.6 项目风险的原因分析与确定

运用现有的风险信息与项目管理人员的经验，对已识别出的全部项目风险进行风险原因的分析，并找出引发风险事件的主要原因。如果引发风险的主要原因有多个，还要进行主因素分析、多变量分析等更深一步的风险因素分析。

11.2.3.7 项目风险后果的分析与确定

项目风险后果的分析与确定是对于项目全部风险可能造成的后果及其严重程度做出全面的分析。不但要分析可能造成的后果，还要分析这些具体后果的价值量大小。所谓“后果的价值量大小”的含义是要求把项目风险造成的可能后果进一步转换成会造成多大的项目成本损失。这种“后果的价值量大小”将作为确定项目风险控制优先序列的判据之一。

11.2.3.8 项目风险发展时间进程的分析与确定

项目风险发展时间进程的分析与确定指对于已识别的风险必须进行具体风险发展

进程的时间和发展变化标志的分析。风险发展进程的分析是要找出风险事件何时会发生，以及引发它的原因何时会出现，诱发原因出现以后风险事件会如何发展等。对于项目全部风险的发展进程分析是制定项目风险事件控制方案的依据之一。

11.2.3.9　项目风险评估与控制优先序列的确定

在完成上述分析与判断之后，要综合这些方面的分析结论，确定出项目风险评估和项目风险控制的优先序列。因为在绝大多数情况下，一个项目会有许多风险事件，而且这些风险事件可能会同时或在较短的时间间隔内发生，这就需要根据项目风险评估，确定它们的优先序列安排。项目风险的发生概率、风险后果严重程度的评估都会影响对项目风险的控制优先序列的安排。项目控制优先序列安排的基本原则是项目风险后果最严重、发生概率最高、发生时间最早的应该优先控制。对于已经识别出的项目全部风险都应该按照这种原则确定出其优先序列。

11.2.3.10　给出项目风险识别和评估报告

每进行一次项目风险识别和评估，都要在这一工作的最后给出一份风险识别和评估报告。该报告不但要包括项目现有风险的清单，而且要有风险的分类、原因分析和说明、风险评估的表述和全部项目风险的控制优先序列说明等内容。

11.3　项目风险应对措施的制定

11.3.1　项目风险应对的主要措施

经过项目风险识别和评估分析可以确定项目的全部风险，一般会有两种情况：其一，项目整体风险超出了项目组织或项目业主、客户能够接受的水平；其二，项目整体风险在项目组织或项目业主、客户可接受的水平之内。对于这两种不同的情况，各自可以有一系列的项目风险应对措施。概括起来，项目风险应对措施主要有如下几种。

1. 规避风险

规避风险是指项目团队可以通过预先采取措施对风险的进程和后果进行控制和管理。这类方法通常被称为风险规避的方法。一般而言，最大的风险灾难后果发生在对于风险的存在和发展一无所知的情况下，而如果项目团队在这一阶段就能够识别出各种潜在的风险以及各种潜在风险的后果，然后找出规避风险的办法，就可以避免风险的发生。如果能够通过风险规避措施不使风险进入发生阶段，自然就没有风险后果的发生了。例如，对于预先已经知道某项目存在有很大的技术风险（技术不成熟），那么可以采取不实施该项目的办法去规避这种风险。

2. 减轻风险

减轻风险是指项目团队采取行动降低风险发生的概率或造成的影响的风险应对策略。它意味着把不利风险的概率和/或影响降低到可接受的临界值范围内。提前采取行动来降低风险发生的概率和/或可能给项目造成的影响，比风险发生后再设法补救，往往会更加有效。减轻措施的例子包括采用不太复杂的流程，进行更多的测试，或者选用更可靠的供应商。它可能需要开发原型，以降低从实验台模型放大到实际工艺或产品过程中的风险。如果无法降低风险概率，也许可以从决定风险严重性的关联点入手，针对风险影响来采取减轻措施。例如，在一个系统中加入冗余部件，可以减轻主部件故障所造成的影响。对于可能出现的项目财务状况恶化而造成的风险，采取注入新资金的措施就是一种风险遏制措施。对于可能出现的项目团队冲突风险，可以采取双向沟通、消除矛盾的方法去消除风险产生的根源，减轻风险。例如，当出现雨天而无法进行室外施工时，采用尽可能地安排各种人员与设备从事室内作业就是一种项目风险消减措施。

3. 转移风险

转移风险是指项目团队把威胁造成的影响连同应对责任一起转移给第三方的风险应对策略。转移风险是把风险管理责任简单地推给另一方，而并非消除风险。转移并不是把风险推给后续的项目，也不是未经他人知晓或同意就把风险推给他人。采用风险转移策略，几乎总是需要向风险承担者支付风险费用。风险转移策略对处理风险的财务后果最有效。风险转移可采用多种工具，包括（但不限于）保险、履约保函、担保书和保证书等。可以利用合同或协议把某些具体风险转移给另一方。例如，如果买方具备卖方所不具备的某种能力，为谨慎起见，可通过合同规定把部分工作及其风险再转移给买方。在许多情况下，成本补偿合同可把成本风险转移给买方，而总价合同可把风险转移给卖方。

4. 接受风险

接受风险是指项目团队决定接受风险的存在，而不采取任何措施（除非风险真的发生）的风险应对策略。这一策略只有在不可能使用以上三种方法，或者其他方法不具备经济有效性时才使用。也就是说项目团队已决定不为处理项目风险是否发生而变更项目管理计划，或者无法找到任何其他的合理应对策略。接受风险可以是被动的也可以是主动的。被动地接受风险，只需要记录接受风险所采取的策略，而无须任何其他行动，但需要定期复查，以确保威胁没有太大的变化。待项目风险发生时再由项目团队处理。最常见的主动接受的策略是建立应急储备，安排一定的时间、资金或资源来应对风险。如果确信风险的发生会有充分的预警信号，就应该制定应急应对策略对触发应急策略的事件进行定义和跟踪。例如，未实现阶段性里程碑，或者获得供应商更高程度的重视。采用这一技术制订的风险应对方案，通常称为应急计划或弹回计划，其中包括已识别的、用于启动计划的触发事件。

这类风险控制措施多数是用来应对那些概率小，但是损失大，或者项目组织很难控制的项目风险。

11.3.2 制定项目风险应对措施的依据

制定项目风险应对措施的主要依据包括以下几项。

1. 项目风险的特性

项目风险应对措施主要是根据风险的特性制定的。例如，对于有预警信息的项目风险和没有预警信息的项目风险就必须采用不同的风险应对措施，对于项目工期风险、项目费用风险和项目质量风险也必须采用完全不同的风险应对措施。

2. 项目组织抗风险的能力

项目组织抗风险能力决定了一个项目组织能够承受多大的项目风险，也决定了项目组织对于项目风险应对措施的选择。项目组织抗风险能力包括许多要素，如项目经理承受风险的心理能力、项目组织者具有的资源和资金能力等。

3. 可供选择的风险应对措施

如果一个具体的项目风险只有一种选择，那这一项目风险的应对措施的制定就很简单，而如果有很多个选择，情况就不同，就需要通过选择最有效的措施制定出项目风险的应对措施。

11.3.3　项目风险应对措施制定的成果

项目风险应对措施制定的成果主要包括如下内容。

1. 项目风险管理计划

项目风险管理计划是项目风险应对措施和项目风险控制工作的计划与安排，是项目全过程的风险管理的目标、任务、程序、责任、措施等一系列内容的全面说明。它应该包括：对于项目风险识别和风险评估的结果说明，对于项目风险控制责任的分配和说明，对于如何更新项目风险识别和风险评估结果的说明，项目风险管理计划的实施说明，以及项目预备资金（不可预见费）如何分配和如何使用等方面的全面说明和计划与安排。

项目风险管理计划根据项目的大小和需求，可以是正式计划，也可以是非正式的计划，可以是有具体细节的详细计划与安排，也可以是粗略的大体框架式的计划与安排。项目风险管理计划是整个项目计划的一个组成部分。

2. 项目风险应急计划

项目风险应急计划是在事先假定项目风险事件发生的前提下，所确定出的在项目风险事件发生时所应实施的行动计划。项目风险应急计划通常是项目风险管理计划的一部分，但是也可以是融入项目其他计划。例如，它可以是项目范围管理计划或者项目质量管理计划的一个组成部分。

3. 项目预备金

项目预备金是一笔事先准备好的资金，这笔资金也被称为项目不可预见费，它是用于补偿差错、疏漏及其他不确定性事件的发生对项目费用估算精确性的影响而准备的，它在项目实施中可以用来消减项目费用、进度、范围、质量和资源等方面的风险。项目预备金在预算中单独列出，通常被分成几个部分。例如，可以分为项目管理预备金、项目风险应急预备金、费用预备金等。项目预备金还可以分为项目实施预备金和项目经济性预备金，前者用于补偿项目实施中的风险和不确定性费用，后者用于应对通货膨胀和价格波动所需的费用。

4. 项目技术后备措施

项目技术后备措施是专门用于应对项目技术风险的一系列预先准备好的项目技术措施方案。这些技术措施方案是针对不同项目风险而预想的技术应急方案，只有当项目风险情况出现并需要采取补救行动时才需要使用这些技术后备措施。

11.4　项目风险的控制

11.4.1　项目风险控制的概念

项目风险控制是指在整个项目过程中根据项目风险管理计划和项目实际发生的风险与变化，所开展的项目风险控制活动。它是建立在项目风险的阶段性、渐进性和可控性基础之上的一种项目管理工作。

对于项目的风险而言，通过项目风险的识别与评估，人们已识别出项目的绝大多数风险，这些风险多数是相对可控的。这些项目风险的可控程度取决于人们在项目风险识别和评估阶段给出的有关项目风险信息的多少。只要人们能够通过项目风险识别和评估，得到足够有关项目风险的信息，就可以去采取正确的项目风险应对措施，从而实现对于项目风险的有效控制。

项目风险控制的内容主要包括：持续开展项目风险的识别与评估、监控项目潜在风险的发展、追踪项目风险发生的征兆、采取各种风险防范措施、应对和处理发生的风险事件、消除和缩小项目风险事件的后果、管理和使用项目的不可预见费、实施项目风险管理计划等。

11.4.2　项目风险控制的目标

1. 努力及早地识别项目风险

项目风险控制的首要目标是通过开展持续的项目风险识别和评估工作，及早发现项目所存在的各种风险，以及项目风险的各方面的特性，因为这是开展项目风险控制的前提。

2. 努力避免项目风险事件的发生

项目风险控制是在识别出项目风险以后，要采取各种风险应对措施，积极避免项目风险的实际发生，从而确保不给项目造成不必要的损失。

3. 积极消除项目风险事件的消极后果

项目风险并不是都可以避免其发生的，有许多项目风险会由于各种原因最终还是发生了，对于这种情况，项目风险控制的目标是要积极采取行动，努力消减这些风险事件的消极后果。

4. 充分吸取项目风险管理中的经验与教训

对于各种已经发生并形成最终结果的项目风险，一定要从中吸取经验和教训，从而避免同样事件的发生。

11.4.3　项目风险控制的过程

1. 建立项目风险控制体制

这是指在项目开始之前，要根据项目风险识别和评估报告所给出的项目风险的信息，制定出整个项目的风险控制的大致方针、项目风险控制的程序，以及项目风险控制的管理体制。包括项目风险责任制度，项目风险信息报告制度，项目风险控制决策制度，项目风险控制的沟通程序等。

2. 确定要控制的具体项目风险

这一步是根据项目风险识别与评估报告所列出的各种具体项目风险，确定出对哪些项目风险要进行控制，而对哪些风险可以容忍并放弃对它们的控制。通常这要按照项目具体风险后果严重性的大小和风险的发生概率，以及项目组织的风险控制资源情况去确定。

3. 确定项目风险的控制责任

这是分配和落实项目具体风险控制责任的工作。所有需要控制的项目风险都必须落实负责控制的具体人员，同时要规定他们所负的具体责任。对于一个项目风险的控制工作必须要有专门人员去负责，不能分担，也不能由不合适的人去担负风险事件控制的责任，否则会造成大量的时间与资金的浪费。

4. 确定项目风险控制的行动时间

这是指对项目风险的控制也要制定相应的时间计划和安排，计划和规定出解决项目风险问题的时间表。因为没有时间安排与限制，多数项目风险问题是不能有效地加以控制的。许多项目风险失控所造成的损失都是因为错过了风险控制的时机造成的。所以必须制订严格的项目风险控制时间计划。

5. 制订各具体项目风险的控制方案

这一步由负责具体项目风险控制的人员，根据风险的特性和时间计划，制订具体项目风险的控制方案。在这一步，要找出能够控制项目风险的各种备选方案，然后对方案做必要的可行性分析，以判断各个风险控制备选方案的效果，最终选定要采用的风险控制方案或备用方案。这一步还要针对风险事件的不同阶段，制订出在不同阶段使用的风险事件控制方案。

6. 实施具体项目风险控制方案

这一步要按照确定出的具体项目风险控制方案，开展项目风险控制的活动。这一步必须根据项目风险的发展与变化，不断地修订项目风险控制方案与办法。对于某些项目风险，它们的风险控制方案的制定与实施几乎是同时的。

7. 跟踪具体项目风险的控制结果

这一步的目的是要收集风险事件控制工作的信息并给出反馈，即利用跟踪去确认所采取的项目风险控制活动是否有效，项目风险的发展是否有新的变化等。这样就可以不断地提供反馈信息，从而指导项目风险控制方案的具体实施了。这一步是与实施具体项目风险方案同步进行的。通过跟踪给出项目风险控制工作信息，根据这些信息去改进具体项目风险控制方案的实施，直到对风险事件的控制完结为止。

8. 判断项目风险是否已经消除

如果认定某个项目风险已经解除，则该具体项目风险的控制作业就已经完成了。若判断认为该风险仍未解除，就需要重新进行项目风险识别，这需要重新使用项目风险识别的方法，对项目具体活动的方向进行新一轮的识别，然后重新按本方法的全过程开展下一步的具体项目风险控制作业。

11.5 项目保险与工程担保

11.5.1 项目保险

11.5.1.1 项目保险的概念与种类

项目保险是指业主或承包商向专门保险机构（保险公司）缴纳一定的保险费，由保险公司建立保险基金，一旦发生所投保的风险事故造成财产或人身伤亡，即由保险公司用保险基金予以补偿的一种制度。它实质上是一种风险转移，即业主或承包商通过投保，将原应承担的风险责任转移给保险公司承担。

项目保险按是否具有强制性分为两大类，即强制保险和自愿保险。强制保险是指项目所在国政府以法规明文规定承包商必须办理的保险。我国《中华人民共和国建筑法》（简称《建筑法》）和《建设工程施工合同示范文本》都规定了建筑施工企业必须为从事危险作业的职工办理意外伤害保险等内容，这属于强制保险。自愿保险是承包商根据自身利益的需要，自愿购买的保险，这种保险非强行规定，但对承包商转移风险很有必要。

除强制保险与自愿保险的分类方式外，我国《中华人民共和国保险法》（简称《保险法》）把保险种类分为人身保险和财产保险。自该法施行以来，在工程建设方面，我国已实行了人身保险中的意外伤害保险、财产保险中的建筑工程一切险和安装工程一切险。《保险法》还规定财产保险业务包括财产损失保险、责任保险、信用保险等保险业务。

（1）意外伤害险。意外伤害险是指被保险人在保险有效期间，因遭遇非本意的、外来的、突然的意外事故，致使其身体蒙受伤害而残疾或死亡时，保险人依照合同规定给付保险金的保险。《建筑法》第四十八条规定："建筑施工企业必须为从事危险作业的职工办理意外伤害保险，支付保险费"。

（2）建筑工程一切险及安装工程一切险。本险是指以建筑或安装工程中的各种财产和第三者的经济赔偿责任为保险标的保险。这两类保险的特殊性在于保险公司可以在一份保单内对所有参加该项工程的有关各方都给予所需要的保障，换言之，即在工程进行期间，对这项工程承担一定风险的有关各方，均可作为被保险人。

建筑工程一切险同时承保建筑工程第三者责任险，即指在该工程的保险期内，因发生意外事故所造成的工地上及邻近地区第三者的人身伤亡、疾病与财产损失，依法应由被保险人承担的经济赔偿责任可由保险公司负责赔偿。

（3）职业责任险。职业责任险是指专业技术人员因工作疏忽、过失所造成的合同一方或他人的人身伤害或财产损失的经济赔偿责任的保险。建设工程标的金额巨大、风险因素多，建筑事故造成的损害往往数额巨大，而责任主体的偿付能力相对有限，这就有必要借助保险来转移职业责任风险。在工程建设领域，这类保险对勘察、设计、监理单位尤为重要。

（4）信用保险。信用保险是以在商品赊销和信用放贷中的债务人的信用作为保险标的，在债务人未能履行债务而使债权人招致损失时，由保险人向被保险人即债权人提供风险保障的保险。信用保险是随着商业信用、银行信用的普遍化以及道德风险频繁而产生的，在工程建设领域得到越来越广泛的应用。

11.5.1.2　工程和施工设备的保险

工程和施工设备的保险也称“工程一切险”，是一种综合性的保险，它对建设工程项目提供全面的保障。

（1）工程一切险的承保范围。①工程本身，指由总承包商和分承包商为履行合同而实施的全部工程，还包括预备工程，如土方、水准测量；临时工程，如引水、保护堤和全部存放于工地的为施工所需的材料等；安装工程的建筑项目，如果建筑部分占主导地位，如果机器、设施或钢结构的价格及安装费用低于整个工程造价的 50%，亦应投保工程一切险；②施工设施，包括活动房、存料库、配料棚、搅拌站、脚手架、水电供应及其他类似设施；③施工设备，包括大型施工机械、吊车及不能在公路上行驶的工地用车辆，不管这些机具属承包商所有还是其租赁物资；④场地清理费，这是指在发生灾害事故后场地上产生了大量的残砾，为清理工地现场而必须支付的一笔费用；⑤工地内现有的建筑物，指不在承保的工程范围内、工地内已有的建筑物或财产；⑥由被保险人看管或监护的停放于工地的财产。

工程一切险承保的危险与损害涉及面很广，凡保险单中列举的除外情况之外的一切事故损失全在保险范围内，也包括下述原因造成的损失：①火灾、爆炸、雷击、飞机坠毁及灭火或其他救助所造成的损失；②海啸、洪水、潮水、水灾、地震、暴雨、风暴、雪崩、地崩、山崩、冻灾、冰雹及其他自然灾害；③一般性盗窃和抢劫；④由于工人和技术人员缺乏经验、疏忽、过失、故意行为或无能力等导致的施工低劣而造成的损失；⑤其他意外事故，建筑材料在工地范围内的运输过程中遭受的损失和破坏以及施工设备和机具在装卸时发生的损失等，亦可纳入工程险的承保范围。

（2）工程一切险的除外责任。按照国际惯例，属于除外责任的情况通常有以下几种：①由军事行动、战争或其他类似事件、罢工、骚动、或当局命令停工等情况造成的损失；②因被保险人的严重失职或蓄意破坏而造成的损失；③因原子核裂变而造成的损失；④由于罚款及其他非实质性损失；⑤因施工设备本身原因即无外界原因情况下造成的损失；但因这些损失而导致的建筑事故则不属于除外情况；⑥因设计错误（结构缺陷）而造成的损失；⑦纠纷或修复工程差错而增加的支出。

（3）工程一切险的保险期和保险金额：①工程一切险从工程开工日或开工之前工程用料卸放于工地之日起开始生效，两者以先发生者为准，如果打地基也在保险范围内，则开工日为包括打地基在内的日期，施工设备保险从设备卸放于工地之日起生效，保险终止日为工程竣工验收之日或保险单上列出的终止日期，同样，两者也以先发生者为准；②保险金额是指保险人承担赔偿或者给付保险金责任的最高限额，保险金额不得超过保险标的保险价值，超过保险价值的部分无效。工程一切险的保险金额按照不同的保险标的来确定。

（4）建筑工程一切险的免赔额。工程保险还有一个特点，就是保险公司要求投保人根据其不同的损失，自负一定的责任。这笔由被保险人承担的损失额度称为免赔额。工程本身的免赔额为保险金额的0.5%～2%；施工机具设备等的免赔额为保险金额的5%；第三者责任险中财产损失的免赔额为每次事故赔偿限额的1%～2%，但人身伤害没有免赔额。保险人向被保险人支付为修复保险标而遭受损失所需的费用时，必须扣除免赔额。

（5）建筑工程一切险的保险费率。目前没有固定的费率，其具体费率系根据不同的因素结合参考费率制定。

（6）建筑工程一切险的投保人与被保险人。①建筑工程一切险的投保人，根据《保险法》，投保人指与保险人订立保险合同，并按照保险合同负有支付保险费义务的人；工程一切险多数由承包商负责投保，如果承包商因故未办理或拒不办理投保或拒绝投保，业主可以代为投保，费用由承包商负担；如果总承包未曾对分包工程购买保险的话，负责该分包工程的分包商也应办理其承担的分包任务的保险；②建筑工程一切险的被保险人，被保险人是指其财产或者人身受保险合同保障，享有保险金请求权的人；在工程保险中，除投保人外，保险公司可以在一张保险单上对所有参加该工程的有关各方都给予所需的保险；即凡在工程进行期间，对这项工程承担一定风险的有关各方均可作为被保险人。建筑工程一切险的被保险人可以包括业主、总承包商、分承包商、业主聘用的工程师、与工程有密切关系的单位或个人，如贷款银行或投资人等。

11.5.1.3 安装工程一切险

安装工程一切险属于技术险种，其目的在于为各种机器的安装及钢结构工程的实施提供尽可能全面的专门保险。目前，在国际工程承包领域，工程发包人都要求承包人投保安装工程一切险，在很多国家和地区，这种险是强制性的。安装工程一切险主要适用于安装各种工厂用的机器、设备、储油罐、钢结构、起重机、吊车以及包含机械因素的各种建设工程。

1. 安装工程一切险与建筑工程一切险有着重要区别

（1）建筑工程一切险的保险标的从开工至竣工逐步增加，保险额也逐步提高，而安装工程一切险的保险标的一开始就存放于工地，保险公司一开始就承担着全部货价的风险，风险比较集中。在机器安装好之后，试车、考核所带来的危险以及在试车过程中发生机器损坏的危险是相当大的，这些风险在建筑工程风险部分是没有的。

（2）在一般情况下，自然灾害造成建筑工程一切险的保险标的损失的可能性较大，而安装工程一切险的保险标的多数是建筑物内安装的设备（石化、桥梁、钢结构建筑物等除外），受自然灾害损失的可能性较小，受人为事故损失的可能性较大，这就要督促被保险人加强现场安全操作管理，严格执行安全操作规程。

（3）安装工程在交接前必须经过试运行检验，而在试运行期内，任何潜在的因素都可能造成损失，损失率要占安装期内总损失的一半以上。由于风险集中，试运行期间的安装工程一切险的保险费率通常占整个工期的保费的1/3左右，而且对旧机器设备不承担赔付责任。总的来讲，安装工程一切险的风险较大，保险费率也高于建筑工程一切险。

2. 安装工程一切险的责任范围及除外责任

（1）安装工程一切险的保险标的主要包括：①安装的机器及安装费，包括安装工程合同内要安装的机器、设备、装置、物料、基础工程（如地基、座基等）以及为安装工程所需的各种临时设施（如水电、照明、通信设备等）等；②安装工程使用的承包人的机器、设备；③附带投保的土木建筑工程项目，指厂房、仓库、办公楼、宿舍、码头、桥梁等。这些项目一般不在安装合同以内，但可在安装风险内附带投保，如果土木建筑工程项目不超过总价的 20%，整个项目按安装工程一切险投保；介于 20%～50%之间，该部分项目按建筑工程一切险投保；若超过 50%，整个项目按建筑工程一切险投保。

（2）安装工程一切险承保的危险和损失除包括建筑工程一切险中规定的内容外，还包括：①短路、过电压、电弧所造成的损失；②超压、压力不足和离心力引起的断裂所造成的损失；③其他意外事故，如因进入异物或因安装地点的运输而引起的意外事件等。

（3）安装工程一切险的除外情况主要有以下几种：①由结构、材料或在车间制作方面的错误导致的损失；②因被保险人或其派遣人员蓄意破坏或欺诈行为而造成的损失；③因效益不足而招致合同罚款或其他非实质性损失；④由战争或其他类似事件、民众运动或因当局命令而造成的损失；⑤因罢工和骚乱而造成的损失（但有些国家却不视为除外情况）；⑥由原子核裂变或核辐射造成的损失等。

3. 安装工程一切险的保险期限

（1）安装工程一切险保险责任的开始和终止。安装工程一切险的保险责任，自投保工程的动工日（如果包括土建的话）或第一批被保项目卸至施工地点时（以先发生为准），即行开始。其保险责任的终止日可以是安装完毕验收通过之日或保险物所列明的终止日，这两个日期同样以先发生为准。安装工程一切险的保险责任也可以延展至维修期满日。

（2）试车考核期。安装工程一切险的保险期内，一般应包括一个试车考核期。考核期的长短应根据工程合同的规定来决定。对考核的保险责任一般不超过 3 个月，若超过 3 个月，应另行加收费用。安装工程一切风险对于旧机器设备不负考核期的保险责任，也不承担其维修期的保险责任。如果同一张保险单同时还承保其他新的项目，则保险单仅对新设备的保险责任有效。

（3）关于安装工程一切险的保险期限的几个问题：其一，部分工程验收移交或实际投入使用，在这种情况下，保险责任自验收移交中投入使用之日即行终止，但保单上须有相应的附加条款或批文；其二，试车考核期的保险责任期，系指连续时间，而不是断续累计时间；其三，维修期应从实际完工验收或投入使用之日起算，不能机械地按合同规定的竣工日起算。

4. 安装工程一切险的保险金额

（1）安装工程项目是安装工程一切险的主要保险项目，包括被安装的机械设备、装置、物料、基础工程以及工程所需的各种临时设施，如水、电、照明、通信等。安装工程一切险的承保标大致有三种类型：①新建工厂、矿山或某一车间生产线安装的成套设备；②单独的大型机械装置，如发电机组、锅炉、巨型吊车、传送装置的组装工程；③各种钢结构建筑物，如储油罐、桥梁、电视发射塔之类的安装和管道、电缆敷设等。

（2）安装工程项目的保险金额视承包方式而定：①采用总承包方式，保险金额为该项目的合同价；②由业主引进设备，承包人负责安装并培训，保险金额为实际到岸价格加国内运费和保险费及关税、安装费、可能的专利、人员培训及备品、备件等费用的总和。

5. 安装工程一切险的被保险人

与建筑工程一切险一样，安装工程一切险应由承包商投保，业主只是在承包商未投保的情况下代其投保，费用由承包商承担。承包商办理了投保手续并交纳了保费以后即成为被保险人。安装工程一切险的被保险人除承包商外，还包括业主、制造商或供应商、技术咨询顾问、安装工程的信贷机构、待安装构件的买受人等。

11.5.1.4　人员伤亡和财产损失的保险

1. 事故责任和赔偿费

（1）业主应负责赔偿以下各种情况造成的人身伤亡和财产损失：①业主现场雇用的全部人员（包括监理人员）工伤事故造成的损失。但由于承包商的过失造成的在承包商责任区内的业主人员的伤亡，则应由承包商承担责任；②由于业主责任造成的在其管辖区内业主和承包商以及第三方人员的人身伤害和财产损失；③工程或工程的任何部分对土地占用所造成的第三方财产损失；④工程施工过程中，承包商按合同要求进行的工作对第三方造成的不可避免的财产损失。

（2）承包商应负责赔偿以下情况造成的人身伤害和财产损失：①承包商为履行本合同所雇用的全部人员（包括分包商人员）工伤事故造成的损失，承包商可以要求其分包商自行承担分包人员的工伤事故责任；②由于承包商的责任造成的在其管辖区内业主和承包商以及第三方人员的人身伤害和财产损失；③业主和承包商的共同责任，在承包商管辖区内工作的业主人员或非承包商雇用的其他人员，由于其自身过失造成人身伤害和财产损失，若其中含有承包商的部分责任，如管理上的疏漏时，应由业主和承包商合理分担其赔偿费用。不论何种情况，其赔偿费用应包括人身伤害和财产损失的赔偿费、诉讼费和其他有关费用。

2. 人员伤亡和财产损失的保险

（1）人身事故险。人身事故险是指承包商应对他为工程施工所雇用的职工进行人身事故保险；有分包商的工程项目，分包商应对其雇用人员进行此项保险。

对于每一人身事故保险金额，应按工程所在国家、地区的有关法律来确定，但不得低于这些法律所规定的最低限额。其保险期应为该职工在现场的全部时间。一般来说，业主和监理单位也应为其在现场人员投保人身事故险。

（2）第三方责任险。第三方责任险是指在履行合同过程中，因意外事故而引起工地上及附近地区的任何人员（不包括承包商雇用人员）的伤亡及任何财产（不包括工程及施工设备）的损失进行的责任保险。

一般讲，第三方指不属于施工承发包合同双方当事人的人员。但当没有为业主和工程师人员专门投保时，第三方责任保险也包括业主和工程师人员由于进行施工而造成的人员伤亡或财产损失的保险。对于领有公共交通和运输用执照的车辆事故造成的第三方损失，不属于第三方责任范围。有些国际工程施工合同中，还要求第三方责任险包括施工人员在国内家庭成员的人身伤亡和财产损失。

第三方责任险的保险额由业主与承包商协商确定。第三方责任险以业主和承包商的共同名义投保，一般可以在投保工程一切险时附带投保。

11.5.2　工程担保

11.5.2.1　工程担保的起源

资源 11.6 工程担保起源

工程担保是指就有关工程某一义务的履行或责任的承担所做出的担保。工程担保最早起源于美国，具体体现为“赫德法案”和“小米勒法案”。

由于工程担保能运用信用手段加强工程各方之间的责任关系，有效地转移工程风险，保障工程建设的顺利完成，许多国家都相继在法律中对工程担保做出了规定；不少国际组织和一些国家的行业组织在标准合同条件中（如《世界银行贷款项目招标文件范本》、国际咨询工程师联合会（FIDIC）《土木工程施工合同条件》、英国土木工程师联合会《新工程合同条件》、美国建筑师协会《建筑工程标准合同》等），也都制定了有关工程担保的条款。

11.5.2.2　工程担保的主要类型

目前，根据担保内容的不同，可将工程担保划分为如下类型。

1. 投标担保

投标担保是指在投标人进行工程投标报价之前或同时，担保人就投标人一旦中标，即与招标人（业主）签订工程合同而所作的承诺。实行了投标担保，如果投标人在开标之前撤回投标，或者确定中标人之后，除不可抗力因素外，中标人拒绝与招标人签订工程合同，则担保人须承担招标人的经济损失。因此，实行投标担保，可促使投标人认真对待投标报价，防止轻率投标，同时，也会促使作为担保人的第三人在为投标人提供担保前，严格审查其承包能力、资信状况等，否则将不予提供投标担保，从而限制了不合格的承包商参加投标活动。投标担保金额一般为标价总额的0.5%～3.0%，大型工程的造价高，保额百分比宜低一些；反之，小型工程的保额百分比可高一些。担保金额也可不用百分比表达，而是规定一个固定数额，投标担保金额不宜过高，否则，会影响投标的积极性。具体地讲，投标担保一般有三种方式：

（1）由银行提供投标保函，一旦投标人在投标有效期内（一般是指招标文件中规定的投标截止之日后的一定期限）撤销投标，或者中标人在规定时间内不能或拒绝提供履约担保，或者中标人拒绝在规定时间内与业主签订合同，银行将按照担保合同的约定对业主进行赔偿。

（2）在投标报价前，由担保人出具担保书，保证投标人不会中途撤销投标，并在中标后与业主签约承包工程。一旦投标人违约，担保人应支付业主一定的赔偿金。该赔偿金的数额在担保书中约定，可以按报价的百分比或一个固定的数额规定；实行合理低价中标的，可取该标与次低标的报价差额，此时，应由次低标成为中标人。

（3）投标人直接向业主缴纳投标保证金。保证金可以是一笔抵押现金，也可以是一张保兑支票、银行汇票或投标人开户银行出具的不可撤回的信用证等。如果投标人违约，业主将没收投标保证金；投标人确定中标人之后，应及时退还未中标的投标人的投标保证金。目前，对于保证金的性质尚有争议，有人认为应属定金担保，有人认为应属押金性质的担保（即有别于保证、抵押、质押、留置、定金五种担保形式的又一种担保）。较为一致的一点是：它不属于保证担保，因为其不涉及第三方担保人（前两种做法属于保证担保）。

2. *履约担保*

履约担保是指应业主的要求，担保人就承包商忠实地履行工程合同而所作的一种承诺，其有效期通常截止为承包商完成工程施工和工程缺陷修复之日。在中标人收到中标通知书后，须在规定时间内签署合同协议书，连同履约担保一并送交业主，然后再与业主正式签订承包合同。在履约担保的有效期内，除不可抗力因素外，当承包商不履行或不全面履行工程合同时，担保人将承担赔偿业主的损失或代为继续履行合同的责任。实行履约担保，可以有效地保障业主的合法权益，促使承包商对待合同的签订与履行。履约担保的方式有以下三种：

（1）向银行提供履约保函。当承包商不履行合同义务时，银行按照担保合同的约定对业主进行赔偿。银行履约保函一般为担保合同价的 11%～25%，美国则规定联邦政府工程的履约担保必须为担保合同价的全部金额。

（2）由担保人提供担保书。除不可抗力因素外，如果是非业主的原因，承包商没能履行合同义务，担保人将承担其担保责任。具体方式为：一是向该承包商提供资金及技术援助，使其能继续履行合同义务；二是由担保人直接接管该工程或另觅经业主同意的其他承包商完成合同的剩余部分，业主只按原合同支付工程款；三是担保人按合同约定，对业主蒙受的损失进行补偿。

（3）中标人可按照招标文件的规定，向业主缴纳履约保证金（可以是一笔质押现金，也可以是一张保兑支票、银行汇票或中标人开户银行开具的不可撤回的信用证等）。这与投标保证金一样，由于未涉及第三方担保人，因而不同于保证担保。当承包商履约后，业主即退还保证金；若中途毁约，业主则予没收。由承包商提供履约保证金的做法，操作简便，但是承包商有一笔现金被冻结，不利于资金的周转。如一项 1 亿元的工程，履约保证金按 11%（履约保证金一般为担保合同价的 5%～15%）计算，则承包商就有 1100 万元的流动资金出现呆滞，负担是相当沉重的。《中华人民共和国招标投标法》对履约保证金有明确规定。第四十六条规定："招标文件要求中标人提供履约保证金的，中标人应当提交"；第六十条规定："中标人不履行与招标人订立的合同的，履约保证金不予退还，给招标人造成的损失超过履约保证金数额的，还应当对超过部分予以赔偿。"

对于履约担保的担保人而言，履约担保的担保金额与担保责任比投标担保等其他担保方式更大，而且履约担保的有效期较长，这也导致不可知、不可控因素增多，从而导致担保风险加大。因此，对于一些大工程或特大工程，可以由若干担保人共同担保；担保人应当按照担保合同约定的担保份额承担担保责任，没有约定担保份额的，这些担保人承担连带责任，债权人可以要求其中任何一个担保人承担全部担保责任，而该担保人负有担保全部债权实现的义务，并在承担担保责任后有权向债务人追偿，或者要求其他负有连带责任的担保人清偿其理所应当承担的份额。担保人在工程主合同纠纷未经审判或者仲裁，并就债务人财产依法强制执行仍不能履行债务前，对债权可以拒绝承担担保责任。中小型工程也可以由承包商实行抵押、质押担保。

3. 付款保证担保

一些工程的业主往往预先支付一定数额的工程款供承包商周转使用。为了防止承包商挪作他用、携款潜逃或宣布破产，需要担保人为承包商提供同等数额的预付款担保，或提交银行保函，该担保称为预付款担保或动员预付款担保。随着业主按照工程进度支付工程价款并逐步扣回预付款，预付款担保责任随之减少直至消失。预付款担保金额一般为工程合同价的 11%～30%。

4. 付款担保

一些国家要求承包商提供付款担保，即由担保人担保承包商将按时支付工人工资和分包商、材料设备供应商的费用。付款担保一般附于履约担保之内，也可以作专门的规定。付款担保，可以使业主避免不必要的法律纠纷和管理负担。因为，一旦承包商没有按时付款，债权人就有权起诉，则业主的工程很可能会受到法院的扣押。通过实行付款担保，使得业主避免了不必要的法律纠纷和管理负担。

5. 保修担保

保修担保也称质量担保，是担保人为保障在承包商的工程保修期（国际上称缺陷责任期）内出现质量缺陷时，承包商应当负责维修而提供的担保。实行保修担保，可以促使承包商加强全面质量管理，尽量避免质量缺陷的出现。保修担保可以包含在履约担保之内，也可以单独列出，并在工程完成后替换履约担保。在有些工程（我国的工程中多为采用该方法）中，则采取暂扣合同价款的 1%～5%作为维修保证金。

6. 分包担保

当工程存在总包分包关系时，总承包商要为各分包商的工作承担连带责任。总承包商为了保护自身的权益不受损害，往往要求分包商通过担保人为其提供担保，保障分包商充分履行自己的义务。

7. 差额担保

如果某项工程的中标价格低于标底 11%以上，业主往往要求承包商通过担保人对中标价格与标底之间的差额部分提供担保，以保证按此价格承包工程不致造成质量的降低。

8. 完工担保

为了避免因承包商延期完工后将工程项目占用而使业主遭受损失，业主还可要求承包商通过担保人提供完工担保，以保证承包商必须按计划完工，并对该工程不具有留置权。如果由于承包商的原因，出现工期延误或工程占用，则担保人应承担相应的损失赔偿责任。

9. 保留金担保

保留金担保即业主按月给承包商发放工程款时，要扣一定比例作为保留金，以便在工程不符合质量要求时用于返工。预扣保留金的比例及限额通常在工程合同中约定，一般从每月验工计价中扣11%，以合同价的5%为累计上限。在签发工程验收证书时，咨询工程师将向承包商发还一半的保留金；在工程保修期满后，再发还其全部余额。承包商也可以通过担保人提供保留金担保，换回在押的全部保留金。

10. 反担保

被担保人对于担保人为其向债权人支付的任何赔偿均应承担返还义务。由于担保人的风险很大（所提供的担保金额高，而收取的担保费不足2%），担保人为防止向债权人赔付后，不能从被担保人处获得补偿，可以要求被担保人以其自有资产、银行存款、有价证券或通过其他担保人等提交反担保，作为担保人出具担保的条件。一旦发生代为赔付的情况，担保人可以通过反担保追偿赔付。

11. 其他担保形式

除了上述工程担保形式之外，要求承包商提供的还有免税进口材料设备保证、机具使用保证、税务保证等工程担保形式。

11.5.3 工程担保与保险的区别

工程担保和工程保险虽然都是工程风险管理的重要手段，但二者有着本质的区别。

1. 二者所针对的风险不同

工程保险着重解决“非预见的意外情况”，包括自然灾害或意外事故造成的物质损失或人身伤亡；工程担保则针对信用风险，着重解决“可为而不为者”，如承包商拖延工期、拖欠工人工资和供货商货款、保修期内不尽保修义务和设计人迟延交付图纸及业主拖欠工程款等，这些问题属“人祸”而非“天灾”，光靠工程保险解决不了，而必须借助工程担保。

2. 二者对风险的管理方式不同

工程保险是一种风险的转移，即通过投保人向保险人转移风险来保证被保险人的利益，而工程担保并不是风险的转移，它只是风险的抵押，即通过委托人向担保人进行风险抵押，来保证权利人利益，而风险的最终承担者仍是委托人自己。

3. 二者对风险的管理目标不同

工程保险是通过建立互助机制来实现个体风险的有效转移，但社会总体的风险并未降低，所以保险业对于风险损失是有预期的；但工程担保则是通过促进建筑市场上信用机制的形成，来最大限度地降低个体和社会总体的风险。在市场经济成熟的国家，保证担保公司客观上起到了市场规范者和行业壁垒的作用。承包商在安全生产与优质生产上投入成本多，就可在担保市场中获得优惠的认可，能够较为容易地进入建设市场，而购买不到保证担保的承包商无法进入建设市场，用高费率买到担保的承包商在投标中也处于劣势。因此，在这种环境下，建设市场的总体信用风险便大大降低。

思　考　题

1. 项目风险的定义是什么?

2. 项目风险管理的概念是什么？

3. 项目风险管理的过程是什么？

4. 项目风险识别包括哪些主要内容？

5. 项目风险评估的主要内容是什么？

6. 项目风险应对的主要措施有几种？

7. 工程担保的主要类型有几种？工程担保与保险有何区别？

第 12 章 工程项目评估

12.1 项目评估的概念与方法

根据国家基本建设程序要求，建设项目前期工作分为项目建议书、可行性研究、初步设计三个阶段。经济评价是建设项目的项目建议书、可行性研究与初步设计阶段的重要设计内容，它是在项目开工前对拟建项目的必要性进行分析，论证项目实施的社会经济条件和状况，为建设项目方案的比选、决策提供科学、可靠的依据。项目后评价则位于项目周期的最后一个阶段，是在项目运行一段时间后对已实施的项目进行的全面综合评价，分析项目实施的实际经济效果和影响力，以论证项目的持续能力和最初决策的合理性，为以后的决策提供经验教训。

为进一步完善投资决策程序，规范投资决策过程中的咨询评估工作，保障咨询评估质量，国家发展改革委对《国家发展改革委委托投资咨询评估管理办法（2015 年修订)》进行了修订，编制印发了《国家发展改革委投资咨询评估管理办法》（简称新办法)。新办法自 2019 年 1 月 1 日起施行。新办法明确，国家发展改革委在审批固定资产投资项目及其相关专项规划时，应坚持“先评估、后决策”的原则，经相关工程咨询单位咨询评估，在充分考虑咨询评估意见的基础上做出决策决定。在进行其他投资决策过程中，也要充分发挥相关工程咨询单位的作用。

工程项目进行财务评价的主要依据是：国家发展改革委和建设部颁发的《建设项目经济评价方法与参数》（第三版）（发改投资〔2006〕1325 号)，以及国家现行财税制度。

12.1.1 国民经济评价与财务评价的比较

国民经济评价是在合理配置社会资源的前提下，从国家经济整体利益的角度出发，采用影子价格，计算项目对经济社会的贡献，分析项目的经济效率、效果和对社会的影响，评价项目的经济合理性。

财务评价是在国家现行财税制度和价格体系的前提下从项目财务的角度，采用财务价格，计算项目范围内的财务费用和收益，分析项目的财务生存能力和偿债能力、盈利能力，评价项目的财务可行性。

国民经济评价与财务评价的相同点在于两者都是从经济方面对项目的效益状况进行的再评价，两者都是采用现金流分析方法通过基本报表计算净现值、内部收益率等指标，且评价时点和计算区间都相同。

国民经济评价与财务评价的不同点在于：

(1) 评价角度不同。财务评价分析项目运营的财务效果，侧重对项目盈利能力分析和债务偿还能力的分析。国民经济评价从国民经济整体考虑项目产生的效应，侧重分析项目对国家产生的效益以及需要国家为项目付出的代价（费用）。

（2）评价目的不同。财务评价投资决策在财务上是否可行，为以后类似项目的选定和贷款决策提供依据。国民经济评价从国民经济运行角度，对项目资源配置的效率进行分析评价，考虑项目的国民经济可行性。

（3）评价范围和方法不同。财务评价只限于项目和运营企业本身，仅考虑直接可以用货币度量的效益，采用定量分析。国民经济评价不仅考虑项目对国民经济的直接效益，还要考虑间接效益，采用定量定性相结合的分析方法。

（4）评价依据不同。财务评价的行业基准利率、投资者要求达到的收益率和借款偿还能力。国民经济评价的主要依据是社会折现率等。

（5）计算基础不同。财务评价是按照市场价格或未来的预测价格进行计算。国民经济评价是采用反映资源真实价值的影子价格调整后进行计算。

（6）费用与效益内容不同。财务评价是根据项目或企业的实际收支、确定项目的效益和费用。国民经济评价是着眼于项目对社会经济提供的产品或服务以及所消耗的社会资源，考察项目的效益和费用，对外部效果也要计算。

12.1.2　经济评价的作用

（1）建设项目前期研究是在建设项目投资决策前，对项目建设的必要性和项目备选方案的工艺技术、运行条件、环境与社会等方面进行全面地分析论证和评价工作。经济评价是项目前期研究诸多内容中的重要内容和有机组成部分。

（2）项目活动是整个社会经济活动的一个组成部分，而且要与整个社会的经济活动相融，符合行业和地区发展规划要求，因此，经济评价一般都要对项目与行业发展规划进行阐述。国务院投资体制改革决定明确规定，对属于核准制和备案制的企业投资项目，都要求在行业规划的范围内进行评审。这是国家宏观调控的重要措施之一。

（3）在完成项目方案的基础上，采用科学的分析方法，对拟建项目的财务可行性（可接受性）和经济合理性进行科学的分析论证，做出全面、正确的经济评价结论，为投资者提供科学地决策依据。

（4）项目前期研究阶段要做技术的、经济的、环境的、社会的、生态影响的分析论证，每一类分析都可能影响投资决策。经济评价只是项目评价的一项重要内容，不能指望由其解决所有问题。同理，对于经济评价，决策者也不能只通过一种指标（如内部收益率）就能判断项目在财务上或经济上是否可行，而应同时考虑多种影响因素和多个目标的选择，并把这些影响和目标相互协调起来，才能实现项目系统优化，进行最终决策。

12.1.3　经济评价应遵循的原则

“有无对比”原则。“有无对比”是指“有项目”相对于“无项目”的对比分析。“无项目”状态指不对该项目进行投资时，在计算期内，与项目有关的资产、费用与收益的预计发展情况；“有项目”状态指对该项目进行投资后，在计算期内，资产、费用与收益的预计情况。“有无对比”求出项目的增量效益，排除了项目实施以前各种条件的影响，突出项目活动的效果。“有项目”与“无项目”两种情况下，效益和费用的计算范围、计算期应保持一致，具有可比性。

（1）效益与费用计算口径对应一致的原则。将效益与费用限定在同一个范围内，才有可能进行比较，计算的净效益才是项目投入的真实回报。

（2）收益与风险权衡的原则。投资人关心的是效益指标，但是，对于可能给项目带来风险的因素考虑得不全面，对风险可能造成的损失估计不足，结果往往有可能使得项目失败。收益与风险权衡的原则提示投资者，在进行投资决策时，不仅要看到效益，也要关注风险，权衡得失利弊后再行决策。

（3）定量分析与定性分析相结合，以定量分析为主的原则。经济评价的本质就是要对拟建项目在整个计算期的经济活动，通过效益与费用的计算，对项目经济效益进行分析和比较。一般来说，项目经济评价要求尽量采用定量指标，但对一些不能量化的经济因素，不能直接进行数量分析，对此要求进行定性分析，并与定量分析结合起来进行评价。

（4）动态分析与静态分析相结合，以动态分析为主的原则。动态分析是指利用资金时间价值的原理对现金流量进行折现分析。静态分析是指不对现金流量进行折现分析。项目经济评价的核心是折现，所以分析评价要以折现（动态）指标为主。非折现（静态）指标与一般的财务和经济指标内涵基本相同，比较直观，但是只能作为辅助指标。

12.1.4 项目的计算期

项目计算期是指经济评价中为进行动态分析所设定的期限，包括建设期和运营期。建设期是指项目资金正式投入开始到项目建成投产为止所需要的时间，可按合理工期或预计的建设进度确定。运营期分为投产期和达产期两个阶段，投产期是指项目投入生产，但生产能力尚未完全达到设计能力时的过渡阶段；达产期是指生产运营达到设计预期水平后的时间。运营期一般应以项目主要设备的经济寿命期确定。项目计算期应根据多种因素综合确定，包括行业特点、主要装置（或设备）的经济寿命等。行业有规定时，应从其规定。

项目计算期的长短主要取决于项目本身的特性，因此无法对项目计算期作出统一规定。计算期不宜定得太长：一方面是因为按照现金流量折现的方法，把后期的净收益折为现值的数值相对较小，很难对财务分析结论产生有决定性的影响；另一方面是因为时间越长，预测的数据就越不准确。

计算期较长的项目多以年为时间单位。对于计算期较短的行业项目，在较短的时间间隔内（如月、季、半年或其他非日历时间间隔）现金流水平有较大变化，如油田钻井开发项目、高科技产业项目等，这类项目不宜用“年”做计算现金流量的时间单位，可根据项目的具体情况选择合适的计算现金流量的时间单位。

由于折现评价指标受计算时间的影响，对需要比较的项目或方案应取相同的计算期。

12.2 财 务 评 价

在项目运行期间，是否能从各项经济活动中得到足够的净现金流量是项目能否持续生存的条件。财务评价中一般根据财务计划现金流量表考察项目计算期内各年的投资活动、融资活动和经营活动所产生的各项现金流入和流出，计算净现金流量和累计盈余资金，分析项目是否有足够的净现金流量维持正常运营。财务生存能力分析亦可称为资金平衡分析。水利建设项目运营前期的还本付息负担较重，要特别注重运营前期的财务生存能力分析。非经营性项目本身无能力实现自身资金平衡，需政府补贴。

对于有贷款的项目，为了考察业主能否按期偿还借款，需进行偿债能力分析。通过计算利息备付率和偿债备付率指标，判断项目偿债能力。

财务盈利能力分析包括动态分析（折现现金流量分析）和静态分析（非折现盈利能力分析）。融资后的动态分析包括资本金现金流量分析和投资各方现金流量分析。静态分析主要依据损益表（利润与利润分配表）、财务计划现金流量表等，计算资本金净利润率、总投资利润率等。

12.2.1 财务效益与费用估算

财务效益与费用是财务分析的重要基础，其估算的准确性与可靠程度对项目财务分析影响极大。财务效益和费用估算应遵循“有无对比”的原则，正确识别和估算“有项目”和“无项目”状态的财务效益与费用。财务效益与费用估算应反映行业特点，符合依据明确、价格合理、方法适宜和表格清晰的要求。

（1）财务效益的估算方法。财务效益的估算应与项目性质和项目目标相联系。项目的财务效益系指项目实施后所获得的营业收入。对于适用增值税的经营性项目，除营业收入外，其可得到的增值税返还也应作为补贴收入计入财务效益；对于非经营性项目，财务效益应包括可能获得的各种补贴收入。

为与财务分析一般先进行融资前分析的做法相协调，在财务效益与费用估算中，通常可首先估算营业收入或建设投资，以下依次估算是经营成本和流动资金。当需要继续进行融资后分析时，可在初步融资方案的基础上再进行建设期利息估算，最后完成总成本费用的估算。项目所支出的费用主要包括投资、成本费用和税金等。

（2）进行财务效益和费用估算，需要编制建设投资估算表、建设期利息估算表、流动资金估算表、项目总投资使用计划与资金筹措、营业收入、营业税金及附加和增值税估算表、总成本费用估算表等财务辅助报表

财务效益和费用估算表应反映行业和项目特点，表中科目可适当进行调整。以上报表按不含增值税价格设定，若采用含增值税价格，应调整相关科目。

12.2.2 财务评价方法

财务评价是工程项目评价的重要组成部分。他从财务角度出发计算项目的盈利能力分析、偿债能力分析、财务生存能力分析、进行不确定性分析，以此判断项目财务效益的高低。

1. 盈利能力分析

盈利能力分析的主要指标包括项目投资财务内部收益率和财务净现值、项目资本金财务内部收益率、投资回收期、总投资收益率、项目资本金净利润率等，可根据项目的特点及财务分析的目的、要求等选用。

（1）财务内部收益率（FIRR）系指能使项目计算期内净现金流量现值累计等于零时的折现率，即 FIRR 作为折现率使下式成立：

$$\sum_{t=1}^{n}(\mathrm{CI}-\mathrm{CO})_t(1+\mathrm{FIRR})^{-t}=0 \tag{12.1}$$

式中：CI 为现金流入量；CO 为现金流出量；$(\mathrm{CI}-\mathrm{CO})_t$ 为第 t 期的净现金流量；n 为项目计算期；t 为 $t=1-n$。

项目投资财务内部收益率、项目资本金财务内部收益率和投资各方财务内部收益率都依据上式计算，但所用的现金流入和现金流出不同。当财务内部收益率不小于所设定的判别基准 i_c（通常称为基准收益率）时，项目方案在财务上可考虑接受。项目投资财务内部收益率、项目资本金财务内部收益率和投资各方财务内部收益率可有不同的判别基准。

（2）财务净现值（FNPV）系指按设定的折现率（一般采用基准收益率 i_c）计算的项目计算期内净现金流量的现值之和，可按下式计算：

资源 12.1 内部收益率计算例题

$$\mathrm{FNPV}=\sum_{t=1}^{n}(\mathrm{CI}-\mathrm{CO})_t(1+i_c)^{-t}=0 \tag{12.2}$$

式中：i_c 为设定的折现率（同基准收益率）。

一般情况下，财务盈利能力分析只计算项目投资财务净现值，可根据需要选择计算所得税前净现值或所得税后净现值。按照设定的折现率计算的财务净现值不小于零时，项目方案在财务上可考虑接受。

（3）项目投资回收期（P_t）系指以项目的净收益回收项目投资所需要的时间，一般以年为单位。项目投资回收期宜从项目建设开始年算起，若从项目投产开始年计算，应予以特别注明。项目投资回收期可采用下式计算：

$$\sum_{t=1}^{P_t}(\mathrm{CI}-\mathrm{CO})_t=0 \tag{12.3}$$

项目投资回收期可借助项目投资现金流量表计算。项目投资现金流量表中累计净现金流量由负值变为零的时点，即为项目的投资回收期。投资回收期应按下式计算：

$$P_t=T-1+\frac{\left|\sum_{i=1}^{T-1}(\mathrm{CI}-\mathrm{CO})_i\right|}{(\mathrm{CI}-\mathrm{CO})_T} \tag{12.4}$$

式中：T 为各年累计净现金流量首次为正值或零的年数。

投资回收期短，表明项目投资回收快，抗风险能力强。

（4）总投资收益率（ROI）表示总投资的盈利水平，系指项目达到设计能力后正常年份的年息税前利润或运营期内年平均息税前利润（EBIT）与项目总投资（TI）的比率；总投资收益率应按下式计算：

资源 12.2 投资回收期计算例题

$$ROI=\frac{EBIT}{TI}\times 100\% \tag{12.5}$$

式中：EBIT 为项目正常年份的年息税前利润或运营期内年平均息税前利润；TI 为项目总投资。

总投资收益率高于同行业的收益率参考值，表明用总投资收益率表示的盈利能力满足要求。

(5) 项目资本金净利润率（ROE）表示项目资本金的盈利水平，系指项目达到设计能力后正常年份的年净利润或运营期内年平均净利润（NP）与项目资本金（EC）的比率；项目资本金净利润率应按下式计算：

$$ROE=\frac{NP}{EC}\times 100\% \tag{12.6}$$

式中：NP 为项目正常年份的年净利润或运营期内年税后平均净利润；EC 为项目资本金。

项目资本金净利润率高于同行业的净利润率参考值，表明用项目资本金净利润率表示的盈利能力满足要求。

(6) 投资利润率。投资利润率是指项目达到设计生产能力后的一个正常生产年份的年利润总额与项目总投资的比率，它是考察项目单位投资盈利能力的静态指标。对生产期内各年的利润总额变化幅度较大的项目，应计算生产期年平均利润总额与项目总投资的比率。其计算公式为

$$\text{投资利润率}=\frac{\text{年利润总额或年平均利润总额}}{\text{项目总投资额}}\times 100\% \tag{12.7}$$

$$\text{年利润总额}=\text{年产品销售(营业)收入}-\text{年产品销售税金及附加}-\text{年总成本费用}$$

$$\begin{aligned}\text{年销售税金及附加}=&\text{年产品税}+\text{年增值税}+\text{年营业税}+\text{年资源税}\\&+\text{年城市维护建设税}+\text{年教育费附加}\end{aligned}$$

$$\text{项目总投资}=\text{固定资产投资}+\text{投资方向调节税}+\text{建设期利息}+\text{流动资金}$$

投资利润率可根据损益表中的有关数据计算求得。在财务评价中，将投资利润率与行业平均投资利润率对比，以判别项目单位投资盈利能力是否达到本行业的平均水平。

(7) 投资利税率。投资利税率是指项目达到设计生产能力后的一个正常生产年份的年利税总额或项目生产期内的年平均利税总额与项目总投资的比率。其计算公式为

$$\text{投资利税率}=\frac{\text{年利税总额或年平均利税总额}}{\text{项目总投资额}}\times 100\% \tag{12.8}$$

$$\text{年利税总额}=\text{年销售收入}-\text{年总成本费用}$$

或

$$\text{年利税总额}=\text{年利润总额}+\text{年销售税金及附加}$$

投资利税率可根据损益表中的有关数据计算求得。在财务评价中，将投资利税率与行业平均投资利税率对比，以判别单位投资对国家积累的贡献水平是否达到本行业的平均水平。

2. 偿债能力分析

偿债能力分析应通过计算利息备付率（ICR）、偿债备付率（DSCR）和资产负债

率（LOAR)、流动比率和速动比率等指标，分析判断财务主体的偿债能力。上述指标应按下列公式计算：

（1）利息备付率（ICR）系指在借款偿还期内的息税前利润（EBIT）与应付利息（PI）的比值，它从付息资金来源的充裕性角度反映项目偿付债务利息的保障程度，应按下式计算：

$$ICR=\frac{EBIT}{PI} \tag{12.9}$$

式中：EBIT 为息税前利润；PI 为计入总成本费用的应付利息。

利息备付率应分年计算。利息备付率高，表明利息偿付的保障程度高。利息备付率应当大于 1，并结合债权人的要求确定。

（2）偿债备付率（DSCR）系指在借款偿还期内，用于计算还本付息的资金（EBITDA$-T_{AX}$）与应还本付息金额（PD）的比值，它表示可用于还本付息的资金偿还借款本息的保障程度，应按下式计算：

$$DSCR=\frac{EBITDA-T_{AX}}{PD} \tag{12.10}$$

式中：EBITDA 为息税前利润加折旧和摊销；T_{AX}为企业所得税；PD 为应还本付息金额，包括还本金额和计入总成本费用的全部利息。融资租赁费用可视同借款偿还。运营期内的短期借款本息也应纳入计算。

（3）资产负债率（LOAR）系指各期末负债总额（TL）同资产总额（TA）的比率，应按下式计算：

$$LOAR=\frac{TL}{TA}\times 100\% \tag{12.11}$$

资源 12.3
偿债备负率
计算例题

式中：TL 为期末负债总额；TA 为期末资产总额。

适度的资产负债率，表明企业经营安全、稳健，具有较强的筹资能力，也表明企业和债权人的风险较小。对该指标的分析，应结合国家宏观经济状况、行业发展趋势、企业所处竞争环境等具体条件判定。项目财务分析中，在长期债务还清后，可不再计算资产负债率。

（4）流动比率：

$$流动比率=\frac{流动资产总额}{流动负债总额}\times 100\% \tag{12.12}$$

流动比率衡量企业资金流动性的大小，考察流动资产与负债规模之间的关系，判断企业短期债务到期前，可以转化为现金用于偿还流动负债的能力。该指标越高，说明偿还流动负债的能力越强，但该指标过高，说明企业流动资金利用效率低，对企业运营不利。国际公认的标准比率为 200%。但行业间流动比率会有很大差异。一般而言，行业生产周期长，流动比率就应相应提高。

（5）速动比率：

$$速动比率=\frac{流动资产总额-存货}{流动负债总额}\times 100\% \tag{12.13}$$

$$速动资产=流动资产-存货$$

速动比率指标是对流动比率指标的补充，是将流动比率指标计算公式中的分子剔除了流动资产中变现能力最差的存货后，计算企业实际的短期债务偿还能力，较流动比率更为准确地反映偿还流动负债的能力。该指标越高，说明偿还流动负债的能力越强，但该指标过高，说明企业流动资金利用效率低，对企业运营不利。国际公认的标准比率为 100%。同样行业间该指标会有很大差异，实践中应结合行业特点分析判断。

3. 财务生存能力分析

财务生存能力分析，应在财务分析辅助表和利润与利润分配表的基础上编制财务计划现金流量表，通过考察项目计算期内的投资、融资和经营活动所产生的各项现金流入和流出，计算净现金流量和累计盈余资金，分析项目是否有财务可持续性应首先体现在有足够大的经营活动净现金流量，其次各年累计盈余资金不应出现负值。若出现负值，应进行短期借款，同时分析该短期借款的年份长短和数额大小，进一步判断项目的财务生存能力。短期借款应体现在财务计划现金流量表中，其利息应计入财务费用。为维持项目正常运营，还应分析短期借款的可靠性。

对于非经营性项目，财务分析可按下列要求进行：

（1）对没有营业收入的项目，不进行盈利能力分析，主要考察项目财务生存能力。此类项目通常需要政府长期补贴才能维持运营，应合理估算项目运营期各年所需的政府补贴数额，并分析政府补贴的可能性与支付能力。对有债务资金的项目，还应结合借款偿还要求进行财务生存能力分析。

（2）对有营业收入的项目，财务分析应根据收入抵补支出的程度，区别对待。收入补偿费用的顺序应为：补偿人工、材料等生产经营耗费、缴纳流转税、偿还借款利息、计提折旧和偿还借款本金。有营业收入的非经营性项目可分为下列两类：

营业收入在补偿生产经营耗费、缴纳流转税、偿还借款利息、计提折旧和偿还借款本金后尚有盈余，表明项目在财务上有盈利能力和生存能力，其财务分析方法与一般项目基本相同。

对一定时期内收入不足以补偿全部成本费用，但通过在运行期内逐步提高价格（收费）水平，可实现其设定的补偿生产经营耗费、缴纳流转税、偿还借款利息、计提折旧、偿还借款本金的目标，并预期在中、长期产生盈余的项目，可只进行偿债能力分析和财务生存能力分析。由于项目运营前期需要政府在一定时期内给予补贴，以维持运营，因此应估算各年所需的政府补贴数额，并分析政府在一定时期内可能提供财政补贴的能力。

4. 进行不确定性分析

（1）盈亏平衡分析。盈亏平衡分析就是通过盈亏平衡点分析项目对市场需求变化适应能力的一种方法。

（2）敏感性分析。敏感性分析是通过分析、预测项目主要因素发生变化时对项目财务评价指标的影响，从中找出敏感因素，并确定其影响程度。

资源 12.4
财务评价
案例分析

（3）概率分析。敏感性分析只能指出项目财务效益评价指标对各个不确定因素的敏感程度，但不能表明不确定因素的变化对评价指标发生影响的可能性，以及在这种可能性下对评价指标的影响程度。简单的概率分析一般是计算项目净现值的期望值及净现值大于或等于零时的累计概率，也可通过模拟法测算项目评价指标的概率分布，为项目决策提供依据。

12.3 国民经济评价

国民经济评价根据评价的时点不同可分为国民经济前评价和国民经济后评价，二者既有联系又有区别。项目国民经济后评价与项目国民经济前评价都是从国家整体角度，对项目的效益和费用进行评价，其评价方法也基本相同。区别在于评价的时段、目的、采用的基础数据、指标、评价内容有所不同。

国民经济评价是从国家整体角度，考察项目的费用和效益，并采用不同时期的影子价格、影子工资、影子汇率和社会折现率，对后评价时点以前各年度项目实际发生的财务费用、财务效益和后评价时点以后各年度预测的财务费用、财务效益进行调整计算；也就是根据后评价开始时，已发生的实际数据和尚未发生的重新预测数据考察项目的效益和费用，并采用不同时期的影子价格、影子工资、影子汇率和社会折现率等经济参数，分析、计算项目对国民经济的净贡献，评价项目的经济合理性，再与前评价进行对比，总结经验和教训，提出对策与建议，以改善本项目的国民经济效益和提高今后新项目国民经济评价的水平。

12.3.1 影子价格

经济效益的计算应遵循支付意愿（WTP）原则和（或）接受补偿意愿（WTA）原则；经济费用的计算应遵循机会成本原则。经济效益和经济费用可直接识别，也可通过调整财务效益和财务费用得到。经济效益和经济费用应采用影子价格计算。

价格是国民经济中的一个关键因素。价格是度量项目费用和效益的统一尺度，价格合理与否关系到费用和效益计算的正确性从而关系到计价结果的客观性。价格应该反映市场的供求关系、资源的稀缺程度和国际市场价格因素。所以，在国民经济评价中要用合理的价格对投入物和产出物的现行价格进行调整。这种合理的价格，我们借助经济数学的定义，称其为影子价格。

影子价格的概念是 20 世纪 30 年代末 40 年代初由荷兰数理经济学、计量经济学创始人之一詹恩丁伯根和苏联数学家、经济学家康特罗维奇分别提出来的。原来意义上的影子价格是指当社会经济处于某种最优状态下时，能够反映社会劳动的消耗、资源稀缺程度和对最终产品需求情况的价格。也就是说，影子价格是人为确定的，比交换价格更为合理的价格。这里所说的“合理”的标志，从定价原则来讲，应该能更好地反映产品的价值，反映市场供求关系，反映资源的稀缺程度；从价格产出的效果来讲，应该能使资源配置向优化的方向发展。

这种原来意义上的影子价格是通过线性规划计算出来的，规划从优化资源配置出发，本身并不含资源的价格，但由于对偶规划的存在，一旦实现了资源的最佳配置，各种资源的最优计划价格也就如影随形地产生了。这就是影子价格这一用语的由来，也就是我们通常所说的“影子价格是线性规划对偶解”的含义。这种求影子价格的方法在理论上比较严密，但因为受各方面条件的限制，很难用这种方法计算出来。根据国外的一些做法和我国的实际情况，一般以口岸价格（以下称国际市场价格）为基础确定投入物和产出物的影子价格。

对于具有市场价格的投入和产出，影子价格的计算应符合下列要求：

（1）可外贸货物的投入或产出的影子价格应根据口岸价格，按下列公式计算：

$$\text{出口产出的影子价格(出厂价)}=\text{离岸价(FOB)}\times\text{影子汇率}-\text{出口费用} \tag{12.14}$$

$$\text{进口投入的影子价格(到厂价)}=\text{到岸价(CIF)}\times\text{影子汇率}+\text{进口费用} \tag{12.15}$$

（2）对于非外贸货物，其投入或产出的影子价格应根据下列要求计算：

1）如果项目处于竞争性市场环境中，应采用市场价格作为计算项目投入或产出的影子价格的依据。

2）如果项目的投入或产出的规模很大，项目的实施将足以影响其市场价格，导致“有项目”和“无项目”两种情况下市场价格不一致，在项目评价中，取二者的平均值作为测算影子价格的依据。

3）影子价格中流转税（如消费税、增值税、营业税等）宜根据产品在整个市场中发挥的作用，分别计入或不计入影子价格。

（3）如果项目的产出效果不具有市场价格，应遵循消费者支付意愿和（或）接受补偿意愿的原则，按下列方法测算其影子价格：

1）采用“显示偏好”的方法，通过其他相关市场价格信号，间接估算产出效果的影子价格。

2）利用“陈述偏好”的意愿调查方法，分析调查对象的支付意愿或接受补偿的意愿，推断出项目影响效果的影子价格。

（4）特殊投入物的影子价格应按下列方法计算：

1）项目因使用劳动力所付的工资，是项目实施所付出的代价。劳动力的影子工资等于劳动力机会成本与因劳动力转移而引起的新增资源消耗之和。

2）土地是一种重要的资源，项目占用的土地无论是否支付费用，均应计算其影子价格。项目所占用的农业、林业、牧业、渔业及其他生产性用地，其影子价格应按照其未来对社会可提供的消费产品的支付意愿及因改变土地用途而发生的新增资源消耗进行计算；项目所占用的住宅、休闲用地等非生产性用地，市场完善的，应根据市场交易价格估算其影子价格；无市场交易价格或市场机制不完善的，应根据支付意愿价格估算其影子价格。

3）项目投入的自然资源，无论在财务上是否付费，在经济费用效益分析中都必须测算其经济费用。不可再生自然资源的影子价格应按资源的机会成本计算；可再生自然资源的影子价格应按资源再生费用计算。

资源 12.5
影子水价
计算例题

12.3.2　国民经济评价的指标和参数

如果项目的经济费用和效益能够进行货币化，应在费用效益识别和计算的基础上，编制经济费用效益流量表，计算下列经济费用效益分析指标，分析项目投资的经济效率。

（1）经济净现值（ENPV）系指项目按照社会折现率将计算期内各年的经济净效益流量折现到建设期初的现值之和，应按下式计算：

$$\mathrm{ENPV}=\sum_{t=1}^{n}(B-C)_t(1+i_s)^{-t} \tag{12.16}$$

式中：B 为经济效益流量；C 为经济费用流量；$(B-C)_t$ 为第 t 期的经济净效益流量；i_s 为社会折现率；n 为项目计算期。

在经济费用效益分析中，如果经济净现值等于或大于 0，表明项目可以达到符合社会折现率的效率水平，认为该项目从经济资源配置的角度可以被接受。

（2）经济内部收益率（EIRR）系指项目在计算期内经济净效益流量的现值累计等于 0 时的折现率，应按下式计算：

$$\sum_{t=1}^{n}(B-C)_t(1+\mathrm{EIRR})^{-t}=0 \tag{12.17}$$

如果经济内部收益率等于或者大于社会折现率，表明项目资源配置的经济效率达到了可以被接受的水平。

（3）经济效益费用比（R_{BC}）系指项目在计算期内效益流量的现值与费用流量的现值之比，应按下式计算：

$$R_{BC}=\frac{\sum_{t=1}^{n}B_t(1+i_s)^{-t}}{\sum_{t=1}^{n}C_t(1+i_s)^{-t}} \tag{12.18}$$

式中：B_t 为第 t 期的经济效益；C_t 为第 t 期的经济费用。

如果经济效益费用比大于 1，表明项目资源配置的经济效率达到了可以被接受的水平。

在完成经济费用效益分析之后，应进一步分析对比经济费用效益与财务现金流量之间的差异，并根据需要对财务分析与经济费用效益分析结论之间的差异进行分析，找出受益或受损群体，分析项目对不同利益相关者在经济上的影响程度，并提出改进资源配置效率及财务生存能力的政策建议。

对于效益和费用可以货币化的项目应采用上述经济费用效益分析方法；对于效益难以货币化的项目，应采用费用效果分析方法；对于效益和费用均难以量化的项目，应进行定性经济费用效益分析。

（4）国民经济后评价的计算参数如下：

1）社会折现率。社会折现率是对社会资金时间价值的估量，是衡量项目实际经济内部收益的基准值。社会折现率的大小对国民经济后评价的结果有着重大影响。进行国民经济后评价时，应采用国家计委发布的不同时期的数值。

2）计算价格。进行国民经济后评价时，投入物和产出物都应使用影子价格。在不影响评价结论的前提下，也可只对其价值在费用或效益中所占比重较大的部分或其价格明显未理顺的部分采用影子价格，其余的可直接采用市场价格。

3）计算期。计算期包括建设期、运行初期及正常运行期三部分。其中建设期是

资源 12.6
某地区引水工程项目经济评价

资源 12.7
某水电站经济评价

指项目开工第一年至项目开始投产前的这段时间；运行初期是指项目开始投产（例如水电站第一台机组开始发电）至达到设计规模前的这段时间；正常运行期是指项目达到设计规模（例如水电站全部装机容量投产正常发电）至计算期末的这段时间。正常运行期可根据项目的具体情况确定（如大型水利水电工程可采用 30～50 年）。

4）计算基准年和基准点。资金时间价值计算的基准年和基准点，应与国民经济前评价一致，可定在建设期或正常运行期的第一年年初，投入物和产出物均应按年末发生和结算。

12.4 社会效益评价

相对于项目经济评价的日趋成熟和相对完善而言，项目社会效益评价在我国还处于起步和逐步规范阶段，理论实践都有待进一步发展和与世界完善和发展。改革开放以后，随着我国经济的快速发展和与世界经济的逐步接轨，项目给社会、环境等造成的影响逐渐引起环境等有关部门的重视，项目社会评价作为分析项目给社会、环境等造成影响的重要制度和手段，自然也引起了注意和重视。

由于各种规模和类型的项目都有其社会影响并存与环境的相互适应性问题，所以社会效益评价是投资项目评估的一个重要组成部分。工程项目社会效益评价，是项目建成投入运行后，系统调查和评价项目对社会发展多目标影响和贡献的一种评价方法。通过分析项目所涉及的各种社会因素，协调项目与当地社会关系，从项目的社会可行性方面为项目决策提供科学分析依据。

社会评估主要包括项目的社会经济效益分析评估以及项目的自然和社会环境影响的分析评估两大方面的内容，正效应和负效应、正向和负面影响以及项目与环境相适应性等，是评估的重点。

12.4.1 社会经济效益分析与评估

项目社会经济效益是指项目经济评价内容以外的与项目经济活动又密切相关的社会效益，如项目促进国民经济、地区经济和部门经济发展，以及技术进步、节约时间、节约自然资源、收入分配和社会劳动就业等社会效益。这些社会效益又大致区分为可量化和宜定性两部分，须分别进行分析和评估。

1. 社会经济效益的可量化指标和分析

社会经济效益的可量化内容主要包括就业、收入分配、节约自然资源等。根据不同行业的特点，还可能包括技术进步、节约时间等其他一些量化效益。

投资项目一般会给社会创造新的就业机会，这对于我们这样一个就业压力很大、劳动力几乎是无限供给的国家而言，无疑是头等大事。就业效益通常是指单位投资所创造的就业机会，又有总就业、直接和间接就业效益之分：

总就业效益＝本项目及相关项目就业人数/本项目及相关项目投资

直接就业效益＝本项目就业人数/本项目投资

间接就业效益＝相关项目新增就业人数/相关项目投资

考虑到项目就业效益的可比性（各地就业压力不同，各行各业的就业效益悬殊），可分别按行业、地区和全国测算相应的平均就业效益水平，以为衡量标准（如果有关部门已制订出定额标准，则可直接应用）。就是说，在具体评估时，应根据行业特点、项目类型（劳动密集型或资金、技术密集型）并结合项目所在地就业状况进行分析和估评。在人才比较缺乏的落后地区投资建设时。劳动力素质要求很高的项目，其社会就业效益也有可能是负的（劳动力就业成本高，主要从区外引进人才）。

分配效益是指项目建成后的国民收入净增值在社会集团、地区间的效益分配以及涉外项目效益的国内外分配。

社会集团分配效益体现在员工、企业、地方和国家几个层次：

员工分配效益＝员工收益/项目总收益

企业分配效益＝企业收益/项目总收益

地方分配效益＝地方从项目获益/项目总收益

国家分配效益＝国家从项目获益/项目总收益

以上“项目总收益”当为项目国民收入净增值：员工收益为工资和福利；企业收益为利润、折旧及其他收益；国家或地方收益主要是指利税、折旧和保险费等。测算时应注意计算的收益以及时间因素等的一致性。有关积累应按其实质性去向分别归类。以上分配指数的优劣，应视当时当地政治经济状况及国家或地区发展规划而定，一般难有完全统一的标准，也可以参考行业或地区平均水准加以衡量。

地区分配效益指标则是为了促进经济落后地区经济发展，合理地区间的收入分配而设置的，需先计算分配系数，再计算效益分配：

贫困地区收益分配系数 $$D_i=(\overline{G}/G)^m \tag{12.19}$$

贫困地区收入分配效益 $$R_i=\sum_{t=1}^{n}(\mathrm{CI}-\mathrm{CO})_t D_i(1+i_s)^{-t} \tag{12.20}$$

式中：$\overline{G}$、G 为项目评估时全国与当地的人均国民收入水平；m 为由国家统一制定颁布的扶贫参数，m 值越高的贫困地区的收入分配系数越大，m 一般为 1～1.5。而式 $\sum_{t=1}^{n}(\mathrm{CI}-\mathrm{CO})_t(1+i_s)^{-t}$ 为 FNPV 的计算式，由于 $D_i>1$ 且随贫困程度而提高，故贫困地区项目的年净现金流量通过乘以 D_i 倍得以使 FNPV 调高，而 FNPV 较高的项目得以优先通过经济评价，从中体现出国家对贫困地区项目投资的照顾和扶持。

涉外项目的国内、国外分配效果，可通过项目国民收入总净增值中的国内部分以及汇出国外部分（主要是国外贷款本息、投资利润、外籍人员工资和其他汇出国外部分）所分别占有的比重及其对比，判断其分配效益的高低或优劣。

节约自然资源应包括对土地资源、水资源、矿产资源、生物资源和海洋资源的节约等，常通过以下指标量化并考核：

$$\text{项目国民收入综合能耗}=\frac{\text{年综合能源消耗量}}{\text{项目国民收入净增值}} \tag{12.21}$$

$$\text{单位投资占用耕地}=\frac{\text{项目占用耕地(亩)}}{\text{项目总投资}} \tag{12.22}$$

$$\text{单位产品生产耗水量}=\frac{\text{项目年生产耗水量}}{\text{主要产品生产量}} \tag{12.23}$$

上式中各种能耗应折合成“年吨标准煤”的消耗计算。节能、占地、耗水指标应和行业管理定额或经验水准比较衡量，有条件的可以和国际同业水平比较。由于不同类型项目及产品占用、消耗资源情况差异很大，比如占用水面和森林、矿产资源等，可酌情补充相应指标进行评估，一般以正常年份为准。

2. 社会经济效益的宜定性分析

项目社会经济效益的宜定性分析主要从以下几方面入手：

（1）项目对科技进步及节约时间的贡献。项目采用的工艺技术对提高员工素质以及对所在地区普及科技知识、提高科技水平的影响。如属先进技术或新开发工艺技术，其推广应用的前景以及对国家、地区及部门科技进步有何影响？项目有无节约时间的效益？其对社会经济及人民生活质量有何影响？

（2）对地方经济及国民经济发展的影响。项目对地区产业结构和专业化优势及分工协作关系的影响，对当地市场发育及市场供求关系变化的影响，影响范围大小、是否明显带动了当地经济发展和各行各业条件的改善？大中型项目、骨干企业往往对本行业本部门及相关行业部门发展有所推动和影响，有的甚至对整个国民经济结构和生产力布局产生不同程度的影响，可酌情予以分析。

（3）对自然资源利用的贡献。如对自然资源综合开发利用的贡献，对国土资源开发利用的贡献，项目取水、用水及其污染治理方案对当地水资源及人民生活的影响等。定性分析应根据项目具体情况和行业特点，有重点地开展，可以采用行家经验评级或定性描述等具体方法。

12.4.2　项目环境影响分析与评估

项目环境影响包括对自然与生态环境影响、对当地社会环境影响等，并以定性为主。

（1）自然与生态环境作为人类生存的基本条件，与衣、食、住、行一样有着同等重要的位置，良好的自然与生态环境，是社会发展和社会进步的要求，也是社会生活和文化水平提高的标志。以破坏人类生存环境为代价换取暂时的物质享受，无疑是可悲而不可取的，故在项目的一般性审查及其财务和经济评估中，对此都有所规定和要求。从社会角度来看，自然与生态环境影响受到法律法规约束，凡立项投资的项目都必须达到国家和地方规定的环保标准。不达标的，原则上应予“一票否决”。但达标的项目，其环境影响也有优、良、中差之分。

项目对自然和生态环境影响的评估主要通过计算环境质量指数以及定性分析完成。

环境质量指数（R）即是项目的各项环境污染治理指数的平均数，用以评价项目对各项环境污染物治理达到国家或地方规定标准的程度，其计算式为

$$R = \sum_{i=1}^{n} \frac{Q_i}{Q_{io}} / n \qquad (12.24)$$

式中：Q_i 为 i 种有害物质排放量；Q_{io} 为国家或地方规定的 i 种物质最大允许排放量；n 为该项目排出的污染环境的有害物质或能量的种类，如“三废”、噪声、放射物等，有几种则计算几种。

如果该项目对环境的影响很大，各项污染物聚集的程度对环境影响的差别又很大，则可对各项污染物聚集的程度给予不同的权重（W_i），然后再计算平均指数：

$$R = \sum_{i=1}^{n} \frac{Q_i}{Q_{io}} W_i / \sum_{i=1}^{n} W_i \qquad (12.25)$$

定性分析主要从以下几方面分析：项目对自然环境已知的各种不利影响是否都已采取了措施，有哪些未采取措施，其近期和远期的影响如何？按规定处理达标的各种项目污染物，其中长期影响和监测措施。项目有无破坏森林、植被，导致水土流失、影响野生动植物保护和破坏生态平衡等问题，其影响程度（尤其是长远影响），已采取何种措施、前景如何？

（2）社会环境影响分析与评估。项目对当地社会环境影响多为定性分析，主要包括影响六个方面：

1）对项目所在地区居民生活水平和质量的影响，分析项目建成实施后对居民收入水平、消费水平、消费结构、生活质量、人均寿命变化的影响，分析项目建设是否扩大贫富收入差距，分析项目是否提高了项目所在地区生活水平和生活质量，并提出对策措施。如果涉及扶贫，还应重点分析研究项目的实施能在多大程度上减轻当地的贫困，能够帮助多少贫困人口脱贫。

2）对项目所在地区居民就业的影响，分析研究项目的建设和运营，对当地居民就业（结构和机会）的正面影响和负面影响，正面影响主要是指拓展就业渠道，增加新的就业机会，吸纳更多就业人员；负面影响是指原有就业机会及人数被排挤掉，造成失业人数增加以及由此引发的社会矛盾。

3）项目对所在地区不同利益群体的影响，对建设项目所在地区的利益群体进行划分，按照受损与否、强弱与否以及与项目关系是否直接，将利益群体划分为受损、损益均衡、受益群体，强势群体、弱势群体以及直接相关利益群体和间接相关利益群体多个层次，在建设项目后评价时应重点分析研究项目建设和运营对受损群体、弱势群体（妇女、儿童、残疾人和直接相关利益群体）的正面影响和负面影响，并提出对受损群体的补偿措施和途径。

4）项目对所在地区文化教育和卫生的影响，分析研究项目建设和运营过程中引起的当地文化教育水平、卫生健康状况的变化以及对当地人文环境的影响，并就如何减少不利影响提出措施建议。

5）项目对当地基础设施，社会服务容量和城市化进程等的影响，分析研究项目建设和运营期间，对当地道路、给排水等基础设施能力、社会服务容量和城市化进程的影响，并提出相应对策措施。

6）项目对所在地区少数民族风俗习惯和宗教的影响，分析研究项目建设和运营期间，是否充分考虑了项目所在地少数民族的风俗习惯、生活方式、宗教信仰，是否有违反国家民族和宗教政策的行为，是否会引起民族矛盾、宗教纠纷，是否影响了当地的社会安定。

12.4.3　项目与当地社会环境的相互适应性

通过对项目与所在地区的互适性分析，就社会对项目适应性程度作出评价。项目与所在地互适性分析旨在分析研究项目所在地社会环境，人文条件以及当地政府、居民能否接纳、支持项目的存在与发展，分析项目所在地区的社会环境对项目的适应性和可接受程度，考察项目与当地社会环境的相互适应关系。

通过以上内容分析，可并编制社会对项目的适应性和可接受程度分析表。

12.5　项目后评价

工程项目后评价是工程基本建设程序中的一个重要阶段，是对项目的立项决策、设计施工、竣工生产、生产运营等全过程的工作及其变化的原因，进行全面系统地调查和客观地对比分析所做的综合评价。后评价是项目建设的末端，是项目建设的最后阶段，也是固定资产管理的一项重要内容。其目的是通过工程项目的后评价，总结经验，吸取教训，不断提高项目决策、工程实施和运营管理水平，为合理利用资金、提高投资效益、改进管理、制定相关政策等提供科学依据。

由于各国、各组织间的具体情况不同，项目后评价的方法也存在很大差异，其中世界银行在 20 世纪 70 年代中期建立的一套比较完善的贷款项目管理和后评价体系是最全面、系统的。除了世界银行外，其他世界金融组织和国家对后评价工作也十分重视。如英国、德国、加拿大等国家或国家银行都建立了后评价制度，菲律宾、泰国、巴西等发展中国家也开展了项目后评价工作，并取得了一定成绩。我国的后评价工作始于 20 世纪 80 年代初，除了中国国际工程咨询公司外，国家开发银行、中国人民建设银行、交通部、农业部、煤炭部、建设部、电力部、化工部、冶金部、水利部、石油天然气总公司等，也相继开展了项目后评价工作。

12.5.1　项目后评价概述

1. 项目进行后评价的主要依据

(1) 国家投资建设项目管理的相关法律、法规、规章、规定。

(2) 工程项目相关行业的总体规划。

(3) 国家有关行业的产业政策。

(4) 项目立项及核准文件、初步设计文件、资金申请报告、评估报告、招投标文件、主要合同、工程概算调整批复、监理报告、竣工验收鉴定书、审计或稽查的结论性资料、财务决算资料及其相关的批复文件。

(5) 其他相关资料。

2. 项目后评价指标

(1) 项目后评价应制定科学、系统、规范的评价指标，指标的设置应遵循以下原则：

1) 适用性原则。应根据不同的投资方式，不同的项目类型以及投资管理要求，分别设置不同的指标。

2) 可操作性原则。后评价指标的设计力求简便易行，便于理解和运用，同时又要具有可操作性。

3) 定性和定量相结合原则。既要考虑设计定量指标，反映投资建设项目的绩效水平，又要设计定性指标，反映投资建设项目的管理水平。

（2）项目后评价指标分为一般性指标和特殊性指标：一般性指标包括项目审批管理后评价指标、项目实施内容后评价指标、项目功能技术后评价指标、资金管理后评价指标、经济效益后评价指标、公共效益后评价指标以及根据需要采用的其他后评价指标。特殊性指标，需根据投资的不同方式、项目的不同类型、后评价的重点和管理要求，设置不同的指标，具体项目后评价的指标和方案，由后评价工作组或受托后评价机构，在现场调研的基础上，根据本办法单独确定。项目后评价指标的分值及其权重根据投资的不同方式、不同的项目特点以及后评价工作的具体要求确定。

3. 项目后评价的任务

根据项目后评价所要回答的问题以及项目自身的特点，项目后评价主要的研究任务是：

（1）评价项目目标的实现程度。

（2）评价项目的决策过程，主要评价决策所依据的资料和决策程序的规范性。

（3）评价项目具体实施过程。

（4）分析项目成功或失败的原因。

（5）评价项目的运行效益。

（6）分析项目的影响和可持续发展。

（7）综合评价项目的成功度。

4. 项目后评价的作用

通过建设项目后评价，可以达到肯定成绩，总结经验，研究问题，吸取教训，提出建议，改进工作，不断提高项目决策水平和投资效果的目的。建设项目后评价的作用体现在以下几个方面：

（1）有利于提高项目决策水平。一个建设项目的成功与否，主要取决于立项决策是否正确。大部分项目的立项决策是正确的，但也不乏立项决策明显失误的项目。

（2）有利于提高设计施工水平。通过项目后评价，可以总结建设项目设计施工过程中的经验教训，从而有利于不断提高工程设计施工水平。

（3）有利于提高生产能力和经济效益。建设项目投产后，经济效益好坏、何时能达到生产能力（或产生效益）等问题，是后评价十分关心的问题。如果有的项目到了达产期不能达产，或虽已达产但效益很差，后评价时就要认真分析原因，提出措施，促其尽快达产，努力提高经济效益，使建成后的项目充分发挥作用。

（4）有利于提高引进技术和装备的成功率。通过后评价，总结引进技术和装备过程中成功的经验和失误的教训，提高引进技术和装备的成功率。

（5）有利于控制工程造价。目前，在建设项目前期决策阶段的咨询评估，在建设过程中的招投标等，都是控制工程造价行之有效的方法。通过后评价，总结这方面的经验教训，对于控制工程造价将会起到积极的作用。

12.5.2 项目后评价的方法

项目后评价的具体方法很多，一般可分为对比分析法、逻辑框架法、成功度评价法，这三种方法中既含有定性方法也含有定量方法。

1. 对比分析法

有无项目对比分析是指有项目情况与无项目情况的对比分析，通过有无对比分析，可以确定项目实际引起的经济、技术、社会及环境变化，即项目真实的经济效益、社会和环境效益的总体情况，从而判断该项目对经济、技术、社会及环境的作用和影响。后评价方法的一条基本原则是对比原则，包括前后对比，有无项目对比，横向对比法。通过对比找出变化和差距，为分析问题找出原因。

2. 逻辑框架法

逻辑框架法全称是逻辑框架结构矩阵，是美国国际开发署在 1970 年开发并使用的一种设计、计划和评价方法。这是一种概念化论述项目的方法，即用一张简单的框图来分析一个复杂项目的内涵和关系，将几个内容相关、必须同步考虑的动态因素组合起来，通过分析其中的关系，从目标、目的、产出、投入等角度来评价一项活动或工作。它是事物的因果逻辑关系，这些条件包括事物内在的因素和事物所需要的外部因素。此方法为项目计划者或者评价者提供一种分析框架，用来确定工作的范围和任务，为达到目标进行逻辑关系的分析（表 12.1）。

表 12.1　　逻辑框架发的矩阵表

项目结构	验证指标	验证方法	假设条件
目标	达到目标的测定	资料来源，采用方法	目标与目的间的条件
目的	项目的最终状况	资料来源，采用方法	产出与目的间的条件
产出	计划产出，完工期的具体范围	资料来源，采用方法	投入与目的间的条件
投入	投资，成本指标，投入时间，工期	资料来源，采用方法	项目的原始条件

3. 成功度评价法

成功度评价法是一种综合评价方法，是根据逻辑框架法分析的项目目标的实现程度、经济效益分析的结论，以项目目标和项目核心的综合评价的方法，得出项目成功程度的结论。项目成功度分为以下五个层次：完全成功、成功的、部分成功的、不成功的、失败的（表 12.2）。

表 12.2　　项目成功度评价指标

项目执行指标	相关重要性	成功度	项目执行指标	相关重要性	成功度
宏观经济影响			进度管理		
扩大或增加能力			预算内费用管理		
良好的管理			项目依托条件		
对扶贫的影响			成本与效益		
教育			财务内部收益率		
卫生与健康			经济内部收益率		
对妇女儿童的影响			财务持续性		
环境影响			机构的持续性		
社会影响			项目总持续能力		
对机构的影响			项目总成功度		
技术进步					

思　考　题

1. 折现率怎样确定？净现值与折现率有什么联系？
2. 建设项目财务评价的概念和作用。
3. 编制项目财务评价的依据和内容。
4. 财务评价常用报表及指标有哪些？哪些属于动态指标，那些属于静态指标？
5. 财务评价的作用有哪些？
6. 后评价的方法有哪些？
7. 工程项目的后评价的含义和作用是什么？
8. 工程项目后评价与项目的前期的项目评价有何异同。

第 13 章

国际工程项目管理

随着改革开放的深入，我国国际工程建设事业取得令人瞩目的成就。特别是国家倡导“一带一路”倡议规划以来，为我国工程项目建设事业的发展提供新的机遇和更大发展空间的同时，也带来了新的挑战。国内公司有更多的机会参与国际竞争与技术合作。这就要求我们必须熟悉国际工程项目的特点，掌握国际工程项目管理的理论知识和方法，这样才能在国际工程市场竞争中占据优势，推动我国国际工程项目的技术交流和合作，促进我国工程建设事业的可持续发展。本章结合国际工程项目的概念和特点，国际工程项目管理的模式，对国际通用的FIDIC合同条件、世行贷款银行的项目周期内容进行介绍。

13.1 国际工程项目的概念与特点

13.1.1 国际工程项目的概念

国际工程项目（International Construction Project）是指一个工程项目的可行性研究、勘测、咨询设计、融资、设备采购和安装、施工以及培训等各个阶段的参与者来自不止一个国家或国际组织，并且按照国际上通用的项目管理理念和实践惯例进行管理的项目。它涉及资金、技术、生产资料、劳务、管理、信息等各种生产要素的国际间流动和配置，涵盖国际货物贸易、技术贸易和服务贸易等诸多领域。

从我国的角度来看，国际工程项目既包括我国公司在海外参与的工程项目，也包括国内的涉外工程项目。所以我们研究国际工程不仅是走向国外市场的需要，也是巩固国内市场的需要，同时还是我国建筑业与国际接轨的需要。

国际工程项目包括国际工程咨询和国际工程承包两个主要的领域。国际工程咨询包括可行性研究、项目评估、勘测、设计、招标文件编制、招投标管理、项目管理、监理等以高水平的脑力劳动为主的服务工作。国际工程承包主要包括工程项目施工、设备和材料的采购以及设备安装调试、分包、提供劳务等工作。

13.1.2 国际工程项目的特点

国际工程项目除了具备一般项目的一次性和唯一性特征之外，还具有如下特征：

（1）整体性。一个工程项目往往由多个子项目和多个部位组成，彼此之间紧密相关，必须结合到一起才能发挥项目的功能。因此，要统筹规划。

（2）实施时间长。一个工程项目要建成往往需要几年，有的甚至需要数十年，不可预见因素多。

（3）不可逆转性。工程项目实施中不易逆转，因此，需要事先做好决策。

（4）产品地点的固定性。受项目所在地的资源、气候、地质因素制约和当地政府以及社会文化的干预和影响很大。

国际工程项目本身的复杂性和国际性又决定了其具有以下特点：

（1）多学科交叉，综合性强。国际工程项目涉及多个专业和多个学科，这个跨多个专业和多个学科的新学科也在不断地发展和创新。从工程项目准备到项目实施，整个项目管理过程十分复杂，对人才素质有很高的要求。从事国际工程项目管理的人员既需要掌握某一个专业领域的工程技术知识，又需要掌握涉及项目管理、法律、金融、外贸、保险、财会等多方面的其他专业的知识。

（2）跨国的经济活动。一个大型国际工程项目的业主、工程师、承包商、分包商、贷款银行和劳务等来自多个国家，具有不同的社会背景和利益目标。而且国际工程项目的各参与方既受工程所在国的法律制约，又受到本国的法律约束。经营活动涉及的法律范围极广，诸如招投标法、公司法、劳动法、保险法等，因此项目管理过程十分复杂。

（3）以合同管理为核心。国际工程项目的履约活动必须遵守双方所签订的合同，行政指令不能凌驾于合同之上，且应遵循国际上多年来已形成惯例的、行之有效的一整套合同管理方法。为保证工程项目的顺利实施，项目各参与方必须严格按合同约定，履行自己的责任和义务，同时获得自己本应拥有的权益。

（4）风险很大。国际工程项目管理的各个环节易受国际社会环境和自然环境因素的影响，风险很高。因此，从事国际工程项目管理不仅要关心工程本身的问题，还要关注工程所在国及其周围其他国、货物采购来源国的政治和经济环境的变化，并恰当地通过保险、套期保值等方式转移损害风险和商业风险。

综上所述，国际工程项目的管理是一项具有多个既分别独立又相互联系的目标、多工序、复杂而又庞大的系统工程。一个大型复杂的国际工程项目的管理，实际上就是利用人力、机械设备、材料、资金、时间等有限资源，在一定的条件下对进度、费用和质量等目标进行科学的计划，对项目实施过程中的定量数据做深入动态分析并进行有效的调整控制，最终输出项目的可交付成果。

国际工程项目的参与者一般包括项目的发起人，设计人员和机构、施工人员、供应商、项目管理人员、金融机构、政府机构等。国际工程项目的参与者来自多个国家，参与者按照国际上通用的工程项目管理模式，通过国际性公开招投标竞争取得参与资格并对项目进行管理。

13.2　国际工程项目管理模式

国际工程项目的管理模式是指一个工程项目建设的基本组织模式以及在完成项目过程中各参与方所扮演的角色和合同关系，在某些情况下，还要规定项目完成后的运行方式。由于项目管理模式确定了工程项目管理的总体框架、项目参与各方的职责、义务和风险分担，因而在很大程度上决定了项目的合同管理方式及建设速度、工程质量和造价，对项目的成功起着重要作用。

国际上，各个国家、各个国际组织、学会、协会以及专家学者对工程项目管理模式的分类不尽相同，本书从工程项目的合同关系与组织管理关系的角度，简要介绍国际上比较常见的六种国际工程项目管理模式。

13.2.1 传统的工程项目管理模式

传统的工程项目管理模式为 DBB（Design-Bid-Build）模式，即“设计-招标-建造”模式，是国际上最为通用的管理模式。其最突出的特点是强调工程项目的实施必须按照设计-招标-建造的顺序方式进行。只有一个阶段结束后另一个阶段才能开始。参与项目的主要三方是业主、建筑师/工程师、承包商。

DBB 模式具有通用性强的优点，长期而广泛的在世界各地应用，管理方法较为成熟。因为各方都对有关程序和使用的标准合同文本熟悉，并且可自由选择咨询、设计、监理方，有利于合同管理、风险管理和减少投资。但是该模式的缺点表现为工程项目要经过规划、设计、施工三个环节之后才移交给业主，项目周期长，业主管理费用较高，前期投入大，变更时容易引起较多的索赔。

我国目前采用的招标投标制、建设监理制与合同管理制基本上都是参照的这种传统模式。

13.2.2 建筑工程管理模式

建筑工程管理模式（Construction Management Approach），简称 CM 模式，又称阶段发包方式，最先在美国产生，是较为流行的一种合同管理模式。这种模式采用的是“边设计、边发包、边施工”的阶段性发包方式。其特点是由业主委托的 CM 模式项目负责人与建筑师组成一个联合小组，共同负责组织和管理工程的规划、设计和施工。业主在项目开始阶段就雇用施工经验丰富的咨询人员即 CM 经理，参与到项目中来，令其负责对设计和施工整个过程的管理。它打破过去那种待设计图纸完全完成后，才进行招标建设的连续建设生产方式。完成一部分分项（单项）工程设计后，即对该部分进行招标，发包给一家承包商，无总承包商，由业主直接按每个单项工程与承包商分别签订承包合同。其优点是可以缩短工程从规划、设计、施工到交付业主使用的周期，节约建设投资，减少投资风险，业主可以较早获得效益。缺点是分项招标导致承包费用较高，因而要做好分析比较，认真研究分项工程的数目，选定最优结合点。CM 模式又可以分为代理型 CM 模式和风险型 CM 模式。

1. 代理型 CM 模式

该工程项目管理模式下业主所关心的问题与 DBB 模式并没有什么不同，但其对 CM 经理的选择会在很大程度上影响业主的利益，因此业主在认真进行资格审查的基础上选择适当的 CM 经理是非常重要的。这种工程项目管理模式中 CM 经理可以提供项目某一阶段的服务，也可以是整个过程的服务。CM 经理的工作是负责协调设计和施工之间及不同承包商之间的关系。项目管理公司的报酬是以固定酬金加管理费的办法计取的。其优点是业主可自行选定工程咨询人员，在招标前可以确定完整的工作范围和项目原则，完善的管理与技术支持，可以缩短工期，节省投资。缺点是 CM 经理不对进度和成本作出保证，索赔与变更的费用可能较高，因而业主风险较大。

2. 风险型 CM 模式

风险型 CM 模式中 CM 经理同时也是施工的总承包商，业主要求 CM 经理提出保证最大工程费用（GMP），GMP 包括工程的预算总成本和 CM 经理的酬金，CM 经理不从事设计和施工，主要从事项目管理。风险型 CM 经理实际上相当于一个总承包商，它与各专业承包商之间有着直接的合同关系，并负责使工程以不高于 GMP 的成本竣工。其优点是：可提前开工并提前竣工，业主任务较轻，风险较小。其缺点是总成本中包含设计和投标的不确定因素，选择风险型 CM 公司比较困难。

13.2.3 设计-建造方式与交钥匙方式

这是一种简练的工程项目管理模式，是在项目原则确定后，业主只选定唯一的实体负责项目的设计与施工。设计-建造承包商不但对设计阶段的成本负责，而且可用竞争性招标的方式选择分包商或使用本公司的专业人员自行完成工程实施，包括设计和施工等。在这种方式下，业主首先选择一家专业咨询机构代替业主研究、拟定拟建项目的基本要求，授权一个具有足够专业知识和管理能力的人作为业主代表，与设计-建造承包商联系。

交钥匙方式（Turn Key Approach）是一种特殊的设计-建造方式，即由承包商为业主提供包括项目可行性研究、融资、土地购买、设计、施工直到竣工移交给业主的全套服务。其优点是项目实施过程中保持单一的合同责任，在项目初期预先考虑施工因素，减少管理费用，减少由于设计错误、疏忽引起的变更以减少对业主的索赔。其缺点是业主无法参与建筑师/工程师的选择，业主代表担任的是一种监督的角色，因此工程设计方案可能会受施工者的利益影响，业主对此的监控权较小。

13.2.4 建造-运营-移交模式

建造-运营-移交模式，简称 BOT（Build Operate Transfer）模式。BOT 模式是 20 世纪 80 年代兴起的一种将政府基础设施建设项目依靠私人资本的一种融资、建造的项目管理方式，或者说是基础设施国有项目民营化。政府开放本国基础设施建设和运营市场，授权项目公司负责筹资和组织建设，建成后负责运营及偿还贷款，协议期满后，再无偿移交给政府。

BOT 模式的优点是不增加东道主国家外债负担，又可解决基础设施不足和建设资金不足的问题。缺点是项目发起人必须具备很强的经济实力（大财团），资格预审及招投标程序复杂。目前我国正处于建立社会主义市场经济阶段，应该结合中国的国情，多学习、多总结、多吸取国际上一些成熟的经验，在工程项目管理方面逐步与国际接轨，加速我国工程建设步伐。

13.2.5 项目管理承包模式

项目管理承包模式，简称 PMC（Project Management Contracting）模式，是由业主通过招标的方式聘请一家有实力的项目管理承包商，对项目的全过程进行集成化的管理。在国际上，该模式也常简称管理承包（Management Contracting，MC）。这种模式下，管理承包商须与业主签订合同，并与业主的专业咨询顾问进行密切合作，对工程进行计划、管理、协调和控制。由各施工承包商具体负责工程的实施，包括施工、设备采购以及对分包商的管理。施工承包商一般只与管理承包商签订合同，而不和业主签订合同，管理承包商可采用阶段发包方式选择施工承包商，但选定的施工承包商必须经业主批准。

由于 PMC 承包商在项目的设计、采购、施工、调试等阶段的参与程度和职责范围不同，具有较大的灵活性。总体而言，PMC 有三种基本应用模式：

（1）工程项目管理服务，即 PM（Project Management）模式。业主选择设计单位、施工承包商、供货商，并与之签订设计合同、施工合同和供货合同，委托 PMC 承包商进行工程项目管理。在这种模式中，PMC 承包商作为业主管理队伍的延伸，代表业主对工程项目进行质量、安全、进度、费用、合同等管理和控制。

（2）业主与 PMC 承包商签订项目管理合同。业主通过指定或招标的方式选择设计单位、施工承包商、供货商（或其中的部分），但不签合同，由 PMC 承包商与之分别签订设计合同、施工合同和供货合同。

（3）业主与 PMC 承包商签订项目管理合同，但由 PMC 承包商自主选择施工承包商和供货商并签订施工合同和供货合同，但不负责设计工作。这种工程项目管理模式下，PMC 承包商通常保证项目费用不超过一定限额（即总价承包或限额承包），并保证按时完工。此工程项目管理模式下的 PMC 承包商类似于传统意义上的施工总承包商。

PMC 模式一般具有以下一些特点：

（1）把设计管理、投资控制、施工组织与管理、设备管理等承包给 PMC 承包商，把繁重而琐碎的具体管理工作与业主剥离，有利于业主的宏观控制，较好地实现工程建设目标。

（2）这种模式管理力量相对固定，能积累一整套管理经验，并不断改进和发展，使经验、程序、人员等有继承和积累，形成专业化的管理队伍，同时可大大减少业主的管理人员，有利于项目建成后的人员安置。

（3）通过工程设计优化降低项目成本。PMC 承包商会根据项目的实际条件，运用自身的技术优势，对整个项目进行全面的技术经济分析与比较，本着功能完善、技术先进、经济合理的原则对整个设计进行优化。

13.2.6　伙伴关系模式

伙伴关系模式是指项目参与各方为了取得最大的资源效益，在相互信任、相互尊重、资源共享的基础上达成的一种短期或长期的相互协定。这种协定突破了传统的组织界限，在充分考虑参与各方的利益的基础上，通过确定共同的项目目标，建立工作小组，及时地沟通以避免诉讼的发生。培育相互合作的良好工作关系，共同解决项目中的问题，共同分担风险和成本。

目前我国理论界对于伙伴关系模式的研究还很少，已有的研究成果对于伙伴关系模式的研究深度还不够，对伙伴关系模式的理解还或多或少的存在偏差。伙伴关系模式的特点之一是建立了项目的共同目标，它使得项目参与各方以项目整体利益为目标，弱化了项目参与各方的利益冲突。由于目标决定了组织，因此伙伴模式的组织既要遵循组织论的原则，又要有它的特色。在现在的工程建设实践中，伙伴关系模式一般都集中在项目的建设阶段。而业主的需求是推动建筑业发展的原动力。近年来，业主越来越倾向于项目管理单位为其提供全方位、全过程的服务，以减少业主方的负担。因此，今后伙伴关系模式的组织模式也将会贯穿项目建设的全过程，向前向后分别延伸至项目的决策阶段和项目的使用维护阶段。

国外建筑业界的不同公司与机构向业主推荐的方法，通常是他们最擅长或对他们最有利的方法，在实际应用中，各种模式的划分也并不总是十分明确，往往是根据项目的实际情况综合不同的方法，从而产生出各种各样的“变体”。目前越来越多的业主倾向于采用设计建造（Design - Build，DB)、设计采购施工（Engineering - Procurement - Construction，EPC)、设计建造运营（Design - Build - Operation，DBO）等总承包项目管理模式，以减少变更、控制成本和降低风险，因此国际工程承包正逐渐向“咨询+承包”的综合服务方向发展。

13.3 《FIDIC 土木工程施工合同条件》简介

13.3.1 FIDIC 合同条件简介

FIDIC 合同条件是国际咨询工程师联合会制定和发布的，推荐用于国际工程施工承包合同。FIDIC 合同条件是国际上公认的标准合同范本之一，由于它的科学性和公正性而被许多国家的雇主和承包商接受，也被一些国家政府和国际性金融组织认可，因此，被称作国际通用合同条件。

《FIDIC 土木工程施工合同条件》由于封皮为红色，又俗称“红皮书”。1957 年制定了第一版。1969 年修订为第二版，第二版没有改变第一版中包含的条件，只是在第一版的基础上增加了一个第三部分。此部分的编撰适用于疏浚工程的特殊条件，对通用条件做了一些具体变动。1977 年出版的第三版对第二版作了全面修订，同时出版了一本《土木工程合同注释》。1987 年 9 月，在瑞士举行的 FIDIC 年会上发行了第四版。第四版从五个方面做了体系的改动。1988 年和 1994 年先后两次对第四版进行了大量的修改和补充，1999 年又制定了四本新版合同条件，有如下几类：

资源 13.1
FIDIC 简介

1.《施工合同条件》

《施工合同条件》(Conditions of Contract for Construction)，简称“新红皮书”。该文件推荐用于有雇主或其代表——工程师设计的建筑或工程项目，主要用于单价合同。在这种合同形式下，通常由工程师负责监理，由承包商按照雇主提供的设计施工，但也可以包含由承包商设计的土木、机械、电气和构筑物的某些部分。

2.《生产设备和设计——施工合同条件》

《生产设备和设计——工合同条件》(Conditions of Contract for Plant and Design -Build)，简称“新黄皮书”。该文件推荐用于电气和（或）机械设备供货和建筑或工程的设计与施工，通常采用总价合同。由承包商按照雇主的要求，设计和提供生产设备和（或）其他工程，可以包括土木、机械、电气和建筑物的任何组合，进行工程总承包。但也可以对部分工程采用单价合同。

3.《设计采购施工（EPC）/交钥匙工程合同条件》

《设计采购施工（EPC）/交钥匙工程合同条件》（Conditions of Contract for EPC/Turnkey Projects），简称“银皮书”。该文件可适用于以交钥匙方式提供工厂或类似设施的加工或动力设备、基础设施项目或其他类型的开发项目，采用总价合同。这种合同条件下，项目的最终价格和要求的工期具有更大程度的确定性；由承包商承担项目实施的全部责任，雇主很少介入。即由承包商进行所有的设计、采购和施工，最后提供一个设施配备完整、可以投产运行的项目。

4.《简明合同格式》

《简明合同格式》（Short Form of Contract），简称“绿皮书”。该文件适用于投资金额较小的建筑或工程项目。根据工程的类型和具体情况，这种合同格式也可用于投资金额较大的工程，特别是较简单的、或重复性的、或工期短的工程。在此合同格式下，一般都由承包商按照雇主或其代表——工程师提供的设计实施工程，但对于部分或完全由承包商设计的土木、机械、电气和（或）构筑物的工程，此合同也同样适用。

土木工程施工合同条件是 FDIC 最早编制的合同文本，也是其他几个合同条件的基础。条款中责任的约定以招标选择承包商为前提，合同履行过程中建立以工程师为核心的管理模式。

13.3.2　FIDIC 合同条件的特点

1. 国际性、通用性、权威性

FIDIC 编制的合同条件是在总结国际工程合同管理各方面的经验教训的基础上制定的，并且不断地吸取多个国际或区域专业机构的建议和意见加以修改完善。可以说，FIDIC 合同条件是国际上公认的高水平的通用性文件并被广泛地应用在国际项目中。这些文件既可以用于国际工程，稍加修改后又可用于国内工程，我国有关部位编制的合同条件或协议书范本也都把 FIDIC 合同条件作为重要的参考文本。许多国际金融组织的贷款项目，都采用 FIDIC 合同条件。

2. 公正合理、职责分明

合同条件的各项规定具体体现了业主、承包商的义务、职责和权利以及工程师的职责和权限。由于 FIDIC 大量听取了各方的意见和建议，因而在合同条件的各项规定中，也体现了在业主和承包商之间风险合理分担的精神，并且倡导合同各方以一种坦诚合作的精神去完成工程。合同条件中对有关各方的职责既有明确而严格的规定和要求，也有必要的限制，这一切对合同的实施非常重要。

3. 程序严谨、易于操作

合同条件中对处理各种问题的程序都有严谨的规定，特别强调要及时处理和解决问题，以避免由于任一方的拖延而产生新问题，另外还特别强调各种书面文件及证据的重要性，这些规定使条款中的内容易于操作和实施。这一特点在 1999 年新版合同条件中尤为明显。

4. 通用条件和专用条件的有机结合

FIDIC 合同条件一般都分为两个部分，第一部分是“通用条件”（General Conditions)，第二部分是“专用条件”（Particular Conditions）。通用条件中包括的内容是在国际工程承包市场上应用于某一类项目管理模式的条款，而专用条件则针对一个具体的项目，在考虑到项目所在国或地区的法律环境、项目的具体特点和业主对合同实施的特殊要求，对通用条件进行的具体化、修改和补充。FIDIC 的各类合同的专用条件编写指南中，有许多建议性的措辞规范，供业主与咨询工程师参考和选用。

13.3.3 FIDIC 施工合同条件条款简介

FIDIC 土木工程施工合同条件主要分为七大类条款。

13.3.3.1 一般性条款

一般性条款包括下述内容：

（1）招标程序。招标程序包括：合同条件、规范、图纸、工程量表、投标书、投标者须知、评标、授予合同、合同协议、程序流程图、合同各方、监理工程师等。

（2）合同文件中的名词定义及解释。

（3）工程师及工程师代表和他们各自的职责与权力。

（4）合同文件的组成、优先顺序和有关图纸的规定。

（5）招投标及履约期间的通知形式与发往地址。

（6）有关证书的要求。

（7）合同使用语言。

（8）合同协议书。

13.3.3.2 法律条款

法律条款主要涉及：合同适用法律；劳务人员及职员的聘用、工资标准、食宿条件和社会保险等方面的法规；合同的争议、仲裁和工程师的裁决；解除履约；保密要求；防止行贿；设备进口及再出口；强制保险；专利权及特许权；合同的转让与工程分包；税收；提前竣工与延误工期；施工用材料的采购地等内容。

13.3.3.3 商务条款

商务条款系指与承包工程的一切财务、财产所有权密切相关的条款，主要包括：承包商的设备、临时工程和材料的归属，重新归属及撤离；设备材料的保管及损坏或损失责任；设备的租用条件；暂定金额；支付条款；预付款的支付与扣回；保函，包括投标保函、预付款保函、履约保函等；合同终止时的工程及材料估价；解除履约时的付款；合同终止时的付款；提前竣工奖金的计算；误期罚款的计算；费用的增减条款；价格调整条款；支付的货币种类及比例；汇率及保值条款。

13.3.3.4 技术条款

技术条款是针对承包工程的施工质量要求、材料检验及施工监督、检验测量及验收等环节而设立的条款，包括：对承包商的设施要求；施工应遵循的规范；现场作业和施工方法；现场视察；资料的查阅；投标书的完备性；施工制约；工程进度；放线要求；钻孔与勘探开挖；安全、保卫与环境保护；工地的照管；材料或工程设备的运输；保持现场的整洁；材料、设备的质量要求及检验；检查及检验的日期与检验费用的负担；工程覆盖前的检查；工程覆盖后的检查；进度控制；缺陷维修；工程量的计量和测量方法；紧急补救工作。

13.3.3.5　权利与义务条款

权利与义务条款包括承包商、业主和监理工程师三者的权利和义务。

1. 承包商的权利

承包商的权利包括：①有权得到提前竣工奖金；②收款权；③索赔权；④因工程变更超过合同规定的限值而享有补偿权；⑤暂停施工或延缓工程进度速度；⑥停工或终止受雇；⑦不承担业主的风险；⑧反对或拒不接受指定的分包商；⑨特定情况下的合同转让与工程分包；⑩特定情况下有权要求延长工期；⑪特定情况下有权要求补偿损失；⑫有权要求进行合同价格调整；⑬有权要求工程师书面确认口头指示；⑭有权反对业主随意更换监理工程师。

2. 承包商的义务

承包商的义务包括：①遵守合同文件规定，保质保量、按时完成工程任务，并负责保修期内的各种维修；②提交各种要求的担保；③遵守各项投标规定；④提交工程进度计划；⑤提交现金流量估算；⑥负责工地的安全和材料的看管；⑦对其由承包商负责完成的设计图纸中的任何错误和遗漏负责；⑧遵守有关法规；⑨为其他承包商提供机会和方便；⑩保持现场整洁；⑪保证施工人员的安全和健康；⑫执行工程师的指令；⑬向业主偿付应付款项（包括归还预付款）；⑭承担第三国的风险；⑮为业主保守机密；⑯按时缴纳税金；⑰按时投保各种强制险；⑱按时参加各种检查和验收。

3. 业主的权利

业主的权利包括：①业主有权不接受最低标；②有权指定分包商；③在一定条件下可直接付款给指定的分包商；④有权决定工程暂停或复工；⑤在承包商违约时，业主有权接管工程或没收各种保函或保证金；⑥有权决定在一定的幅度内增减工程量；⑦不承担承包商因发生在工程所在国以外的任何地方的不可抗力事件所遭受的损失（因炮弹、导弹等所造成的损失例外）；⑧有权拒绝承包商分包或转让工程（应有充足理由）。

4. 业主的义务

业主的义务包括：①向承包商提供完整、准确、可靠的信息资料和图纸，并对这些资料的准确性负完全的责任；②承担由业主风险所产生的损失或损坏；③确保承包商免于承担属于承包商义务以外情况的一切索赔、诉讼，损害赔偿费、诉讼费、指控费及其他费用；④在多家独立的承包商受雇于同一工程或属于分阶段移交的工程情况下，业主负责办理保险；⑤按时支付承包商应得的款项，包括预付款；⑥为承包商办理各种许可，如现场占用许可，道路通行许可，材料设备进口许可，劳务进口许可等；⑦承担疏浚工程竣工移交后的任何调查费用；⑧支付超过一定限度的工程变更所导致的费用增加部分；⑨承担在工程所在国发生的特殊风险以及任何其他地区因炮弹、导弹对承包商造成的损失的赔偿和补偿；⑩承担因后继法规所导致的工程费用增加额。

5. 监理工程师的权利

监理工程师可以行使合同规定的或合同中必然隐含的权利，主要有：①有权拒绝承包商的代表；②有权要求承包商撤走不称职人员；③有权决定工程量的增减及相关费用；有权决定增加工程成本或延长工期；有权确定费率；④有权下达开工令、停工令、复工令（因业主违约而导致承包商停工情况除外）；⑤有权对工程的各个阶段进行检查，包括已掩埋覆盖的隐蔽工程；⑥如果发现施工不合格情况，监理工程师有权要求承包商如期修复缺陷或拒绝验收工程；⑦承包商的设备、材料必须经监理工程师检查，监理工程师有权拒绝接受不符合规定标准的材料和设备；⑧在紧急情况下，监理工程师有权要求承包商采取紧急措施；⑨审核批准承包商的工程报表的权力属于监理工程师，付款证书由监理工程师开出；⑩当业主与承包商发生争端时，监理工程师有权裁决，虽然其决定不是最终的。

6. 监理工程师的义务

监理工程师作为业主聘用的工程技术负责人，除了必须履行其与业主签订的服务协议书中规定的义务外，还必须履行其作为承包商的工程监理人而尽的职责，FIDIC条款针对监理工程师在建筑与安装施工合同中的职责规定了以下义务：①必须根据服务协议书委托的权力进行工作；②行为必须公正，处事公平合理，不能偏听偏信；③应虚心听取业主和承包商两方面的意见，基于事实做出决定；④发出的指示应该是书面的，特殊情况下来不及发出书面指示时，可以发出口头指示，但随后以书面形式予以确认；⑤应认真履行职责，应根据承包商的要求及时对已完工程进行检查或验收，对承包商的工程报表及时进行审核；⑥应及时审核承包商在履约期间所做的各种记录，特别是承包商提交的作为索赔依据的各种材料；⑦应实事求是地确定工程费用的增减与工期的延长或压缩；⑧如因技术问题需同分包商打交道时，须征得总承包商同意，并将处理结果告之总承包商。

13.3.3.6 违约惩罚与索赔条款

违约惩罚与索赔是FIDIC条款中的一项重要内容，也是国际承包工程得以圆满实施的有效手段。采用工程承发包制实施工程的效果之所以明显优于其他方法，根本原因就在于按照这种制度，当事人各方责任明确，赏罚分明。FIDIC条款中的违约条款包括两部分，即业主对承包商的惩罚措施和承包商对业主拥有的索赔权。

惩罚措施：因承包商违约或履约不力，业主可采取以下惩罚措施：①没收有关保函或保证金；②误期罚款；③由业主接管工程并终止对承包商的雇用。

索赔条款：是根据关于承包商享有的因业主履约不力或违约，或因意外因素（包括不可抗力情况）蒙受损失（时间和款项）而向业主要求赔偿或补偿权利的契约性条款。这方面的条款包括：①索赔的前提条件或索赔动因；②索赔程序、索赔通知、同期记录、索赔的依据、索赔的时效和索赔款项的支付等。

13.3.3.7 附件和补充条款

FIDIC条款还规定了作为招标文件的文件内容和格式，以及在各种具体合同中可能出现的补充条款。

附件条款：附件条款包括投标书及其附件、合同协议书。

补充条款：补充条款包括防止贿赂、保密要求、支出限制、联合承包情况下的各承包人各自责任及连带责任、关税和税收的特别规定等五个方面内容。

13.4　世界银行贷款项目周期

资源 13.2 世界银行简介

世界银行贷款项目是专指用世界银行所提供的贷款安排的各类项目的总称。

世界银行每一笔项目贷款的发放，都要经历一个完整而较为复杂的程序，每一个世界银行贷款项目，都要按照该程序经历一个从开始到结束的周期性过程，也就是一个项目周期（Project Cycle）。世界银行贷款项目周期包括六个阶段，即项目选定、项目准备、项目评估、项目谈判、项目执行与监督、项目后评价。

在每个项目周期中，前一阶段是下一阶段的基础，下一阶段是上一阶段工作的延伸和补充，最后一个阶段又产生了对新项目的探讨和设想，这样形成一个完整的循环圈，如图 13.1 所示。

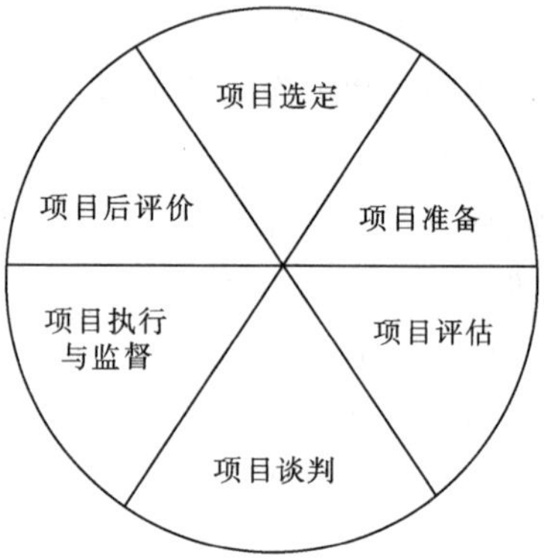

图 13.1　世界银行的项目周期

下面对这六个阶段分别做简要介绍。

13.4.1　项目选定

项目选定是项目周期的第一个阶段。在这个阶段，借款国需要确定既符合世界银行投资原则，又有助于借款国实现发展计划的项目。世界银行参与和协助借款国收集项目基础资料，确定初步的贷款意向，进行项目选定。这一阶段与我国项目的立项阶段相似。

项目选定过程比较复杂，按照世界银行的规定，申请借款国将推荐项目送交世界银行筛选时，所需提供的资料较为广泛。对大量的资料进行整理、分析、综合是正确选择项目的前提，但世行的某些要求有时也会超出实际需要，甚至涉及国家机密。世界银行选定给予贷款的项目有两个基本原则：第一，该项目应是申请贷款国优先考虑的项目，项目的实施应有利于国家和地区的发展计划；第二，该项目的实施符合世界银行的投资政策。

世界银行对贷款项目中的农村发展、扶贫、教育、能源交通等项目优先予以考虑。在世行选定贷款项目之前，往往是由借款国根据本国的发展目标和计划，充分考虑能发挥外资积极作用的适当领域，提出一批准备利用世行贷款的待选项目，供世行进行选择。世行从中选定优先予以贷款的项目时，广泛收集各方面的资料和数据，包括自然资源、人力资源、社会经济条件、水文气象地质等自然条件方面的基础数据。对于所选择的项目，在进行项目可行性研究之前，先对其成本效益进行大致的分析和研究。通常，借款国推荐 10 个项目中仅能入选 3～5 个项目。

项目预选以后，申请贷款国要编制“项目选择简报”送交世界银行筛选确定。该“简报”是对项目进行可行性研究前的初步分析，也是项目准备的基础。

13.4.2　项目准备

项目选定以后，该项目就列入了世界银行贷款的规划，进入了项目“管道”。

项目的准备过程，也是世界银行和贷款人紧密合作的时期，通常需要1～2年时间。从原则上说，项目准备是借款人的责任，世界银行曾一度不愿意对项目准备给予具体帮助，理由是过早地卷入有可能影响银行对项目评估的客观性。在贷款协议正式签订以前，世界银行对项目不承担任何经济和法律的责任，也不对借款人做任何承诺。现在，虽然这些原则没有改变，但银行对项目准备阶段的参与采取了灵活的态度，对某些项目，世行在项目选定阶段也给予资金和技术上的帮助，例如，为项目提供技术合作信贷（Technique Cooperation Credit，T. C. C贷款），或帮助借款人从其他渠道获得资金和技术上的帮助，包括外国贷款，用于进行可行性研究、设计优化和招标准备等项工作。世界银行认为：每一个项目都是一项具有长期经济生命的重大投资，花费足够的资金和时间进行前期准备，以求得最佳的设计和实施方案，是必要的、值得的。

准备阶段需要有项目的可行性的研究，以确定并准备各种可供选择的技术性及机构性的初步设计方案，并比较它们各自的成本和效益，然后，再对更有希望的方案进行更详细的调查，直到最后得到最满意的解决办法。

可行性研究是从宏观到微观，从全局到局部，从粗至细的过程，一般包括以下五个方面。

1. 技术可行性

对于一个工程建设项目来说，要实现项目的目标，可以采用多种方案。修一个水坝，可以修高坝，也可以修低坝，可以建混凝土坝，也可以建土坝等，在技术上可能都是可行的。但是技术可行性必须和经济效益结合起来研究。技术上最先进的方案不一定是经济上最合理的方案；设计上认为费用最小的方案，不一定是经济效益最好的方案，所以要进行多种方案的分析、比较和论证。世界银行的专家并不认为最先进的技术就是最可取的办法，他们强调“适用性”，认为应当选择最适合本国具体条件、有利于本国资源的开发和利用并且与目前发展阶段最为适应的办法。

2. 组织体制可行性

世界银行特别重视对项目组织管理体制的可行性研究。他们不仅把合理的组织管理体制视为项目实施成功的保证，而且试图通过贷款项目的实施，帮助借款国改变不合理的管理体制和生产结构。所以，在对贷款项目进行可行性研究时，应加强管理体制改革方面的研究。汲取国外先进的管理思想和经验，提出适合我国国情、有利于项目实施的组织管理体制。当然，由于组织管理体制的变革涉及国家政策和制度，我们也不能照搬国外的管理体制和办法。所以，项目管理体制改革方面的可行性研究，一方面要和国家经济体制的总体改革相适应；另一方面也可以考虑在进行贷款项目的实施中，汲取世行及咨询专家关于组织机构改革方面的有益建议，大胆试验、积累经验。

3. 财务可行性

财务方面的可行性主要包括两个方面：

（1）估计项目对资金的需求，做出项目周期内的现金流量预测，预算高峰年资金需求、外资需求及资金总需求。

（2）初步确定资金来源，除了世界银行可能提供的费用部分外，确定国内资金和其他国外资金来源，如国家贷款、拨款、国家和地方合资、发行债券、股票及其他筹资方式。

4. 经济可行性

经济可行性是从宏观出发，从整个国民经济角度衡量项目的投资价值，分析项目对资金的净耗用和获得的净利润之间的关系，包括成本效益分析、投资分析、成本产销量利润分析等，在计算的效益中包含社会效益，以此预算该项目所耗用的经济资源及项目建成后对提高国民经济增长率和增加国民收入所起的作用。经济可行性研究还通过对资金的投入和产出的比较来衡量项目的经济效益，通常用净现值、投资收益率、投资回收期等指标表示。

5. 社会可行性

世界银行对项目社会可行性的分析主要是考察项目收益的分配是有利于富人还是有利于穷人、是用于再投资还是用于消费。考虑的因素包括国家的政治体制、政策法令、经济结构、宗教信仰、传统习俗等。社会的安定性是世界银行决定投资意向的一个重要条件，一个不安定的社会预示着巨大的投资风险。近年来，世界银行特别重视工程项目对生态平衡和环境保护的影响，例如大型水电工程项目可能产生的诱发地震、对气候和珍稀动植物等的影响以及人口迁移、移民安置等问题。

在完成可行性研究以后，由项目小组编制一份详细的项目报告（Project Report，PR），为项目评估提供基本资料，为进行审定和批准项目奠定基础。

13.4.3　项目评估

评估申请借款国在完成项目准备之后，世界银行对项目进行详细的审查和全面的评价的一个阶段，也是世行直接参与项目的阶段。评估是项目准备工作的顶点，对项目的各个方面进行全面检查，并为项目执行和项目完成时对之进行评价奠定基础，所以也是项目周期中一个关键阶段。

项目评估是世行的任务，由世行工作人员进行，项目单位密切配合。世行有时也根据不同项目的特殊需要，聘请某个方面的专家作为顾问，组成 5～6 人的工作组，在实地工作 3～4 周。由项目执行单位和主管部门在项目准备的基础上，准备好充分的资料。世行工作组到达以后，审阅资料和进行实地考察，与项目有关的各方面充分交换意见，有时会要求补充若干必需的资料。之后，世行工作组编写该项目的评估报告。评估的主要目的是解决以下四个问题。

（1）确定项目能否成立。包括对项目可行性、必要性、经济性和合理性的论证。比如，对于一个大型水电工程项目而言，要从国家和地区宏观经济发展和规划着手，从能源构成、资源状况、负荷预测以及能源管理政策等方面，分析该项目在经济发展中的地位和作用；预测该项目投产以后的电价，论证其在未来电网中的竞争能力，以确定该项目的经济性和合理性。在项目评估阶段，有关工程技术方面的问题对该项目来说没有作为重点，因为这些问题在项目准备阶段，都由世界银行推荐的特别咨询团和咨询公司进行了多次咨询，并进行了设计优化。

（2）预测项目实施能否取得成功。包括检查为建成工程必须投入资源的落实程序，特别是国内资金来源的落实程度；审查项目的采购方式是否符合世界银行的政策，评价项目管理的组织机构和人员能否保证项目的顺利实施等。

(3) 确定借款国的偿还能力。世行要审查项目业主，即借款人的资金结构，也就是说借款人企业的借款资金（Debt Capital）和权益资金（Equity Capital）的比例；产品的销售市场和销售价格，即投产后产品能否卖得出去，价格有没有竞争力，以此测定业主对贷款的偿还能力和发展的潜力。

(4) 估计工程实施对社会的影响。这里拿水电工程项目举例，有两个问题世行特别重视：一是征地移民问题，涉及当地人民的切身利益，也直接关系工程顺利进展；二是环境问题，大型水电工程不仅会使地区生态环境发生巨人变化，甚至会在更广泛的范围内产生影响。如果这种影响被认为是不能接受的，或者造成的损失超过了项目的效益。则世行不会在这样的项目上投资。如果针对上述四个问题能得到肯定的评价，世行就会同意给该项目贷款。

项目评估通常包括技术、机构、经济和财务四个方面的评估。

(1) 技术方面。技术方面世行必须保证项目设计合理，工程适当，并且符合人们所接受的各项标准。主要评价项目的位置、规模、地点、布局、工艺流程、设备选型、计划进度、产量水平等。对于一般建设项目来说，对环境的影响以及可能产生的善后问题也包含在技术评估之中。

技术评估的一个关键部分是审查工程概算，即审查工程费用的估算结果以及估算依据的工程技术资料、基础数据和估算方法。基础数据的失误常导致工程概算的突破，甚至造成工程的失败，例如，韩国一座大坝因为坝基地质勘探资料失误，造成坝基开挖方量超过原设计开挖量的 5 倍，使工程造价大幅度增加并延误了工期。技术评估还包括对项目采购方式和劳动力、原材料等资源的投入方式进行评价，审查是否符合世界银行的采购政策。技术评价还包括项目对人和环境潜在影响的审查，并提出适当措施，尽量控制和缩小项目对环境和人产生的消极影响。

(2) 机构方面。在世行目前所用的术语中，“机构建设”已成为世行贷款的最重要的目的，也就是说资金的转移调拨和物质设施的建造固然重要，但从长远看，终究不如建立一套健全而有生命力的当地“机构”更为重要。从最广泛的意义而言所谓“机构”，不仅包括借款人本身的机构、管理、认识、政策和工作程序，而且还包含了项目管理体制、组织形式、人员素质、工作程序、管理手段以及政府制定的与该项目有关的法律和政策等。

经验表明，对项目机构方面的问题重视不够，往往在项目的执行和实施过程中产生许多问题。对项目机构进行评估要处理一系列问题，包括项目负责单位是否为一个经济实体、它的法律和经济地位如何、是否有足够的注册资本、它的管理人员的资历和经验如何、它和其他相关企业之间的关系怎样、它的内部机构形式和机构设置能否和建设任务相适应、国家有关的政策和法令对企业的存在有何影响等。评估中，世行工作组也会提出一些有关改进组织管理体制的意见和建议。

(3) 经济方面。项目的经济评估是从宏观经济角度对几个可供选择的设计方案或替代方案中进行成本效益分析，通过比较和选择，从中确定最有利达到国家开发目标的方案。例如，为了某地区经济发展提供足够的能源，拟建一水电站，经济评估时以一个相当的火电厂作为替代方案进行比较，在经济评估中成本和效益都从宏观经济角度考虑，水电站的成本核算中应包括水库淹没损失、征地移民等费用，火电厂的成本中应包括煤的运输、铁路公路、码头的扩建等费用。因为当前的市场价格和汇率不能真实反映长远的经济效果，因此，在经济评估中使用影子价格和影子汇率。经济评估中计算出项目预期的投资收益率，作为衡量项目经济效果的重要指标。只有证明项目在经济上对借款国的发展有利，同时符合世行的贷款政策，世行才向该项目提供贷款。在国内外市场中都存在着价值与价格背离的现象，或者因国际间倾向兑换关系，现行的价格和汇率有时很难真实地反映工程的成本和效益，为弥补这个缺点，以某一系数（大于或小于 1.0）乘以现行价格或汇率，使之与价值基本相符，这就是所谓的影子价格和影子汇率。

(4) 财务方面。世行一般并不贷给项目的全部费用。一般地说，它只为外汇费用提供资金而希望借款人或政府能够解决国内费用的部分或全部。因此，评估的一个重要方面，就是保证有一个能获得资金、使项目按日程进行的资金提供计划。

项目财务评估的目的主要有以下几个方面：

1) 估算建设期资金需求，落实工程资金来源。

2) 分析项目负责单位的资本构成，预算项目的赢利能力和企业的还贷能力。

3) 预算项目投产后产品的价格水平，分析该项目的产品在市场上的竞争能力以及市场的承受能力。

世行的财务评估不是以单个的项目作为评估的对象，而是以借款人的企业作为评估对象，也就是说，把这个工程项目放到它所属的企业经营环境和发展趋向中去进行评价。它把企业作为一个独立的经济实体，把项目作为整个企业扩大再生产的一部分，由此来衡量整个企业对偿还能力、企业的发展潜力、企业在项目建成后经营管理的费用、投资者在企业还本付息之后可以获得的利润等。财务评估的结果是计算出工程逐年投资需求和偿还需求、企业固定资产的形成和增加、生产的成本以及企业的收益表、资产负债平衡表和资金流程表。据此，预算出产品单价、企业的负债比、偿债保证比和自有资金率等各项财务指标。

世行工作组在对项目借款人的企业进行详细评估以后，提出两份评估报告：一份是可行性研究，称“绿皮书”；另一份是“灰皮书”，作为同意贷款的通知。在报告中，工作组详细说明他们对项目进行调查研究的结果和结论，并提出有关贷款条件建议。由于在一般情况下，世行在事实上已参与了项目的选定和准备，因此评估时通常不会否决，但对项目的准备往往会提出修改甚至重新设计的意见。

13.4.4　项目谈判

谈判是世行和借款人为保证项目的成功、力求就所采取的必要措施达成协议的阶段。世行在完成了“绿皮书”和“灰皮书”，送交世行执行董事会审议认可后，就可以邀请申请贷款国派代表团到华盛顿世界银行本部，就贷款协议举行谈判，确定贷款金额、贷款期限、利息、宽限期等。一般都是已经得到双方同意的，除非其中一方提出变更，一般不作为谈判的重点。项目谈判的重点是检查世行在评估报告中提出的给予贷款的前提条件是否已经兑现、讨论为保证项目顺利实施应采取的措施是否已经落实。例如，当建设项目的业主是一个新成立的单位，在项目准备阶段和评估阶段筹建还未完全就绪，那么，在谈判时就必须出示借款人法律地位的有关证明和注册登记手续等有关法律文件。如果从完成评估到开始谈判之间的间隔时间较长，还要根据新的汇率和物价增长情况对工程概算和借款人的财务状况重新进行测算，检查是否仍和评估报告上要求的各项财务指标相符。

项目谈判的最后结果是形成两个文件，即贷款协定和项目协定，这两个协定都有统一的格式，不同的项目只需根据项目具体情况修改有关章节的条文即可。贷款协定是世界银行和借款国之间的协议，协议中对贷款金额、利率、贷款额度分配、支付方法、偿还方式等都做出明确的规定。项目协定是世界银行和借款人即项目建设单位或者称为业主单位之间的协定，它规定了借款人为获得贷款所做出的承诺、承担的责任以及为保证项目顺利实施和产生预期的效益所必须采取的主要措施。两个协定对在评估前和评估中提出的重要问题都应有明确的规定，两个协定经借款国财政部、项目的法人代表或委托的授权人签字以后，即成为对双方都有约束力的法律文件，作为贷款实施过程中双方都应遵守的准则和检查的依据。

谈判过程是借款人和银行双方有争有让、折衷妥协的过程。银行根据其贷款政策和经营方针会对贷款的使用提出一些要求和附加条件，其中不少是可取的成功经验，应尽量予以采纳；有些要求在不损害国家利益的原则下也可以接受。但是，有些时候由于世行贷款政策的局限性或者情况了解不全面，也会提出一些不适合借款国国情的要求和条件，谈判中则应据理力争，只要有充分的理由，世行也会同意。总之，在项目谈判前应做好充分的准备，谈判时要选熟悉情况、掌握政策、富有经验、思维敏捷的代表参加，谈判既然要坚持原则，又要有一定的灵活性，有争有让，谈判就能顺利达成协议。

谈判一般需要 10 天左右。达成协议后，两个协议送交世行执董会正式批准。协议从批准之日起 3 个月之内由双方授权代表签字方能生效，之后送交联合国注册登记，项目就进入了实施阶段。

13.4.5 项目执行与监督

项目的建设及其以后的业务活动的实施是借款人的责任。世行可以根据协议给予诸如组织方式的研究、人员的培训、派遣管理人员和顾问，帮助监督建设等方面的援助。世行的作用是在项目的实施中实施监督。

项目的执行，就是指通过项目资金的具体使用以及为项目提供所需的设备、材料、土建施工以及咨询服务等，将项目目标按照设计内容付诸实施的具体建设过程。执行的主要内容包括项目招标采购、贷款资金支付与配套资金提供、技术援助与培训计划的执行等。在项目执行过程中，世界银行除提供必要的帮助外，还对项目执行的整个过程进行监督。监督的主要作用，在于保证项目能达到它们的开发目的，特别是世行和借款人一起明确并处理在实施期间所产生的问题。因此，监督主要是为了解决共同的问题。这些年来，出现了另一个监督成为中心的目的，这就是集中所积累的经验“反馈”到为未来项目的设计和准备中去，“反馈”到政策和程序的改进中去。监督和评价单位经常结合在一起，以求为此目的取得资料，特别是在新型的项目中更是如此。每年要对整个监督工作进行总结，以找出实施方面的重大问题，并提出建议对世行的政策或程序做适当修改。

监督可以以多种方式出现，比如审查进展报告。在项目实施期间，业主和工程单位要按季度向世行提交工程进度报告，报告包括项目的实际实施情况、项目费用、盈利企业的财务状况以及有关项目收益的演变情况。每年要提交企业的十年财务滚动计划，由总行审查。出现的问题则由派往每个项目的工作组实地解决。这些工作组派出去的次数和项目的复杂程度、执行情况、碰到问题的数量和性质相应。一年视察 3～4 次。世行的项目负责人也经常到工地视察，每年 1～2 次。世行还推荐高级专家组成“特别咨询团”（Special Board of Consultants，SBC）对工程进展中的重大问题进行咨询并帮助业主进行决策。世行对正在执行中的项目常定期进行内部评议，分类排队，分为 A、B、C、D 四类。对列入 D 类问题比较多的项目，世行给予特别的关注。

监督在工程项目中常常会受到忽视，只要某项项目的贷款一旦签订，借款国的注意力就会转到新项目上去。尤其是要过几个月或几年，“老”项目才能开始产生有形的成果。当然不论一个项目确定、准备、评估得怎样好，只有实施恰当，项目的开发利益才能实现。所有项目都面临实施问题，其中有些问题是无法事先确定的。有些问题来自发展过程中所固有的困难，或者来自具体原因，例如经济和政治形势的变化、项目管理的变化，甚至气候的变化。结果，虽然项目的发展目标一般并不改变，但是，它的实施过程却往往与设想相距甚远。正因为这些原因，世行实施适当的监督尤为重要。实际上，随着时间的推移，用于监督的资金，其绝对数及与项目的其他任务相比的相对数均大大增加。

世行对项目实施监督的内容包括以下三个方面：

（1）对项目采购的监督。世界银行要求所有借款人都应严格遵守和执行世行颁发的《国际复兴开发银行贷款和国际开发协会信贷采购指南》也将此写入贷款协定和项目协定。在采购指南中对项目采购所要遵循的原则做了详尽的规定。例如在何种条件下应采用何种采购方式，招标应遵循的程序，招标文件制定的原则，开标、授标，发标的有关规定，对国内承包商允许的优惠待遇等。世界银行强调进行国际性招标要实行三个 E：公平（Equity）、经济（Economy）、效率（Efficiency），并且明确规定，对借款人采购过程中的重大决定都有权进行审查，提出意见。

借款人在发出资格预审邀请时，要将执行程序通知世行，资格预审文件要经世行认可，其中“起码的”投标资格要经世行同意。在做出资格预审决定并通知参加资格预审的承包商之前，应将包括投标人名单、理由以及取消申请人投票资格的理由送报世行征求意见。

在招标文件编制期间，世行派员参加招标文件的讨论，尤其是商务条款要进行逐条审查，看是否符合采购指南；对图纸和规范部分，世行推荐咨询专家和特别咨询团参与审查，在编制招标文件过程中，世行工作组和专家提出的意见应予充分重说，采纳其合理部分。

借款人在做出授予合同的决定之前，应将准备授予合同的投标人的名称以及对各份投标书进行评审的详细报告送交世行。同时，评标报告应由世行认为可接受的专家起草。报告的提交应使世行有足够的时间进行审查，如果世行认为授予合同的决定不符合贷款协定和采购指南的规定时，世行可以将自己的意见和理由通知借款人。

合同文件的条款和条件，未经世行同意，不得与招标文件或承包商资格预审邀请文件中的条款和条件有实质性的重大偏离。并在合同签字以后，理解向世行送交两份副本。

凡涉及合同文件内容有重大偏离变更，包括对合同条款实质性的修改或放弃、工期的延长，订货的改变等，借款人下都应事先将理由通知世行，并得到世行认可。世界银行并不要求它的借款人在使用贷款时都要采用国际招标的方式，在有些情况下，国际竞争性招标并不是最经济有效的采购方式，取得世行同意后，也可采用有限的国际性招标、国内竞争性招标、国际和国内询价采购以及自营的方式。

(2) 对项目执行过程的监督。世行为了保证自己对贷款项目的执行过程能合法地进行监督，要求借款国在贷款协议和项目协议中做出一定的保证和承诺，通常包括对支付的审查，按期提供工程进展报告，允许世行代表团进行现场考查，以及聘用世行认为满意的咨询专家等。

世行要求借款人必须将贷款用于贷款协议所规定的项目，不得挪作他用。所以对借款人的支付申请实行严格的监督。首先是在贷款协议中对贷款的提取规定了分项类别，以及每一类别的提取金额和以某种方式支出的百分比。例如，某水电站项目贷款共 3.8 亿美元，按下列类别和比例进行划分，见表 13.1。

表 13.1　某水电站项目贷款分类分配额度

类　别	分配的贷款额（以美元值表示）	费用支出占比/%
土建工程	300000000	国外支出 100
货　物	30000000	国外支出 100 或国内支出（出厂价）100
咨询服务和培训	12000000	国外支出 100
未分配部分	38000000	
总　计		

世行只对上表所列 3 个类别中的外资费用和百分比予以支付，表 13.1 中，若世界银行分配的 3 亿美元额度已用完，并发生超支，即使其他类别中贷款还有多余，也将拒绝支付超支的部分。只有借款人提出申请，经世行审查同意，重新调整贷款分配额度以后，才能继续支付。表 13.2 是另一个工程项目对贷款额度的调整情况。

借款人每月的提款申请单，必须有确定的授权人的签字，还要附承包商的支付申请以及相应的证明文件的副本。世行要对上述文件进行审查，认为符合贷款协定和采购指南才予以支付。

世行要求借款人每季度递交一份“工程项目进展情况报告”，第四季度的季报带年报。报告应全面反映项目进展情况和存在的问题，要求内容包括：①工程照片，反映工程典型部位的形象面貌，每季度在固定视角进行拍照，便于进行对比；②大事记，记录本季度与工程项目有关的重大事件；③项目进展概述，概要叙述本季度工程

表 13.2　　工程贷款额度分配及调整情况　　单位：万美元

序号	内　容	原定贷款额度	计划调整数	调整后分配额度
1	土建工程	3540	285	3825
2-A	施工设备	2910	790	3700
2-B	机电设备	1760	80	1840
2-C	输变电设备、材料	1940	750	2690
3	建筑材料	2680	－200	2480
4	培训费	100	0	100
5	咨询费	20	0	20
6	承诺费	36.26	0	36.26
7	未分配部分	1973.74	－1705	268.74
合　计		14960		14960

进展情况和需要对世行方面做出的说明和要求，一般是以项目总代表或业主名义签发致世行的信件；④工程分项目进度计划的完成情况及形象面貌描述；⑤项目支付和各分项投资完成情况；⑥工程质量方面的情况；⑦征地移民的进展。

每一期的进展情况报告还要求附有一系列的图表作为附件，比如：①施工总进度计划，计划进度和实际完成情况的对比，以横道图或网络图表示；②工程图纸，工程主要施工部位的图纸，并要求以不同颜色标出施工部位及进展情况；③合同支付一览表，所有涉及世行贷款及其他来源的合同计划支付和实际支付的比较；④工地人员情况，包括工程师、咨询专家和承包商在工地的人员状况；⑤施工设备表，承包商及分包商在工地的设备情况；⑥对世行贷款的用款计划；⑦本季度气象及水文情况。

世行根据每季度的工程进度报告，就可以对工程实施情况有个大概的了解。同时，世行每年还组织人员由项目经理带领对工地进行实地考察 2～3 次，除视察现场，听取业主的项目负责人介绍以外，还要找承包商、咨询专家等进行座谈，了解各方面的情况，掌握第一手材料，以做出自己对工程进展和存在问题的判断。

世行始终关注借款人财务状况的变动，除了在工程进展报告中对支付和工程实际进展进行比较和分析外，还要求借款人在每年 4 月底向世行提供 1 份借款人长期财务状况预测的报告，即企业的“十年滚动计划”，它包括：①工程概算的调整，工程实施一段时间以后，原工程概算中有一部分费用已经发生，成为实际的工程成本，同时物价指数、外币兑换率也在不断变化，因此，每年都要对工程概算进行调整，做出新的工程概算；②对后续项目的调整，因为企业的后续项目，特别是近期内要上的后续项目，直接影响企业的财务指标，在贷款协议中对企业财务指标做了规定，借款人也已做出了承诺，如果后续项目的调整引起财务指标的变化不符合贷款的变化，世行就会干预；③企业的收益表，根据情况的变化对企业的销售收入、生产成本以及产品价格进行新的预测。

世行通过借款人提供的一年一次的财务报告，基本上可以掌握借款人企业的经营状况和发展趋势。贷款协定的财务条款中还规定，从贷款账户中提取的资金，应按照健全的会计惯例保留账目和与此有关的全部记录，指导最后一笔贷款资金提取一年以后，以便世行的代表能对这些记录进行检查。借款人应聘请世行可以接受的独立审计师，按照通用的审计原则，对每一财政年度中的各种账目和记录进行审计，并在每一财政年度结束以后的 6 个月内向世行提交一份相似的审计报告，必要时世行还可以要求提供有关上述账目的其他资料。

世行在关于使用咨询专家的指南中对咨询专家的服务范围、职责范围和应起的作用、世行认为可以接受的或推荐的咨询公司名单的提供方式，聘请咨询专家的费用概算、邀请和选择咨询公司的方式，合同授予和对执行的监督等都做了详细的规定。如果对咨询专家的聘请未按双方协议程序进行，或者咨询专家的资格不能使世行满意，或者咨询合同条款不符合世行要求，世行就有可能不为咨询服务提供资金。

（3）对项目经营阶段的监督。经营阶段，工程已竣工，世行也不再进行支付。但是，它对项目的经营，特别是早期经营，仍然进行监督。这是因为：①经营阶段初期，借款人对世行的债务还没有全部清偿，借款人在贷款协议中做出的承诺还没有全部兑现；②一般情况下，借款人都以项目受益来偿还贷款，项目的经营状况与借款人的还贷能力有着直接的关系；③在经营阶段，项目建设中一些遗留问题需要处理，还可能产生或暴露一些新的问题，例如，一个水电站建成以后，可能下游河道整治、库区清理等工作还在继续进行；电站送电工程与电站配套；销售协议的执行等方面还可能出现一些新的问题；④项目投产以后的生产经营状况，对其生产效益的影响，需要积累资料，才能做出正确的判断和评价。

世界银行对项目经营阶段的监督，主要通过经营单位的统计年报，有时也派工作组到现场进行实地调查，收集资料。这些资料有一定的广泛性和完整性，使其能与项目评估阶段的预测数字进行比较和分析。项目经营阶段的监督有时也结合项目的后评价来进行。

13.4.6　项目后评价

所有由世行提供资金的项目都要受到事后的审核，即项目完成以后的后评价。后评价无论对世界银行还是对项目执行层—业主管理机构或借款国决策层—政府管理部门，都是总结经验、教训的重要手段，以便肯定成绩、发现问题、调整决策，有利于新项目的开发。为了保证后评价的独立性和客观性，成立由董事会主席指定、专职董事负责的“业务评价局”（Operation Evaluation Department，OED），该机构的工作和银行其他业务部门完全分开，通过由执行董事会任命的评价局长直接向执行董事会和行长提出报告，其任务是对银行的项目人员、咨询专家在视察、监督项目实施过程中提出的报告进行审核，必要时还派人员进行实地调查，然后提出自己的“审核报告”，直接送交执行董事会主席。世界银行对项目的后评价，通常由两个阶段组成：

第一阶段为项目完成报告（Project Completion Report，PCR）的编写，项目一旦完工，要求在 6 个月到 1 年以内编写完毕。PCR 过去由世行的项目管理官员编写，现在，世行也鼓励借款国自己编写，可以由项目执行机构来完成，也可以由政府部门或聘请咨询专家来完成。项目完成报告内容包括：①前言；②项目背景；③项目的执行与管理；④运营情况；⑤财务实绩；⑥经济业绩；⑦机构体制方面的实绩；⑧结论。

第二阶段是编写项目执行情况审核备忘录（Project Performance And Memorandum，PPAM）。此项工作由世行业务评议局进行。项目执行情况审核备忘录是世行对项目执行情况的评议，而不是对财务、法律等事项严格的审计。它表明世行审计部门对项目完成报告的意见和看法，也可以反映对项目执行、完成和得失的不同意见。项目执行情况审核备忘录的内容包括：①项目背景、目标、流程和效果概述；②项目完成情况评议；③主要经验教训；④对今后工作的建议。

以上两份报告完成后，首先在世行内部传阅，并送交借款国征求意见，然后将这些意见和评议与两份报告一并交执行董事会。

1982 年以后，世行进行后评价的方法有所改变，即先对项目完成报告进行审查，如认为项目完成报告已比较充分地进行了总结，就将项目完成报告变成项目审核备忘录，因此对大约半数以上的项目不再重新编写审核备忘录，现在，只对某些特殊情况和必要的项目，在完成项目报告以后，还需进行专门的审核和评议，有时则对一组（如 3～4 个）项目一起进行评价和审核。

世行在整个项目实施和经营期间，都对项目进行监督，包括对正常实施过程的监测、针对某一具体问题的过程监测及对项目效果的评议，在此基础上才能做好项目完成报告和后评价，这就组成了一个项目监测和评价系统，系统中不同的工作由不同层次的部门来承担，可以用表 13.3 表示。

表 13.3　　项目监测和评价系统的部门分工

项目执行者	项目执行机构	咨询专家	高层决策机构
实施监测	×		
过程监测	×	○	
效果评价		×	○
项目完成报告	×		
后评价			×

注　×—负责；○—参与。

世行强调后评价工作的全面性、客观性、透彻性和共同参与性，要求掌握第一手材料，不是只“看好”不看坏，要让所有“观众”，包括成员国政策、管理部门和银行各部门都对评议结果是否妥当提出自己的意见。世行还要求借款国建立自己的评议系统，印度、菲律宾、墨西哥以及加拿大等国都有自己全国性的评价系统，作为加强项目管理、提高项目经济效益的重要手段。

思　考　题

1. 国际工程项目的概念是什么？我国国际工程项目的范围是什么？
2. 国际工程的复杂性和国际性决定了国际工程项目有哪些特点？
3. 什么是国际工程项目的管理？其参与者有何特点？

4. 国际工程项目的管理模式的含义是什么？国际上比较常见的六种国际工程项目管理模式分别是什么？

5. 世界银行贷款项目的周期由哪几部分内容组成？

6. 世行的项目管理对我国的水利水电工程项目管理有哪些可借鉴的意义？

第 14 章

工程项目的信息管理

在工程项目中，除人力资源和物质资源，信息资源也是项目实施过程中所必备的重要资源，也是最具开发和利用潜力的资源。在计算机和互联网技术的支撑下，信息资源对项目各模块的统筹管理成为工程项目顺利实施的重要保障。随着社会的不断进步以及工程项目涵盖范围的进一步扩大，必须运用信息管理技术加强工序间联系、优化资源配置、提高管理力度，才能满足社会快速发展的需求。本章从工程项目信息管理的含义出发，阐述了工程项目信息管理的内容和任务，并重点描述了工程项目信息管理系统总体结构以及工程项目文档管理系统的基本内容。

14.1 工程项目信息管理概述

14.1.1 工程项目信息的相关概念

14.1.1.1 信息的有关概念

1. 信息的定义

信息，在广义上泛指音讯、消息、通信设备传输和处理的对象，即人类社会传播的一切内容。依据对自然界和社会中不同物品信息的识别和获得，人类得以认识和改造世界。狭义上讲，信息是客观事物的一种属性，需要通过加工处理的数据对事物的该种属性进行描述。数据表现的是信息的形体，信息是对数据的解释。例如，在建设过程中各类统计报表，项目质量相关的文字描述以及结构图纸都可以认为是信息，它们均是数据加工后的产品。

2. 工程项目信息的种类

资源 14.1 信息的特征

每个项目都包含很多形式的信息，且随着项目的进行，信息量不断增加，一个较大的项目在结束时，以纸张和电子文件为载体的信息就不计其数。项目管理人员必须将这些信息及时的整理与归纳，才可以实时把控项目的实际进度。工程项目中的信息可以大致归为以下几类：

（1）项目基本状况的相关信息。项目的基本信息包括项目许可证、项目实施各单位、开工时间、竣工时间等，这部分信息主要包含在项目手册，项目建议书、可行性研究报告、项目签订的各种合同以及设计等相关文件中。

（2）项目现场实际工程信息。这部分信息包括实际工期、实际成本、资源消耗、工程质量等实际工程信息。在项目进度的日报、月报、资源使用情况（人力、物力）报告、质量报告以及重大事件报告中均包含这部分信息。此外，项目存在问题的分析结果、计划与实际的对比分析、项目进度趋势的预测等信息也可归为现场实际工程信息。

（3）项目中的指令和决策信息。

（4）其他信息。即在项目实施过程中对项目产生影响的环境信息，如市场情况、气候变化、政策变化、外汇波动等。

工程项目往往是一个复杂的整体，且具有较长的生命周期，包括决策阶段、勘察设计阶段、施工阶段、验收阶段、运营阶段等，每个阶段都会产生大量且特定的信息，因此工程项目信息还可以依据项目实施阶段进行种类的划分。

14.1.1.2 工程项目信息管理的概念

信息管理是人们为了更好地开发和利用信息资源，以现代信息技术为手段，对信息进行计划、组织、领导和控制的社会活动。简单地讲，信息管理就是人们对信息资源和信息活动的管理，指整个管理过程中对信息的收集、加工、整理、存储、传递和使用等一系列操作的总称。信息管理的主要目的就是通过合理的信息调控，使得决策者获得及时准确的信息。想要达到信息管理的目的，就必须掌握信息的来源，对信息进行分类，并正确运用信息管理手段，把控信息管理的每个环节，建立合理的信息管理系统。

工程项目信息管理是指在项目的准备和进行的全过程中，将工程建设信息的收集、存储、处理和传递过程进行合理的规划与控制。通过对项目中各个系统、各个环节信息的管理控制，有效组织管理工程项目的建设，为项目建设提供增值效应。

14.1.2 工程项目中的信息流

14.1.2.1 信息流的基本定义

信息流有广义和狭义两种定义。广义上，信息流指的是有着相同信息源和信息接收者的一组信息，会在时间和空间上由一个信息源出发，朝向同一个方向运动。狭义上，即指信息按照一定要求通过一定渠道进行的传递运动。

信息流对工程项目管理意义重大。工程项目管理过程中，管理者有效的设定目标、制订计划、领导协调工程各参与者的工作，这些均需依附信息以完成。同时项目各组织成员之间充分、适时地沟通可以有效地协调项目各部分的进度、减少项目中的冲突矛盾、保证项目总目标的顺利完成。因此，项目过程中高效、迅捷的信息流是实现工程建设最终目标的重要保障。项目信息流的结构如图 14.1 所示，它反映了项目各参与方之间的相关关系。

14.1.2.2 工程项目信息流的产生

一个工程项目的进行需要项目多方参与者通力合作，完成项目中的多个环节。工程项目的实际实施过程中，会产生以下四种信息流动过程：

（1）工作流。工程项目的决策者和管理者，通过委托书或者合同项目确定各工作的实施者，再通过项目计划安排各工作的实施方法、顺序、时间以及各工作间的协调关系，这些工作依据项目的进度计划，在一定的时间和空间上实施，从而形成项目中的工作流。工作流以工作实施者和项目管理者为主题，构成了项目的实施过程和管理过程。

（2）物流。工程项目实施过程中所需的基础材料、施工设备、水电等能源均是由

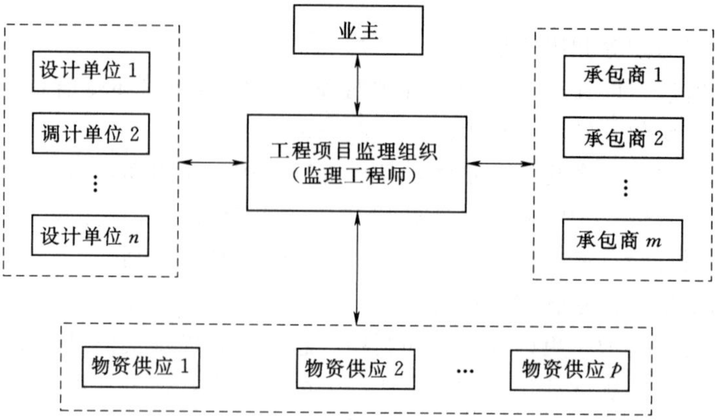

图 14.1　项目信息流的结构

供应商从外界输入项目现场，经过项目进程中的加工转换成项目实体，并最终转换成项目产品。物流以工作流为基础，呈现工程项目的物资生产过程。

（3）资金流。资金流是指项目实施过程中各参与者（包括供应商）随着各工作活动的进行而发生的资金来往，表现出价值的运动形态。

（4）信息流。随着工程项目的进行，信息量会不断增加。这些信息会随着以上几种流动过程，依照一定的规律产生、转换、变化，并最终投放到相关的部门进行使用，形成项目实施中的信息流。

在工程项目实施和管理过程中，这四种流动过程相互依赖、相互联系并相互影响。这四种流动过程中，以信息流为中心，将工作流、物流以及资金流串联在一起。信息流对工程项目管理意义重大，不仅可以通过各种文件、报告、报表反映项目实际进度、费用状况和质量问题等方面的状况，而且通过各种指令、方案控制指挥着项目的实施，即信息流不仅反映而且控制和指挥着工作流、物流和资金流。

14.1.2.3　工程项目的信息交换

1. 项目内部的信息交换

项目实施过程中，各管理部门与实施单位间需及时的协调沟通，从而产生了大量的信息交换过程，即项目内部的信息交换。项目内部信息交换有正式和非正式两种渠道。

资源 14.2
项目信息
交换案例

（1）正式的信息交换。信息主要是各组织部门之间通过组织程序进行流通，如各实施单位实际进度报表的提交，这属于正式的信息沟通。一般包括以下三种信息流：

1）自上而下的信息流。通常，项目的决策、指令、计划与通知均是由上级一层一层往下传递，每传递一层，信息就被细化一次，直至被具体化为可直接执行的指令，被传递到项目基层人员手中实施。

2）自下而上的信息流。通常，有关工程项目的实际信息都是由基层逐渐往上传递，传递过程中信息会进行逐步的归纳整理形成报告，这部分也是项目管理者主要的工作。因为项目的决策者无法依据大量的工程实际情况信息在短时间内做出决策，所以项目信息管理者必须提取信息中的重点以供决策者下达决定。为保证决策的高效准确，这个信息的提取过程要求信息不失真，不遗漏却又高度浓缩，因此拥有高水平的信息管理团队是项目顺利完成的关键所在。

3）横向信息流。工程项目的各参与者以及各职能部门为协调工作，会进行大量的信息交流与互通，这种同一级别部门间的信息流就称为横向信息流。

（2）非正式的信息交换。非正式的信息交换即通过非组织渠道了解项目信息，例如休息时间的闲谈等。

2. 项目与外界的信息交换

工程项目是一个开放的系统，因此会与外界有大量的信息交换，主要包括项目材料与产品的市场信息、项目周边环境情况等由外界输入项目内部的信息，以及项目实际情况的报告、申请等由项目向外界输出的信息。

14.1.2.4 工程项目各阶段的信息流

1. 决策阶段的信息流

决策阶段主要是业主、金融机构、设计单位以及相关政府的主管部门进行信息交换。业主主要是依据相关规定、自身的专业知识与经验以及项目咨询机构的意见对项目功能、成本花销与收入等指标信息进行确定；金融机构主要是与业主共同商定融资计划，明确融资信息；设计单位则是遵照业主的意见与需求，对项目的设计方案进行估价，获得项目建设的成本信息；相关政府的主管部门则主要是提供强制性或者引导性的政策信息。在项目决策阶段，这部分的信息在项目各参与者之间流动，形成信息流。

2. 设计与计划阶段的信息流

设计与计划阶段主要是业主与设计单位频繁地进行信息的交换，设计单位通过与业主的沟通，进一步了解业主对项目的意见与需求，从而为项目制定出详细的方案。这一阶段的信息交换以设计单位为核心，与项目相关的设计要求等将由设计单位传递给业主，借由业主将这部分信息传递给各相关单位，各单位对于设计方案的反馈信息也会传递到设计单位，从而形成设计单位、业主以及各相关单位之间的信息流。通过这一阶段的信息交换与方案协调，设计单位最终确定设计方案。随后，在项目的计划阶段，承包商会依据项目工期、质量要求以及设计方案初步编制项目的进度计划，并按照进度计划将分包信息传递给分包商、设备以及材料供应商，通过整体上的信息交流与协调最终确定项目的进度计划。

3. 施工阶段的信息流

施工阶段的信息流主要是项目各参与单位的施工管理信息。业主是项目的主导者，一般在项目运行过程中会组织一个由多个技术方面的专家成员参与的组织，该组织以例外管理为主要职能，重点协调项目各参与方之间的信息传递，将项目进行过程中出现的个别难题交由专家进行研讨，确定问题原因并制定解决方案。施工单位与设计单位会收到问题的分析报告以及应对措施，为确保项目的顺利进行，他们会通过沟通交流调整设计方案或者修改施工计划。

4. 运营和后续评价阶段的信息流

项目竣工后，业主会保存设计阶段和施工阶段的信息，这部分信息是项目运营阶段所必备的。同时，业主还会将这部分信息交付给项目运营商以备使用。在项目的运营过程中，主要是运营商不断将项目的运营信息和项目维护信息反馈给业主，从而形成运营商与业主间的信息流。而通过运营阶段的反馈信息，业主可以通过对比项目决策阶段的项目目标和实际运营情况，客观评价工程目标的实现情况，从而为今后项目的决策提供有效的信息。

14.1.3　工程项目的信息管理

现在的工程项目一般拥有较长的工期和较多的参建单位，单位性和专业性都很强。因此，在一个项目的决策和实施阶段会产生大量错综复杂的信息，使得项目信息资源的管理任务重大。具体的任务内容如下所述。

1. 编制信息管理手册

信息管理手册主要是阐述项目信息管理的任务、每项任务的分工情况以及各项任务实施时间节点等，其主要内容包括：信息管理的各项任务、信息的种类、信息的编码、各种信息管理工作的流程图、信息处理平台以及使用的相关规定、信息管理的保密准则、信息管理的任务和职能分工表、工程档案的管理规范等。信息管理手册可依据以往的信息管理经验进行编制，不仅可以规范信息管理工作、实现项目成员之间高度协调，还能提高信息管理效率、充分发挥信息资源的价值。

2. 建立信息管理系统

现在的大型工程项目均有设置信息管理系统，通过有效的信息管理与沟通，保障项目管理系统高效运行，从而为工程项目的总目标服务。部分项目还会委托咨询公司动态跟踪和分析项目的信息，通过信息流把控整个项目，宏观上控制项目的实施进度。工程项目建设信息中心的主要目的是实现工程项目各组织成员之间的信息共享，以达到项目信息与项目进度恰时、恰点的匹配。随着现代信息技术和通信技术的发展，距离不再是信息交流的障碍，项目各参与方利用先进的信息通信设备与技术（例如，视频会议），进行实时的信息交流。

工程项目信息管理部门的任务主要包括：编制和补充修改信息管理手册、监督和督促信息管理的执行；协调项目各组织成员的管理部门对信息的管理工作；构建信息管理平台并维护其日常运行；协同项目其他部门，收集、处理与项目进度相关的信息，制成项目进度和项目目标控制的报告；负责项目档案管理工作。

3. 信息管理系统的运行

（1）信息的加工与处理。项目信息加工是以信息的收集为基础。因此，在项目的实施进程中，要有明确的信息记录员对每天产生的原始数据进行记录，并对记录数据的准确性负责。例如，施工阶段记录信息的任务一般由专业班组的组长、记工员、材料管理员或分包商负责。

项目原始信息涉及范围广且表达方式多样，为了满足项目不同管理层次人员对信息的需求和表达形式，原始信息必须进行相应的加工处理。信息加工的过程一般包括两个步骤：依据制定的信息编码规则和信息分类情况将信息编码；依据信息需求者对信息格式、内容等方面的需求对信息进行加工。

（2）信息的存储与检索。项目进程中的许多信息，不仅在项目实施过程中被广泛使用，更会作为项目历史资料保存至项目结束甚至更久。信息管理部门需按照信息的使用和存储要求，将数据与资料信息依附于载体上保存，要求信息的保存安全可靠且使用方便。为在今后工作中查找项目信息方便，需在信息入库前制定科学的检索方法、完成数据分类和编制目录等工作。完善的检索系统可以避免资料的杂乱无序、保障项目相关信息查找的快速方便，因此建立项目文档检索系统是十分必要的。

(3) 信息的传递与使用。借助媒介将项目信息传达至项目信息管理的相关部门就是信息的传递。在项目管理工作中，信息管理部门的主要职责就是综合考虑不同信息传递方式的传输速度、成本以及错误率等方面的因素后，选择一种最为高效、廉价的信息传输路径，保障信息快速有效的传输，保障相关方获取准确可靠的信息，确保这些信息成为相关方工作的主要依据。同时，信息管理部门还应该建立信息的使用制度、数据保护制度，以保证数据的安全性、完整性以及一致性。

信息管理的工作流程如图 14.2 所示。

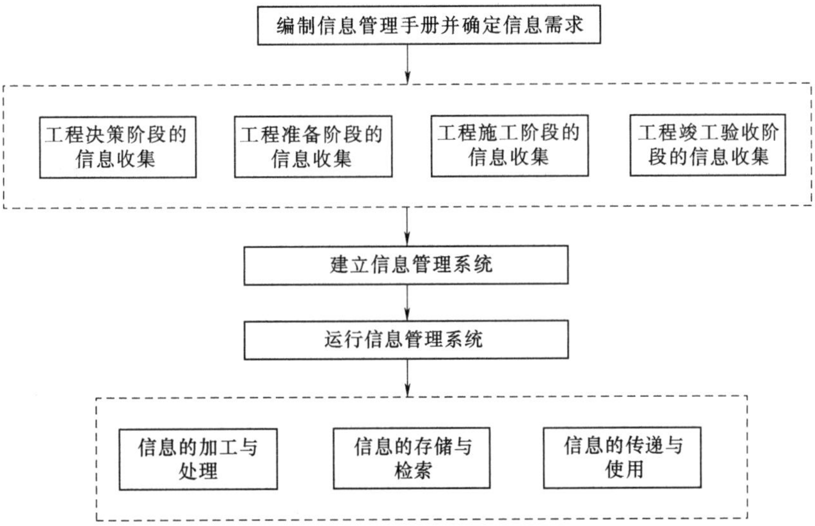

图 14.2　信息管理的工作流程

资源 14.3 工程项目信息管理的原则与基本要求

14.2　工程项目信息管理过程

14.2.1　工程项目信息的收集

14.2.1.1　项目决策阶段信息的收集

项目信息管理的内容即工程各阶段需要收集整理的信息。所收集的信息是否全面、是否可靠很大程度上决定了项目质量的好坏以及项目是否能顺利进行。项目决策阶段是决定项目能否成功执行的关键，且极大程度上决定工程项目的最终效益。为帮助建设单位避免决策失误，决策阶段的信息收集应从工程咨询阶段就开始。这部分信息主要是项目外部宏观信息，过去、现在甚至是未来与项目相关的信息。

在项目前期决策阶段，项目管理人员向有关单位收集的信息资料有：项目立项时的相关文件（项目实地调查研究资料，批准的项目建议书，可行性研究报告，设计任务书以及与立项有关的会议记录，主管部门下达的文件等）；批准的项目建设选址报告，城市规划部门的批文，土地使用要求和环保要求等；项目建设地区的工程地质、水文勘察报告，地形图等；与地质、气象、地震烈度等相关的自然条件资料；国家或地方相关的监理法规、规定以及各项技术经济指标和定额；规定的设计标准，设备条件等。

14.2.1.2　项目准备阶段信息的收集

项目的准备阶段包括设计阶段和项目施工招投标阶段，因此该阶段所要收集的信息主要包括设计阶段产生的一系列设计文件以及招投标阶段确定的项目施工单位等信息，这一部分的信息收集为保证施工阶段目标的实现打下良好的基础。在项目准备阶段，项目管理人员应该注意收集的信息资料有以下几个方面：

（1）拟建工程所在地的相关信息。地质及水文勘察报告，建设用地、征地、拆迁相关文件，项目周围环境条件等。

（2）同类工程相关信息。建设规模，结构形式，造价构成，工艺、设备的选型，新技术使用效果与问题，建设工期等。

（3）设计中的设计进度计划，设计合同执行情况，设计任务书，初步设计图纸与要求说明，设计概算和施工图预算结果，政府部门有关设计方面的批文等。

（4）招投标文件以及对项目建设起制约作用的合同文件。

（5）更为详细的技术经济状况。例如，项目建设原材料、水电供应、交通运输、劳动力工资水平等。

（6）施工单位要收集的业主信息。业主的信誉、项目资金周转状况。

（7）业主要收集施工单位的主要信息。施工单位的管理水平，以往项目的工程质量水平，设备使用的先进性及施工单位对该项目的施工组织设计、进度、质量、成本等方面的计划信息。

14.2.1.3　项目施工阶段信息的收集

工程项目的施工阶段是大量信息产生、处理、传递的阶段，也是信息管理者工作主要集中的阶段。在项目施工阶段，信息管理人员收集的信息主要来源于三个方面：

（1）收集业主提供的相关信息。业主是项目建设的组织者，要在项目施工过程中依据合同文件中的规定提供相应的条件，并且在项目施工进度、质量、资金等方面给予意见或直接下达指令。当业主承担项目部分原材料的供应时，还需收集这部分材料的品种、数量、质量、价格、提货地点、提货方式等信息。

（2）收集施工单位提供的相关信息。在项目施工过程中，现场所有情况的都需要施工单位自身进行详细的掌握与记录，并将其汇总成信息资料，及时地向有关单位，包括设计单位、监理单位、上级部门、甲乙方等传递这部分信息。如施工单位需向监理单位递交工程施工组织计划、各单项工程的施工措施、质量问题报告、月支付申请表、各种工程项目自检报告等。

（3）收集监理单位提供的相关信息。监理单位驻地工程师的监理记录主要包括施工历史记录、工程质量记录、工程付款记录、工程计量、工程竣工记录以及工地会议记录等内容。其中项目中各类施工历史记录包括现场监理人员的日报表、现场每日的气象、水情状况、驻施工现场监理人员的日记、周报、月报、监理单位对施工单位下达的指令以及给施工单位的补充图纸等。

除以上三方面的主要信息外，在工程建设施工阶段，设计单位、物资供应单位、供水电部门以及交通运输部门等也会产生大量的信息，信息管理人员也需要及时地收集与整理。

14.2.1.4 项目竣工阶段信息的收集

工程项目竣工验收阶段，以项目整个施工过程中日积月累的信息为基础，通过整理分析获得竣工验收所需的各项材料。这部分信息主要包括竣工图、竣工总结、竣工验收备案表以及电子档案等。竣工资料主要由承包商整理编制，在经过项目监理单位的审查和现场核验后，资料被传递到建设单位，建设单位在收到竣工验收资料后，会将其移交给项目运营部门和政府相关部门。

14.2.2 工程项目信息的整理、加工和存储

14.2.2.1 工程项目信息整理、加工和存储的流程

工程项目信息的整理、加工和存储是项目数据信息收集后必须经过的流程。信息作为项目定量管理不可缺少的因素，被项目管理者用以引导工程项目的施工与管理，是决定项目是否顺利完成的重要条件。

工程信息的整理、加工和存储是信息系统流程的重要组成部分。信息系统流程图一般包括业务流程图和数据流程图两大类。业务流程图主要是绘制项目过程中各种事物的具体处理过程，发现其中的问题所在，从而完善相关事务的处理过程。数据流程图则主要是抽象化项目实施过程中数据的内部传输过程，单独考虑信息传输、加工以及存储的合理性，发觉并处理信息流动过程中存在的问题。

一般的工程项目，会首先绘制业务流程图，再在此基础上编制数据流程图。数据流程图呈现从上到下层层细化的数据结构，依据项目整体的数据流程图可绘制出项目系统的信息处理流程图。信息处理流程图的复杂情况与项目大小成正比，即大型项目的信息处理流程更为复杂。

14.2.2.2 工程项目信息的整理与优化选择

1. 项目信息整理

项目信息的管理过程中，将杂乱无章的信息加工整理成系统有序的状态是有效控制信息数量、质量以及传递方向的主要方法。因此，在项目信息进行加工处理前，需先将信息在空间结构上排列组合，按事物发展的时间顺序将信息聚集分类，呈现立体状态，即信息的整序过程。信息整序的基本要求包括以下几点：

(1) 项目信息内容要有序。工程项目实施包括多个环节，从各个环节收集来的信息大部分都是零散且独立的状态，因此信息的有序化整理是信息整序的最基本要求。信息分类与排除无关信息、系统地进行信息标识、相关信息单元之间关系的明确化，这三点是信息有序化整理的基本要求。

(2) 项目信息质量要最优。由于工程项目实施过程中的利益关系与责任关系，从项目信息源头获得的信息通常陈旧过时、真假难辨甚至相互矛盾。因此，为保障获取

信息的质量与精确度，需对信息进行分析鉴别，提高信息的真实性与可靠性。

（3）项目信息数量要简约。信息整序的目的是为项目决策者提供决策依据，因此信息整序要尽可能地降低信息的冗杂度，整理筛选出精炼简约、言简意赅的信息产品，以供项目决策者采纳。

（4）项目信息流向要明确。信息整序需要通过对项目各阶层管理者的信息需求特点的研究，确定信息的传递方向，从而做到信息流的明确化。同时项目信息环境会随着施工的进程而发生相应的改变，信息整序还需依据变化对信息流动的方向做出调整。

（5）项目信息流速要适度。随着项目管理者决策问题的不断改变，所传递的信息也需持续地更新，而过于快速的信息传递以及目不暇接的信息流则有可能会造成决策效率低下。因此，在项目信息传递过程中需把控时机，调控传递速度，使得项目决策者在应对问题时及时获得相应的信息，提升信息使用效力。

2. 项目信息优化选择

项目实施过程中收集到的信息常因客观条件的限制，或者主观因素的影响，而出现信息失真、过时或者混杂的问题。因此，要做到项目信息数量精简、信息质量提升以及信息流向把控，就需要对采集到的各类项目信息进行优化选择。利用不同方法进行信息优化选择的标准一般包括以下三点：

资源 14.4 信息优化选择的方法

（1）真实性标准。在项目实施过程中，信息的记录在一定程度上受记录员主观思维的影响，真实性不能完全保障。因此，信息需要经过真实性的鉴别以排除项目中的虚假信息，主要包括判断信息所阐述的进程是否存在、数据信息的准确性、逻辑的严密性以及反映项目实际情况的客观性等。

（2）相关性标准。信息内容与项目管理者所需解决问题的相关程度是信息优化的主要标准。相关性选择即以相关性程度为标准，挑选与问题有关联的信息集，排除无关信息。

（3）适用性标准。项目的不同决策由不同层次的项目管理者负责，信息需求存在多样性，且信息受项目周边自然环境、科学技术水平、经济发展状况等多方面的影响，因此信息应具备随机多变的适用性。

14.2.2.3　工程项目信息的加工处理

整理加工经过优化选择的项目信息是为信息安定坐标系统，其主要目的是为信息使用者查询信息、获取信息提供便捷。信息整理加工过程中，工程技术人员需依据不同的信息需求分层加工，不同的使用目标，信息的加工方法是不一致的。

资源 14.5 信息加工处理的操作流程与级别分类

项目施工过程中，信息加工处理的内容主要包括以下几个方面：

（1）工程施工进展状况。项目工程师需要将每个月或每个季度的工程实际进度与计划进度进行对比分析，以对比时间段实际完成工程量与计划工程量为主，重点研究工程进度是否存在延后现象，并对其发生的原因进行分析，提出相应的解决方案。

（2）工程质量报告与问题。信息工程师还需将每个月或者每个季度工程施工过程中各方面的实际质量情况归纳总结，并进行响应评价，主要内容包括施工现场检查时发现的质量问题、施工过程中发生的重大质量事故、各种质量问题与事故的处理结果，或者采用专门的质量情况报告将质量信息进行定期汇总。

（3）工程结算状况。一般情况下，工程价款是以月为周期进行结算，工程师需要完成对当月投资消耗情况的汇总分析，并以此为基础做项目进度的短期预测，为项目业主方的资金调配提供合理的理论依据。

（4）施工索赔状况。在项目施工过程中，若承包商因业主单方面的决策修改或者外界环境等客观条件改变而蒙受损失，承包商可以提出相应的索赔；若业主因承包商的违约而遭受损耗，业主可向承包要求索赔，工程师提供索赔的解决意见与方案。

14.2.2.4　工程项目信息的传输和检索

在完成对收集信息的分类、整序、处理、加工后，工程信息需要通过及时的传输供给使用信息的相关部门，数据与信息的输送依据各部门的需求供给，而数据与信息的检索则需要通过创建信息的分级管理制度来保证。一般情况下，信息的传输与检索需要利用计算机软件来完成，且信息的传输与检索需遵从两大原则：其一，是保证需要信息的相关部门和管理者在第一时间方便快捷的获得需要的、形式规范的一切信息与数据；其二，是确保信息不提供、不泄露给任何不该知道此信息和数据的部门和人员。

14.2.2.5　工程项目信息的存储

资源 14.6 信息传输设计与检索设计

信息数据的存储即为了今后对信息的调用将其保存。有价值的原始数据和加工处理过的信息都是项目需长期累积、供后期查阅的重要部分。一般情况下，需构建统一的数据库对信息进行存储，各类型的数据以文件的形式整合在一起，单位在考虑规范化的前提下自行决定信息整合的方法。

依据数据存储的规范化要求，构建的数据库应具备安全、独立、一致、完整等特征以及结构化和共享性两大特性，同时设计数据库还需要考虑的事项包括：依据规范数据库的设计基本原理，为信息的存储建立备选项目、建筑类别、项目成本、可行性方案、敏感性分析、盈亏分析以及最优方案等数据库；分析各数据库之间数据的相互调用与传递，绘制出数据库调用和传递系统的关系图。

14.2.3　工程项目信息的输出与反馈

14.2.3.1　工程项目信息的输出

信息加工处理的最终目的是为项目各参与单位提供所需信息。因此，项目输出信息的内容是信息使用者最为关注的问题。依据数据的由来以及基本属性，信息的输出内容可划分为以下三类：

（1）原始数据类，例如市场信息，这部分数据主要是起到辅助项目管理层下决策的作用，其主要通过使用者查询、浏览、对比选择来输出结果，利用屏幕显示或者打印的方式呈现数据。

（2）过程数据类，主要包括经原始数据分析计算、统计推断获得的相关信息。例如项目方案的敏感性分析、方案的收支预测、方案的财务指标、市场需求的波动规律等。这部分数据同样采用屏幕显示或者打印的方式输出。

（3）文档报告类，主要是指市场调查报告、投资方案决策报告、经济分析评价报告等。这类型的数据主要用于项目数据备案存档以及提交给上级相关部门审查，因此主要以打印为数据输出方式。

14.2.3.2　工程项目信息的反馈

通俗地讲，项目信息反馈即经由项目管理控制系统将信息输出，将其作用结果返回，并对再次输出的信息发生影响、产生制约作用，最后获得预期效果的一种过程，在项目管理中起关键作用，是工程项目管理进程中必不可少的一部分。

资源 14.7 信息反馈的基本原则

在工程项目信息反馈进程中，常采用的反馈方法包括以下几种：

（1）跟踪反馈法。主要是指在工程项目的决策实施进程中，对该决策所影响的所有相关项目过程进行全面跟踪，有规划、有条理的组织持续不断的信息反馈，构成系统的信息反馈。

（2）典型反馈法。主要是指项目中具有代表性的单项工程的情况、某些典型的事例、某代表性人员的看法与意见，将其决策执行的结果和对决策的反映反馈给决策者。

（3）组合反馈法。主要是指在项目的同一个时间阶段，将不同单位、不同部门以及不同管理阶层对决策的反映整合成系统的信息进行反馈。

14.3　工程项目文档管理

14.3.1　工程项目文档管理的概述

14.3.1.1　工程项目文档资料的相关概念

1. 工程项目文件

工程项目文件指的是工程项目建设进程中产生的各类型数据信息记录，主要包括项目准备阶段文件、施工阶段文件、项目监理文件以及竣工图、项目竣工验收文件。

2. 工程项目档案

工程项目档案是指项目实施、管理过程中产生的具有归档保存价值的历史记录，其有文字、声像、图表等各种不同形式，是整个项目工程实施实地勘测、规划设计、施工运行、维护管理、科学研究、抗灾战略等不同作业的主要凭证。

工程项目的文件与档案共同构成工程项目文档资料。

14.3.1.2　工程项目文档管理的职责

资源 14.8 工程项目文档资料的特征

工程项目文档管理的职责不仅涉及业主、施工单位、监理单位等项目参与方，还涉及地方城建档案管理部门。项目文档管理职责主要划分为各参建单位通用职责以及各单位自身文档管理职责两大类。

1. 通用职责

工程项目各参建单位的通用职责主要包含以下四个方面：

（1）工程各参与方在完成建设工程档案文件的填写时，需依据施工与验收规范、项目合同文件、设计文件以及工程质量验收的统一标准。

（2）工程各参与方应随着项目进度及时地收集整理工程档案资料，并在此基础上按专业进行分类。同时档案资料要求书面整洁，字迹清晰，项目准确齐全，无未完成事项。表格使用统一的格式，因特殊需求而增添的表格要划为一类。

（3）工程档案资料的管理采用分级管理的模式，项目建设各参与单位的技术负责人承担工程档案资料全过程的组织和审核职责，同时各相关单位档案管理人员承担工程档案资料的收集整理等一系列工作。

（4）对工程项目档案资料随意涂改、抽撤、损毁或者丢失、伪造等情况，需依据相关规定对涉事人员进行处罚，情节严重的，应依法追究法律责任。

2. 建设单位自身文档管理职责

工程项目的建设单位的文档管理职责主要包含以下几个方面：

（1）建设单位对工程文件的套数、质量、费用以及交接时间的要求，应在工程招标、勘测、设计、施工、监理等各单位签署合同与协定时就明确给出。

（2）在项目实施过程中，组织、监督与核查项目工程各参与单位对工程数据记录、累积，工程文件立卷归档的工作是建设单位需承担的职责。或者，建设单位可将这部分工作委托给项目监理单位。

（3）建设单位负责项目勘测、设计、施工、监理等单位整理归档的工程档案收集和汇总工作。

（4）工程前期准备阶段以及竣工验收阶段的文件收集和整理需建设单位自行负责，同时建设单位需对这部分文件进行立卷归档。

（5）项目竣工验收前，建设单位需向项目所在地的城建主管部门申请工程档案的预验收。在未取得工程档案验收认可文件之前，不可进行工程项目的竣工验收。

（6）建设单位必须向工程项目的各参与方提供真实、准确、完整的工程相关原始资料。

（7）建设单位可将工程档案的编制任务委托给项目承包单位和监理单位，将组织竣工图的绘制任务委托给承包单位、监理单位、设计单位执行，同时依据当地相关文件确立收费标准。

（8）包含在当地城建档案管理部门接收范畴内的项目工程，在项目竣工验收完成后三个月内，建设单位需向当地城建档案管理部门提交一份规范化的项目文件。

3. 施工单位自身文档管理职责

工程项目的施工单位的文档管理职责主要包含以下几个方面：

（1）工程项目施工单位的文档管理应实行技术负责人负责制，逐个等级构建、完善施工文件管理责任制，配以专职档案管理人员承担施工文件的管理任务。工程项目施工文件的收集与汇总工作需设定专门的部门执行。

（2）当工程项目建设选择总承包形式时，各分包单位需将其产生的工程文件整合、立卷，并及时移交给总承包单位，而总承包单位需承担收集汇总各分包单位生成的工程档案的职责。当工程建设项目选择两个或更多单位共同承包时，各承包单位分别负责其各自承包项目中相应文件的收集整理以及立卷工作，同时需及时将文件移交至建设单位。各承包商不仅需要确保工程文件的系统性、完整性和准确性，还要保证归档文件可以反映工程建设的全过程。

（3）施工单位需在竣工前向建设单位递交整理汇总完毕的施工文件，这部分文件是项目竣工验收的主要依据。

（4）依据施工合同中的约定，完成建设单位委托的组织和编制工程档案的任务。

（5）施工单位负责编制的施工文件的套数不得低于城建档案管理部门的规定，同时要将整合完毕的施工文件递交建设单位，并依据工程性质和地方城建档案部门的要求，在一定期限自行保存施工文件。

4. 监理单位自身文档管理职责

工程项目的监理单位的文档管理职责主要包含以下几个方面：

（1）项目监理单位应安排专人完成资料的收集、整理和归档任务，而总监理工程师需负责项目监理部的监理资料管理，且具体的实施也需指定专人负责，同时监理工作每一个阶段结束后，都需尽快将监理资料整理归档。

（2）在项目设计阶段，监理单位需监督核查项目勘察、测绘、设计单位的工程文件的产生、汇总和立卷归档过程。在项目施工阶段，监理单位则需监督核查施工各单位的工程文件的产生、汇总和立卷归档过程。同时，监理资料必须遵循整理及时、真实完整、有序分类的基本原则。

（3）依据监理合同中的约定，完成建设单位委托的对工程文件的形成过程和立卷归档工作进行监督检查的任务。

（4）依据项目建设期间现行的《建设工程文件归档整理规范》（GB/T 50328—2001）以及项目建设地区地方城建档案管理部门的要求，规范监理文件的套数、提交时间与内容，同时编制移交清单，在双方签字盖章后，及时递交给建设单位，以完成后续的收集汇总工作。根据《建设工程监理规范》（GB 50319—2000）的要求，项目监理部应及时提供监理公司档案部门需求的监理档案。

5. 地方城建档案管理部门自身文档管理职责

地方城建档案管理部门的文档管理职责主要包含以下几个方面：

（1）对部门管辖范围内的建设项目，接收并保存需长期或永久性保存的工程档案和相关文件。

（2）对有关城建档案法规的执行进行监督检查，同时承担指导城建档案工作的任务。

（3）对于包含在该部门报送工程档案范围的工程项目，本部门应参与该工程的竣工验收，同时验收其递交的工程档案。

14.3.2　工程项目文档系统的构建

14.3.2.1　工程项目文档系统的构建意义与组织结构

工程项目建设过程中，常需要为重要资料构建文档文件，例如合同及其附属文件、合同分析资料、项目各参与方的会谈纪要、各类工程原始文件、各类工程报表、工程竣工验收报告、索赔相关文件等。

各工程项目文档资料中的数据类型不同，因此要对其进行管理，需采用分别建库统一管理的管理模式，即构建项目文档系统。系统中的数据类型包含文本、表格、图片等多种数据格式，依据数据格式的不同，建立多个类型的数据库，并且通过构建数据字典对数据进行统一的管理与控制。

工程项目文档系统如图 14.3 所示。

14.3.2.2　工程项目文档系统的功能

项目文档系统的各个组分拥有不同的功能，其具体功能如下：

（1）合同文档。工程项目实施过程中产生的所有的合同文件均包含在合同文档的数据库中，业主和管理部门可在任意时间对各类型的合同文件进行查阅和打印。

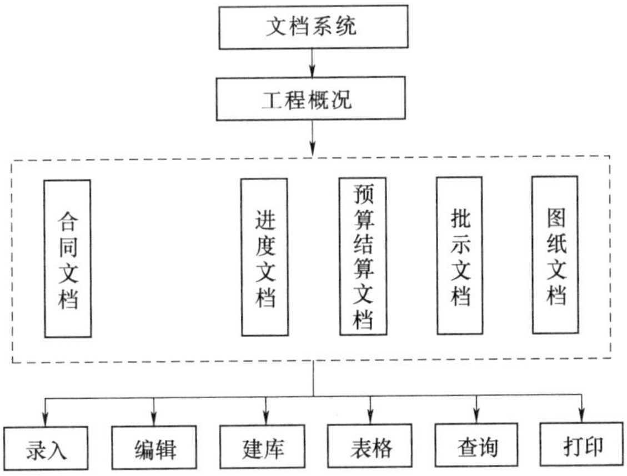

图 14.3　工程项目文档系统

（2）进度文档。在进度文档管理数据库中，工程中各项作业的进度计划、成本情况、实际进度情况分别以日历时标横道图、成本动态和累积曲线的形式表述，以电子表格的形式进行存储。

（3）预算结算文档。工程项目概算期间产生的所有报表以及数据均包含在文档系统的预算结算文档数据库中，业主和管理部门不仅可以检索调用一项工程的预算结算数据库，还可以同时对多项工程的数据库交叉调用，对比分析。

（4）批示文档。工程项目建设所需的所有批文原件均以三面图形的数据形式存储在批文文档数据库中，它保证了数据原件的真实可靠性，还可以通过输出打印的方式获得批文原件的复印件。

（5）图纸文档。对工程项目所产生的所有图纸进行计算机管理的是图纸文档数据库，其不仅包含管理项目甲乙方约定的图纸会审和设计交底时间、图纸资料类型、份数、提供日期清单和分期分批提供的图纸等文件，还包括施工详图以及记录图纸修改等情况下产生的数据。

14.3.3　工程项目文档的验收与移交

14.3.3.1　工程项目文档的验收

对于包含在城建档案管理部门档案接收范围内的工程项目，建设单位需提请城建档案管理部门在组织工程竣工验收前进行工程档案的预验收。在未获得城建档案部门给出的认可文件，建设单位不得自行组织项目的竣工验收。

城建档案管理部门在对工程档案进行预验收时，重点验收的内容包含：

（1）工程档案是否分类齐全、是否完整系统。

（2）工程档案内容的真实性以及是否可以准确地反映项目建设过程中的实际情况。

（3）工程档案是否已完成整理立卷，其立卷是否满足现行《建设工程文件归档整理规范》（GB/T 50328—2001）中的相关规定。

（4）绘制竣工图的方法以及竣工图的图示和规格是否满足专业技术要求，图面的整洁度，是否盖有竣工图章。

（5）文件的产生及来源是否符合实际，要求单位和个人签章的文件，签章手续是否完备。

（6）文件的材质、书写、绘图、用墨、幅面、托裱等是否满足要求。

工程档案最终由建设单位进行验收，对于包含在向地方城建档案管理部门报送工程档案范围内的工程项目，建设单位需会同地方城建档案管理部门共同对项目进行验收。在项目验收过程中，为确保工程档案的质量，地方城建档案管理部门需会同档案的各编制单位、建设行政管理部门对工程档案实行严格的核查验收。制图人、审核人、技术负责人以及编制单位均需要在验收结果上签字盖章。

验收结果显示不满足要求的项目，需退回编制单位完成修正，问题严重的可要求其重新编制。在项目符合技术要求之前，不得交工验收。凡验收不合格的工程档案需退回建设单位，由建设单位责令相关单位进行修改或重新编制，待满足要求后重新报送工程档案。核查验收人员对接收的档案负有相关职责。地方城建档案管理部门负责指导、督促和核查报送的工程档案，并负责其最后的验收。

14.3.3.2　工程项目文档的移交

工程项目文档的移交工作应符合以下规定：

（1）包含在当地城建档案管理部门接收范畴内的项目工程，在项目竣工验收完成后三个月内，建设单位需向当地城建档案管理部门提交一份规范化的项目文件。

（2）对于停建、缓建的工程项目，其工程档案由建设单位暂且保管。

（3）当项目属于改建、扩建或者维修类工程时，建设单位应当集合设计单位、施工单位和监理单位对工程档案进行修改、补充以及完善。对于项目内改变的部位，其工程档案需重新编制，并在项目竣工验收完成后的三个月内将档案移交至城建档案管理部门。

（4）工程档案在移交当地城建档案管理部门的过程中，建设单位与城建档案管理部门应当按规定办理交接手续，填写移交目录，并在双方签字盖章后完成交接。

（5）在项目竣工验收前，设计单位、施工单位、监理单位等相关单位需依据合同或协议中的相关规定，将工程档案移交至建设单位，并办理相关手续。

14.4　工程项目管理信息系统

14.4.1　工程项目信息系统概述

14.4.1.1　项目管理信息系统的概念

项目管理信息系统在国际上的定义是：工程项目管理信息系统通过收集、储存以及分析项目进程中产生的各类相关数据，辅助项目管理人员和决策者更好地完成对项目的规划、决策以及核查，是一种处理工程项目信息的人-机系统，其核心任务是协助实现对工程项目目标的控制。工程项目管理信息系统的概念如图 14.4 所示。

工程项目管理信息系统是一个综合系统，由进度控制、投资控制、质量控制、合同控制等子系统共同构成。数据库则是按照一定的方式将各个子系统中的数据保存与共享，支持项目管理信息系统功能的实现。

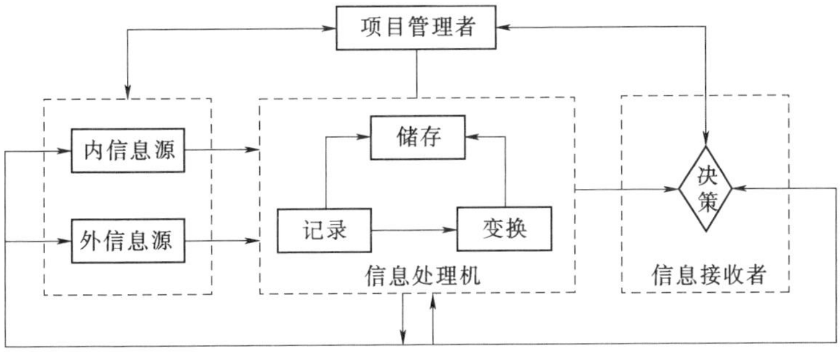

图 14.4 工程项目管理信息系统的概念

14.4.1.2 项目管理信息系统的功能

项目管理信息系统是辅助项目管理人员更有效地完成项目管理工作，工程项目管理信息系统中的进度控制、投资控制、质量控制和合同控制子系统都拥有其各自的基本功能，各子系统实现的具体功能如下：

(1) 进度控制子系统。绘制双代号网络计划（CPM）和单代号搭接网络计划（MPM）；绘制多平面群体网络计划（MSM）；计划进度与实际进度的动态比较；工程实际进度的统计分析；工程进度趋势改变的预测；进度计划的定期调整；提供多种工程进度报表；各类型工程进度数据的查询；编制网络图、横道图等。

(2) 投资控制子系统。编制项目预算和概算；项目预算与概算的比较分析；投资分配分析；项目概算与投资分配的比较分析；项目合同价与投资分配、概算以及预算的比较分析；项目实际投资与概算、预算以及合同价的比较分析；项目投资变动趋势预测；项目结算和预算、合同价的比较分析；各类型项目投资数据的查询；提供各类型项目投资报表等。

资源 14.9 单代号搭接网络计划、群体网络计划

(3) 质量控制子系统。制定项目建设的质量要求与标准；记录单位工程、分部工程、分项工程的验收结果并进行统计分析；记录工程材料的验收结果（包括机电设备的设计质量、运行质量、安装调试质量、验收以及索赔）；记录工程质量的鉴定结果；记录项目中安全事故的处理情况；提供各类型工程质量报表。

(4) 合同控制子系统。提供合乎标准的合同文件；储存管理合同文件及资料；跟踪管理合同的执行情况；提供国内外经济法规的查询功能；提供各类型合同管理报表等。

14.4.1.3 项目管理信息系统的结构与构成

工程项目管理信息系统的结构指的是系统内各组成部分形成的整个框架。其基本结构如图 14.5 所示。

工程项目管理信息系统中的信息源包括内信息源和外信息源两部分。其中，内信息源指的是工程设计文件、施工方案、工程实际进展、工程概况等来自建设项目自身的信息，而外信息源指的是国家相关法律法规、国内外市场上项目原材料以及劳动力的价格、类似项目的工程造价以及进度等来自项目外部环境的相关信息。信息处理机包括的三大模块分别是数据记录、数据存储和数据变换，其主要作用是将获取到的数

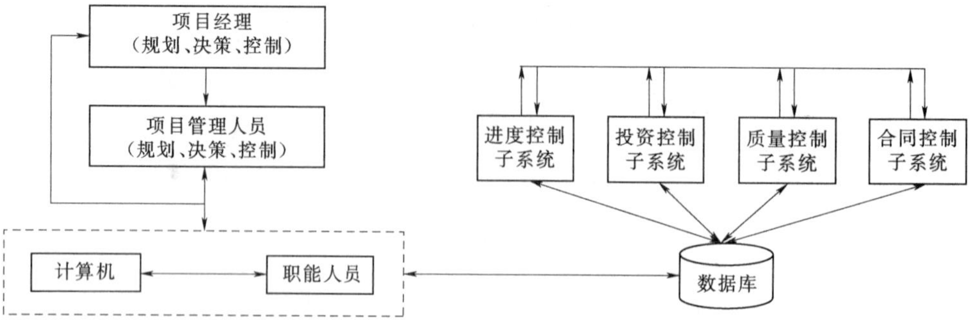

图 14.5 工程项目管理信息系统的基本结构

据转换为信息并向信息接收者供给所需信息。工程项目管理信息系统中的信息管理者不仅负责系统的开发和运行工作，还需协调其他组分间的配合，使其成为一个整体。工程项目中不同阶层、不同职能的管理人员即信息的接收者和使用者，他们的管理工作大多以获取的项目信息为基础。

项目管理信息系统主要构成部分包括：硬件、软件、数据库、操作规程和操作人员。硬件指的是提供输入输出、通信、存储、处理数据和程序等功能的计算机以及其他相关设备。软件则分为系统软件和应用软件两类。系统软件的主要功能是管理、维护、控制计算机以及从事程序的安装和翻译工作，而应用软件的主要功能是指挥计算机完成数据的处理。数据库是系统中各类型项目数据文件的逻辑组合，所有应用软件调用的数据都是来自数据库。外部存储器的物理介质是这些数据的主要存储位置，例如，磁盘、磁带、光盘等。规范化的操作规程是以手册或者说明书等形式存在的。操作人员主要有计算机操作人员、数据管理员、信息系统管理人员、程序设计员和系统分析员等。

14.4.2 工程项目信息系统开发

14.4.2.1 项目管理信息系统开发的原则

项目管理信息系统的开发是一项复杂的系统工程，要以低成本开发出符合项目需求的高质量管理信息系统，就必须采用工程的概念、原理、技术以及方法。

依据项目管理信息系统的特点，其开发过程要遵循以下几个原则：

资源 14.10 项目管理信息系统的特点

（1）面向用户原则。管理信息系统的功能是及时准确地收集项目各项数据，通过加工将其处理成信息，并确保信息流的通畅，从而为项目管理阶层制定各项决策以及控制项目进程提供理论依据。构建完成的系统是供项目管理人员使用的，为项目管理提供服务的，因此，系统是否满足用户的需要是衡量系统开发质量的主要标准。

（2）整体性原则。项目管理信息系统的整体性主要体现在其系统结构的整体性。因此，开发项目管理信息系统必须坚持统一规划、分步实施的宗旨，采取先构建逻辑模型、再确定物理模型的方法，同时注重系统中工作方式的继承与发展。

（3）相关性原则。项目管理信息系统是由多个子系统共同构成的一个不可分割的整体，但系统的功能不仅是每个子系统功能的简单加和，各子系统之间的信息联系与沟通决定了整个管理信息系统拥有更加强大的功能。系统中任意一个子系统的改变都会带动其他的子系统的调整与改变，因此，不可脱离其他子系统而单独设计某一子系统。

(4) 创新性原则。项目管理信息系统是充分利用计算机的各种功能去革新传统的作业模式，消耗巨大人力和财力，倘若只是用其代替人去从事那些一般性事物，我们将得不偿失。所以，应该以寻找管理中的薄弱环节、创新性地解决其带来的损失为建立项目管理信息系统的首要方针。

(5) 标准化原则。科学划分工作阶段、制定考核标准、分步组织实施并将所有的文档与成果规范化存档是系统开发管理的标准化方法，采用标准化方法可以在系统开发时便于人们沟通，可以使阶段性成果明显、还可以使未来系统的修改与扩充更加容易，从而避免系统开发过程中的随意性。

(6) 动态适应原则。随着项目外界环境的不断改变，随时可能会出现新的管理内容，旧的管理内容也会发生相应的变动。因此，管理信息系统应具备较好的可扩展性、易维护性以及较强的动态适应性，以快速适应外界环境的变化，系统的编码、程序设计也应该要便于之后的更新。

14.4.2.2 项目管理信息系统开发的方法

项目管理信息系统的开发会消耗大量的人力、时间以及资金，是一项艰巨的工作。除了管理工作以及技术水平等方面，影响系统开发效率、成本、质量以及用户满意程度的因素还包括系统开发使用的方法，常用的项目管理信息系统的开发方法是生命周期法和原型法。

1. 生命周期法

生命周期法是将工程化方法和系统工程思想结合在系统开发领域的使用。该方法将系统开发的整个进程划分为多个独立的环节，包括系统规划、系统分析、系统设计、系统实施以及系统维护，再在此基础上进一步规划每一个环节的工作流程与任务，同时易于理解与交流的开发方法也需要一并提供。在系统分析环节，采取由上往下、层层分解，从抽象到具体逐渐认知问题实质的过程；在系统设计环节，要率先进行系统整体上的优化，再对局部优化进行考虑；在系统实施环节，要选择从下往上，从局部到整体，采用标准化模块的链接形成完整的系统。

采用生命周期法开发系统，一般会将整个开发过程划分为首尾相连的多个阶段，每个阶段内的工作步骤也相互关联，这一整个流程称为系统开发的生命周期。生命周期的各个阶段内部的划分又有所差别，但整个开发过程中所要完成的主要工作基本一致。管理信息系统的生命周期如图 14.6 所示。

系统开发生命周期内的各阶段的主要工作内容如下：

(1) 系统规划阶段。该阶段主要是现行系统的状况以及项目的环境、目标等状况完成初步调查，明确问题以及系统的发展战略；讨论新系统构建的必要性和可行性，分析新系统构建过程中可能受到的约束，并对新系统的建设需求进行预测分析。依据需求，制订拟建系统的备选方案，编写可行性分析报告，从经济和技术层面分析其可行性。在可行性方案获得用户批准后，将构建系统的方案与执行计划编制成系统开发任务书，进入系统分析阶段。

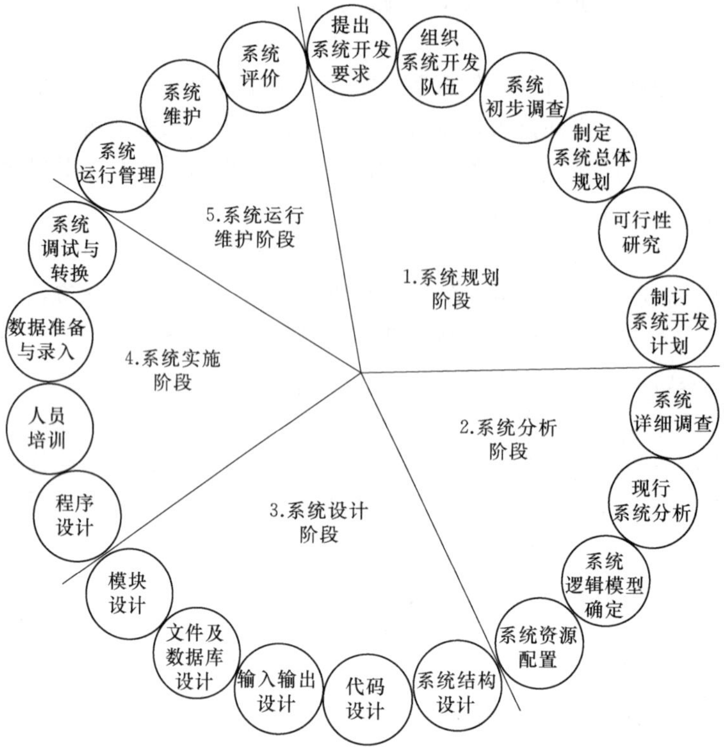

图 14.6 管理信息系统的生命周期

(2) 系统分析阶段。该阶段主要是完成对现行系统的细致调查，并在此基础上完成对系统各个方面的综合性分析，包括组织机构功能分析、数据与数据流程分析、功能与数据之间的关系分析、管理业务流程分析。同时，建立新系统的逻辑模型、编写系统分析报告并将其提交给用户进行审核，然后进入系统设计阶段。

(3) 系统设计阶段。该阶段以系统分析报告为根据，主要完成整体结构的设计，同时完成代码设计、数据库设计、模块结构设计、功能设计以及输入输出设计。此外，依据总体设计的需求，安装调试相关设备，完成系统物理模型的构建和设计报告的编制，在用户批准确认后，进入系统的实施阶段。

(4) 系统实施阶段。该阶段的工作内容主要包括程序设计，程序调试（单调、分调、总调），购置、安装和调试相关计算机设备，进行人员培训，完成数据准备和初始化，系统的调试与转化。最后进入系统的运行与维护阶段。

(5) 系统运行维护阶段。该阶段的主要工作是管理、维护系统的日常运行，对系统进行综合评价以及对系统开发项目进行监理审计等。在系统的运行过程中，可能会产生由环境改变或开发过程中未能发现而导致的系统功能不足的情况，此时需要对系统进行修改、维护或局部调整。

在系统使用多年以后，其运行环境很有可能发生彻底的改变，仅仅通过维护和修改难以达到用户的新需求，在这种情况下，就需要依据用户的要求构建新的系统，这也就标志着旧系统生命的完结。

在国内外，现已有多起以生命周期法开发管理信息系统的成功案例。因为其开发过程阶段清楚，且每一阶段都会有以图、表、文本等形式存储的明确成果，所以其整个开发过程十分便于管理与控制，这也是生命周期法的主要优点。但周期法也存在一个很大的缺点：管理者仅参与系统分析阶段的部分工作，其后的工作都由开发人员单独完成，但在系统分析阶段确定系统各模块的功能是很困难且大多是不完善的，如若没有在设计阶段进行相应的调整，开发的系统是很难达到用户的需求的。

2. *原型法*

随着 20 世纪 80 年代计算机软件技术的逐步发展，关系数据库系统、各种辅助系统开发软件工具的发明以及第四代程序设计语言的出现，一种具有全新设计思想以及开发工具的系统开发方法——原型法（Prototyping Approach，PA）被提出，并渐渐成为主要的系统开发方法。

原型法是指经过反复完善性实验逐渐使开发的系统符合用户需求的一种过程和方法，即凭借功能强大的系统开发工具以及不断优化的设计思想，运行最初开发的系统原型，经过对原形的不断评价与改进，逐步完善其使用功能直至系统获得用户的满意。

原型法的开发进程需经过可行性分析、确定系统基本要求、构建原始系统、进行系统评审以及开发人员对原始系统进行修改完善等步骤，如图 14.7 所示。

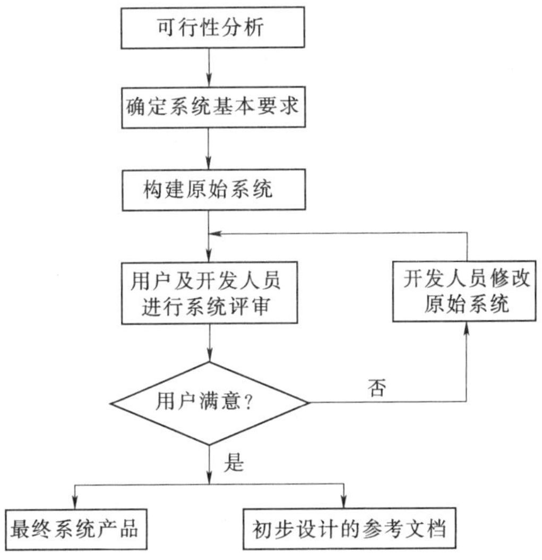

图 14.7 原型法的开发进程

依据使用的场合以及目的，原型法又可以划分为丢弃式原型法、演化式原型法及递增式原型法三种。

（1）丢弃式原型法。该方法以构建的系统原型作为用户以及开发人员之间的通信媒介，而不以其为实际的运行系统。其原理与水利水电工程项目中以模型试验获得具体水工结构尺寸的方法原理类似。该方法中原始系统的主要作用是对最终系统进行研究，且用户和开发人员以该系统为主要的交流平台，共同确定新系统的需求。在该方法的使用过程中，原型的开发进程可以看作是传统生命周期法中的系统分析阶段。在用户和开发人员完成系统评审、明确开发需求后，原始系统便会被遗弃，因此原始系统无须建立完备的文档，从而降低原型系统的开发费用，加快系统开发速度。

（2）演化式原型法。随着时间推移，用户的需求以及系统的功能均会在不同程度上发生变化，演化式原型法的思想就是，与其花费大量精力与资金去预估不确定的问题，不如依据基本的需求开发系统雏形，让用户先进行使用，在使用过程中发现问题再进行修改。该方法的开发一般需要设计、实施和演化三个步骤，原始系统在经过不断演化后获得最终系统，并投入使用。经过反复修改以及用户的多次测评，获得的最终系统一般都会满足用户的需求。不同于丢弃式原型法，演化式原型法的最终系统是在原始系统的基础上不断进行修改获得的，因此要特别注意原始系统在建立和演化过程中产生的文档。

(3) 递增式原型法。递增式原型法的原理相较其他两种方法，有相同点也有不同点。该方法的思想为，系统在开始时就拥有总体框架以及结构清晰的功能单元，也就是系统最终要具备的功能、包含哪些模块、共划分为哪几个部分都已经确定，这些在之后的修改中不会发生改变或变化不大。后期的系统开发主要是对这些模块进行完善和实现。具体的设计过程中，可能是完全实现一个新的模块，也有可能是用高效率的模块对旧模块进行替代。无论是选择哪种模式，都要以不改变系统结构、不改变模块外部功能为前提。

由于原型法的开发原理与人们认识事物的规律相一致，因此更容易被人们接受和使用。其优点可归纳为以下几点：

(1) 可及时获取用户的反馈信息。原型法以系统原型为媒介，通过用户对其的使用，及时获取用户的反馈，不断发现问题、反复修正结果、完善系统功能，以保证用户对系统有较高的满意程度。

(2) 优化了系统用户与设计者之间的信息交流方式。在系统分析的初级阶段，原型法引入了模拟手段，在用户的参与下，围绕系统原型进行每个问题的讨论，这样能够更加及时的发现问题并进行修改，可以在很大程度上减少信息系统的设计错误。此外，原型法使得用户更早更快的接触和使用系统，提高了用户使用系统的效率，也增加了用户参与系统开发的积极性。

(3) 提升了用户对系统的满意程度。原型法构建了正确的信息模型与功能模型供用户使用，且系统设计人员和编程人员会协同用户针对出现的问题共同制定合理的解决方案。利用原型法获得的对最终系统的需求是来源于原型系统运行经验，为用户构建了信息模型，完全满足用户的需求。用户亲自采用系统原型进行试验会比参加系统分析会议更具有现实意义，不仅激发用户的参与积极性，还会提高其对系统的满意度。

(4) 降低了系统开发的风险以及成本。因为原型法采用原型系统来测验开发思想和方案的合理性，风险程度测验必须获得用户以及开发人员的一致同意，才可以继续进行终极系统的开发，大大降低了系统开发失败的可能性。原型法无须多余的文档资料，且通过最新的软件工具减少了系统的开发时间与成本，大大提高了技术和效率。同时，用户从一开始接触系统，参与系统的开发，减少了用户培训时间，从而降低了开发成本。

相较于生命周期法，原型法具有时代的优越性，但它无法取代结构化开发方法，因此原型法的使用还具有一定的局限性。

14.4.2.3　工程项目信息系统开发过程

项目管理信息系统的开发需经过系统总体规划、系统分析、系统设计以及系统实施四个过程。

1. 系统总体规划

系统总体规划是信息系统开发最为重要的前期准备工作。因为信息系统具有涉及面广、结构复杂等特性，系统的开发任务是无法一次性完成的。因此，开发人员必须在系统开发前期依据分析调查获取的数据资料，为系统的开发制定一份总体规划方案。依照总体规划的指导，开发人员遵照逐步发展与完善的原则开发子系统，最终生成满足用户需求的信息系统。

系统总体规划以调查用户需求和制定先进实用的总体规划方案为目标，主要完成设想系统结构与功能、决定开发方法与子系统开发顺序、确定信息系统实现的期限三项任务。

2. 系统分析

系统分析是指在系统总体规划的基础上，进行目标系统的进一步逻辑设计，并以进一步的业务调查为重点，落实、细化、具体化、量化总体规划中的目标，最终构建新系统的逻辑模型的过程。进一步分析描述目标系统的工作量非常大，是系统开发过程中的关键环节，需要认真的组织实施。

系统分析以设计新系统的逻辑模型为主要任务。因此，在系统分析进行前要首先明确工程项目构建管理信息系统要完成的主要工作是什么，以及信息管理信息系统应该做什么。要获得这两个问题的答案，需首先完成对现行的管理信息系统的详细调查，明确系统的内部结构，信息传递、处理以及存储过程，并在完成可行性分析后，构建新系统的逻辑模型，从而为系统设计提供可靠依据。

3. 系统设计

系统设计是指以系统分析阶段所提出的逻辑模型为基础，构建新系统的物理模型。具体来说，系统设计环节就是依据新系统逻辑模型的主要功能要求，在实际的设计条件下，明确新系统的结构，并解决“怎么做”的问题，为系统实施环节提供所需文档资料和技术文件。

系统设计一般划分为总体设计和详细设计两个阶段。总体设计是以逻辑模型为基础，明确系统的模块结构，并以此为任务，重点研究如何将系统划分为模块以及明确模块间的调用和数据的传递关系。详细设计且重点研究如何实现各模块的功能以及在模块内部应用什么算法，同时描述各模块的处理过程。

4. 系统实施

系统实施阶段则主要是将系统设计的物理模型付诸实现，这过程中需要消耗大量的人力、财力、物力以及时间去完成设备的安装调试、程序的设计与调试、系统测试工作，从而形成目标系统的运行环境。系统实施具体的工作内容包括实施准备、购置与安装设备、设计程序、调试系统以及转换系统、系统的运行与维护、系统评价等。

思 考 题

1. 工程项目管理过程中的信息流包括哪些？它们是什么样的关系？
2. 工程项目信息管理的基本要求有哪些？

3. 工程项目信息管理的主要任务有哪些?
4. 工程项目信息管理过程要经过哪些环节?
5. 工程项目文档管理的职责包括哪几个方面?
6. 项目管理信息系统的基本功能和各子系统的主要功能分别是什么?
7. 项目管理信息系统开发的两种主要方法以及其核心思想分别是什么?
8. 工程项目信息系统开发过程包括哪几个阶段?

参 考 文 献

[1] 杨培岭，黄兴法，姬宝霖，等. 现代工程项目管理[M]. 北京：中国水利水电出版社，2010.

[2] 刘泽俊，周杰，李秀华，等. 工程项目管理[M]. 南京：东南大学出版社，2019.

[3] 韩国波，崔彩云，卫赵斌，等. 建设工程项目管理[M]. 重庆：重庆大学出版社，2017.

[4] 梁世连，惠恩才. 工程项目管理学[M]. 沈阳：东北财经大学出版社，2004.

[5] 于清. 建筑工程管理中的工程变更管理[J]. 建筑工程，2018.

[6] 建设部，国家发展和改革委员会. 建设项目经济评价方法与参数[M]. 北京：中国计划出版社，2006.

[7] 水利部，电力部，国家工商行政管理局. 水利水电土建工程施工合同条件[M]. 北京：中国水利水电出版社，1997.

[8] 彭立前，孙忠. 水利工程建设项目管理[M]. 北京：中国水利水电出版社，2009.

[9] 栗晓明，高贵然，董利琴. 建设工程施工索赔和反索赔的探讨[J]. 市政技术，2007.

[10] 张莲敏，张荣. 基于工程造价纠纷成因的解决对策研究[J]. 建设科技，2014.

[11] 王浩. 水利水电工程中的合同管理[J]. 农田水利，2018.

[12] 崔学文. 小浪底国际工程建设[M]. 北京：中国水利水电出版社，1998.

[13] 周天恩. 小浪底国际工程业主方合同管理案例分析[D]. 大连：大连理工大学，2005.

[14] 杨俊杰. 工程承包项目案例精选及解析[M]. 北京：中国建筑工业出版社，2009.

[15] 孙晓帅，李蕊. 国际工程承包联合体合作关系的分析[J]. 管理观察，2018.

[16] 住房城乡建设部，国家工商行政管理总局. 建设工程施工合同（GF—2013—0201）[Z]，2013.

[17] 成虎. 工程项目管理[M]. 北京：中国建筑工业出版社，1997.

[18] 梁世连. 工程项目管理[M]. 北京：中国建材工业出版社，2004.

[19] 杨培岭. 现代水利水电工程项目管理理论与实务[M]. 北京：中国水利水电出版社，2004.

[20] 王卓甫，谈飞，张云宁，等. 工程项目管理——理论、方法与应用[M]. 北京：中国水利水电出版社，2007.

[21] 王卓甫，杨高升. 工程项目管理——原理与案例[M]. 北京：中国水利水电出版社，2005.

[22] 蔡宁. 现代管理学[M]. 北京：科学出版社，2000.

[23] 全国一级建造师执业资格考试用书编写委员会. 建设工程项目管理[M]. 北京：中国建筑工业出版社，2004.

[24] 杨建基. 国际工程项目管理[M]. 北京：中国水利水电出版社，1999.

[25] 全国造价工程师执业资格考试培训教材编写委员会，全国造价工程师执业资格考试培训教材审定委员会. 工程造价案例分析[M]. 北京：中国城市出版社，2001.

[26] 蔡宁. 现代管理学[M]. 北京：科学出版社，2000.

[27] 王火利. 水利水电工程建设项目管理[M]. 北京：中国水利水电出版社，2005.

[28] 蔡宁. 现代管理学[M]. 北京：科学出版社，2000.

[29] 牟联合. 水电工程施工项目管理研究[D]. 成都：西南交通大学，2006.

[30] 向东. 我国水电工程项目管理模式选择研究[D]. 成都：四川大学，2005.

[31] 张志勇. 工程招投标与合同管理[M]. 北京：高等教育出版社，2009.

[32] 杨庆丰. 建筑工程招投标与合同管理 [M]. 北京：机械工业出版社，2009.
[33] 孙宏斌. 招投标与合同管理 [M]. 武汉：华中科技大学出版社，2008.
[34] 姜晨光. 建设工程招投标文件撰写方法与范例 [M]. 北京：化学工业出版社，2008.
[35] 胡文发. 工程招投标与案例 [M]. 北京：化学工业出版社，2008.
[36] 刘黎红. 工程招投标与合同管理 [M]. 北京：机械工业出版社，2008.
[37] 国务院法制办公室. 中华人民共和国合同法 [M]. 北京：中国法制出版社，2008.
[38] 林密. 工程项目招投标与合同管理 [M]. 北京：中国建筑工业出版社，2007.
[39] 法制出版社法规中心. 中华人民共和国招标投标法 [M]. 北京：法律出版社，2007.
[40] 王火利，章润娣. 水利水电工程建设项目管理 [M]. 北京：中国水利水电出版社，2005.
[41] 水利部水利建设与管理总站. 水利工程建设项目程序管理 [M]. 北京：中国计划出版社，2005.
[42] 水利部水土保持检测中心. 水土保持工程建设监理理论与实务 [M]. 北京：中国水利水电出版社，2008.
[43] 王平，李克坚. 招投标　合同管理　索赔 [M]. 北京：中国电力出版社，2006.
[44] 林豹. 怎样编写建筑设备工程招投标文件 [M]. 北京：中国水利水电出版社，2005.
[45] 李立新，齐锡晶，常春. 怎样编写土木工程招投标文件 [M]. 北京：中国水利水电出版社，2005.
[46] 王立权. 水利工程建设项目施工监理实用手册 [M]. 北京：中国水利水电出版社，2004.
[47] 王勇，方志达. 项目可行性研究与评价 [M]. 北京：中国建筑工业出版社，2006.
[48] 王卓甫，简迎辉. 工程项目管理——模式及其创新 [M]. 北京：中国水利水电出版社，2006.
[49] 简迎辉，杨建基. 工程项目管理——融资理论与方法 [M]. 北京：中国水利水电出版社，2006.
[50] 程鸿群. 工程项目管理学 [M]. 武汉：武汉大学出版社，2008.
[51] 邱苑华. 现代项目管理学 [M]. 北京：科学出版社，2007.
[52] 胡文发，何新华. 现代工程项目管理 [M]. 上海：同济大学出版社，2007.
[53] 李慧民. 工程项目管理 [M]. 北京：中国建筑工业出版社，2007.
[54] 宋淑启，杨奎清. 现代项目管理理论与方法 [M]. 北京：中国水利水电出版社，2006.
[55] 董良峰，张瑞敏. 工程项目管理 [M]. 北京：北京大学出版社，2015.
[56] 俞洪良，毛义华. 工程项目管理 [M]. 杭州：浙江大学出版社，2014.
[57] 杨晓庄. 工程项目管理 [M]. 2 版. 武汉：华中科技大学出版社，2016.
[58] 仲景冰，王红冰. 工程项目管理 [M]. 北京：北京大学出版社，2006.
[59] 邓铁军. 工程建设项目管理 [M]. 3 版. 武汉：武汉理工大学出版社，2013.
[60] 项勇，王辉. 工程项目管理 [M]. 北京：机械工业出版社，2017.
[61] 苗胜军. 土木工程项目管理 [M]. 北京：清华大学出版社，2015.
[62] 王幼松. 工程项目管理 [M]. 广州：华南理工大学出版社，2015.
[63] 王红雨，周永. 程项目管理 [M]. 北京：化学工业出版社，2015.
[64] 张向东，齐锡晶. 工程建设监理概论 [M]. 3 版. 北京：机械工业出版社，2006.
[65] 杨晓林. 建设工程监理 [M]. 3 版. 北京：机械工业出版社，2016.
[66] 苏振民. 监理工程师项目管理 [M]. 北京：中国建筑工业出版社，2006.
[67] 中国建设监理协会. 建设工程监理案例分析 [M]. 北京：中国建筑工业出版社，2019.
[68] 北京市建筑业联合会建造师分会. 建设工程优秀项目管理实例精选（上下册）[M]. 北京：中国建筑工业出版社，2019.
[69] 张华. 水利工程监理 [M]. 北京：中国水利水电出版社，2004.

[70] 中国建设监理协会. 建设工程监理相关法规文件汇编 [M]. 4 版. 北京：中国建筑工业出版社，2014.
[71] 中华人民共和国住房和城乡建设部. 建设工程项目管理规范：GB/T 50326—2017 [S]. 北京：中国建筑工业出版社，2017.
[72] 丁荣贵，孙涛. 项目组织与人力资源管理 [M]. 北京：电子工业出版社，2008.
[73] 丁荣贵，孙涛. 项目组织与团队 [M]. 3 版. 北京：机械工业出版社，2019.
[74] 丛培经. 工程项目管理 [M]. 4 版. 北京：中国建筑工业出版社，2011.
[75] Project Management Institute. A Guide to the Project Management Body of Knowledge [M]. USA：Project Management Institute，2018.
[76] 丁士昭. 工程项目管理 [M]. 北京：高等教育出版社，2017.
[77] 成虎，陈群. 工程项目管理 [M]. 北京：中国建筑工业出版社，2015.
[78] 姜伟新，张三力. 投资项目后评价 [M]. 北京：中国石化出版社，2001.
[79] 张三力. 项目后评价 [M]. 北京：清华大学出版社，2001.
[80] 中国国际工程咨询公司. 中国投资项目社会评价指南 [M]. 北京：中国计划出版社，2004.
[81] 胡永宏，贺思辉. 综合评价方法 [M]. 北京：科学出版社，2000.
[82] 任淮秀，汪昌云. 建设项目后评价理论和方法 [M]. 北京：中国人民大学出版社，1992.
[83] 张新玉. 水利投资效益评价理论、方法与应用 [D]. 南京：河海大学，2002.
[84] 许晓峰，肖翔. 建设项目后评价 [M]. 北京：中国石化出版社，2001.
[85] 熊兆翔，朱飞雄，李敏新. 贷款项目后评价实用手册 [M]. 北京：中国计划出版社，1993.
[86] 刘峰. 高速公路建设项目后评价研究 [D]. 南京：河海大学，2007.
[87] 姚光业. 投资项目后评价机制研究 [M]. 北京：经济科学出版社，2002.
[88] 陈宪. 投资项目经济评价理论和方法实践 [M]. 北京：企业管理出版社，2001.
[89] 注册咨询工程师（投资）考试教材编写委员会. 项目决策与评价 [M]. 北京：中国计划出版社，2003.
[90] 国家计委，建设部. 建设项目经济评价方法与参数 [M]. 2 版. 北京：中国计划出版社，1993.
[91] 王五英. 投资项目社会评价方法 [M]. 北京：经济管理出版社，1993.
[92] 吴世农. 投资项目经济效益的评估与决策方法 [M]. 南昌：江西人民出版社，1994.
[93] 张明. 项目评估与投资决策 [M]. 北京：中国商业出版社，1990.
[94] 张明. 工程项目管理与投资项目评估 [M]. 北京：中国物价出版社，2002.
[95] 中国水利经济研究会. 水利建设项目后评价理论与方法 [M]. 北京：中国水利水电出版社，2004.
[96] 陈文晖. 工程项目后评价 [M]. 北京：中国经济出版社，2009.
[97] 朱党生，周奕梅，邹家祥. 水利水电工程环境影响评价 [M]. 北京：中国环境科学出版社，2006.
[98] 陈岩，郑垂勇. 我国水利建设项目后评价现状及研究进展 [J]. 水利经济，2007.
[99] 吕文学. 国际工程项目管理 [M]. 北京：科学出版社，2019.
[100] 朱红章. 国际工程项目管理 [M]. 武汉：武汉大学出版社，2010.
[101] 宋伟，刘岗. 工程项目管理 [M]. 北京：科学出版社，2012.
[102] 孙剑，余健俊. 工程项目管理 [M]. 北京：中国水利水电出版社，2011.
[103] 张婀娜. 建设工程项目管理 [M]. 北京：中国电力出版社，2011.
[104] 梁世连. 工程项目管理 [M]. 北京：北京交通大学出版社，2007.
[105] 刘喆，刘志君. 建设工程信息管理 [M]. 北京：化学工业出版社，2005.
[106] 李晓东，张德群. 工程管理信息系统 [M]. 北京：机械工业出版社，2004.

[107] 查先进. 信息管理与信息系统专业规划教材——信息政策与法规 [M]. 北京：科学出版社，2004.
[108] 丁士昭. 建设工程信息化导论 [M]. 北京：中国建筑工业出版社，2005.
[109] 建设工程项目信息管理编委会. 建设工程项目信息管理 [M]. 北京：中国计划出版社，2007.